Moderne
Fahrzeugtechnik

Jeff Daniels

Moderne
Fahrzeugtechnik

Jeff Daniels

Motor
buch
Verlag

Einbandgestaltung: Katja Draenert

ISBN 3-613-02392-X

1. Auflage 2004
Copyright © by Motorbuch Verlag
Postfach 10 73 43, 70032 Stuttgart

Die Originalausgabe erschien 2001 unter dem Titel Modern Car Technology bei
Haynes Publishing, Sparkford, Yeovil; Somerset, England

Die Übersetzung ins Deutsche besorgte Gerhard Scheil

Sie finden uns im Internet unter
http://www.motorbuch-verlag.de

Innengestaltung: IPa, 71665 Vaihingen/Enz
Druck und Bindung: Graspo CZ, CZ-76302 Zlin
Printed in Czech Republic

Inhalt

Einleitung 6

Teil 1 DER MOTOR
Kapitel 1   Allgemeine Motorgrundlagen 8
Kapitel 2   Grundlagen der Motorenentwicklungen 16
Kapitel 3   Der untere Teil des Motors 36
Kapitel 4   Der obere Ende des Motors 48
Kapitel 5   Luft, Kraftstoff und Verbrennung 63
Kapitel 6   Krümmer, Aufladung und Motorsteuerung 72
Kapitel 7   Dieselmotoren 88
Kapitel 8   Elektrische und hybride Antriebe 103

Teil 2 DAS GETRIEBE
Kapitel 9   Grundlagen des Getriebes 114
Kapitel 10   Manuelle Getriebe (Handschaltung) 119
Kapitel 11   Automatisches Getriebe 128
Kapitel 12   Kardanwellen, Antriebswellen und Achsantriebe 142
Kapitel 13   Vierradantrieb 150
Kapitel 14   Elektronische Steuerung und die Zukunft 161

Teil 3 DAS FAHRWERK
Kapitel 15   Allgemeine Grundlagen 166
Kapitel 16   Aufhängung 174
Kapitel 17   Räder und Reifen 193
Kapitcl 18   Lenkung 202
Kapitel 19   Bremsen 212
Kapitel 20   Die Zukunft der Fahrwerkskonstruktion 220

Teil 4 KAROSSERIE UND SYSTEME
Kapitel 21   Allgemeine Grundlagen 226
Kapitel 22   Die Karosseriestruktur 232
Kapitel 23   Design für Sicherheit 246
Kapitel 24   Hilfen für den Fahrer 256
Kapitel 25   Elektrische Leistung 268
Kapitel 26   Systeme für Komfort und Bequemlichkeit 276

Anhang 284

Einleitung

Das Auto stellt für viele Menschen den Mittelpunkt ihres Lebens dar. Zugleich vertrauen wir ihm alle praktisch uneingeschränkt, oft auch blind und ohne zu verstehen, was unter der Motorhaube oder an anderer Stelle geschieht. Die Automobilhersteller kennen und wissen das schon längst und bemühen sich, ihre Produkte möglichst idiotensicher zu machen – eine zuverlässige, unauffällig agierende Technik für den uninteressierten Auto-Besitzer. Gleichwohl bestimmt sie unserer Fahrzeuge in einem sehr viel größeren Maße als in den Jahrzehnten davor. Und dieses bemerkend, interessiert sich dann doch der eine oder andere Autofahrer für die allgegenwärtige Technik.

Sich dafür zu interessieren und dann tatsächlich zu verstehen, können zwei unterschiedliche Dinge sein. In den vergangenen 15 Jahren hat sich der Zuwachs an Technik in unseren Autos in dramatischer Weise erhöht. Ende der Achtziger konnte man noch ein neues Auto mit Benzinmotor mit einem Vergaser und einem einfachen Auspuffsystem kaufen, dessen Technik im Prinzip fast hundert Jahre alt war. Jetzt bekommt man ungefragt eine Multipoint-Kraftstoffeinspritzung und ein Katalysator-System. Ende der Achtziger hatte man von einem Airbag in Europa noch kaum etwas gehört. Heute findet man in Autos mindestens zwei Airbags, einige Modelle sind mit nicht weniger als acht separaten Airbags ausgestattet (Fahrer- und Beifahrer-, Seiten-Airbag und einem Vorhang-Airbag als Kopfschutz), neuerdings sogar mit neuntem, dem Knie-Airbag. Parallel zu diesen sehr offensichtlichen Fortschritten wurden weitere, weniger offensichtliche erzielt. Antiblockiersysteme für die Bremsen (ABS) sind heutzutage fast Standard, die Antriebsschlupfsteuerung (»traction control«) gehört immer mehr zur Serienausstattung, und eine intelligente Kombination der beiden hat uns die Fahrdynamiksteuerung ESP beschert. Klimaanlagen und sogar Automatikgetriebe werden zum Standard in europäischen Autos, was lange Zeit nur in den USA und (hauptsächlich) in Japan für selbstverständlich gehalten wurde.

Es gibt gute Gründe für all diese Entwicklungen. Autos sind im Ergebnis sehr viel sauberer, sicherer, bequemer geworden und sind leichter zu fahren. Und es wird noch mehr Fortschritte geben. Falls Sie annehmen, dass es in den vergangenen 15 Jahren dramatische technische Entwicklungen im Automobilbau gegeben hat, dann warten Sie erst einmal die nächsten 15 Jahre ab. In den kommenden Jahren werden wir Autos bekommen, die uns vor vorausliegenden Gefahren warnen werden und uns zeigen, wie wir ihnen ausweichen; die einen sicheren Abstand zum vorausfahrenden Auto einhalten und das Auto automatisch in der Fahrbahnmitte fahren lassen. Ingenieure suchen eifrig nach Verbesserungen durch Ersatz der mechanischen Verbindungen zum Motor, zu den Bremsen und der Lenkung durch Telematik-Systeme. Wir werden voraussichtlich eine Ablösung unserer bekannten elektrischen 12-V- durch leistungsfähigere und wirkungsvollere 36-V-Systeme erleben. Motoren und Getriebe selber werden sauberer und Kraftstoff sparender werden – und wir werden zuerst elektrische Hybrid-Antriebe und möglicherweise später auch durch Brennstoffzellen angetriebene Autos erleben, damit die Umwelt sauberer wird und die Rohölreserven länger halten. Die Materialien, aus denen Autos gemacht werden, und die Art und Weise, wie sie hergestellt werden, werden sich voraussichtlich ändern. Und so weiter, und so weiter…

Wie aber soll der interessierte Auto-besitzende und -fahrende Beobachter mit all diesen Entwicklungen Schritt halten und sie vorausahnen? Natürlich, es gibt Zeitschriften, die tagesaktuell immer von den neuesten Fortschritten berichten. Die großen Zusammenhänge gehen dabei mitunter verloren. Und dann gibt es Bücher. Solche die voraussetzen, dass man nichts weiß und die versuchen, Wörter mit mehr als zwei Silben zu vermeiden. Und es gibt auch viele andere, die von hoch qualifizierten Experten für Experten geschrieben wurden, die überhaupt kein Zugeständnis an den Mangel von technischer oder mathematischer Qualifikation auf Leserseite machen. Es gibt reichlich wenig dazwischen.

Die Lücke zu füllen ist die Absicht dieses Buches. Es verschwendet keine Zeit und keinen Raum, um die einfachsten Grundlagen der Dinge zu erklären, außer in einigen wenigen Fällen, wo es gar nicht anders geht, weil ohne das Verständnis der Grundlagen die nachfolgenden Erklärungen vielleicht unverständlich werden würden. Sonst habe ich eine Leserkenntnis vorausgesetzt, die Sie mindestens als moderaten Motorbegeisterten qualifizieren würde, und ab da begonnen. Gleichzeitig habe ich tief gehende technische Beschreibungen vermieden. Es gibt in diesem Buch keine mathematischen Formeln. Ich glaube immer noch, dass die Grundlagen, die Anwendungszwecke und die Vorteile der meisten technischen Eigenschaften einem intelligenten Leser in sorgfältig gewählten Worten erklärt werden können. Ich habe mich deshalb bemüht, so weit wie möglich das Für und Wider zu erklären. Die meisten technischen Entscheidungen sind das Ergebnis von Argumenten, in denen ein Ansatz nach mehr Vorteilen (oder weniger Nachteilen) gegenüber einem anderen beurteilt worden ist. Nur einige wenige Dinge in diesem Geschäft sind immer völlig eindeutig, besonders wenn zusätzliche Kosten berücksichtigt werden.

Das Buch kann als Extrakt eines Prozesses beschrieben werden, mit dem ich mein eigenes Verständnis gewinne, wie sich die Welt der Fahrzeugtechnik entwickelt. Das Waten durch Massen von veröffentlichtem Papier, Presseinformationen der Hersteller und das Reisen durch die Welt, um zu schauen, sich erklären zu lassen und neue Fahrzeugtechnologien einzuschätzen, helfen mir dabei. Das ist schließlich ein Full-Time-Job. Die Materialfülle ist nun so umfangreich, dass ich selektiv sein muss. Ich kann es mir beispielsweise leisten, der Welt der schweren Nutzfahrzeuge, der Lastwagen und Busse relativ wenig Aufmerksamkeit zu schenken, so faszinierend sie auch ist. Ich habe einfach keine Zeit. Dieses Buch wurde geschrieben in den Pausen zwischen Besuchen verschiedener Fabriken, Teststrecken und Forschungszentren, und einige Male kam ich mit neuen Informationen zurück, die mich verschiedene bestehende Kapitelteile neu schreiben ließen.

Das ist natürlich eine unendliche Geschichte. Es wird noch mehr Besuche und mehr Lektüre geben, und möglicherweise wird dieses Buch eine erweiterte Neuauflage erfahren. Aber ich habe versucht vorauszuschauen. Oft genug sind die Trends offensichtlich, lange bevor die Automobilhersteller die detaillierte Technik des Wegs nach vorne enthüllen. Ich habe versucht, soweit ich das kann, die Trends auszumachen und anzudeuten, wie sie in die Realität umgesetzt werden könnten. Ich kann nur hoffen, dass das Ergebnis informativ und interessant ist.

Jeff Daniels

1 Allgemeine Motorgrund-lagen

Erfinder, vor allem die Amateure unter ihnen, leben – oft wider jede Vernunft – in dem Glauben, dass sie für alles einen besseren Weg finden können. Eines der besten Beispiele für dieses Streben liefern Antriebsmaschinen für Motorfahrzeuge.

In den vergangenen hundert Jahren wurde die Mehrzahl aller Straßenfahrzeuge von Verbrennungsmotoren mit Hubkolben und Tellerventilen angetrieben. Während dieser Epoche haben Erfinder Tausende von alternativen Konzepten ausgetüftelt: neue Arten von Ventilsteuerungen, Verbrennungsmotoren ohne Kolben und Pleuelstangen, Gasturbinen und Motoren mit externer Verbrennung, wie sie beispielsweise die Dampfmaschine darstellt; nicht zu vergessen das Elektroauto. Die meisten dieser Vorschläge wurden aber nur auf dem Papier realisiert. Zwar fanden einige dieser ehrgeizigen Projekte begeisterte Sponsoren und Mäzene, aber selbst Ideen, die es wert gewesen wären, intensiver verfolgt zu werden, blieben fast durchweg im Entwicklungsstadium stecken...

Dampf- und Elektroautos hatten Anfang des 20. Jahrhunderts zwar eine Chance, aber sie vermochten sich gegen ihre konventionellen Konkurrenten nicht durchzusetzen. Mitte des 20. Jahrhunderts gab es einige Versuchsfahrzeuge mit Gasturbinenantrieb, doch auch ihnen war kein kommerzieller Erfolg beschieden. Allein der Wankel-Kreiskolben-Motor stellt die einzige Alternative zum konventionellen Hubkolbenmotor dar, die sich in begrenztem Maße durchsetzen konnte; mit seiner Serienproduktion wurde in den sechziger Jahren begonnen. Dennoch: Ottos Hubkolben-Verbrennungsmaschine blieb bis heute ohne echte Alternative.

Einer der am meisten bewunderten V6-Motoren. Die Grundkonstruktion dieses Alfa-Romeo-Motors stammt aus den späten 1970er Jahren, wurde aber ständig aufgerüstet, nicht zuletzt mit vier Ventilen pro Zylinder. So entstand schließlich jener Motor, der jetzt im 156 eingebaut ist. Besonderes Interesse finden die deutlich gewölbten Kolbenböden, unabdingbar für ein hohes Verdichtungsverhältnis, sowie die Taschen für die Ventile. Die langgestreckten Einlassrohre zwischen dem wuchtigen Ansaugluftsammler und den Zylinderköpfen sind ebenfalls bemerkenswert. Wie man erkennen kann, werden die Nockenwellen von einem Zahnriemen angetrieben. (Alfa Romeo)

Und wir müssen uns fragen, warum dies so ist. Die Arbeit eines jeden Motors, der ein Fahrzeug antreiben soll, ist einfach zu erklären. Er muss gespeicherte Energie aufnehmen und sie in mechanische Arbeit umsetzen. Die Energie kann in unterschiedlicher Form gespeichert werden; angefangen von der Elektrizität in den Batterien über verdrehte Gummibänder bis zu komprimierter Luft in Zylindern. Doch einer der Hauptgründe für den Erfolg des Verbrennungsmotors liegt darin, dass für ihn am leichtesten und einfachsten ein Betriebsstoff mitgeführt werden kann, der chemische Energie durch Verbrennung abgibt. Eine Anzahl solcher Treibstoffe sind in passender flüssiger Form fertig verfügbar, lassen sich gut transportieren und auf einzelne Fahrzeuge verteilen. Zu ihnen gehören in erster Linie Benzin und Diesel, aber es gibt verschiedene Alternativen.

Nimmt man einen Motor, der nach dem Prinzip der Kraftstoffverbrennung arbeitet, benötigt man hierzu erhebliche Mengen an Luft beziehungsweise Sauerstoff. Die Aufgabe eines Motors besteht also darin, Luft einzuziehen, sie mit Kraftstoff zu mischen, die Mischung zu verbrennen, den daraus resultierenden Druck in mechanische Bewegung umzusetzen und die verbrannten Gase danach auszustoßen. Mit anderen Worten: Ein Motor soll chemische Energie optimal in mechanische Arbeit umsetzen. Und hier kommt ein weiteres Kriterium ins Spiel: Ein Motor ist um so besser, je einfacher und preisgünstiger er seine Aufgabe erfüllt. Hier scheitern die meisten Erfinder, denn sie konzentrieren sich auf einige wenige Schwachstellen existierender Konzepte und vergessen darüber, dass ihre Entwicklungen zumeist in anderer Hinsicht komplizierter, teurer und (in der Regel) weniger wirkungsvoll sind.

Dennoch sind die Tage des Verbrennungsmotors, wie wir ihn kennen, gezählt. Er wird durch die Brennstoffzelle und den Elektromotor in absehbarer Zeit ersetzt werden.

Die Brennstoffzelle setzt die gespeicherte chemische Energie von Wasserstoff durch Sauerstoff aus der Luft frei und wandelt diese direkt in elektrische Energie um, wobei Wasser als einziges Nebenprodukt anfällt. Die Brennstoffzelle ist bedeutend genug, um gesondert (in Teil 8 dieses

Buches) behandelt zu werden; an dieser Stelle sei jedoch angemerkt, dass die Brennstoffzelle allein noch keinen Motor darstellt. Um das zu erreichen, was der bekannte Kolbenmotor kann, nämlich die Umsetzung von chemischer Energie in mechanische Motorleistung, bedarf die Brennstoffzelle eines Elektromotors.

Von der externen zur internen Verbrennung

Viele Menschen haben darüber nachgedacht, wie sich Verbrennungsenergie in Motorleistung umsetzen lässt. Im 18. Jahrhundert tauchte die erste wirklich praktische Methode auf – in Gestalt der Dampfmaschine. Das Prinzip der Dampfmaschine besteht darin, Wasser zu erhitzen, das unter Druck Dampf bildet. Dieser Druck wird dann über ein Ventil einem Zylinder zugeführt, in welchem er einen Kolben antreibt. Während der Zeit, in der sich der Kolben von seiner höchsten bis zu seiner tiefsten Position bewegt, kühlt der Dampf ab und verliert damit einen Großteil seines Drucks. Wenn der Kolben sich wieder aufwärts bewegt, stößt er einfach den verbrauchten Dampf durch ein anderes Ventil aus – das funktioniert so lange, bis das Wasser im Vorratskessel knapp wird. Doch man kann das Wasser aus dem ausgestoßenen Dampf kondensieren und in einem geschlossenen Kreislauf zum Boiler zurückführen.

Die Dampfmaschine gehört zu den »externen Verbrennungsmotoren«. Das bedeutet: Sie verbrennt zwar Kraftstoff, aber außerhalb der eigentlichen Maschine; sie verwendet extern erzeugten Dampf als Arbeitsmedium, welches die Verbrennungsenergie in jene Energie überträgt, welche die Maschine in Bewegung setzt. Es gab schon viele externe Verbrennungsmotoren, die mit einem anderen Kraftstoff als Dampf als Arbeitsmedium einen geschlossenen Kreislauf verwenden. Dampf war die nahe liegende Wahl im 18. Jahrhundert, weil Wasser in jeder erforderlichen Menge frei verfügbar war. Der einzig verfügbare feste Kraftstoff war Kohle, die nur außerhalb des Kessels verbrannt werden konnte. Die dabei entstehenden maßgeblichen Temperaturen – Wasser verdampft bekanntlich schon bei 100 Grad Celsius – waren mit den primitiven Materialien, mit denen die Ingenieure arbeiten mussten, leicht in den Griff zu bekommen.

Ein moderner externer Verbrennungsmotor hätte dank heute verfügbarer Kraftstoffe und besserer Materialien zwar einen viel höheren Wirkungsgrad als eine Dampfmaschine (der bei Dampflokomotiven bei ungefähr fünf Prozent liegt), wäre in der Arbeitsweise aber dennoch eben nur eine Dampfmaschine. Die Masse und Komplexität des externen Verbrennungsmotors und die Entwicklung von flüssigen Kraftstoffen veranlasste viele Erfinder im 19. Jahrhundert, nach einem Motor zu suchen, der den Kraftstoff innen verbrennen konnte – ohne den externen Kessel und dem damit verbundenen Röhrenwerk.

Kraftstoff zum Verbrennen

Es sind schon einige Tage vergangen, seit man feststellte, dass aus Rohöl Benzin und (später) Dieselöl raffiniert werden kann, das schnell, relativ sauber und wirkungsvoll in internen Verbrennungsmotoren verbrennt. Inzwischen geht es viel eher darum, diese Kraftstoffe noch sauberer zu bekommen. Überdies rückt die Frage nach den verfügbaren Ölreserven in den Mittelpunkt: Fossile Brennstoffe stehen nicht in beliebiger Menge zur Verfügung. Die Schätzungen reichen von 40 bis 65 Jahre, je nachdem, wie optimistisch man über die Entdeckung neuer Ölfelder denkt. Auf jeden Fall werden die aus Rohöl gewonnenen Kraftstoffe irgendwann, bevor das Öl wirklich zu Ende geht, zu teuer sein, um sie einfach nur zu verbrennen. Glücklicherweise gibt es fertig verfügbare Alternativen – möglicherweise zu viele, denn noch wird darüber gestritten, welche die effektivste ist.

Theoretisch kann ein interner Verbrennungsmotor mit jedem Kraftstoff (gasförmig oder flüssig), der rasch genug verbrennt, betrieben werden. Einige Alternativen sind bereits weit verbreitet: Flüssiggas (LPG – liquefied petroleum gas), komprimiertes natürliches Gas (CNG – compressed natural gas), Alkohol (Äthanol und Methanol)

Diese Teilschnittzeichnung zeigt den kompletten Aufbau des PSA HDI Turbodiesel-Motors in seiner Zweiliter-Achtventil-Originalausführung. Zu den interessanten Punkten gehört der Hilfsantrieb, der mit einem einzigen Polyrib-Rillenriemen die Servolenkungspumpe, die Lichtmaschine und den Kompressor der Klimaanlage in einer einzigen lang gewundenen Schleife antreibt. Da Dieselmotoren keine Drosselklappe haben, die einen Unterdruck im Einlasskrümmer erzeugen könnte, brauchen diese auch eine Unterdruckpumpe, um den Bremskraftverstärker zu bedienen. (PSA)

und andere Flüssigkeiten, die aus Pflanzen gewonnen werden wie beispielsweise Äthanol. Flüssige Kohlenwasserstoff-Kraftstoffe gewinnt man aus Kohle, und die Kohlereserven sind bei weitem umfangreicher als Rohölreserven. All diese Alternativen haben eifrige Befürworter, die meisten hatte lange Zeit das Methanol (wiewohl es im letzten Jahrzehnt erheblich an Unterstützung verloren hat): In Flottenversuchen zeigte sich, dass seine Verwendung in Motoren mit Katalysatoren zur Bildung von übelriechendem Formaldehyd führte. Die aktuelle kalifornische Abgasgesetzgebung setzte als Ergebnis eine Grenze für Formaldehyd-Werte. Die Zukunft von Methanol dürfte künftig eher als Quelle von Wasserstoff für Brennstoffzellen liegen (siehe Teil 8).

Das Viertakt-Verfahren: das einfachste Grundprinzip

Ende des 19. Jahrhunderts löste man das Problem, Kraftstoff auf kontrollierte Weise innerhalb eines Motors zu verbrennen, mit der Entwicklung des Viertakt-Verfahrens. Entwickelt und auch erstmals in einem Motor umgesetzt wurde es 1876 von dem Ingenieur Nikolaus August Otto, daher die Bezeichnung Otto-Motor. Zum damaligen Zeitpunkt glaubte man, dass keine kontinuierliche Verbrennung in einem internen Verbrennungsmotor stattfinden konnte; ein Irrtum, denn beispielsweise der Gasturbine (die auch ein interner Verbrennungsmotor ist) wird der Kraftstoff ja ebenfalls als kontinuierlicher Strom zugeführt. Damals aber, nach einem Jahrhundert sich ständig weiterentwickelter Dampfmaschinen, schien nur ein Antrieb vorstellbar, in dem der Kolben sich in Zylindern mittels einer Kurbelwelle und Pleuelstangen bewegten.

Ottos Viertakt-Verfahren war ein derart überzeugendes Konzept, dass die überwiegende Mehrheit der modernen Fahrzeuge es heute noch nutzt. Wenn wir Dieselmotoren mal für einen Moment ausblenden, dann saugt der Kolben beim Viertakt-Ottomotor im ersten Takt des Zyklus Luft und Kraftstoff an, beide vermischen sich. Während des zweiten Takts komprimiert der Kolben diese Mischung, bis sie gegen Ende des Takts von dem sorgfältig zeitlich gesteuerten Funken einer Zündkerze gezündet wird. Im dritten Takt saust der Kolben unter dem Druck des rasch erhitzten Gases nach unten, während des vierten Taktes stößt der Kolben das verbrannte Gas aus dem Zylinder aus, und der ganze Prozess beginnt von vorn. Diese vier Takte sind als Ansaugen, Verdichten, Arbeiten und Ausstoßen bekannt. Man nennt den Grad, bis zu welchem die Luft über dem Kolben komprimiert wird – also das Verhältnis des Raumes über dem Kolben am höchsten Punkt seines Weges zum Abstand zum tiefsten Punkt seines Weges – Kompressionsverhältnis oder Verdichtung. In einem modernen Viertakt-

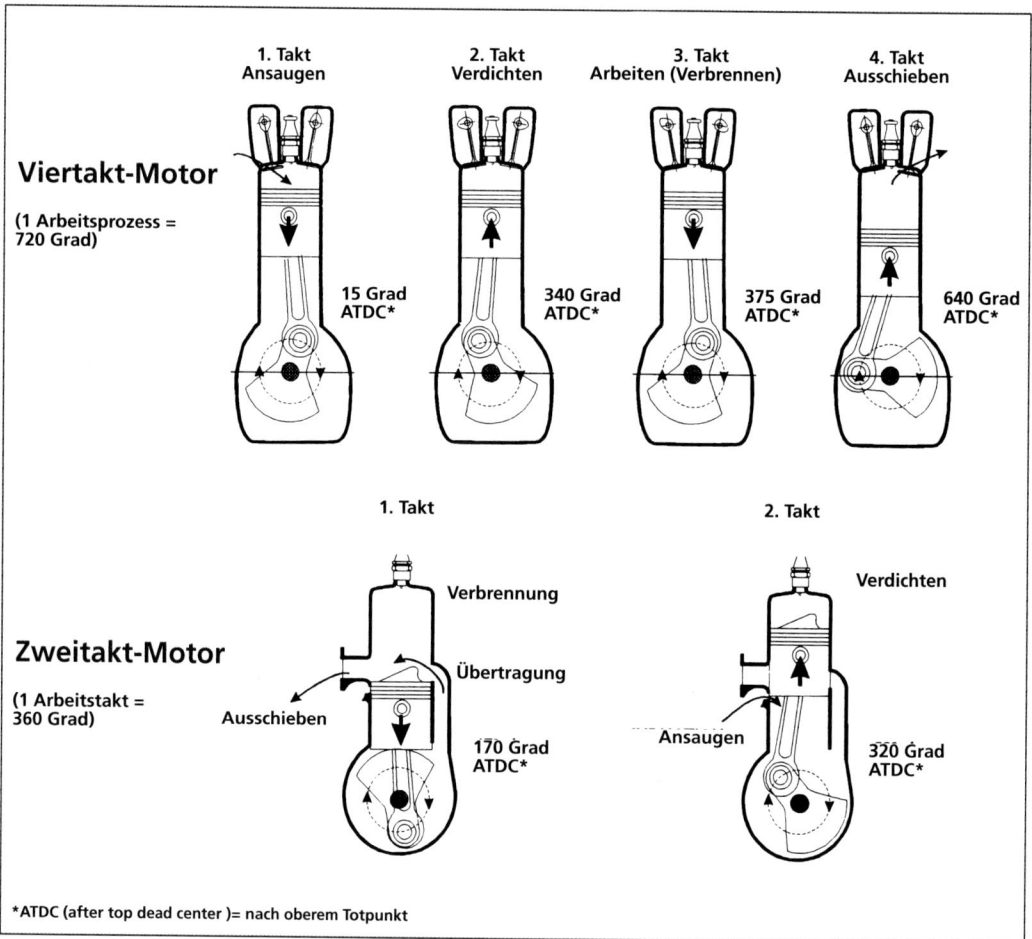

Viertakt-Motor

(1 Arbeitsprozess = 720 Grad)

| 1. Takt Ansaugen | 2. Takt Verdichten | 3. Takt Arbeiten (Verbrennen) | 4. Takt Ausschieben |

15 Grad ATDC*

340 Grad ATDC*

375 Grad ATDC*

640 Grad ATDC*

Zweitakt-Motor

(1 Arbeitstakt = 360 Grad)

1. Takt

Verbrennung

Übertragung

Ausschieben

170 Grad ATDC*

2. Takt

Verdichten

Ansaugen

320 Grad ATDC*

*ATDC (after top dead center)= nach oberem Totpunkt

motor mit Kerzenzündung beträgt das Kompressions-(Verdichtungs-)verhältnis ungefähr 10:1.

Alle Dieselmotoren, die in heutigen Personenwagen angeboten werden, arbeiten ebenfalls nach dem Viertaktverfahren. Der wichtige Unterschied zwischen Diesel- und Benzinmotor besteht im Kompressionsdruck. Der Diesel verwendet eine sehr viel höhere Verdichtung (rund 20:1; dadurch erhitzt sich die zusammengepresste Luft. Sobald Kraftstoff in den Brennraum gespritzt wird, erfolgt die Zündung. Im Benzinmotor ist der Kraftstoff, vorgemischt mit Luft, bereits vorhanden, und das Gemisch wird dann durch Zündung der Zündkerze gezündet; im Diesel wird der Kraftstoff nach einem präzisen Timing eingespritzt, und die Zündung erfolgt unmittelbar und von allein. Während den meisten Menschen die Begriffe Benzin- oder Diesel-

Der wesentliche Unterschied zwischen einem Viertakt- und Zweitakt-Motor ist, dass letzterer von der Luft/Kraftstoff-Ladung abhängt, die bei der Abwärtsbewegung des Kolbens durch einen oder mehrere Überströmkanäle geleitet wird, während die Verbrennung oberhalb des Kolbenbodens stattfindet. Obwohl der Zweitakt-Motor leicht, kompakt und mechanisch einfach ist, sind seine NOx-Emissionen unvermeidlich höher als beim Viertakter, und seine Langzeit-Haltbarkeit bleibt fraglich. (Ford)

motor genügen, verwenden Ingenieure oft die Bezeichnungen SI (= Spark Ignition, Kerzenzündung) und CI (= Compression Ignition, Selbstzündung), wenn sie zwischen beiden unterscheiden wollen.

Der Zweitakter: zum Abschied verurteilt?

Eine Alternative zum Viertaktverfahren bildet der Zweitaktmotor. Im Zweitakter werden sorgfältig platzierte Kanäle – man nennt sie Überströmkanäle – in der Zylinderwand von einem speziell geformten Kolben freigegeben, wenn er sich nach unten und dann wieder nach oben bewegt.

So wirkt jede Abwärtsbewegung des Kolbens als Arbeits- und Verdichtungstakt im Kurbelgehäuse. Nachdem die Überströmkanäle geöffnet sind, wird das vorverdichtete Luft-Kraftstoffgemisch aus dem Kurbelgehäuse in den Brennraum geblasen. Jede Aufwärtsbewegung des Kolbens ist ein Ausstoß- und Verdichtungstakt im Brennraum. Der aufwärts gehende Kolben erzeugt im Kurbelgehäuse einen Unterdruck, der das Luft-Kraftstoffgemisch über den sich jetzt öffnenden Einlasskanal (der mit dem Vergaser verbunden ist) dort einströmen lässt.

Da hier keine mechanischen Ein- oder Auslassventile zu bedienen sind, kann der Zweitakter einfach und kompakt gebaut werden. Und weil jede Abwärtsbewegung auch einen Arbeitstakt darstellt (beim Viertaktverfahren: jeder Takt einzeln), kann der Zweitakter in Bezug auf seine Maße und sein Gewicht durchaus leistungsstark sein.

Aus diesen Gründen wird der Zweitaktmotor seit jeher in Millionen Motorrädern eingesetzt. Außenbordmotoren in der Schifffahrt, viele Rasenmähermotoren, Motorsägen und so weiter sind ebenfalls Zweitakter, und es gab sie einst auch in vielen Autos. Die bekanntesten waren der DKW, der Saab aus den 1950er und 1960er Jahren sowie der Wartburg und der Trabant, die in der ehemaligen DDR produziert wurden. Die beiden Hauptprobleme des Zweitakters sind zum einen der relativ hohe Kraftstoffverbrauch und zum anderen seine Emissionswerte, die weit über allem liegen, was nach den jüngsten europäischen und amerikanischen Gesetzen statthaft ist. Weil die Kolbenringe im Laufe eines durchschnittlichen Motorlebens millionenfach die Kanäle passieren müssen, haben Ingenieure überdies Vorbehalte, was Verschleiß und Halt-

Den letzten ernsthaften Versuch, einen modernen Zweitakter für den Einsatz in Autos zu entwickeln, unternahm Ford gemeinsam mit Orbital. 1992 zeigte Ford eine Version des Fiesta, die von diesem fortschrittlichen Dreizylinder-Zweitaktmotor angetrieben wurde. Die Leistungsabgabe war gut, aber die Zweifel an der Erfüllbarkeit künftiger Emissionswerte und der Haltbarkeit verhinderten letztlich eine Serienfertigung. (Ford)

barkeit angeht. Verbrauchs- und Abgas-Probleme entstehen hauptsächlich, weil es sich nicht verhindern lässt, dass sich das eingeführte Gemisch und die ausgestoßenen Abgase vermischen: Etwas vom sauberen Gemisch verschwindet immer über den Auspuff, und etwas von den Auspuffgasen verbleibt immer im Zylinder. Folglich arbeiten alle Automotoren aus heutiger Produktion nach dem Viertaktverfahren.

Die Bedeutung der Ventile

Die Arbeitsweise des Viertaktmotors hängt entscheidend von Ventilen ab, die zur richtigen Zeit öffnen, um Luft und Kraftstoff ein- und Abgas auszulassen. Man hat mit vielen unterschiedlichen Ventilformen experimentiert, das pilzförmige Tellerventil blieb aber hinsichtlich Gewicht und Einfachheit unübertroffen, obwohl einige andere Typen – insbesondere das Schiebeventil, das in der Zeit von 1910 bis 1938 in einigen Motoren verwendet wurde – einen besseren Wirkungsgrad versprachen. Die unterschiedlichen Ventilbauformen, ihre Arbeitsweise und ihre Zeitsteuerung (die Zeitpunkte, wenn sie sich während des Arbeitstakts des Motors öffnen und schließen) machten einen wichtigen Aspekt des Motorenbaus aus und gewannen zusehends an Bedeutung. Wir werden in Teil 4 viel genauer darauf schauen.

Alternative Antriebe

Von allen Motoren, die als Alternativen zum Hubkolbenmotor erdacht wurden, konnten nur zwei einen gewissen Erfolg verbuchen: die Gasturbine und der Wankel-Kreiskolben-Motor. Sie sind es wert, genauer untersucht zu werden, auch und gerade unter dem Aspekt, dass sie den Hubkolbenmotor als Hauptantrieb für Kraftfahrzeugmotoren wohl niemals ersetzen können.

Die Gasturbine komprimiert Luft, fügt unkomprimierte Luft hinzu und verbrennt sie ununterbrochen; sie stößt das Gas durch eine Turbine hinaus, die den Kompressor antreibt. So weit, so gut, doch was geschieht mit der erheblichen Energie, die sich im Abgasstrom der Turbine befindet?

In einem Jet-Flugzeug ist die Antwort leicht: Man bläst sie nach hinten weg, wodurch das Flugzeug vorwärts getrieben wird. In einem Landfahrzeug muss man einen Weg finden, diese Energie zum Antrieb der Räder zu nutzen, und das erfordert wiederum eine zweite, eine »Arbeits«-Turbine, welche die Restenergie herauszieht. Man behält deshalb nur eine geringe Menge an Abgasen zurück (von der man wiederum den Großteil der verbliebenen Restenergie dadurch abführt, dass man sie durch einen Wärmeaustauscher leitet, was die Abgase kühlt und die einströmende Luft aufheizt). Von der Arbeitsturbine kann der Antrieb entweder an einen elektrischen Hochgeschwindigkeitsgene-

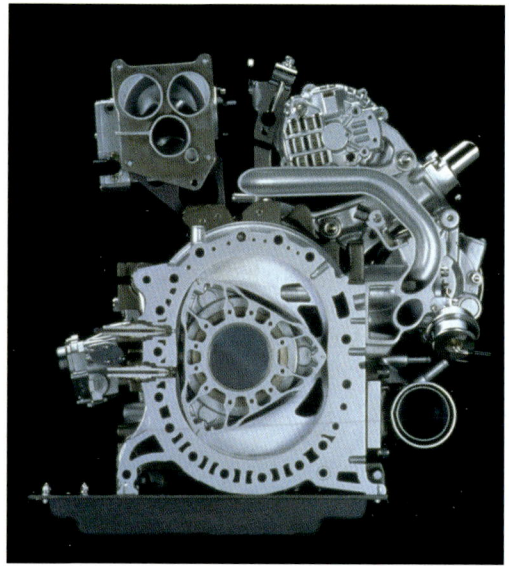

Mazda bleibt dem Wankel-Kreiskolbenmotor treu, auch lange nachdem andere Automobilhersteller den Kreiskolbenmotor zu den Akten gelegt haben.
Anlässlich der Tokyo Motor Show im Jahr 1999 stellte das Unternehmen eine neue und weiterentwickelte Version des Motors aus, mit seitlichen Einlass- und AuslassKanälen und überarbeitetem Einlass-System. Der Zweischeiben-Motor (2 x 654 cm³) erzeugt 210 kW (mit Turboaufladung) und soll einen spezifisch geringeren Kraftstoffverbrauch erreichen. Ab dem Modelljahr 2003 beflügelt dieser »Renesis-Motor« den RX-8, das Coupé mit den Schmetterlingstüren. (Mazda)

rator oder mechanisch mittels Zahnrädern an die Räder übertragen werden.

Die Gasturbine für Landfahrzeuge hat zwei große Nachteile. Zum einen ist das sehr zögerliche Ansprechverhalten: Es ist sehr schwer, die Art von sofortiger Reaktion auf die Betätigung des Gaspedals zu erreichen, wie man sie von einem Kolbenmotor kennt. Zum anderen bedingt die Gasturbine sehr hohe Produktionskosten, sogar nach 60 Jahren Erfahrung in der Luftfahrtindustrie noch. Die praktische Ausführung von Gasturbinen für Landfahrzeuge sieht technisch auch etwas eigenartig aus, weil der Auslass/Einlass-Wärmetauscher, der für einen akzeptablen Wirkungsgrad erforderlich ist, in der Regel das größte Bauteil des Motors darstellt.

Der Wankel-Kreiskolbenmotor arbeitet nach einem Viertaktverfahren, aber mit Brennkammern, deren Volumina variabel sind, also größer und kleiner werden, wenn ein zentraler Rotor, der eine spezielle Delta-Form mit drei Hochpunkten hat, sich innerhalb eines epitrochoiden Gehäuses (Epitrochoide = ovale, in der Mitte leicht eingeschnürte Kurve) mit zwei Hohlkehlen und zwei Hochpunkten dreht. Die Ausbreitung des Gases bei der Kraftstoffverbrennung dreht den Rotor, der wiederum in der Drehung die zentrale Welle antreibt, mit der er verzahnt ist. Bis an die Grenze einer bestimmten Leistung ist der Wankelmotor leicht, kompakt und sehr laufruhig, er wurde in verschiedenen Automodellen von NSU (jetzt Teil der Volkswagen AG) und wird heute noch von Mazda verwendet. Versuchsweise haben auch andere Hersteller Wankelmotorautos auf die Räder gestellt (u.a. Mercedes-Benz, Citroën).

Der Wankel-Kreiskolbenmotor litt häufig unter Problemen mit den Dichtleisten zwischen den Rotorspitzen und dem äußeren Gehäuse; diese Schwierigkeiten wurden erst im Laufe der Weiterentwicklung überwunden. Die eigentlichen und kaum lösbaren Probleme waren die Form der Verbrennungsräume, die zu viel Wärmeverlust zuließen – der Motor war nie so ökonomisch wie seine Hubkolben-Konkurrenten – sowie die unzulängliche Steuerung des Luftstroms während des Verbrennungsprozesses, was in der Praxis zu sehr hohen Abgas-Emissionen führte. Obwohl das Wankel-Konzepts in gewisser Hinsicht viel versprechend ist, verhinderten diese Nachteile seinen Vormarsch als Fahrzeugmotor auf breiter Front, wenngleich er auch in einigen anderen Anwendungen überlebte, in denen Kraftstoffverbrauch und Abgasemissionen weniger, aber geringes Gewicht und Laufruhe wichtig waren, zum Beispiel bei Modellflugzeugmotoren oder Kettensägen.

2. Grundlagen der Motorentwicklung

M an unterscheidet bei einem Hubkolbenmotor zwischen zwei Hauptbauteilgruppen. Der untere Teil ist der Zylinderblock einschließlich der rotierenden Baugruppe darin, die aus Kurbelwelle, Pleuelstangen und Kolben besteht. Der obere Teil besteht aus dem Zylinderkopf, den Ventilen und ihrem Antriebssystem. Die Funktion des Blocks und der rotierenden Baugruppe besteht darin, den Druck, den der verbrennende Kraftstoff erzeugt, in eine mechanischen Leistung zu verwandeln, die von der Kupplung (oder bei einem Automatikgetriebe vom Drehmomentwandler) auf die Räder übertragen wird. Die Arbeit des Zylinderkopfs und der Ventile besteht darin, Luft und Kraftstoff in den Motor zu bekommen, am richtigen Ort zur richtigen Zeit zu verbrennen und danach die verbrannten Gase loszuwerden.

So gesehen klingt es ziemlich einfach, und in gewisser Weise ist es das auch. Es wird etwas komplizierter, wenn man sich darüber einig ist, dass mechanische Leistung aus zwei verschiedenen, wenn auch verwandten Dingen besteht: Leistung und Drehmoment. Die Verwandtschaft zwischen beiden wird oft verkannt. Die meisten Menschen glauben zu wissen, was Leistung ist, aber die wenigsten wissen, was Drehmoment bedeutet.

Das **Drehmoment** wird normalerweise als der mittlere Schub definiert, der vom Motor zur Verfügung gestellt wird. Da der Motor seine Ausgangsleistung aber dadurch abgibt, dass er eine Welle dreht, messen wir tatsächlich das Drehmoment als die Wirkung einer Kraft, die in einem bestimmten Abstand angreift. Die heute übliche Einheit, mit der das Drehmoment angegeben wird, ist das Newtonmeter (Nm) – eine Kraft von einem Newton (definiert als Kraft, die man braucht, um eine Masse von einem Kilogramm mit einer Geschwindigkeit von einem Meter pro Sekunde zu beschleunigen), die an einem Hebelarm von einem Meter Länge angreift. Das Drehmoment hängt hauptsächlich vom mittleren Druckzuwachs (BMEP = »brake mean effective pressure«) ab, der den Kolben während des Arbeitstakts nach unten stößt, der Dauer dieser Druckanwendung, der Fläche des Kolbens und vom Takt der Kurbelwelle: der Abstand zwischen Aufwärts- und Abwärtsbewegung des Kolbens. Das Drehmoment hängt auch mehr oder weniger direkt von der Verdichtung des Motors ab. Schließlich kommt es auch – wenn auch weniger direkt – auf andere Faktoren an, wie beispielsweise die zeitliche Steuerung des Ventil-Öffnens und -Schließens, und auf die Drehzahl, mit der der Motor läuft. Bei hoher Motordrehzahl verbleibt vergleichsweise wenig Zeit für den Druckaufbau, daher wird das maximale Drehmoment in den meisten Motoren so angesiedelt, dass es irgendwo zwischen einem Drittel und der Hälfte der zulässigen Höchstgeschwindigkeit zur Verfügung steht.

Leistung ist das Maß, mit dem der Motor arbeitet. In den einfachsten Grundlagen – allen bekannt, die Mathematik und Physik in der Schule ernst genommen haben – ist Arbeit gleich Kraft mal Weg, und Leistung ist deshalb gleich Kraft mal Weg geteilt durch Zeit. Weg geteilt durch Zeit bezeichnen wir als Geschwindigkeit, deshalb ist Leistung gleich Kraft (im Falle des Motors das Drehmoment) mal Geschwindigkeit (seine Arbeitsgeschwindigkeit). Also bringt die Motorgeschwindigkeit Leistung und Drehmoment zusammen; aber warum sollten die beiden Dinge getrennt betrachtet werden?

Um Antwort auf diese Frage zu bekommen, müssen wir mit den Leistungseinheiten beginnen. Im 18. Jahrhundert wurde als passende Einheit für die Messung der Ausgangsleistung einer Dampfmaschine der Zuwachs an Arbeit definiert, den ein Arbeitspferd bei der Kohleförderung in einem Bergwerksschacht leisten konnte, und das mit einem Seil, das über eine Rolle läuft. Die Pferdestärke (engl: horse power) wurde mit 550 »pund-foot« pro Sekunde (= 0,735 kW) angegeben. Mit anderen Worten: Das britische Berg-

Das kleine Unternehmen Saab (heute ein Teil von General Motors) besitzt einen formidablen Ruf als Motorschmiede. Saab war ein Pionier der Turboaufladung, der Anwendung von vier Ventilen pro Zylinder und der Zündung, bei der die Zündspule direkt über der Kerze sitzt (»direct coil-on-plug ignition«). Als GM Saab schluckte, übernahm Saab rasch deren Dreiliter-V6-Motor und passte ihn für den Einsatz in seinen Topmodellen an. Es gibt viele interessante Details in diesem Bild, nicht zuletzt die vorne eingebauten Turbolader und Ladeluftkühler. (Saab)

Der Vierliter-V6-Motor, der den Allrad-Ford-Explorer antreibt, ist einer der größten Sechszylinder-Benzin-Motoren, die jemals hergestellt wurden. Der Entwurf mit zwei Ventilen pro Zylinder, einer einzigen obenliegenden Nockenwelle pro Zylinderblock und kettenangetriebenen Nockenwellen ist typisch amerikanisch, wurde aber in Köln produziert. (Ford)

werkspferd konnte (theoretisch) 550 Pfund (76 kg) Kohle mit einer Geschwindigkeit von einem Fuß (0,305 m) pro Sekunde einen Schacht he-

raufziehen. Allerdings brauchte man dazu ein ziemlich kräftiges Pferd, denn 76 Kilogramm sind im wahrsten Sinne des Wortes eine ziemliche Masse. 7,6 Kilogramm 3 Meter pro Sekunde zu heben, was etwa 11 km/h entspricht, klingt für ein mittelgroßen Pferd schon viel angenehmer, erfordert indes die gleiche Ausgangsleistung.

Noch einmal, weil es wichtig ist: In dieser Analogie steht die Last − 76 oder 7,6 kg − für das Drehmoment. Die Geschwindigkeiten sind zwar verschieden, doch die Ausgangsleistung dieselbe. Denn das kräftigere Pferd bewegt sich sehr langsam und gleichmäßig, während das kleinere munter dahintrabt.

Übrigens: Das sehr anschauliche Bild von 550 pound-foot (lb/ft) pro Sekunde blieb die Standardeinheit für die Leistung im alten Maßsystem, bis es vom metrischen System abgelöst wurde; sie war die Bremsen-Pferdestärke (Brems-PS = brake horsepower), mit anderen Worten: die an der Bremse gemessene Leistung. Die Bremse brachte so lange eine ansteigende Last an die Ausgangswelle, bis die Motorgeschwindigkeit stabil gehalten wurde. Die metrische Standard-Ausgangsleistungs-Einheit ist heute das Kilowatt (kW), was etwas mehr als ein Brems-PS ist. Um kW in Brems-PS zu umzurechnen, muss mit 1,36 multipliziert werden.

In der Praxis auf den Straßen bestimmt der Gegensatz von maximaler Leistung und aerodynamischem Luftwiderstand die Maximalgeschwindigkeit, während die Beschleunigung vom Gegensatz zwischen Drehmoment und Gewicht (stark beeinflusst von der Getriebeauslegung) bestimmt wird. Eigentlich erstaunlich also, dass die meisten Autofahrer die Beschleunigung höher bewerten als die reine Höchstgeschwindigkeit (was ja sinnvoll ist), sie die Ausgangsleistung aber letztlich mehr beachten als das Drehmoment.

Die Balance zwischen Drehmoment und Leistung ist beim normalen Hubkolben-Verbrennungsmotor (IC) äußerst wichtig, weil er im Langsamlauf sehr wenig Drehmoment entwickelt. Folglich muss beim Anfahren wie auch beim Beschleunigen aus geringer Geschwindigkeit dafür gesorgt werden, dass der Motor schnell genug läuft, um ein hohes Drehmoment zu entwickeln. Das wiederum bedeutet, dass er sehr rasch hochdrehen muss. Irgendwo davor muss der Motor deshalb wieder in Relation zur Fahrzeuggeschwindigkeit abgebremst werden. Das ist natürlich die Aufgabe des Getriebes, welches ausführlich in Teil 2 diskutiert wird. Aber der Unterschied zwischen Leistung und Drehmoment sollte während des gesamten Prozesses der Motorentwicklung im Gedächtnis bleiben.

Ein Motor, der auf ein hohes Drehmoment ausgelegt ist, also sein maximales Drehmoment bei relativ geringer Geschwindigkeit entwickelt – beispielsweise 2500 U/min verglichen mit einer Spitzenleistung von 6000 U/min und einer zulässigen Höchstdrehzahl bei 7000 U/min – wird immer flexibler sein, weil er besser bei geringer Geschwindigkeit zieht und mit weniger Schaltvorgängen auskommt: Er ist, wie man sagt, elastisch und kann schaltfaul gefahren werden. Ein Motor, der auf Höchstleistung ausgelegt ist, wird dagegen stets bessere Fahrleistungen aufweisen, wenn der Fahrer willens ist, die Gangschaltung zu benutzen, um die Motordrehzahl nahe am maximalen Drehmoment zu halten. Bummeltouren mit hohem Gang, aber geringer Geschwindigkeit, sind für solche auf Drehzahlen ausgelegte Motoren nichts. Ein zügiges Beschleunigen ist nur dann möglich, wenn zwei oder drei Gänge zurückgeschaltet werden. Um beim Beispiel zu bleiben: Ein auf Höchstleistung ausgelegter Motor, dessen Spitzenleistung analog zum oben angeführten Motor bei 6000 U/min liegt, wird sein maximales Drehmoment vielleicht erst bei 4000 U/min entwickeln. Bei 2500 U/min wird er weniger Drehmoment entwickeln als ein elastischer Motor.

Eine Motorentwicklung erfordert deshalb meist einen technischen Kompromiss. Man kann entweder einen elastischen Motor mit sehr viel Drehmoment bei relativ niedrigen Drehzahlen entwickeln oder einen Hochleistungsmotor mit relativ schwacher Leistung bei niedrigen Drehzahlen, der fleißig geschaltet werden muss; oder aber man wählt eine sorgfältige Balance zwischen beiden (eines der netten Dinge bei den altmodischen britischen Imperial-Maßeinheiten war, dass in einem typischen, gut ausbalancierten Motor das maximale Drehmoment in pound-foot ungefähr den gleichen Wert hatte wie die Maximalleistung in Brems-PS). Wie wir später sehen werden, erfordern einige moderne Motorentwicklungen deutlich weniger Kompromisse als bisher und erlauben den Entwicklern, das Beste beider Welten zu genießen. Aber die grundsätzlichen Zusammenhänge von Leistung und Drehmoment bleiben bestehen, ebenso die Grundtechniken, um zu einer Balance zu gelangen.

Die Leistungen der VW-Audi-Vierzylinder-Reihenmotoren mit fünf Ventilen pro Zylinder waren so gut, dass Audi auf dieser Zylindergrundkonstruktion einen V6-Motor mit 30 Ventilen schuf. In dieser Abbildung fallen auf: die komplizierte Konstruktion der Einlasskrümmer mit Überkreuzsträngen zur Versorgung eines jeden Zylinderblocks; die Direktzündung (Zündspule direkt über der Kerze, eigentlich eine Saab-Entwicklung, aber überall längst Standard), die komplizierte Nockenwelle, die drei Einlassventile pro Zylinder bedienen muss, sowie der sorgfältig hergestellte, doppelwandige und isolierte Abgaskrümmer, der dabei hilft, den Katalysator rascher aufzuwärmen, da er nur wenig von der Abgaswärme selbst absorbiert. Das ist beim Kaltstart besonders wichtig. Man erkennt auch zwei sehr lange Antriebsriemen – einen Zahnriemen, der alle vier Nockenwellen, und einen noch längeren Multi-»Serpentinen«-Keilriemen, der alle Hilfsaggregate antreibt. (Audi)

Die Abstimmung erfolgt in der Praxis hauptsächlich auf eine einzige Art. Es ist zwar ziemlich einfach, die maximale Leistung, die ein Motor liefert, zu erhöhen. Es ist allerdings viel schwerer, das Drehmoment zu erhöhen (außer durch Aufladung). Das kommt daher, dass die Leistung, die ein Motor entwickelt, vor allem von den Verbrennungsabläufen abhängt, wie rasch er also Luft ansaugen und Abgase ausstoßen kann. Und das hängt wiederum von der Drehzahl des Motors, der Größe der Kanäle und der Ventile ab, durch die die Luft und das Gasgemisch strömen. Anders gesagt: Wenn etwa in der Formel 1 die Motordrehzahl um 1000 U/min erhöht werden kann, entspricht dies etwa 50 zusätzlichen Brems-PS – sofern der Motor dabei nicht platzt.

Andererseits hängt das Drehmoment von jenen Faktoren ab, die bereits erwähnt wurden. Und für jeden bekannten Motor sind sie festgelegt. Die einzige Sache, die relativ leicht zu ändern wäre, ist der effektive Mitteldruck. Dieser lässt sich ein wenig durch Entwicklungen im Detail beeinflussen und etwas mehr durch Änderungen der zeitlichen Ventilsteuerung oder durch die Erhöhung des Verdichtungsverhältnisses. Am weitaus wirkungsvollsten aber ist das Einblasen von Luft in den Motor unter positivem Druck, präziser ausgedrückt: durch eine Aufladung.

Natürlich ist solch ein hohes Drehmoment nicht wirklich erforderlich. Es würde genügen, gerade so viel zu haben, dass der Motor jederzeit die Leistung bringt, die man braucht – jedenfalls so lange man ausreichend viele Gangstufen und Spaß am Schalten hat. Aber die meisten Autos haben nur fünf Vorwärtsgänge, und die meisten Straßenfahrer verlieren alsbald den Spaß daran, wenn sie vor jedem Gefälle, jeder Kurve und jedes Mal, wenn sie womöglich überholen wollen, herunterschalten müssen. Kurzum: Um eine akzeptable Leistung zu erzielen, muss jeder Automotor ein bestimmtes Drehmoment liefern (genauer gesagt: ein bestimmtes Verhältnis von Drehmoment zu Fahrzeuggewicht). Eine akzeptable Leistung wird für jedes Auto anders definiert, aber sie hängt auf jeden Fall von der tatsächlichen Motorgröße ab, weil in jedem zeitgemäßen, nicht aufgeladenen Saugmotor das maximale Drehmoment in der Nähe von 100 Nm/Liter liegt.

Interne Verluste

Es ist hinlänglich bekannt, dass der Verbrennungsmotor eigentlich nicht besonders effizient arbeitet, zumindest in der Energiebilanz. Er leitet zwar viel Wärme über sein Kühlsystem ab (und noch viel mehr Energie über das Aufpuffsystem), wandelt aber nicht mehr als 38% der chemischen Energie seines Kraftstoffs in die Nutzarbeit für den Autoantrieb um. Diesel-Autos ergeht es ein wenig besser, deren Spitzenwirkungsgrade betragen bis zu 42%. Andererseits gibt es Motoren, die wegen ihrer internen Verluste noch nicht einmal diese Werte erreichen. Diese Verluste, die durch Ladungswechsel, Reibung und bei Ein- bzw. Auslass entstehen, können erheblich sein.

Verluste beim Ladungswechsel treten beim Verbrennen des Kraftstoffs auf. Der Motor muss sehr viel Luft ziehen, besonders bei hoher Geschwindigkeit und Ausgangsleistung, und dann die Abgase ausstoßen. Dazu benötigt er einen großen Teil der Leistung, und diese Leistung steht für den Antrieb des Autos nicht zur Verfügung. Deshalb geben sich die Motorentwickler viel Mühe, die Einlass- und Auslass-Krümmer wie auch die Kanäle innerhalb eines Zylinderkopfs so zu gestalten, dass die Frischluft beim Einströmen und die Auspuffgase beim Ausstoßen möglichst leicht und mit möglichst geringem Widerstand fließen können. Unglücklicherweise wird ein Motor, dessen Auslass auf maximale Leistung ausgelegt ist, bei niedriger Geschwindigkeit – wenn er beispielsweise in einem Stau dahinzuckelt – weit weniger erfreuliche Manieren an den Tag legen. Denn wie sich der Motor bei niedriger Geschwindigkeit verhält, wie stark also das Drehmoment bei niedriger Geschwindigkeit ist, hängt von der Geschwindigkeit ab, mit der die Luftströmung in den Verbrennungsraum gelangt. Und ein ohnehin nur schwacher Luftstrom wird durch einen weiten Einlasskanal zusätzlich verlangsamt. Somit muss ein Motorentwickler bei jedem Straßenfahrzeug einen Kompromiss finden, der die Fahrbarkeit bei niedrigen Geschwindigkeiten ebenso wie bei Hochgeschwindigkeit gewährleistet. Das erfolgt entweder bei der Auslegung (also ein Kompromiss bereits bei der Entwicklung) oder durch zusätzliche Maßnahmen, welche die eigentliche Größe und den Umfang der Kanäle beeinflussen und somit auch die Ausgangsleistung. So verfügen einige Mehrventil-Motoren beispielsweise über eine Ventilabschaltung: Hat ein Zylinder zwei Einlassventile, tritt das zweite erst bei höheren Drehzahlen in Aktion.

Im Otto-Benzinmotor erhöht das teilweise Schlie-

Diese Schnittzeichnung des BMW-Valvetronic-Motors, der im Jahr 2001 angekündigt und in der britischen Motoren-Fabrik des Unternehmens gebaut wird, zeigt viele interessante Eigenschaften. Dazu gehören natürlich der äußerst komplizierte Ventilantriebsmechanismus, der dank der variablen Zeitsteuerung das Öffnen von Einlass- und Auslass-Ventilen ebenso betätigt wie auch den variablen Hub (praktisch 0 bis 10 mm) des Einlassventils. Ebenso bemerkenswert ist die Art und Weise, wie jedes Abgasrohrpaar in eine separat aufgesetzte Vorkatalysator-Baugruppe geführt wird. (BMW)

ßen der Gaszufuhr-Drosselklappe die Strömungsverluste bei niedriger Geschwindigkeit. Wenn die Klappe fast geschlossen ist, saugt der Ansaughub des Kolbens nicht nur Luft, sondern reduziert den Luftdruck im Einlasskanal, wodurch für den Ansaughub mehr Leistung aufgewendet werden muss. Je näher die Drosselklappe am Einlasskanal liegt, desto schwerer wiegt dieser Effekt. Daher haben moderne Benzinmotoren lange, kompliziert aussehende Krümmer. Dabei ist die Drosselklappe am Eingang eines Unterdruckkanals, in einiger Entfernung von den Einlassventilen, zu finden. Dieselmotoren weisen keine Drosselklappen auf, so dass bei ihnen die Strömungsverluste bei Teillast gering sind. Das ist einer der Gründe (der andere ist ihr höheres Verdichtungsverhältnis), warum Dieselmotoren einen höheren Wirkungsgrad aufweisen und deshalb wirtschaftlicher arbeiten als Benzinmotoren.

Reibungsverluste respektive deren Reduzierung sind ebenfalls außerordentlich wichtig. Die wesentlichen Reibungsverluste treten zwischen den Kolbenringen und den Zylinderwänden sowie in den Kurbelwellenlagern auf, wo die Pleuelstangen mit der Kurbelwelle verbunden sind. Reibungsverluste treten auch in den Hauptlagern auf, durch welche die Kurbelwelle im Zylinderblock gehalten wird. Reibung bedeutet nicht, dass im Kurbelwellenlager Metall auf Metall trifft, das wäre nämlich das kurzfristige Ende eines Triebwerks... Ein dünner Ölfilm verhindert, dass die Metallflächen in direkten Kontakt geraten. Reibungsverluste entstehen vielmehr dann, wenn die Viskosität des Öls nicht mehr ausreicht. Mit zunehmender Temperatur (und damit Motordrehzahl) nimmt die Viskosität ab, der Schmierfilm ist nicht mehr so tragfähig. Reißt er gar (wird also die Temperatur zu hoch), sind Schäden vorprogrammiert. Gleichermaßen wichtig für das lange Leben von Kolbenringen und Zylinderbohrungen ist die Schmierung. Aber auch bei ausreichender Schmierung wurde in vielen Experimente nachgewiesen, dass mit zunehmender Drehzahl die Reibungsverluste rasch ansteigen, besonders jenseits der 6000 U/min. Formel-1- und ähnliche Motoren, die um der schieren Leistung willen mit extrem hohen Drehzahlen laufen, weisen erhebliche interne Reibungsverluste auf und deshalb einen entsprechend hohen Kraftstoffverbrauch.

Bei der Motorentwicklung spielt die Zahl der Zylinder eine wichtige Rolle: Je weniger Zylinder, desto geringer in der Regel die Reibungsverluste, weil es weniger Kolbenringe und weniger (obwohl größere) Lager gibt. So sind Vierzylindermotoren in der Regel immer etwas wirtschaftlicher als Sechszylindermotoren bei gleicher Größe und Ausgangsleistung. Das ist ein Grund, warum einige Entwickler sich entschieden haben, große Vierzylindermotoren (Beispiel Porsche 968) mit bis zu drei Liter Hubraum zu konstruieren.

In den vergangenen Jahren hat man sich intensiv bemüht, die internen Reibungsverluste zu

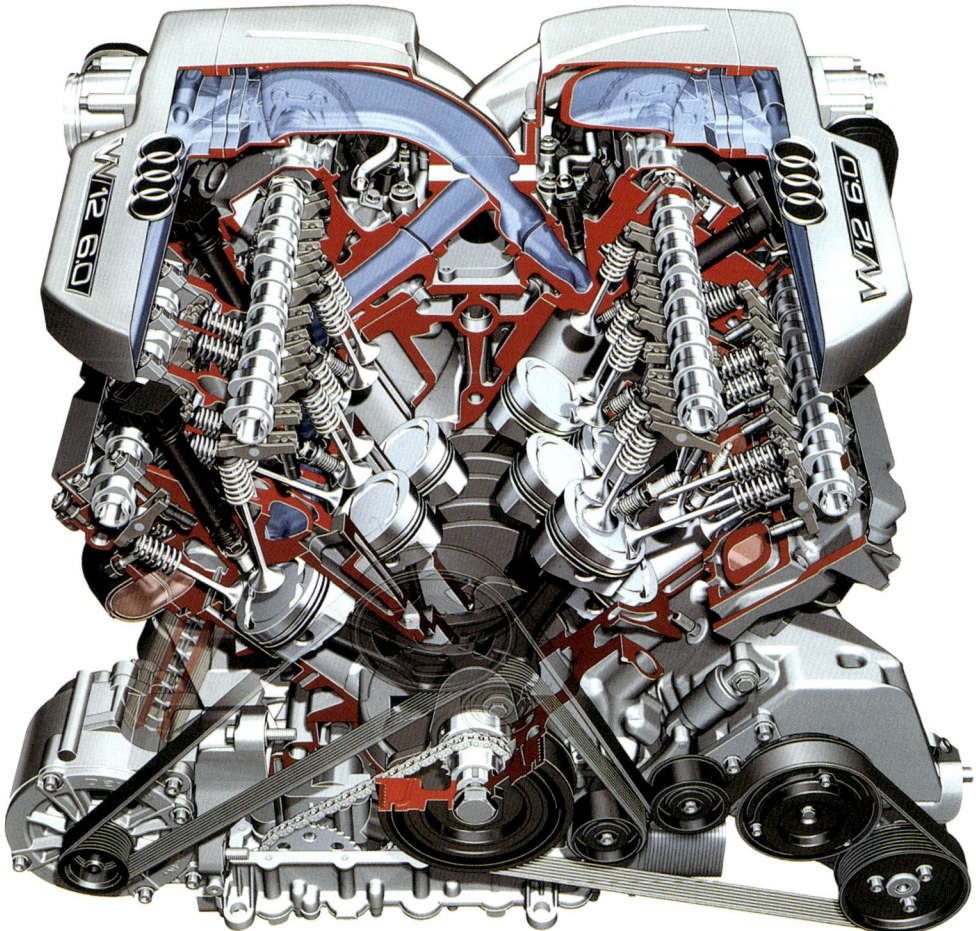

Audis W12-Motor, eingebaut in den A8 im Jahr 2001, ist sicher einer der Serienmotoren, die am kompliziertesten aussehen – obwohl er im Grunde genommen aus zwei V6-Motoren von Volkswagen (die für ihren engen Zylinderbankwinkel bekannt sind) besteht, die sich die gleiche Kurbelwelle teilen. (Audi)

reduzieren. Die erzielten Verbesserungen gehen vor allem auf das Konto besserer Materialien, großer Fortschritte auf dem Gebiet der Motorschmierung sowie neuer Legierungen für Lager und Kolbenringe. Die besten Öle haben ein nahezu perfektes Viskositätsverhalten auch bei hohen Temperaturen, während dank der Fortschritte in der Metallurgie die Lager und Kolbenringe oft schmaler, dabei mindestens ebenso haltbar sind wie zuvor. Verkleinerte Oberflächen reduzieren die Reibungsverluste.

Strömungsverluste treten durch interne Luftbewegungen im Motor auf, nicht nur in den Einlass- und Auslasssystemen und im Verbrennungsraum. Was geschieht mit der Luft *unter* dem Kolben, wenn sich beispielsweise ein Kolben während des Saughubs abwärts bewegt? Die Luft muss in den Raum unter einen der anderen Kolben, die in einem Arbeits- oder Auslasshub aufwärts gehen, überführt werden. Die Luftströme und -geschwindigkeiten, die diese Übertragungen beeinflussen, können erheblich sein, und der Luftstrom um die rotierende Kurbelwelle muss dabei ebenfalls berücksichtigt werden. Erst in den vergangenen 20 Jahren konnten in mühevoller Detailarbeit diese Verluste verringert werden, beispielsweise durch Glättung und Vergrößerung von Luftkanälen durch und um das Kurbelwellengehäuse.

Fassen wir zusammen: Jeder Motor, der seine Leistung mit ausreichendem Wirkungsgrad erbringt und diesen Job einfach und preisgünstig erledigt, ist ein guter Motor. Das Ziel der Motorentwickler ist, Leistungs- und Drehmomentwerte zu erreichen, wie sie das Lastenheft des Konstrukteurs vorgibt. Das soll zu minimalen Kosten geschehen. Gleichzeit aber muss die Neuentwicklung eine maximale Wirtschaftlichkeit und möglichst geringe Abgasemissionen aufweisen. Darüber hinaus gibt es weitere Anforderungen wie etwa Haltbarkeit und das, was Ingenieure als »Fahrbarkeit« bezeichnen: ein flottes Ansprechverhalten und ein ordentlicher Durchzug, falls erwünscht. Alle weiteren positiven Eigenschaften, die ein Motor außerdem noch aufweisen mag, sind oft verlorene Liebesmüh'. Dennoch sind moderne Motoren sehr komplex aufgebaut, so dass es also noch mehr geben muss. Aber was?

Die Architektur des Motors

Es gibt ein Grundlayout für jeden Motor, bestehend aus der Zylinderzahl und die Art ihrer Anordnung. Bevor wir jedoch die unterschiedlichen Layouts betrachten, die gegenwärtig verwendet werden, sollten wir drei Grunddaten eines jeden Motors definieren: Bohrung, Hub und Hubraum.

Als Bohrung bezeichnet man den Innenquerschnitt jedes Zylinders (Durchmesser), während der Hub der Weg ist, den der Kolben zwischen dem oberen und dem unteren Totpunkt zurücklegt. Der Hubraum eines Zylinders ergibt sich als Fläche des Kolbens (dem Zylinderdurchmesser entsprechend) mal Hub. Wenn also B die Bohrung und S der Hub sind, beträgt das Hubraum-Volumen Pi x B^2 / 4 x S, und der Hubraum des gesamten Motors beträgt Zylinderzahl mal Hubraum der einzelnen Zylinder. Ein Motor mit einem bestimmten Hubraum kann also eine

Typisch für die aktuelle Motorengeneration in europäischen Mittelklassewagen ist dieser Zweiliter-16V-Motor mit zwei obenliegenden Nockenwellen für den Ford Mondeo des Jahres 2000. Jede Motorkonstruktion ist ein Kompromiss: Die Forderung nach einem möglichst kompakten und leichten Aggregat kollidiert mit dem Wunsch nach einem möglichst hohen Wirkungsgrad, was wiederum zu massigen und komplizierten Ansaug-Systemen führen kann. (Ford)

Trotz der heute üblichen Betonung von Wirkungsgrad und Wirtschaftlichkeit, hält man den V12-Motor immer noch für die ultimative Leistungseinheit für Luxus-Autos. Jaguar bietet zwar keinen V12 mehr an, dafür aber BMW, Mercedes und Toyota, und Audi hat nun einen »W12«. Hier ist der großartige Mercedes V12 abgebildet, ein phantastisches Triebwerk, auch wenn es, ökologisch betrachtet, kaum mehr zeitgemäß ist. (DaimlerChrysler)

kleine Zahl von großen Zylindern oder eine große Zahl von kleineren Zylindern aufweisen. Im überwiegenden Teil der Welt werden die Bohrung und der Hub in Millimetern gemessen und der Hubraum in Kubikzentimetern (cm^3) oder in Litern. Nur in Nordamerika geben noch viele Techniker die Maße in Zoll und Kubikzoll an. Ein Liter entspricht etwa 61 Kubikzoll (cu.i).

Heutzutage sind Bohrung und Hub eines Automotors ungefähr gleich groß. Hochleistungsmotoren, für hohe Geschwindigkeiten entwickelt, können eine größere Bohrung als Hub haben (die Abmessungen werden von Ingenieuren dann als »überquadratisch« bezeichnet), während Motoren, die auf Ökonomie und Durchzugskraft ausgelegt wurden, eher »unterquadratisch« sind. Hier ist der Hub größer als die Bohrung. Überquadratische Motoren lassen Raum für große Einlass- und Auslassventile, die – wie wir noch sehen werden – wichtig für hohe Ausgangsleistungen sind. Unterquadratische Motoren sind kompakter in der Länge, aber höher und daher nicht so gut unter einer niedrigen Motorhaube zu installieren. Man sollte sich daran erinnern, dass der Hubraum eines quadratisch ausgelegten Motors bei 86 mm Bohrung und Hub etwa zwei Liter (genau 1.998 cm^3) beträgt, wenn er vier Zylinder hat, und der Hubraum demzufolge drei Liter mit sechs Zylindern und vier Liter mit acht Zylindern beträgt.

Heute hat die überwiegende Mehrheit der Mittelklasseautos Motoren mit vier Zylindern in Reihe, während bei größeren Autos Motoren mit sechs Zylindern in einem V in zwei Reihen und je drei Zylindern die Regel sind. Einige Kleinwagen haben auch Motoren mit nur zwei oder drei Zylindern, einige Mittelklassewagen Fünfzylinder- und große Luxusautos V8- oder sogar V12-

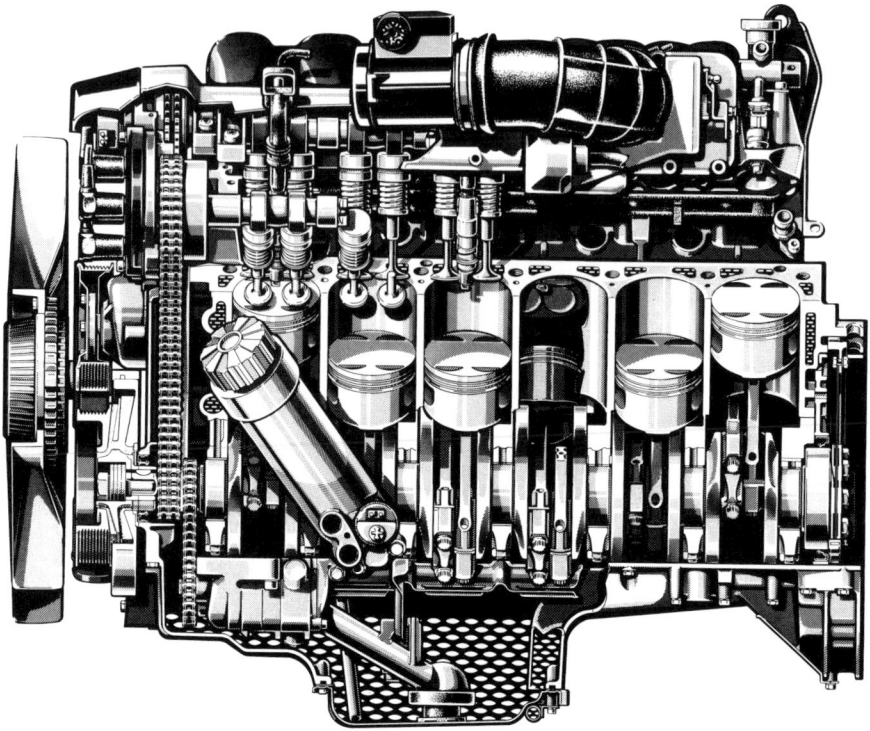

Motoren. Inzwischen sind auch V10-Motoren üblich.

Warum gibt es so viele unterschiedliche Layouts? Zwei Hauptüberlegungen spielen hierbei eine Rolle: Die eine betrifft die gleichmäßige, zügige Kraftentfaltung, die andere die Größe der Zylinder. Für eine ausgewogene Arbeitsweise sind mehr Zylinder günstiger. Weil nur einer der vier Hübe im Viertaktverfahren den erforderlichen Schub liefert, würde ein Einzylindermotor nur einmal pro zwei Kurbelwellenumdrehungen »schieben«. Bei einem Motorrasenmäher und bei einem Motorrad (wenngleich die meisten Motorräder mittlerweile mindestens zwei Zylinder haben) ist das kein Problem. Wenn aber mehr Leistung gefordert wird wie bei einem Auto erwünscht, und der Zylinderinhalt größer ist, dann wird dieser Mangel an Laufruhe offensichtlich. Setzt man dagegen mehr Zylinder ein mit angepassten Arbeitshüben, sorgt das für eine Kontinuität im Leistungsfluss, auch wenn dieser niemals völlig kontinuierlich ist: Der Leistungsfluss wird immer von einer Impulsfolge gebildet, eine von jedem Arbeitshub des jeweiligen Zylinders. Doch je mehr Zylinder vorhanden sind, desto dichter aufeinander folgen diese Impulse; bei zwölf Zylindern ist ein nahezu perfekter Rundlauf zu erzielen.

Wie viele Zylinder ein Motor auch immer hat: Der Leistungsimpulseffekt wird von einem Schwungrad geglättet, das am kupplungsseitigen Ende der Kurbelwelle sitzt. Das Schwungrad speichert Energie durch seine Rotation. Tatsächlich absorbiert es eine kleine Energiemenge während eines jeden Arbeitshubs und speist die Energie zurück in den Antrieb, um die Talsohlen zwischen den Hüben teilweise zu füllen. Je größer und schwerer das Schwungrad ist, desto besser erfüllt es seine Aufgabe als Energiespeicher. Andererseits möchte der Motorenentwickler seinen Motor – und folglich auch das Schwungrad – möglichst leicht und

Eine sehenswerte Detailstudie: der Mercedes M120-Motor in der S-Klasse ist ein klassischer V12 mit 60-Grad-Winkel zwischen den Zylinderblöcken. Bemerkenswert sind das Überkreuz-Ansaug-System, der doppelte Kettenantrieb für die vier Nockenwellen, die »siamesischen« Zylinderbohrungen und hydraulische Stößel unmittelbar unter den direkt wirkenden Nocken. (DaimlerChrysler)

kompakt haben. Die Masse eines schweren Schwungrads lässt den Motor langsamer beschleunigen (oder verzögern), wenn der Fahrer das Gaspedal betätigt. Abgesehen davon, dass sich der Motor dadurch träger anfühlt, kann ein schweres Schwungrad auch die Gangwechselvorgänge wesentlich erschweren. Somit kommen wir zum ersten der vielen technischen Kompromisse, die die Entwicklung eines Motors (und jeden Autos) mit sich bringt.

Ein schweres Schwungrad dämpft, wie gesagt, das Temperament des Motors. Wer einen Motor für den Rennbetrieb tunen möchte, wird daher zuerst das Schwungrad gegen ein leichteres Exemplar austauschen, weil in diesem Fall die spontane Gasannahme und ein leichter Gangwechsel wichtiger sind als ein ultraruhiger Motorlauf.

Im allgemeinen gilt: Je geringer die Zahl der Zylinder in einem Motor, desto schwieriger ist es, das Schwungrad ruhig zu stellen. In einem Zweizylindermotor (wie beispielsweise beim Boxer im Citroën 2CV) sieht das Schwungrad riesig aus. In einem V12 kann das Schwungrad so klein sein, dass man es ordentlich verstauen kann und es sehr wenig zur Gesamtmasse des Motors beiträgt. Seine Größe, begrenzt vom Durchmesser der Kupplung oder des Drehmomentwandlers, muss mit der Drehmoment-Ausgangsleistung des Motors korrespondieren.

Der Einfluss der Zylindergröße

Ein anderer wichtiger Faktor bei der Entscheidung über die Zahl von Zylindern ist der Hubraum des einzelnen Zylinders. Wenn der Hubraum reduziert wird, nimmt das Zylindervolumen rascher ab als seine Oberfläche. Das hat zur Folge, dass mehr von der verfügbaren Wärme, die durch das Verbrennen des Kraftstoffs entsteht, durch die Zylinderwände in die Kühlflüssigkeit gelangt, statt dabei zu helfen, das Gas im Verbrennungsraum zu expandieren und den Kolben anzuschieben. Normalerweise gilt ein Einzelhubraum von 200 cm^3 als Minimum, darunter lässt sich kein ordentlicher Wirkungsgrad darstellen. Vorzuziehen sind 300 cm^3 (oder mehr) pro Zylinder. Daraus zu folgern, dass das Hubvolumen beliebig groß sein darf, wäre allerdings ebenfalls verkehrt: In einem sehr großer Zylinder hat der Kraftstoff während des Arbeitshubs gar nicht die Zeit, vollständig zu verbrennen. Hat die Zündkerze einmal gezündet, dann frisst sich die Flammenfront mit einer fast konstanten Geschwindigkeit durch das Kraftstoff-Luft-Gemisch. Wenn der Zylinder eine Bohrung von wesentlich mehr als 100 mm aufweist, kann die Flammenfront die Zylinderwände nicht in der Zeitspanne erreichen, die der Kolben benötigt, um den Arbeitshub zu vollenden. Das hat zur Folge, dass unverbrannter Kraftstoff aus dem Auspuff befördert wird. Daher hat sich im internationalen Motorenbau eine Obergrenze von rund 800 cm^3 für das Volumen eines einzelnen Zylinders eingebürgert.

Dieses Kriterium der Zylindergröße lässt manchen Entwickler ernsthaft darüber nachdenken, Motoren unter einem Liter Hubraum als Dreizylinder auszulegen, während für einen Motor mit mehr als vier Liter Hubraum mindestens sechs Zylinder erforderlich sind. Und wahrscheinlich ist es daher auch unvermeidlich gewesen, dass man irgendwo zwischen dieser unteren und oberen Grenze einen idealen Zylinderhubraum gesucht hat und ihn wohl auch fand: Dieser liegt bei ungefähr 500 cm^3, was automatisch zu dem üblichen Zweiliter-Vierzylinder-Motor, dem Dreiliter-Sechszylinder und dem Vierliter-V8 geführt hat.

Mechanisches Gleichgewicht

Es gibt einige Motoren in der Massenproduktion mit einer ungeraden Zylinderzahl. Opel im Corsa oder auch Smart verwenden Dreizylindermotoren, einige japanische Hersteller verwenden das gleiche Layout. Audi, Fiat, Honda und Volvo bauen oder bauten Fünfzylinder-Reihenmotoren, und Volkswagen hat einen seltsam konfigurierten VR5-Motor im Golf. Chrysler stattete seinen großen Viper-Sportwagen mit einem V10-Motor aus, und Porsche stellte kürzlich einen eigenen V10 vor, der den Carrara GT befeuert. Und Motorsportfans wissen sehr gut, dass die erfolgreichsten Formel-1-Motoren der vergangenen Jahre V10-Motoren sind.

Doch unabhängig von der Zylinderzahl hängt die Laufruhe eines Motors von seiner Balance, dem Massenausgleich, ab. Ein Einzylinder leidet nicht nur unter den ungleichmäßigen Bewegungen des Kurbeltriebs, sondern auch an der Tatsache, dass sich jede Auf- und Abwärtsbewegung eines Kolbens auch auf das Fahrzeug überträgt: Fährt der Kolben nach oben, senkt sich das Heck, saust er nach unten, hebt sich der Fahrstuhl. Natürlich haben die Motorentwickler das Problem der auftretenden Massenkräfte und Massenmomente längst im Griff und daher an der Kurbelwelle Ausgleichsgewichte angebracht. Die bewegen sich aufwärts, wenn der Kolben abwärts geht und umgekehrt. Weil die Gegengewichte jedoch mit der Kurbelwelle rotieren, treten nicht nur horizontale, sondern auch vertikale Massenkräfte auf.

Befinden sich zwei Zylinder in einer Reihe, dann wird es viel leichter. Man hat nicht nur einen Arbeitshub pro Kurbelwellenumdrehung statt bei jeder zweiten Umdrehung (wie bei einem Einzylinder), sondern auch weniger Probleme mit dem Massenausgleich: Wenn der Zündabstand so gewählt ist, dass sich der eine Kolben in Aufwärts- und der andere in Abwärtsbewegung befindet, heben sich die auftretenden horizontalen Schwingungen gegenseitig auf. Damit aber sind nicht alle auftretenden Massenkräfte eliminiert; der Motor versucht, hin und her zu schaukeln. Wenn sich der vordere Kolben abwärts bewegt und der hintere Kolben aufwärts, dann wird die Vorderseite des Motors versuchen, sich ebenfalls aufwärts zu bewegen, während die Rückseite versucht, eine entsprechende Gegenbewegung durchzuführen. Die Rückseite wird sich natürlich nicht sehr weit bewegen, weil der Motor

Der einst im Käfer und im Alfasud so verbreitete Vierzylinder-Boxermotor ist eine wirkliche Rarität geworden. Er überlebt – erfolgreich – in den Subaru-Mittelklasse-Modellen, die für ihre Rallye-Erfolge bekannt sind. In seiner jüngsten Ausführung verfügt der Zweiliter-Subaru-Motor über vier Ventile pro Zylinder. Boxermotoren sind teuer in der Herstellung, aber sie haben einen niedrigen Schwerpunkt und eine Bauform, die in eine niedrige Frontpartie passen und somit über eine günstige Aerodynamik verfügen. (Subaru)

mit der Karosserie (wenn auch mit flexiblen Halterungen) verschraubt ist. Stattdessen wird die Vibration in die Karosserie geführt und erreicht so die Autoinsassen. In einem Boxermotor, in dem die Kolben einander gegenüberliegen, sind die Unwuchten geringer. Aber auch wenn sich die Kolben direkt gegenüber liegen – in diesem Fall wird das eine Pleuellager gabelförmig um das andere gelegt, was sehr aufwändig ist – wird der Motor immer noch tendenziell um die vertikale Achse der Kurbelwelle schaukeln. Der Effekt wird allerdings keineswegs so heftig ausfallen wie in einem Zweizylinder-Reihenmotor. Denkbar wäre natürlich auch ein Dreizylinder-Boxer, bei dem zwei kleine Kolben einem einzelnen großen gegenüberliegen. Vierzylinder-Boxermotoren, wie im VW Käfer, dem Alfa Romeo Alfasud und in vielen Subarus sind dagegen wohl bekannt und haben eine vernünftige Laufruhe, ebenso Sechszylinder-Boxermotoren wie im Porsche 911.

Eine Lektion in komplizierter Kompaktheit: der 24-Ventil-V6-Motor für den Quereinbau in den Jaguar X-Typ. Die Größe des sorgfältig konstruierten Ansaugsystems im Vergleich zum eigentlichen Motor und die enorme Länge des Polyrib Rillenriemens, der in einer Serpentine verläuft und dabei alle Hauptzusatzaggregate antreibt, sind interessante Details. Diese Praxis wird mit Einführung des 36-V-Bordnetzes beendet sein und Motorantriebe »auf Wunsch« zu Zusatzaggreaten zusammenfügen. (Jaguar)

Neben der Laufruhe ermöglichen Boxermotoren auch niedrige Fahrzeug-Schwerpunkte. In Verbindung mit Frontantrieb wird es leichter, eine abfallende, aerodynamische Motorhaube zu entwickeln. Andererseits sind sie teuer in der Produktion und werfen Serviceprobleme auf. Das Prüfen oder Wechseln der Zündkerzen ist beispielsweise nicht so einfach.

Als Ausgleichswellen eingeführt wurden, um die Schwingungen von großen Vierzylinder-Motoren zu dämpfen, sind diese in sorgfältig berechneter Höhe entlang des Zylinderblocks montiert worden. Heute bringt man die starr gekoppelte Wellen eher in der Ölwanne unter. Das Bild zeigt die Ausgleichswellen-Baugruppe für den BMW-Valvetronic-Motor des Jahres 2001. Man kann die Ausgleichsgewichte der Wellen (die von der Kurbelwelle mit einer Kette angetrieben werden und mit doppelter Geschwindigkeit in entgegengesetzten Richtungen rotieren) zusammen mit ihren Lageranordnungen erkennen und die Art und Weise, wie sie ineinander greifen. (BMW)

Abgesehen von den auftretenden Kräften erster Ordnung, auf die bei jedem Entwurf für einen Automotor geachtet werden muss, gibt es Probleme mit Massenkräften zweiter Ordnung. Die treten auf, weil auf die Pleuelstangen ebenfalls Querkräfte einwirken, eingeleitet sowohl von der Rotationsbewegung der Kurbelwelle als auch vom Auf und Ab der Kolben: Der Kolben weist somit eine gewisse Kippneigung auf. Diese wiederum lässt sich reduzieren, indem man die Pleuelstangen verlängert. Das verkleinert den Kippwinkel, ergibt aber einen höher bauenden Motor. Und der passt dann unter Umständen nicht mehr unter die Haube.

Die Analyse der im Motor auftretenden Längs- und Querkräfte, insbesondere der Massenkräfte zweiter Ordnung, ist eine Wissenschaft für sich. So tief soll hier aber gar nicht in die dafür notwendige Mathematik eingestiegen werden, viel interessanter sind die Schlussfolgerungen, die sich aus diesen Tatsachen ergeben:

Ein Reihen-Vierzylindermotor läuft ziemlich ruhig und ein Reihen-Sechszylindermotor kann nahezu perfekt ausbalanciert werden, weil die Schwingungen des Kurbeltriebs sich gegenseitig aufheben. Bei anderen Reihenmotoren ist das nicht der Fall. Daraus folgt, dass ein V8-Motor – der tatsächlich aus zwei Vierzylinder-Reihenmotoren besteht, die sich eine Kurbelwelle teilen – immer ziemlich gut und ein V12 nahezu perfekt ausbalanciert ist. Wie »weich« ein V8 sich an-

fühlt und wie laufruhig er ist, hängt mit vom Entwurf seiner Kurbelwelle ab, ob nämlich die Kurbelwellen-Hauptlager auf einer Ebene liegen oder auf zwei Ebenen im rechten Winkel. Der ideale Zylinderbankwinkel im V8-Motor beträgt demzufolge 90°; der Massenausgleich ist dann nahezu ideal. Für einen V12 beträgt er 60° (oder aber 120°, aber das führt zu einem schwierig zu installierenden, sehr breiten Motor).

Während beim Sechszylinder-Reihenmotor praktisch keine Massenkräfte auftreten oder doch kompensiert werden können, ist ein V6-Motor weitaus kompakter und leichter zu installieren, besonders beim Quereinbau im Fronttriebler. In den meisten Fällen kann – aus mechanischer Sicht – ein V6 als halber V12 betrachtet werden, und der ideale Gabelwinkel zwischen seinen Zylindern beträgt wieder 60° (oder 120° bzw. 180°, zum Beispiel ein Sechszylinder-Boxermotor, wie er von Porsche gebaut wird). Es gibt jedoch verschiedene V6-Motoren, die einen nicht so idealen 90°-Winkel aufweisen. Einige von ihnen, beispielsweise der V6-Motor im alten Citroën-Maserati SM und der gemeinsam entwickelte PRV V6, der einige Peugeot-, Renault- und Volvo-Modelle antrieb, begannen ihr Leben als V8-Motoren, denen man zwei Zylinder wegnahm. Andere V6-Motoren hingegen wurden ganz bewusst auf einen 90°-Winkel hin ausgelegt. Das macht den Motor zwar breiter, aber auch flacher, was es wiederum erleichtert, ihn dort einzubauen, wo die Höhe der Motorhaube den Einbauraum eher begrenzt als die Breite des Motorraums. In diesem Fall bietet der weitere Zylinderwinkel überdies mehr Platz, um beispielsweise ein kompliziertes und sperriges Einlasskrümmer- und Kraftstoffeinspritzsystem zu installieren. Die damit erkaufte geringere Laufkultur wegen des mangelnden Massenausgleichs kann man entweder als zwangsläufige Folge akzeptieren oder versuchen, diese durch die Verwendung einer Ausgleichswelle wieder herzustellen, eine Welle, die gegenläufig zur Kurbelwelle rotiert und die Ausgleichsgewichte trägt. Damit können die an der Kurbelwelle auftretenden Schwingungen neutralisiert werden, der Motor läuft wieder rund. In der Praxis werden zwei solcher Ausgleichwellen verwendet.

Doch zurück zu unserem Einzylindermotor mit seinen Kurbelwellen-Gegengewichten: Wie schon beschrieben, treten Längs- und Querkräfte auf; letztere lassen sich durch die Verwendung einer zweiten Welle ausgleichen. Dabei sind die Ausgleichsgewichte so angeordnet, dass sie mit einem Versatz von 180° entgegen der Kurbelwellen-Drehrichtung rotieren. Belässt man es bei dieser Lösung, werden zwar die seitlichen Schwingungen überlagert, dafür aber treten bei der Auf- und Abwärtsbewegung des Kolbens Unwuchten auf. Die könnte man dann wieder mit zusätzlicher Schwungmasse bekämpfen. Das wiederum vergrößert die Massenträgheit, was auch nicht Sinn der Sache sein kann. Also verzichtet man gleich ganz auf Gegengewichte und verwendet stattdessen zwei Ausgleichswellen, die gegenläufig rotieren. Damit heben sich die seitlichen Schwingungen gegenseitig auf, während sie gemeinsam der vertikalen Schwingung begegnen. Das ergibt schließlich einen viel ruhigeren Motor (in einem relativen Sinn, da ein Einzylindermotor niemals wirklich ruhig läuft).

Zwei Ausgleichswellen sind inzwischen auch Standard, wenn es darum geht, großvolumige Reihenvierzylinder zur Ruhe zu bringen. Diese Technik ist in den vergangenen zehn Jahren immer beliebter geworden, erstmals verwendet (und auch patentiert) wurde sie von Mitsubishi. Porsche führte sie dann bei seinen Vierzylinder-Transaxle-Baureihen 944/968 ein, dort sorgten sie in Motoren mit bis zu drei Liter Hubraum für ein hohes Maß an Laufruhe.

Von Bedeutung ist auch die Position der Ausgleichswellen. Eine befindet sich auf jeder Seite des Motors. Sind diese Ausgleichswellen ohne Höhenversatz angeordnet, treten Torsionsschwingungen auf. Mit Höhenversatz sind die

Diese Abbildung einer vollständigen rotierenden Baugruppe, bestehend aus der Ventilsteuerung mit variablem Hub-Mechanismus, enthält einer Reihe interessanter Details wie den Kettenantrieb für die Hilfsaggregate zu der Ausgleichswellen-Baugruppe in der Ölwanne. Bemerkenswert ist hier, dass nur vier Gegengewichte auf der Kurbelwelle eingesetzt werden, was die Gewichte auf den Ausgleichswellen reduziert. Kein Wunder also, dass die lange Kette, welche die Kurbelwelle antreibt, nicht nur von einem Spanner, sondern auch von einem Dämpfer unterstützt wird. (BMW)

Schwingungen dann nur gering. Doch keine Regel ohne Ausnahme: Cosworth hat eine 2,4-Liter-Version von Fords DOHC-Vierzylinder entwickelt, bei der die Wellen nebeneinander in der Ölwanne liegen – offensichtlich mit Erfolg!

Ausgleichswellen sind noch wichtiger, wenn man Motoren mit ungerader Zylinderzahl baut. Wie gesagt, kann man sich aus unterschiedlichen Gründen dafür entscheiden, beispielsweise um zu vermeiden, dass man einzelne Zylinder hat, die zu groß oder zu klein für den Wirkungsgrad sind. Aber es gibt auch einige Motoren aus dem Baukasten, die so entstanden. So kann beispielsweise aus Kostengründen ein Motorenhersteller sich dafür entscheiden, statt eines neuen V6 einen Fünfzylinder zu verwenden, der aus einem bestehenden Vierzylinder abgeleitet wurde, dem man einen weiteren Zylinder hinzufügte (so dass beide in einem einzigen Herstellungsprozess gebaut werden können). Sowohl Fiat als auch Volvo verwenden entsprechende Fünfzylinder-Motoren mit Vierzylinder-Vettern. Volvos Baukasten-Baureihe erstreckt sich auch auf einen Sechszylinder.

So entstandene Fünfzylinder (die logischerweise mehr Hubraum als der Baisis-Vierzylinder aufweisen) finden vorrangig in Mittelklasseautos Verwendung. Dort spielt die Laufkultur eine große Rolle, und deshalb muss dort eine Ausgleichswelle eingebaut werden, die das inhärente Ungleichgewicht des Motors ausgleicht. Man kann ebenfalls eine Welle verwenden, um die Unwucht eines Dreizylinders zu korrigieren. Da jedoch jeder dieser Motoren eher klein und in einem Auto der unteren Preisklasse eingebaut sein wird, mag man diese zusätzlichen Vibrationen eventuell akzeptieren, um zusätzliche Kosten für eine Welle, Zahnräder und Kette oder den Keilreimen einzusparen. Bei modernen Motorgehäusen und weichen Motorlagern, die die Vibrationen dämpfen, und bei sorgfältiger Berechnung der Ausgleichsgewichte müssen die Vibrationen im Innenraum noch nicht einmal außergewöhnlich heftig sein. Möglicherweise verraten lediglich merkwürdige Motorgeräusche einen Dreizylinder. Und selbst das hört man eventuell nur von außen, nicht im Innenraum.

Der V10-Motor dürfte höchstwahrscheinlich immer eine Ausnahmeerscheinung bleiben. Er feiert große Erfolge in der Formel 1, und der Grund dafür ist einfach: Acht Zylinder sind zu wenig (der Luftstrom durch den Motor ist zu eingeschränkt, um Höchstleistung zu entwickeln) und zwölf zu viele (höhere Verluste an Kraft und Leistung, insbesondere durch die innere Reibung). Der ideale Zylinderwinkel eines V10 beträgt 72° (360 geteilt durch fünf) oder natürlich 144°, was niemand ernsthaft versucht hat. Der 72°-Winkel ist praktischerweise weiter als der 60°-Winkel eines V12, er bietet zusätzlichen Raum für die Platzierung von Einlasskrümmer und Einspritzanlage. Obwohl der Motor bei weitem nicht perfekt ausbalanciert ist, läuft er mit seinen vielen Zylindern doch so ruhig, dass auf eine zusätzliche Ausgleichswelle verzichtet werden kann.

Die Geschichte des Motorenbaus kennt bis zum heutigen Tag viele weitere Beispiele von Konstruktionen, die ein auf den ersten Blick seltsames Layout aufweisen – und das nicht unbedingt aus Gründen der Laufruhe. Wie gesagt: Auch ein Dreizylinder kann laufruhig sein. Meist geht es darum, eine kompakte Bauform und eine leichte Montage zu erreichen. Lancia verwendete beispielsweise eine ganze Familie von V4-Motoren, in denen der Winkel zwischen den Köpfen extrem eng ausfiel. Er war tatsächlich gerade ausreichend, um den Motor kürzer und kaum breiter als einen Vierzylinder-Reihenmotor auslegen zu können. Der letzte dieser Lancia-V4-Motoren mit engem Winkel war der 1,6-Liter-Motor im Fulvia und Fulvia Coupé, wobei letzteres in den sportlichen 1970ern bei der Rallye Monte-Carlo siegte. Lancia experimentierte auch mit V6-, V8- und V12-Motoren mit engem Winkel; Beispiele kann man im Lancia-Museum in Turin bestaunen.

Um 1990 erfand Volkswagen das Eng-V-Konzept erneut, indem man einen extrem kompakten V6-Motor mit 2,8 Liter Hubraum mit einem 15°-Winkel zwischen den Zylinderbänken herstellte. Vorgesehen war er zur Verwendung im Golf und anderen Modellen mit Quermotor und Vorderradantrieb. Der Winkel von genau 15° stimmt mit jenem von Lancias Eng-V-Motoren exakt überein (der sorgfältig berechnete optimale Winkel zwischen Lancias Zylinderköpfen wurde in Winkel-

Graden, -Minuten und -Sekunden gemessen!), und so erwies sich der Volkswagen VR6 als Erfolg, sogar als herausragende Konstruktion. Noch interessanter war jedoch die Entwicklung, die im Jahr 1998 mit der Entfernung eines Zylin-

ders eingeläutet wurde. Der so entstandene, noch kompaktere VR5-Motor mit 2,3 Liter Hubraum darf ebenfalls als gelungen bezeichnet werden. Seine Laufruhe ist ebenfalls ausgezeichnet. Der VR5 wird in Golf und Passat eingebaut.

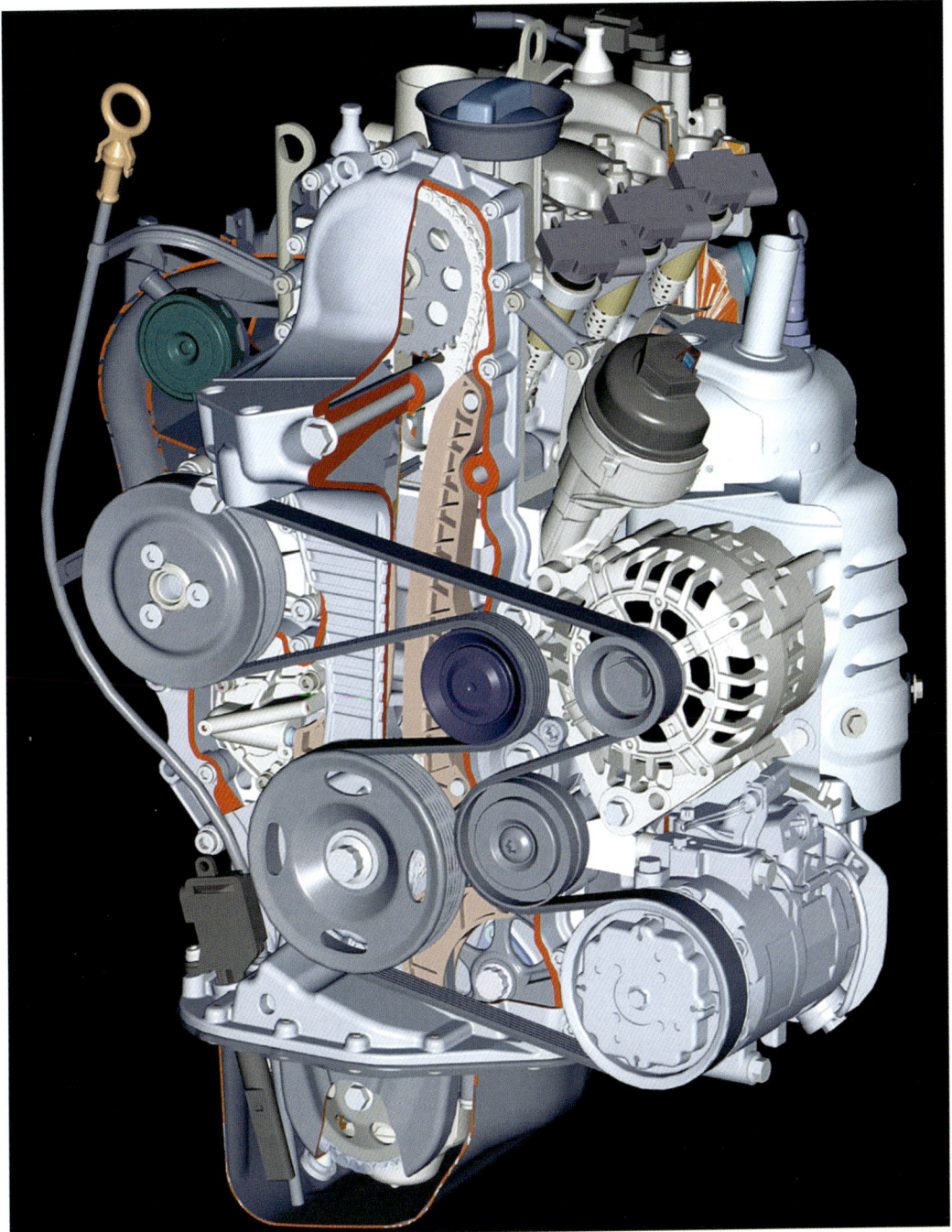

3 Der untere Teil des Motors

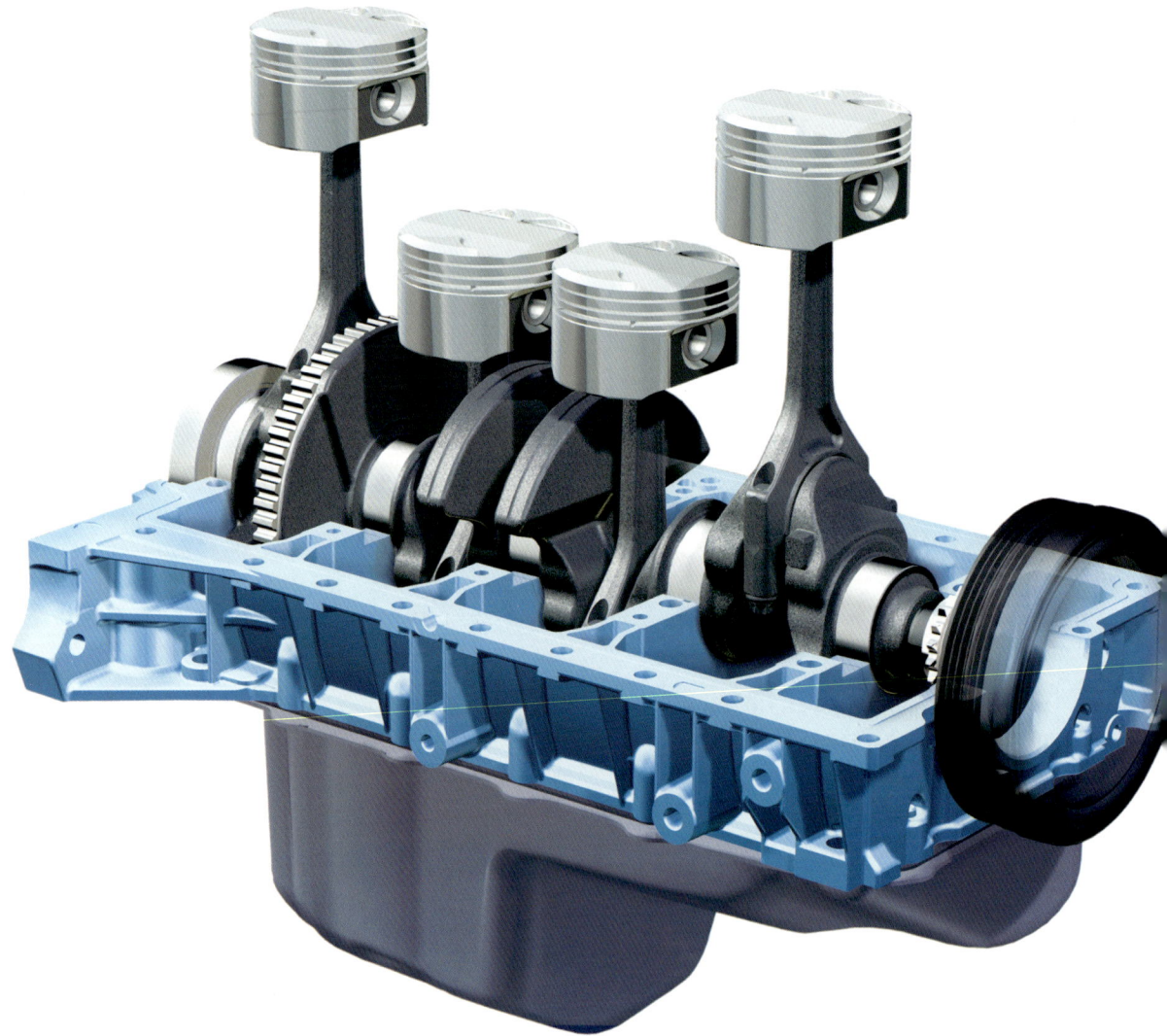

Der Zylinderblock bildet den Hauptteil des Motors, doch ihm kommen nur zwei Aufgaben zu: Er beherbergt die Zylinder (umgeben von Kühlmänteln) und bildet die obere Hälfte der Hauptlager, in denen die Kurbelwelle rotiert. Die Größe des Zylinderblocks wird in erster Linie durch die Bohrung der Zylinder bestimmt, also von deren Durchmesser und deren Abstand zueinander (»Stichmaß«). Aus verständlichen Gründen müssen die Mittellinien der Bohrungen mehr als ein Bohrungsmaß auseinander liegen – die Frage ist nur, wie viel. Lässt man viel Platz zwischen den Bohrungen, wird der Block größer und schwerer. Wenn man aber nicht genug Platz lässt, wird nicht genug Raum zur Verfügung stehen, um nachträglich größere Kolben verwenden zu können, was durchaus erwünscht sein kann, denn viele Motoren können aufgebohrt werden, was den Hubraum erhöht. Meist ist das von Anfang an bei der Konstruktion berücksichtigt. Natürlich lässt sich der Hubraum auch erhöhen, indem man den Hub vergrößert, im allgemeinen ist es aber viel leichter, bei unverändertem Stichmaß die Bohrung zu erweitern. Das ist im Prinzip einfach zu bewerkstelligen, nur müssen die Herstellungsmaschinen entsprechend angepasst werden. Ein geänderter Hub hingegen erfordert eine neue Kurbelwelle und außerdem mehr Platz im Kurbelgehäuse, damit die Welle während der Drehung genug Raum hat.

Bei einem idealen Zylinderblockdesign verbleibt ein genügend breiter Steg zwischen den Zylindern, der die Kanäle für die Kühlflüssigkeit einschließt. Würde man auf diese Kanäle verzichten, ließe sich mit größeren Zylinderdurchmessern operieren. In solchen Fällen können sich die Zylinderwände direkt berühren, eine Technik, bei der die Bohrungen aus offensichtlichen Gründen »siamesisch« genannt wird. Vernünftig gemacht, weist dieser Ansatz nur wenig Nachteile auf, erlaubt es jedoch, den Block insgesamt steifer zu halten.

Die einzige Dimension, die sich während einer Modifizierung des Motors niemals ändert, ist der Abstand zwischen den Mittellinien der Zylinderbohrungen, das Stichmaß. Ist die Fertigungsstraße nämlich erst einmal eingerichtet, würde eine Änderung des Stichmaßes einen kompletten Umbau der Produktionsanlage erfordern. Die Maschinen, welche die Zylinderbohrungen bearbeiten und polieren, müssten in einem solchen Fall ebenfalls vollständig neu eingestellt oder ersetzt werden. Ganz anders liegt der Fall, wenn man das Bohrungsmaß ändert: Dann nämlich müssen die Maschinen nur so umgestellt werden, dass sie etwas mehr Metall vom Block entfernen.

Änderungen am Stichmaß ziehen Änderungen am Zylinderblock und der Kurbelwelle nach sich, und entsprechend müssen auch die Abstände zwischen den Hauptlagern (die immer in Reihe »auf Lücke« zwischen den Zylindern liegen) modifiziert werden, und deshalb benötigt der Motor eine neue Kurbelwelle. Mit dem dazu notwendigen Aufwand könnte man einen komplett neuen Motor bauen – was auch nicht so schlecht ist, denn dann kann man die neuesten Entwicklungen und Techniken berücksichtigen. Nicht wenigen Motoren war ein langes Leben in vielen Versionen beschieden, ohne dass sich am Stichmaß jemals etwas geändert hätte. Ein berühmtes Beispiel ist der alte BMC/Austin-Morris-Motor der B-Reihe, der in praktisch jedem Modell des Herstellers, vom Morris Oxford von Ende der Vierziger über den MGB anno 1961 bis zum Austin Princess von Mitte der Siebziger Jahre des vorigen Jahrhunderts eingesetzt wurde: Am Zentralmaß von 88 mm änderte sich niemals etwas.

Gegenüber: Der Kurbeltrieb des BMW-Valvetronic-Motors mit Pleuelstangen und Kolben ist in das Kurbelgehäuse-Unterteil (blau) eingesetzt. Die unteren Hälften der sechs Kurbelwellen-Hauptlager sind in diesem Gehäuse fixiert.
Das Unterteil ist ein wesentliches und eigenständiges Druckguss-Bauteil, das ungefähr halb so viel wiegt, wie der Zylinderblock selbst und zusammengebaut wesentlich zur Gesamtsteifigkeit der gesamten Baugruppe beiträgt. Die meisten Motoren mit Aluminium-Motorblock werden heutzutage auf diese Weise gebaut. (BMW)

Blockmaterial

Alle Zylinderblöcke bestehen normalerweise aus Grauguss, nur hat dieses Material einen großen Nachteil: Es ist schwer. Deshalb verwendet man

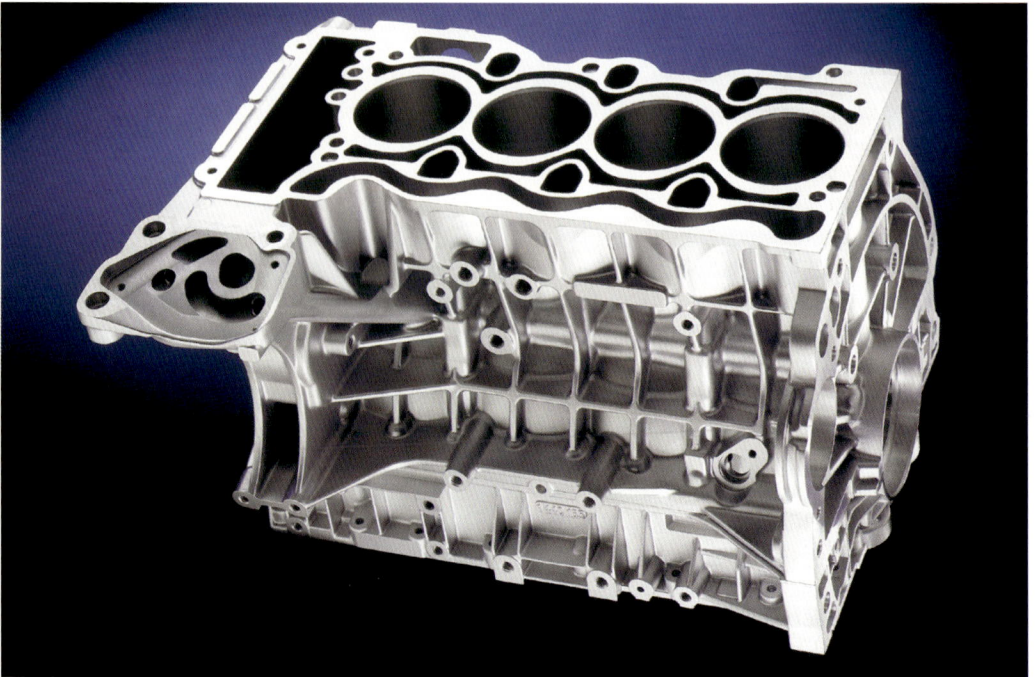

Der Zylinderblock des BMW-Valvetronic-Motors ist eine offene »Open Deck«-Konstruktion, die die Herstellung in Pressgussformen erlaubt, in denen die gusseisernen Zylinderbuchsen bereits vorpositioniert sind. Bemerkenswert sind die Zylinderbohrungen, die dicht aneinander liegen, ohne Wasserkanäle dazwischen. Solch eine dichte Packung bedeutet: der Motor ist zwar insgesamt kompakter, aber zusätzliche Kapazität kann man nur durch Erhöhung des Kolbenhubs gewinnen. (BMW)

heute überwiegend Aluminiumlegierungen; ein Block aus einer solchen Legierung kann weniger als die Hälfte seines gusseisernen Gegenstücks wiegen. Neueste Forschungen suchen noch leichtere Lösungen. Besonders intensiv beschäftigt man sich mit Magnesiumlegierungen als Blockmaterial. Auf Prüfständen laufen auch schon Kunststoff-Motoren, bei denen nur die Zylinderlaufbuchsen aus Metall sind. Auch so etwas scheint machbar, obwohl sich diese Motoren bislang als sehr geräuschvoll erwiesen haben.

Gusseisen besitzt zwei wesentliche Vorteile gegenüber Leichtmetalllegierungen. Mit anderen Worten: Wir sind wieder bei technischen Kompromissen angelangt. Fein bearbeitetes Gusseisen weist nämlich eine perfekte Oberfläche für Zylinderwände auf und dazu eine hohe Verschleißfestigkeit gegen Abrieb. Daher verfügten die ersten Motoren mit Leichtmetall-Kurbelgehäusen, wie in den meisten größeren Renaults Mitte der 1960er-Jahre, immer noch über gusseiserne Zylinderlaufbuchsen. Das war zwar teuer, kombinierte aber die Vorteile des geringen Gewichts mit jenen gusseiserner Zylinderwände. Die zylinderförmigen Buchsen können entweder am Platz gegossen werden (in die Pressform eingefügt, bevor das

Leichtmetall eingegossen oder eingedrückt wird), oder man presst sie nachher in den Block hinein, mit entsprechenden Dichtungen. Die Laufbuchen können »trocken« sein, dann haben sie direkten Kontakt mit dem Metall des Blocks, oder sie sind »nass«: In diesem Fall werden sie von der Kühlflüssigkeit umspült, die sich in den ausgeformten Kühlkanälen zwischen Block und Buchse befindet. Das ist eine saubere Lösung, verlangt aber große Präzision beim Abdichten, sowohl am oberen als auch am unteren Ende der Buchse.

Im Unterteil des Kurbelgehäuses befinden sich die Kurbelwellen-Hauptlager. Dabei handelt es sich heute um so genannte Vielstofflager, zusammengesetzt aus verschiedenen Metallen in stählernen Stützschalen. Zumeist bestehen diese Lager aus drei Schichten. Als Trägerwerkstoff dient Stahl, darauf wird eine Tragschicht aus einer Blei-Zinn-Kupfer-Legierung sowie eine Gleitschicht aufgebracht. Zwischen Trag- und Gleitschicht befindet sich noch eine nur nach Tausendstel Millimeter zu bemessende Trennschicht aus Nickel. Diese Lager müssen einen hohen Widerstand gegen Erosion aufbringen und bis zu einem gewissen Grad elastisch sein, damit sich der ultradünne Ölfilm, der letzten Endes die Last trägt, anpassen kann. Die Schalen werden in zwei Hälften ober- und unterhalb der Kurbelwelle eingelegt. Sehr wichtig ist, dass die Lager spielfrei im Lagerstuhl (trägt die untere Hälfte) sitzen und sich nicht bewegen können. Sie werden von den Hauptlagerdeckeln, die aus dem gleichen Material wie der Block bestehen, an ihrem Platz gehalten. Die Schalen verschraubt man natürlich erst dann mit diesen Deckeln, wenn die Kurbelwelle und die unteren Lagerschalen installiert worden sind − eine Aufgabe, die leichter gelöst werden kann, wenn der Block auf dem Fließband auf dem Kopf steht.

Grauguss kontra Aluminium

Ein weiterer Vorteil des Gusseisens besteht darin, dass es im Vergleich zu Aluminium sehr steif ist. Unter anderem heißt das, dass ein Motor aus einem gusseisernen Block tendenziell ruhiger ist als sein Gegenstück aus einer Legierung aus Aluminium (ein Großteil der Geräusche, die von einem Motor erzeugt werden, strahlt von den Blockwänden ab). Um diesem Problem zu begegnen, müssen Legierungsblöcke mit zusätzlichem Material und Rippen versteift werden. Ihr Gewichtsvorteil ist daher nicht ganz so groß ist wie man erwarten könnte. Ein einfacher Gusseisenblock wiegt ungefähr zweieinhalbmal mehr als ein Aluminiumblock gleicher Größe (Gusseisen hat ein spezifisches Gewicht von etwa 7,2, verglichen mit 2,7 für Aluminium- und 1,8 für Magnesium-Legierungen). Wie bereits erwähnt, ist aber ein Alu-Block wegen der zusätzlichen Versteifungen halb so schwer wie sein Gusseisen-Äquivalent. Wegen seiner besseren Steifigkeit ist Gusseisen immer noch das beliebteste Material für Diesel-

motor-Zylinderblöcke, zumal der Diesel in der Regel lauter arbeitet als ein Benzinmotor. Bei einigen Motoren, bei denen im wesentlichen die Konstruktion für Benzin- und für Diesel-Versionen identisch ist (wie bei der alten Peugeot-Citroën-XU/XUD-Reihe) besteht das Kurbelgehäuse der Benziner aus legiertem Material, und Gusseisen verwendet man für den Diesel. Doch auch hier befindet sich Gusseisen auf dem Rückzug: Einige kleine Dieselmotoren mit Alu-Zylinderblöcken stehen vor der Serieneinführung. Die Zylinderblöcke für Motoren in V-Anordnung, insbesondere V6, sind wegen ihrer annähernd quadratischen Abmessungen von Hause aus steif und damit bestens für den Einsatz von Aluminiumlegierungen geeignet.

Für Produktionsingenieure bietet eine Aluminiumlegierung einen weiteren Vorteil: sie kann per Druckguss hergestellt werden. Die einzige Art, auf die man einen Gusseisenblock (oder jedes andere Bauteil aus Eisen) herstellen kann, ist, eine Form mit einem Sandkern zu präparieren und dann das Eisen sorgfältig in diese Form zu gießen. Danach wird der Sand entfernt, bevor die Öffnungen mit Kernstopfen verschlossen werden. Weil die Aluminiumlegierung aber weniger wiegt und leichter und schneller fließt, kann sie unter Druck in die Form gedrückt werden. Das beschleunigt den Prozess, und das Endprodukt ist absolut sauber und genau. Andererseits braucht man jedoch eine sehr große und teure Maschine, um ein so großes Teil wie einen Zylinderblock im Druckgussverfahren herstellen zu können. Man hat deshalb eine Anzahl anderer Verfahren entwickelt, wie etwa das Cosworth-Verfahren, das die schnelle und saubere Produktion von Legierungsblöcken und -lagern erlaubt, ohne von positivem Druck Gebrauch zu machen. Inzwischen haben die Gusseisen-Experten Wege entwickelt, ihre Blöcke schneller und mit dünneren Wänden herzustellen, weshalb sie leichter sind. Der Wettstreit zwischen beiden Materialien ist noch nicht beendet. Gleichwohl spricht viel für das Aluminium, nicht zuletzt wegen der wachsenden Bedeutung der Emission von Treibhausgasen und des Kraftstoffverbrauchs; ein geringes Gewicht steht für Wirtschaftlichkeit.

Diese Zeichnung zeigt den Aufbau der Ventilsteuerung und des kompletten Kurbeltriebs des HDI-Turbodiesel von PSA. Die bemerkenswerten Details: die Brennkammern sind Bestandteile der Kolben, und die Kurbelwelle hat nur vier Gegengewichte, zwei in der Mitte und eines an jedem Ende. Eine mit acht Gegengewichten vollständig ausgewogene Kurbelwelle würde zwar einen etwas ruhigeren Lauf ergeben, wäre aber schwerer und teuer in der Herstellung. (PSA)

Gelöst: Probleme mit **Aluminium**

Bereits bearbeitete Oberflächen von Aluminiumlegierungen lassen sich problemlos chemisch behandeln. Zumeist geschieht dies mit einer aufgedampften Schicht, die dann teilweise weggeätzt wird. Danach bleibt eine erhabene, von einem Netzwerk mikroskopisch feiner Kanäle überzogene Oberfläche zurück, die aus Silikon besteht und die Aufgabe hat, das Schmieröl an seinem Platz zu halten. Übrigens können Gusseisenblöcke und -laufbuchsen inzwischen ebenfalls entsprechend bearbeitet werden, um einen solchen Effekt zu erzielen. Eine spiegelglatte, völlig kratzfreie Oberfläche ist übrigens nicht die beste Lösung, wenn es darum geht, die Verschleißfestigkeit von Zylinderlaufflächen zu verbessern. Das bekannteste Verfahren zur Behandlung von Aluminium ist Nikasil, das ursprünglich als Behandlungsverfahren für die Lauffläche des Wankelmotors entwickelt und serienmäßig 1973 bei Porsche für die Leichtmetall-Zylinder der luftgekühlten 911-Baureihe angewendet wurde. Beim Leichtmetall-Zylinderblock des Achtzylinder-V-Motors des 928 und später beim 2,5 oder 3 Liter Vierzylinder-Motorblock von 944 und 968 ging Porsche dagegen einen anderen Weg. Die Legierung für die Blöcke bestand hier aus einer übereutekischen Aluminium-Silizium-Legierung, bei der reine Silizium-Primärkristalle im Gussgefüge verblieben. Bei der Bearbeitung der Zylinderwän-

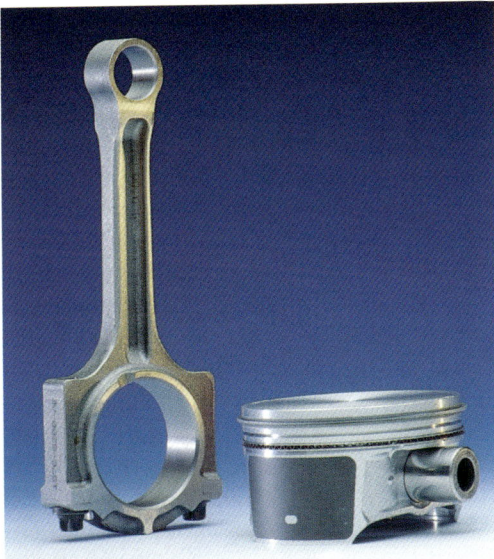

Bei der Kolben- und Pleuelstangen-Konstruktion achten die Ingenieure auf möglichst geringes Gewicht. Diese Bauelemente stammen vom Ford-Duratec-HE-Motor im neuen Mondeo. Die Pleuelstange ist sintergeschmiedet, und das untere Lager ist für den Zusammenbau mittels Bruchteilung statt Schneiden geteilt. Der Kolben ist beachtenswert wegen seiner reibungsreduzierenden Beschichtung der Lauffläche und der sehr flachen Kopffläche über dem höchsten Kolbenring: nur 4,5 mm, um die Größe der Spalte zu minimieren, in der sich unverbrannte Kohlenwasserstoffe verbergen können. (Ford)

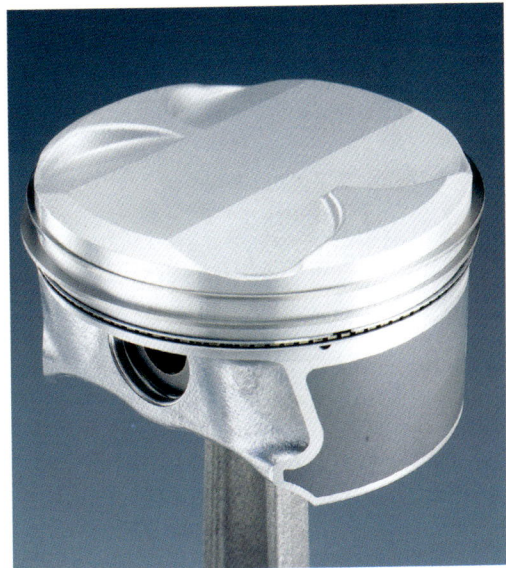

Die Kolben für den BMW-Valvetronic-Motor sind typisch für eine moderne Konstruktion, die die Lauffläche um die Kolbenbolzen herum ausschneidet, aber dort mit einer reibungsarmen Beschichtung versieht, wo sie die Zylinderwände an den Seiten berühren. Die Kopffläche über dem Verdichtungskolbenring ist nur 4,5 mm hoch und lässt nur ein sehr kleines Spaltvolumen für unverbrannte Kohlenwasserstoffe frei. Die ausgeschnittenen Flächen im Kolbenboden sorgen für das Ventilöffnungspiel. (BMW)

de (der letzte Arbeitsprozess ist ein Ätzvorgang) wird Aluminium im My-Bereich abgetragen. Aus der fertig bearbeiteten Zylinderwand stehen dann rund 20.000 winzige Silizium-Kristalle pro Quadratzentimeter hervor. Sie bilden eine optimale Haftung für den Ölfilm und sorgen für eine nahezu unbegrenzte Lebensdauer der Zylinderwand. Entsprechende Beschichtungen sind immer beliebter geworden, obwohl sie noch keine weltweite Verbreitung gefunden haben. Ein Beispiel aus jüngster Vergangenheit ist der Aluminiumblock des Jaguar AJ-V8-Motors, der die XJ- und S-Type-Limousinen antreibt. Offensichtlich kann der Block aus einem Stück gegossen werden, ohne dass man sich Gedanken über gusseiserne Zylinderlaufbuchsen machen muss. Bereits während der Produktion werden alle chemischen Behandlungsstufen durchlaufen.

Der Tatsache, dass es Aluminium im Vergleich zu Gusseisen an Steifigkeit mangelt, kann auch auf andere Weise Rechnung getragen werden, nicht nur durch die Ausbildung von Rippen an den Seiten des Gehäuses. So ist es gar nicht so ungewöhnlich, wenn bei Motoren aus Alu-Legierung eine massiv gegossene Grundplatte unter den Hauptlagern eingefügt und mit dem Zylinderblock verschraubt wird. Das versteift den gesamten Block und – sehr wichtig – hält die Hauptlager in Position. Dabei ist es völlig gleichgültig, welche Kräfte darauf einwirken. Und das wiederum hilft, den Geräuschpegel zu reduzieren und den Verschleiß der auf Biegung und Torsion belasteten Kurbelwelle zu minimieren. In einigen Motoren besteht auch die Ölwanne aus einer Legierung und nicht, wie vielfach üblich, aus gepresstem Stahlblech. Das verursacht zwar höhere Produktionskosten, gewährleistet aber zusätzlicher Steifigkeit, und das kommt dem gesamten Kurbelgehäuse zugute und verringert die Geräuschabstrahlung.

Der Kurbeltrieb

Kolben, Pleuelstange und Kurbelwelle setzen den Druck, der vom verbrennenden Kraftstoff erzeugt wird, in jene Drehbewegung um, die über die Kraftübertragung und das Getriebe die Räder antreibt. Wie wir gesehen haben, ist das Prinzip, die Kolben mit der Kurbelwelle mittels Pleuelstange zu verbinden (jeder mit einem Pleuellager unten auf der Kurbelwelle und oben von einem Kolbenbolzen an seinem Platz gehalten) eigentlich ziemlich einfach. Dennoch treten Probleme mit Unwuchten auf, weil zum Beispiel das untere Ende der Pleuelstange die Tendenz hat, von Seite zu Seite zu pendeln. Kein Wunder also, dass viele Erfinder nach Wegen suchten, um dieses Problem zu lösen, aber das Ergebnis war immer dasselbe: mehr Gelenke, mehr Komplikationen und zusätzliche Reibungsverluste bei der Verwendung von Zahnrädern. Bekanntlich kommt es bei der Motorkonstruktion aber stets darauf an, dass der Motor gut funktioniert und möglichst kompakt, leicht, einfach und preiswert herzustellen ist. Wenn man die Sache in Erwartung einer besseren Leistung oder eines besseren Wirkungsgrades verkompliziert, muss die Idee schon richtig gut sein und genügend Vorteile bieten, um einen hohen Aufwand zu rechtfertigen. Das ist eine Lektion, an die wir mehr als einmal zurückdenken werden.

Der Kolben

Das Kolbendesign ist zu einer komplizierten Wissenschaft geworden. Die Kräfte, die auf einen Kolben wirken, sind sehr groß und niemals konstant. Während des Arbeitshubs treibt ihn der Druck im Zylinder nach unten, aber während der anderen drei Arbeitshübe ist der Druck relativ unwichtig, dann wird der Kolben von der Drehbewegung der Kurbelwelle über die entsprechende Pleuelstange in Bewegung gehalten. Außerdem beschleunigt und verzögert der Kolben mit einer enormen Geschwindigkeit. Am oberen und am unteren Ende seines Hubs, also am oberen und unteren Totpunkt, ist der Kolben stationär. Seine Höchstgeschwindigkeit erreicht

er in der oberen Hälfte der durchlaufenen Zone. Dann bewegt sich der Kolben wirklich sehr schnell, schnell genug, um die Länge seines Hubs bei maximaler Leistung bis zu über hundert Mal in der Sekunde zu durchlaufen. Nicht anschaulich genug? Betrachten wir ein Beispiel: Wenn ein Motor sich mit 6.000 U/min dreht und der Kolbenhub 80 mm beträgt, dann liegt seine durchschnittliche Kolbengeschwindigkeit etwa bei 58 km/h. Das hört sich nicht nach viel an, es ist allerdings die Durchschnittsgeschwindigkeit: Die Spitzengeschwindigkeit beträgt eher mehr als das Doppelte. Und man sollte bedenken, dass der Kolben aus dem Stillstand bis zu seiner Spitzengeschwindigkeit beschleunigt, wieder zum Stillstand kommt und dann in die entgegengesetzte Richtung fortfährt, um den Kreislauf zu beenden, einhundert Mal pro Sekunde. Daraus lässt sich der Wert »m/s«, also Meter pro Sekunde errechnen, ein unbestechlicher Maßstab für die im Motor auftretenden Massenkräfte. Um die Sache noch komplizierter zu machen: Der Kolbenboden wird durch intensive Hitze während des Arbeitshubs versengt, und obwohl er in der nächsten Runde eine frische Ladung mit kühler Luft ziehen kann, treten extrem hohe thermische Belastungen auf.

Der Kolben muss daher stark genug sein, all diesen Kräften zu widerstehen, aber er sollte auch möglichst leicht sein. Je schwerer er ist, desto höher sind die Kräfte, die er bei seiner Beschleunigung selbst erzeugt, und diese Kräfte müssen von der Kurbelwelle und dem übrigen Motor aufgenommen werden. Deshalb bestehen alle modernen Kolben, sogar in Dieselmotoren, aus einer Aluminiumlegierung und nicht etwa aus Stahl (obwohl die Kolben für einige Hochleistungsmotoren mit Stahleinschlüssen gegossen werden, um zu verhindern, dass sie sich beim Erwärmen zu sehr weiten). Daneben besteht eine der Hauptschwierigkeiten darin, das Kolbengewicht so weit wie möglich zu reduzieren. Anders gefragt: Wie viel Material kann weggenommen werden? Sehen Sie sich die Kolben an, die vor 50 Jahren hergestellt wurde: Sie weisen eine streng zylindrische Form auf, weil die Konstrukteure den Kolben unter allen Umständen innerhalb der Zylinderbohrung aufrecht halten wollten. Sein modernes Gegenstück sieht fast unglaublich flach aus, der Kolbenmantel – der Abschnitt unterhalb des Kolbenbolzens – ist an jeder Seite ausgeschnitten und lässt nur zwei kleine Stege, damit der Kolben nicht um die Achse des Bolzens kippen kann. Die Kräfte, die auf den Kolben wirken, sind so austariert, dass jede Kipptendenz auf ein Minimum begrenzt ist.

Die Kolbenringe, die aus speziell geformtem Gusseisen bestehen, stecken in Rillen, die um das »Kolbenhemd« herumlaufen. In praktisch allen Motoren heutiger Personenwagen gibt es drei Kolbenringe: Die oberen beiden wirken zusammen und sollen verhindern, dass der Verbrennungsdruck am Kolben vorbei in das Kurbelgehäuse gelangt; man nennt sie Verdichtungs- oder Kompressionsringe. Der dritte und unterste fungiert als Ölabstreifring. Das Motoröl wird von der Kurbelwelle hochgeschleudert und schlägt sich als eine Art Nebel im Zylinder nieder, deshalb besteht die Aufgabe des Ölabstreifrings im Abtragen des überschüssigen Schmieröls von der Zylinderwandung. Es darf jedoch nicht vollständig entfernt werden: Ein dünner Ölfilm wird gebraucht, er muss die Schmierung gewährleisten. Und das ist in der Tat am leichtesten zu bewerkstelligen, wenn zu viel Öl hochgeschleudert und der Überschuss dann wieder runtergekratzt wird. Als Teil des Verfahrens, moderne Kolben kompakter und leichter zu machen, sind die Ringe schmaler und flacher geworden, sie liegen enger zusammen und näher am Kolbenboden. An die Materialien, aus denen sie gefertigt werden, und an die Präzision ihrer Herstellung stellt man höchste Anforderungen.

Die Pleuelstange

Die Pleuelstangen bilden die Verbindung zwischen den Kolben und der Kurbelwelle, indem sie die Wirkung des gesamten Verbrennungsdrucks übertragen und auch während des Ansaughubs die Kolben nach unten ziehen. Die Last auf jede Pleuelstange wechselt daher ständig zwischen Zug und Druck. Die Pleuelstange muss stark genug sein, um auch maximalem Zug widerstehen zu können, aber steif genug, um sich nicht

unter Druck zu verbiegen oder zu knicken. Um Steifigkeit und geringes Gewicht – wieder einmal ist das Gewicht ein sehr wichtiger Faktor – zu kombinieren, haben alle Pleuelstangen einen H-Träger-Querschnitt. Pleuelstangen bestehen aus hochfesten Werkstoffen, meist sind es Stahllegierungen. Sie werden entweder gepresst (das ist am preiswertesten) oder geschmiedet (das ist haltbarer). In jedem Fall aber werden sie gesintert, das heißt: Das pulverisierte Metall wird gemischt, in Form gepresst, bei hohen Temperaturen verfestigt und dann durch Erstarren verdichtet. Dieses Verfahren ist zwar nicht billig, aber wirtschaftlich, vor allem in der Großserienanwendung. Bei einigen Motoren bestehen die Pleuelstangen auch aus Aluminiumlegierungen, überdies laufen Versuche mit Verbundwerkstoffen, wobei das Aluminium durch Keramikfasern versteift wird. Bei reinrassigen Rennmotoren bestehen die Pleuelstangen durchgängig aus Titan.

Das kolbenseitige Lager, das die Stange mit dem Kolben verbindet, heißt Pleuelauge oder Pleuelkopf. Im Pleuelauge, einem geschlossenen Kreis, befindet sich eine Buchse, die den Kolbenbolzen aufnimmt. Das kurbelwellenseitige Ende, der Pleuelfuß, ist geteilt, das untere Ende heißt Pleueldeckel. Mit diesem geteilten Pleuelfuß wird das Pleuel mit der Kurbelwelle verbunden. Das geht nicht ohne die Pleuellagerschalen. Die beiden Hälften des Lagers schraubt man zusammen, den Abschluss bildet der Pleueldeckel. Bei Stangen aus Sintereisen ist es heutzutage allgemein üblich, den Pleuelfuß durch einen kontrollierten Bruch zu teilen und nicht etwa sauber durchzuschneiden. Wenn dieses Lager dann montiert wird, passen die gebrochenen Flächen perfekt zusammen und sorgen dadurch für eine perfekte Lage in allen Richtungen. Natürlich müssen die Pleuellager ebenso sorgfältig konstruiert sein wie Kurbelwellen-Hauptlager.

Die Kurbelwelle

Im Unterschied zu den Kolben und Pleuelstangen mit ihren Auf-und-Abbewegungen führt die Kurbelwelle eine Drehbewegung aus. Sie ist sehr großen und schnell veränderlichen Vertikalkräf-

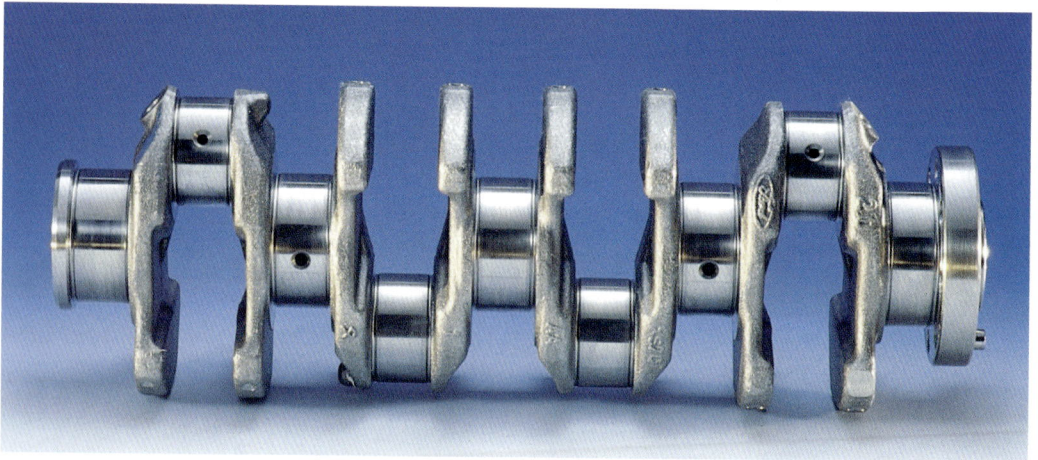

Die Kurbelwellenkonstruktion ist stark abhängig von der Belastung, die von den Verbrennungsdrücken ausgeübt wird. Hier ist die Kurbelwelle für Fords Duratorq-DI-Direkteinspritzungs-Turbodiesel abgebildet, der im aktuellen Mondeo eingesetzt wird. Die Kurbelwelle wird geschmiedet, hat beträchtliche Überlappungen zwischen den Haupt- und unteren Pleuel-Lagern und acht Gegengewichte, jeweils zwei pro Zylinderkröpfung. Im Gegensatz dazu wird die weitaus weniger belastete Kurbelwelle für die Vierzylinder-Benzin-Motoren im Mondeo aus Gusseisen hergestellt und hat nur vier Gegengewichte, wodurch der Motor erheblich leichter ist. (Ford)

ten ausgesetzt und wird auf Torsion und Biegung beansprucht. Sie muss daher steif sein und innerhalb des Zylinderblocks von den Hauptlagern fixiert werden.

Die Kurbelwelle zu versteifen ist keineswegs einfach, weil sie die Kröpfungen einschließen muss. Normalerweise gibt es eine für jeden Zylinder, um die Lager der Pleuelstangen aufzunehmen. In fast allen modernen Motoren befindet sich ein Hauptlager zwischen jedem Zylinder; in einem Vierzylinder-Reihenmotor gibt es also fünf Hauptlager, drei zwischen den Zylindern und jeweils eins an jedem Ende der Kurbelwelle. In V-Motoren liegen die Hauptlager zwischen jedem Paar entgegengesetzter Zylinder, so dass ein V6-Motor vier Lager besitzt.

Ältere Motorkonstruktionen hatten weniger Hauptlager als moderne; Kostengründe spielten dabei ebenso eine Rolle wie das Bestreben, Reibungsverluste zu reduzieren (wozu jedes zusätzliche Hauptlager entscheidend beiträgt). Bis zu den 1960er-Jahren hatten Vierzylinder-Reihenmotoren üblicherweise nur drei Lager, an jedem Ende eines und ein weiteres zwischen den Zylindern 2 und 3, und der Original-Austin-Seven-Motor aus den 1920er-Jahren musste sogar mit nur zwei Lagern auskommen. Heute ist das natürlich kein Thema mehr, unbestritten ist eine Kurbelwelle mit einer entsprechenden Zahl von Hauptlagern einer Welle mit wenigen Hauptlagern vorzuziehen. Letztere nämlich müsste zusätzlich versteift werden, denn bei den heute im Motor herrschenden hohen Druckverhältnissen

und -belastungen müsste eine Welle mit zwei Lagern extrem dick und sehr schwer sein, oder aber aus hochfesten (und damit sehr teuren) Materialien bestehen. Und das macht ja keinen Sinn.

Praktisch alle Kurbelwellen sind einteilig, nur bei Zweitaktern werden heute noch mehrteilige, also zusammengesetzte Kurbelwellen verwendet. Natürlich ist es auch möglich, solche Wellen für Viertakter zu bauen, sie durch Schweißen, Dehnpassung und Zusammensetzen einer Reihe von kleineren Bauteilen zu produzieren. Das ist aber viel zu teuer und letztlich sinnlos, denn der konstruktive Hintergrund – eine Welle im Zweitakter läuft in Wälzlagern, die nicht geteilt werden können – entfällt bei einem Viertakter.

Dennoch wurden früher bei einigen gering belasteten Motoren mehrteilige Kurbelwellen verwendet, denn sie haben zwei Vorteile: Man braucht kein kompliziertes und teures Gießverfahren, und die Pleuelfüße müssen nicht geteilt

Eine andere Ansicht der Ford Duratorq-DI-Kurbelwelle zeigt deutlicher die Ausformung der Gegengewichte und die Ausführung des mittleren Hauptlagers als Axiallager, um die Welle axial zu fixieren. Der Übergang zwischen den Kurbelzapfen und den seitlichen Wangen sind die wundesten Punkte, was die Beanspruchungen betrifft. Deshalb werden Spezialtechniken zur Behandlung dieser Bereiche während der Herstellung angewendet, und es wird sichergestellt, dass sie genügend ausgerundet sind, damit die Oberflächen nicht einreißen und so zu einem Ermüdungsbruch führen können. (Ford)

werden. Sie können vor der Montage über die Kurbelwellenlager geschoben werden, ohne Teilung und Verschraubung. Ihre Fertigung erfordert allerdings eine hohe Präzision, und so sorgfältig Kurbelzapfen und -wangen auch montiert sein mögen: Im Laufe ihres langen, harten Lebens nimmt die Gefahr, dass sich Verschraubungen lösen, stark zu. Verschleißschäden sind nahezu unvermeidlich.

Bei der Mehrheit der modernen Kurbelwellen handelt es sich also um einteilig gegossene Stücke, bestehend aus einer Speziallegierung. Sie sind kostengünstig herzustellen und eignen sich für nicht übermäßig hoch belastete Konstruktionen. Kurbelwellen für Dieselmotoren und einige Hochleistungs-Benzinmotoren, bei denen es auf eine hohe Festigkeit bei möglichst geringem Gewicht ankommt, bestehen aus Schmiedestahl. Bei einigen wenigen exotischen Motoren, die in sehr kleinen Stückzahlen entstehen, werden die Kurbelwellen aus dem Vollen gefräst, weil die extrem hohen Kosten dieses Verfahrens immer noch

niedriger sind als die Kosten für die Einrichtung einer Anlage, die mit Gusseisen oder Schmiedestahl arbeitet (die dann ebenfalls noch Maschinen zur Nachbearbeitung erfordert, wenn auch nicht im gleichen Umfang).

In den meisten modernen Motoren erhalten die Kurbelwellen nach der Fertigung eine Spezialbehandlung. Die Lageroberflächen werden durch Wärme oder chemische Behandlung gehärtet, die abgerundeten Kanten der Lager werden häufig abgewalzt, um ihre Stärke und ihren Widerstand gegen Ermüdung zu erhöhen.

Schließlich besteht die Kurbelwelle aus einer Reihe von Hauptlagern und gegeneinander versetzten Kurbelwellenlagern, die durch Stege, die in die Gegenrichtung zu den Stangenenden verlängert werden können, miteinander verbunden sind und auf diese Weise Gegengewichte bilden. Eine vollständig ausgewuchtete Kurbelwelle hat Gewichte an jeder Seite einer jeden Kröpfung des Lagerendes. Die Hauptlager sind im allgemeinen in den gleichen Abständen wie die Mittellinien der Zylinderbohrungen angeordnet. Die Hauptlager sind immer größer im Durchmesser als die Kurbelwellenlager, und die Kurbelwelle ist leichter zu versteifen, wenn die Haupt- und Kurbelwellenlager sich, von hinten betrachtet, überlappen. Es ist leichter, eine Überlappung bei einem Kurzhubmotor zu erreichen. Möglicherweise gelingt das bei einem Motor, bei dem die Bohrung größer ist als der Hub, noch besser.

Das ist aber längst nicht alles über die Kurbelwelle und ihre Konstruktion. Eine häufig übersehenes Detail sind die feinen Ölkanäle, die durch jedes Lager und das Verstärkungsgerippe gebohrt, miteinander verbunden und erforderlichenfalls abgedeckt sind. Durch diese Bohrungen werden, unter mäßigem Druck von der Pumpe, die Lager mit Öl versorgt. Ohne diese Versorgung würde sich der Motor festfressen, dafür genügen Sekunden. Wenn zum Beispiel bei flotter Kurvenfahrt die Fliehkräfte das Öl in eine Hälfte der Ölwanne treiben und die Pumpe keinen Schmierstoff ansaugen und fördern kann, sind blitzschnell Motorschäden möglich. Eine ausreichende Schmierung der Lager kann man nicht durch einfaches Ansprühen erzielen; eine zuverlässige Druckversorgung ist unbedingt notwendig.

Jedes Kurbelwellenende trägt weitere wichtige Bauteile. Am hinteren Kurbelwellenstumpf sitzt das Schwungrad, am vorderen dagegen ist es nicht so einfach: In jedem modernen Motor wird die Nockenwelle (und damit die Ventilbetätigung) von der Kurbelwelle aus angetrieben. Dieser Antrieb vom Vorderteil der Kurbelwelle aus erfolgt meist über das Kurbelwelle-Kettenrad (bei Motoren mit Steuerkette) oder eine Riemenscheibe (bei Motoren mit Zahnriemen). Meist wird dann auch die Ölpumpe vom vorderen Kurbelwel-lenstumpf aus angetrieben. Die keineswegs ungewöhnliche Alternative erfordert eine zahnradgetriebene Antriebswelle, ausgehend von der Kurbelwelle. Die Pumpe liegt dann in der Ölwanne. Die Kurbelwelle muss auch alle anderen Zusatzgeräte antreiben: die Wasserpumpe, die Lichtmaschine, die Pumpe der Servolenkung sowie den Kompressor der Klimaanlage. Dazu nutzt man heutzutage vorzugsweise einen langen Mehrfachkeilriemen, der über diverse Spann- und Umlenkrollen die Nebenantriebe steuert. Diese Lösung bringt einige Herausforderungen mit sich: Alle Scheiben müssen genau ausgerichtet sein. Und falls der Riemen reißt, fällt alles mit einem Mal aus. Aber die heutigen breiten, flachen und sorgfältig konstruierten Riemen reißen nie, zumindest nicht unter normalen Umständen. Anders dagegen die alten Keilriemen, die sehr viel anfälliger für Verschleiß und Pannen waren.

Alle Versionen des neuen Ford Mondeo sind mit einem Zweimassen-Schwungrad ausgerüstet, wie es hier aufgeschnitten abgebildet ist. Die Aufteilung des Schwungrads in zwei separate Massen mit einem Federelement dazwischen reduziert und dämpft einige der kritischen Schwingungen, die sonst bei bestimmten Motordrehzahlen und -lasten auftreten würden. (Ford)

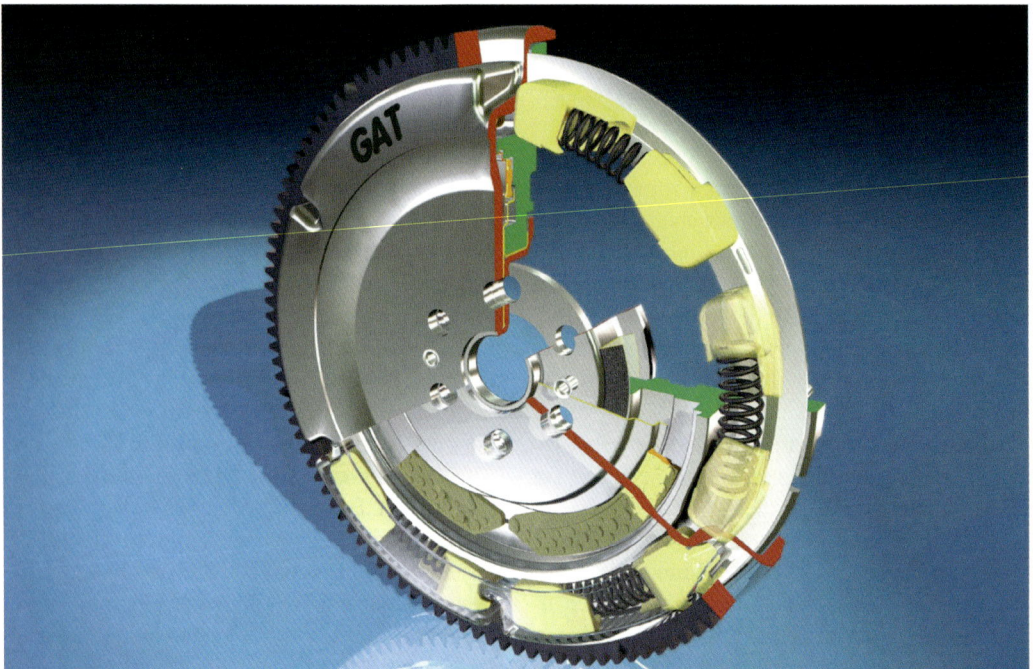

Eine Zukunft ohne Nebenantriebe?

Wahrscheinlich wird in naher Zukunft der Bedarf an Nebenantrieben spürbar abnehmen. Ein Anfang wurde bereits vor Jahren gemacht, als der riemengetriebene Ventilator hinter dem Kühler durch einen elektrisch angetriebenen ersetzt wurde. Damit wurde nicht nur der Ventilatorriemen überflüssig – stets ein Ärgernis, häufig geräuschvoll und mit einer hohen Ausfallrate – sondern auch die Möglichkeit gegeben, den Ventilator je nach Bedarf einzuschalten. Das sparte Energie und Leistung. Und der Ventilator konnte natürlich dort hingesetzt werden, wo er hingehört, ohne dass man über Antriebsriemen und die nötigten Scheiben nachdenken musste. Heutzutage prüfen Ingenieure fleißig, ob das auch bei anderen Zusatzantrieben geht.

Bei einigen Autos kommen bereits elektrisch angetriebene Servopumpen zum Einsatz (oder es werden einfach Elektromotoren für ihre Servolenkungen eingesetzt); Klimaanlagen-Kompressoren können ebenfalls elektrisch betrieben werden – das ist alles eine Frage der Zeit. Die Lichtmaschine selbst wird man voraussichtlich früher oder später zusammen mit dem Anlasser in einer einzigen ringförmigen Einheit unterbringen, die einen Teil des Schwungrads bildet. Lediglich die Öl- und Kühlmittelpumpen dürften künftig von der Kurbelwelle aus angetrieben werden. Einige Ingenieure denken sogar daran, die Kühlmittelpumpe elektrisch anzutreiben.

Wie wir sehen werden, besteht mittelfristig auch die Möglichkeit, auf den ebenfalls von der Kurbelwelle angetriebenen Ventilmechanismus zu verzichten. Und der technische Fortschritt legt keine Pause ein: Mit der Einführung der ringförmigen Lichtmaschine/Anlassermotors vollzieht sich ein weiterer großer Umbruch in der Technik. Teilweise liegt das daran, dass diese neuen Einheiten statt mit 14 V mit 42 V arbeiten und das elektrische System mit 36 V statt mit 12 V speisen; sie sind daher wirkungsvoller und auch viel leistungsfähiger. Als Anlassermotoren werden sie praktisch geräuschlos und fast sofort betriebsbereit sein, so dass endlich ein Start-Stopp-Betrieb im Stadtverkehr Wirklichkeit werden könnte. Und dank der Elektronik könnten diese Einheiten auch Schwingungen in der Kurbelwelle oder im Getriebe ausgleichen und sogar zusätzliche Antriebsleistung für maximale Beschleunigung oder Bergfahrten liefern.

Auf die Kurbelwelle kommt es an

Die Kurbelwelle, die im Moment noch all diese Antriebe versorgt, ist in Längsrichtung im Motorblock positioniert. Sie ist deshalb ebenso wie ihre Hauptlager mit einem Axiallager ausgestattet. Die Kurbelwelle muss überdies gegen Drehschwingungen geschützt werden: Es gilt zu verhindern, dass ein Wellenende im Verhältnis zum anderen Ende zu schwingen beginnt. Um es plastisch zu machen: Durch die Arbeitshübe der Pleuelstangen dreht sich das Schwungrad vorwärts und rückwärts, während das Vorderteil der Welle festgehalten wird.

Geringe Schwingungen sind unvermeidlich, weil die Welle nicht unendlich steif gemacht werden kann; der technische Trick besteht darin, die Vibrationen zu dämpfen, bevor ein Schaden auftreten könnte. Und Schäden gab es (und könnte es heute noch geben), denn bei Motoren der Frühzeit, deren Kurbelwellen noch ohne Kenntnis der im Motor auftretenden Massenkräfte, der Biege- und Torsionsbeanspruchungen entwickelt wurden, scherten die Kurbelwellen mitunter völlig ab. Bei einer bestimmten Geschwindigkeit wurden nämlich die Resonanzschwingungen immer größer, eben bis zur Panne. Der Defekt trat in der Regel zwischen einem Hauptlager und einem Kurbelwellensteg auf. Die Kurbelwellen moderner Autos sind meistens so steif, dass ihre theoretische Resonanzgeschwindigkeit weit über der maximalen Arbeitsgeschwindigkeit des Motors liegt. Viele Motoren sind überdies zusätzlich mit Drehschwingungsdämpfern ausgerüstet, um die Energie zu absorbieren und die Schwingungen zugunsten des Komforts auf einem absoluten Minimum zu halten. Dazu wird das Schwungrad (oder eine auf der Kurbelwelle angebrachte Scheibe) in innere und äußere Abschnitte geteilt, die miteinander durch eine dünne Elastomerschicht verbunden sind. Die Elastomerschicht schluckt die Vibrationen, bevor sie eine unerwünschte Wirkung zeigen.

4 Das obere Ende des Motors

Die Aufgabe des Zylinderkopfes und der Ventile besteht darin, Luft und Kraftstoff in den Motor zu lassen, die an der richtigen Stelle zur richtigen Zeit verbrennen und als Abgase wieder austreten sollen. Die Verbrennung findet im Brennraum über jedem Kolben statt. Zumindest sollte sie dort stattfinden, obwohl es manchmal allzu leicht für das Luft/Kraftstoffgemisch zu sein scheint, teilweise erst im Auspuffsystem zu verbrennen. Heutzutage befinden sich die Brennräume direkt über dem Kolbenboden, wenn auch in den frühen Tagen des Automobils einige sehr seltsame Konstruktionen mit separaten Brennräumen eingesetzt wurden. Diese Anordnungen wurden meistens verwendet, damit der Kolben es leichter hatte und die Ventile leichter arbeiten konnten.

Der einfachste Brennraum im Viertakt-Benzinmotor, egal welcher Form und Position, besitzt ein Einlassventil, ein Auslassventil und eine Zündkerze. Auch die Arbeitsabläufe sind in jedem Viertakter gleich: Ein Gemisch aus Luft und Kraftstoffnebel wird durch ein Einlassventil gezogen, das während des Verdichtungshubs schließt. Die Zündkerze zündet das Gemisch am Ende des Verdichtungshubs, und der Arbeitshub beginnt. Dann öffnet das Auslassventil und das verbrannte Gas strömt aus dem Zylinder in den Auspuffkrümmer und sein »stromabwärts« gerichtetes Abgassystem.

Ventile und Ventilsteuerung

Alle modernen Personenwagenmotoren sind mit Tellerventilen ausgerüstet. Das bedeutet: Die Ventile gleichen umgedrehten Pilzen, die auf kreisförmigen Sitzen schließen. Die Ventile werden normalerweise von Federn in den Sitz gedrückt und, von der Nockenwelle gesteuert, über

Ansicht des BMW-Valvetronic-Zylinderkopfs von vorne. Der Mechanismus für die variable Ventilsteuerung ist aufgeschnitten dargestellt. Der Zylinderkopf ist typisch für viele fortschrittliche Motoren: mit zwei obenliegenden Nockenwellen, in diesem Fall kettengetrieben, und variablem Timing mittels Variator-Bauelementen vom Flügelzellentyp, die blau (äußeres Gehäuse, angetrieben vom Kettenrad) und grün (innerer Kern, direkt mit dem Antriebszapfen der Nockenwelle verbunden) hervorgehoben sind. (BMW)

Stößel und Kipphebel am Ende der Ventilschäfte angehoben. Ventile können auch zwangsweise geöffnet *und* geschlossen werden, dann spricht man von einem Zwangssteuerungs-Prinzip, auch Desmodromik genannt (lange Zeit eine Ducati-Spezialität). Die Desmodromik erfordert zwar keine Ventilfedern, ist aber kompliziert und teuer in Herstellung und Wartung. Ventil-Zwangsteuerungen besaßen auch einige Rennmotoren, unvergessen die legendären Silberpfeile, die Grand-Prix-Rennwagen von Mercedes der 1950er-Jahre. Diese Ventilsteuerung findet sich aber kaum in einem Straßenserienauto.

Um beim Rennsport zu bleiben: In einigen aktuellen Grand-Prix-Autos werden die Ventile per Luftdruck statt Federn geschlossen, auf diese Weise spart man wieder an Gewicht und Leistungsauwand für den Ventilhub. Die dafür notwendige Druckluft stammt aus einem separaten Luftspeicher, der vor jedem Rennen aufgepumpt wird, was natürlich für ein Straßenauto keine praktikable Technik ist.

In den meisten Fällen gilt: je größer die Ventile, desto besser der so genannte Gasdurchsatz. Wenn der Motor seine maximale Leistung abruft, muss er möglichst viel Luft und Kraftstoffgemisch in kürzest möglicher Zeit passieren lassen. Keine Frage also: Je größer die Ventile sind und je weiter sie öffnen, desto mehr Gemisch kann in die Brennkammer gelangen, nur darf der Rest des Einlasssystems den Gaswechsel nicht behindern. Nebenbei bemerkt: Der entscheidende Faktor ist nicht die kreisförmige Oberfläche des Ventils (wie häufig behauptet wird), sondern sein Umfang, weil das Gemisch durch den kreisförmigen Spalt zwischen Ventilteller und Ventilsitz in die Brennkammer gelangt.

Aus diesem Grund weisen die meisten modernen Konstruktionen zwei Einlass- und zwei Auslassventile auf. Wenn man die einfache Geometrie eines einzelnen Ventiltellers mit einem Durchmesser von angenommen 40 mm betrachtet, dann beträgt seine Oberfläche 12,56 cm^2 und sein Umfang 12,56 cm. Nimmt man stattdessen zwei Ventile mit Durchmessern von jeweils 20 mm, dann beträgt ihre Gesamtfläche nur 6,18 cm^2, ihre resultierende Gesamtfläche dagegen immer noch 12,56 cm, so dass sie bei gleichem

Öffnungswinkel genau so viel Gemisch durchlassen. Im Grunde genommen können sie tatsächlich gleich weit geöffnet werden, weil die maximale Ventilöffnung hauptsächlich vom verfügbaren Spiel über dem Zylinderkopf abhängt, und das ist unabhängig von der Anzahl der Ventile.

Warum ist das wichtig? Aus mindestens vier Gründen: Zum einen kann man in der Kugelkalotte eines realen Brennraums ein einziger Ventilteller zwei Teller ersetzen, deren Durchmesser deutlich mehr als die Hälfte eines Einzeldurchmessers betragen. In Zahlen ausgedrückt: In der 86-mm-Bohrung eines quadratischen (Hub = Bohrung) Vierzylindermotors von zwei Liter Hubraum könnte man ein einzelnes Einlassventil mit einem Durchmesser von ziemlich genau 36 mm unterbringen, im gleichen Brennraum gibt es jedoch reichlich Platz für zwei Ventile mit jeweils 30 mm Durchmesser bei einer resultierenden Gesamtfläche, die um 67 % größer ist als die Fläche eines einzelnen Ventils. Daher kann mehr als doppelt so viel Gemisch innerhalb der gleichen Zeit einströmen. Schnellere Gaswechsel sind die Folge. Der zweite Faktor ist das Gewicht: Wegen des Quadrat-Quader-Gesetzes (die Fläche nimmt quadratisch mit einer linearen Größe zu; das Volumen und daher das Gewicht nimmt mit der dritten Potenz zu) wiegen die beiden Ventile zusammen nur 16 % mehr als das

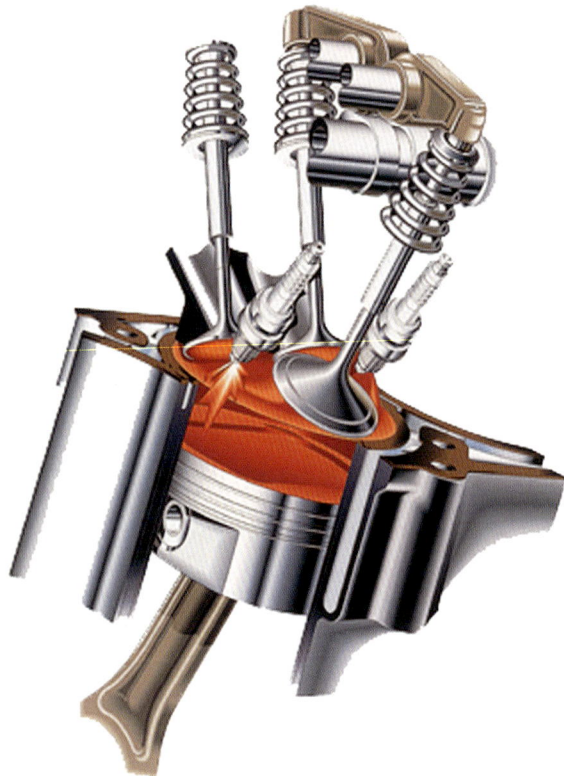

Die Volkswagen-Gruppe hat mehr Motoren mit fünf Ventilen pro Zylinder gebaut als jedes andere Unternehmen, hauptsächlich Vierzylinder, wie er hier zu sehen ist. Drei Einlassventile pro Zylinder von einer einzigen Nockenwelle antreiben zu lassen, ist zwar ungünstig, weil das mittlere Ventil weiter weg von der Zylinderachse ist, als es die Ventile auf jeder Seite sind, aber das scheint kein wirkliches Problem zu sein. Die Merkmale dieses Motors beinhalten einen Zahnriemenantrieb zur Auslassnockenwelle, wobei die Einlassnockenwelle von der Auslassnockenwelle aus über eine kurze Kette angetrieben wird. Die Zündung erfolgt direkt, die Zündspule sitzt direkt auf der Zündkerze. Die Kurbelwelle ist vollständig mit Gegengewichten ausgewuchtet, und die Konstruktion der Kolben ist typisch für die moderne Technik. (Audi)

einzelne Ventil, vorausgesetzt, sie sind direkt proportional. Und das Ventilgewicht ist wichtig, wie wir sehen werden. Der dritte Faktor: Wenn die Auslassventile gleichartig gepaart sind, gibt es genug Platz für eine Zündkerze im absoluten Zentrum des Brennraums – das ist der beste Platz für die Zündkerze, da die Flammenfront dann den kleinsten Abstand bei ihrem Lauf durch das Gemisch hat. Der vierte Faktor ist komplizierter und hängt mit den verschiedenen Bedingungen zusammen, wenn statt eines Ventils zwei Ventile zur Verfügung stehen. Im Grunde hat man die Freiheit, die Strömung durch jedes Ventil unterschiedlich zu steuern, was normalerweise dem Betrieb bei geringer und bei hoher Geschwindigkeit entspricht, ein Thema, auf das wir noch zurückkommen werden.

Vierventil-Zylinderköpfe sind nicht neu, bereits der Peugeot-Grand-Prix-Motor aus dem Jahre 1912 hatte vier Ventile pro Zylinder. Im Großserienbau aber begann sich diese Bauweise erst nach 1970 zu etablieren und wurde ist erst in den vergangenen Jahren zum europäischen und japanischen Standard. Vier Ventile müssen es aber nicht unbedingt sein. Viele der jüngsten Mercedes-Motoren haben beispielsweise drei Ventile pro Zylinder – zwei Einlassventile und

In einigen Motoren mit zwei obenliegenden Nockenwellen spart man Platz, indem nur die Einlassnockenwelle angetrieben wird. Der Antrieb zur Auslassnockenwelle wird entweder mittels eines sorgfältig konstruierten Scherenradantriebs übertragen, wie in diesem Beispiel von Toyota gezeigt, oder über eine kurze Kette und zwei Kettenräder auf den Nockenwellen, eine Lösung, wie sie unter anderem von Volkswagen verwendet wird. (Toyota).

ein Auslassventil – sowie zwei Zündkerzen, eine auf jeder Seite des einzigen Auslassventils. Einige Motoren der Volkswagen-Gruppe und einige japanische Motoren (zum Beispiel von Yamaha) haben fünf Ventile pro Zylinder; dafür lassen sich zwar gute geometrische Gründe anführen (denn die Luft kann in diesem Fall mit einer höheren Geschwindigkeit in die Zylinder gelangen), aber die wirkungsvolle Betätigung aller Ventile verursacht doch einige Probleme.

Die Ventile werden von Nocken geöffnet und geschlossen, die auf einer oder zwei Nockenwellen sitzen, in letzterem Fall ist jeweils eine für die Einlass- und die andere für die Auslassventile zuständig. Die Nockenwelle wird von der Kurbelwelle entweder über Kette, Zahnriemen oder direkt von Zahnrädern angetrieben, wie es bei Hochleistungsmotoren für Rennwagen der Fall ist. Da jedes Ventil nur einmal nach jeweils zwei

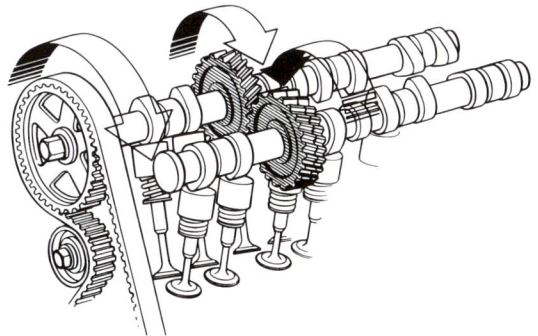

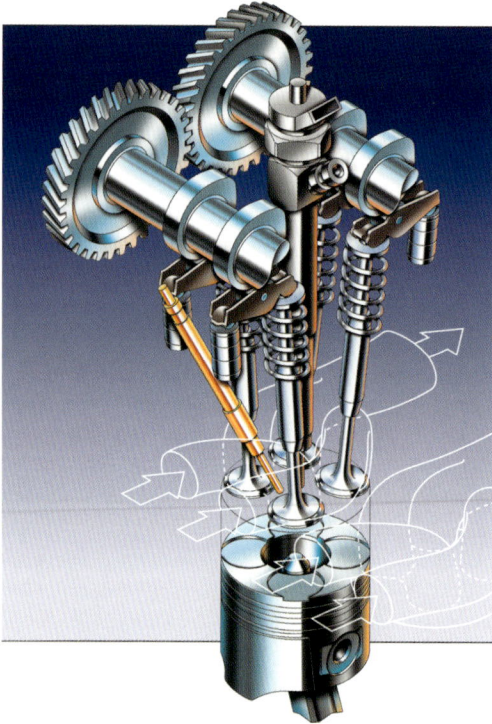

So sieht die Ventilbetätigung beim 16V-Common-Rail-Diesel von Renault aus. Die Techniker entlocken dieser Konstruktion inzwischen bis zu 105 kW in der Version mit Turbolader. Das Drehmoment ist gewaltig. (Renault)

angeordnet sind und der Nocken am entgegengesetzten Ende des Ventils arbeitet, während Schlepphebel am äußersten Ende drehbar gelagert sind und der Nocken dichter am Ventil agiert. Kipphebel können auch von einer Nockenwelle, die irgendwo anders, praktischerweise näher an der Kurbelwelle, angeordnet ist, mittels Stößelstangen bedient werden. Beim direkten Ventilantrieb nimmt der Stößel üblicherweise die Form einer winzigen Tasse an, die über dem Ventilende sitzt.

Viele frühe Automotoren hatten ihre Ventile längsseits zu den Kolben untergebracht (SV = »side valve«), die Ventile öffneten sich aufwärts in einen entfernt gelegenen Brennraum: Sie waren stehend angeordnet. Das machte den Motor flacher und erleichterte die Demontage des einfachen Zylinderkopfs. Dieser musste zum Dekarbonisieren (das Entfernen von Ruß- und Ölrückständen) abgenommen werden. Dieses Ritual mussten Autofahrer in den 1930er-Jahren wegen der schlechten Qualität der verwendeten Kraftstoffe und Öle (verglichen mit modernen Standards) in regelmäßigen Abständen durchführen. Seitlich stehende Ventile konnten praktischerweise mit kurzen Stößelstangen von einer unten im Motor-

Umdrehungen öffnen muss (zumindest in der Grundlagentheorie), werden die Nockenwellen mit halber Kurbelwellengeschwindigkeit angetrieben. Die Nocken können direkt, über Kipphebel oder Schlepphebel, auf die Ventilstößel wirken. Der wesentliche Unterschied zwischen beiden ist, dass Kipphebel in der Mitte drehbar

In vielerlei Hinsicht ist dieser Alfa Romeo-Vierzylinder aus dem 156 typisch für moderne Vierventil-Konstruktionen. Sie unterscheidet sich nur durch zwei Zündkerzen pro Zylinder, eine im Zentrum und die andere an der äußeren Kante, von anderen Kosntruktionen. Diese Anordnung ergibt weniger Sinn als Alfas ursprüngliche »Twin Spark«-Anordnung in einem Achtventil-Motor, in dem die Zündkerzen symmetrisch angeordnet waren – aber »Twin Spark« ist ein Verkaufsargument für Alfa Romeo, und deshalb musste die zweite Zündkerze erhalten bleiben, obwohl nur wenig Platz dafür war. Bemerkenswert sind auch der Variator am Beginn der Einlassnockenwelle, der das Ventiltiming ändert, und die Sorgfalt, die aufgewendet wurde, um lange Einlasstrakte bei möglichst glatter Luftströmung zu erzielen. Außerdem sind die Motorbefestigungspunkte und das Ölfiltergehäuse bemerkenswert. (Alfa Romeo)

Das obere Ende des Motors

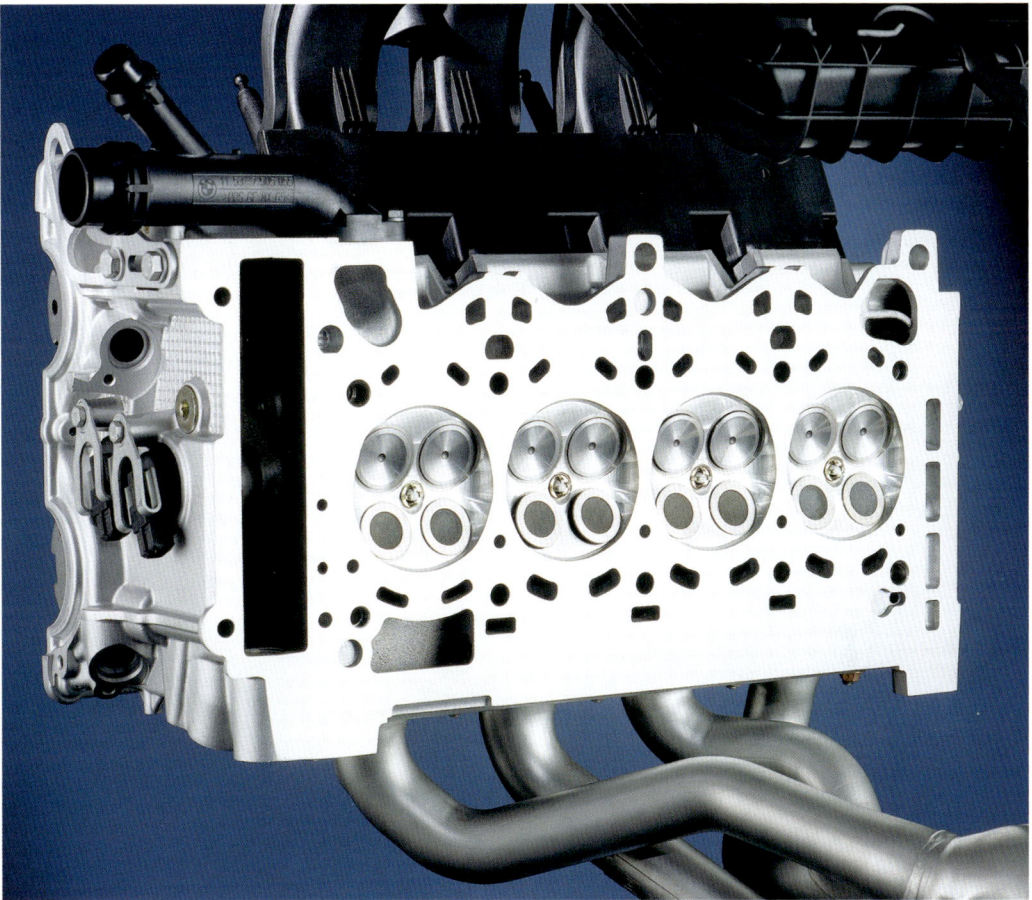

Diese Ansicht der Unterseite eines BMW Valvetronic-Zylinderkopfs zeigt die Pultdachförmigen Brennräume, die typisch sind bei Vierventil-Konstruktionen, genauso wie die zentral platzierte Zündkerze und die Anordnung der Kühlkanäle und Durchgangsbohrungen für die Befestigungsschrauben des Zylinderkopfs. Der große freie Spalt auf der linken Seite des Bildes nimmt den Nockenwellenantrieb der Kurbelwelle auf, der als vorgefertigte »Kassette« eingefügt wird. (BMW)

block nahe der Kurbelwelle liegenden Nockenwelle bedient werden. Motoren mit seitlichen Ventilen waren noch bis in die 1950er-Jahre üblich, beispielsweise in den Ford-Taunus-12/15 M-Vierzylindern. Die Seitenventile hatten allerdings einen niedrigen Wirkungsgrad, weil bei den Gaswechseln erhebliche Anteile des nachströmenden Frischgases mit den verbrannten Altgasen ausgestoßen wurden und umgekehrt: Die Spülverluste waren groß.

Mit der Verbesserung der Kraftstoffe verschwand zunehmend die Notwendigkeit des Dekarbonisierens. Daher setzten sich die Motoren mit hängenden Ventilen (OHV = »overhead valve«) durch, bei denen die Ventile direkt über dem Kolben angeordnet waren. Im Laufe der 1960er-Jahre erfolgte der Ventiltrieb bei typischen OHV-Motoren aber immer noch über Stößelstangen und Kipphebel. Bei vielen Motorkon-

struktionen aus jener Zeit lagen Einlass- und Auslassventile auf der gleichen Seite des Zylinderkopfs, so dass die austretenden Abgase die einströmende Luft erwärmten. In solchen Motoren saßen die Ventile in einer Reihe, entweder parallel oder gegeneinander versetzt, was die Herstellung des Zylinderkopfs einfacher und preiswerter machte. Es gab auch schon damals Motoren, die, anders als bei den seitengesteuerten Motoren, Einlassventile und -kanäle auf der einen und die Auslässe auf der anderen Seite

hatten. Diese Anordnung beschleunigte die Gaswechsel und begünstigte eine höhere Leistung, so dass sich viele Motorentuner in den 1960er-Jahren meist auf die Montage dieser »Querstrom«-Zylinderköpfe beschränkten. Diese waren entsprechend geformt, so dass sich die Verwirbelung in den Brennräumen verbesserte. Allerdings war die Betätigung von radial angeordneten Ventilen über Stößelstangen und eine einzige Nockenwelle niemals einfach. So nahmen sich auch die Autohersteller allmählich Pioniere wie Alfa Romeo zum Vorbild, warfen ihre Stößelstangen weg, setzten ihre Nockenwellen in den Zylinderkopf hinein und erzeugten so die modernen Motoren mit obenliegenden Nockenwellen (OHC = »overhead camshaft«).

Der Motor kann eine einzige obenliegende Nockenwelle besitzen, die entweder einen Ventilsatz direkt (normalerweise die Einlassventile) und den anderen Ventilsatz über Kipphebel betätigt. Die Nockenwelle kann auch nahe am Zentrum des Zylinderkopfs sitzen und alle Ventile

Moderne Motoren, die einen hohen Wirkungsgrad entwickeln, sind meist sehr kompliziert aufgebaut. Diese Abbildung zeigt den Zylinderkopf eines BMW Valvetronic-Motors mit allen beweglichen Teilen des Ventiltriebs in der Übersicht. Die vier Reihen von Bauteilen rechts bilden den Einlassventilmechanismus für den variablen Hub, so dass der Motor ohne eine konventionelle Drosselklappe auskommen kann. (BMW)

über Schlepp- oder Kipphebel betätigen. Möglich sind auch zwei Nockenwellen, eine für jeden Ventilsatz. Der Motor ist dann statt mit einer einfachen (SOHC) mit einer doppelten obenliegenden Nockenwelle (DOHC) ausgestattet.

Es gibt gute Argumente für jede einzelne diese Anordnungen, obwohl die Tendenzen im modernen Motorenbau eindeutig vier Ventile pro Zylinder und damit eine DOHC-Bauweise favorisieren. Das liegt teilweise daran, dass eine einzige Nockenwelle mit 16 Nocken (in einem Vierzylindermotor) schon ziemlich kompliziert aufgebaut ist. Daneben liegt es auch an den Platzvorteilen einer DOHC-Anordnung: Beim Vierventil-Zylinderkopf kann die Zündkerze zentral platziert werden und ist außerdem noch gut von außen zugänglich. Das heißt: Bei variablen Ventilsteuerungen (diese Innovation wird später diskutiert) lassen sich die jeweiligen Ventilsätze mit relativ einfachen Mitteln unabhängig voneinander steuern. Andererseits ergeben sich Platzprobleme. Wenn nämlich die beiden Nockenwellen nicht weit genug auseinander liegen, könnten sich die Zahnräder berühren und eventuell blockieren, insbesondere bei einem Nockenwellenantrieb mit Zahnriemen. Einige DOHC-Motoren (nämlich die von Porsche, Toyota und Volkswagen) treiben nur eine Nockenwelle direkt an. Die andere wird dann über Kette oder Zahnräder von der ersten aktiviert. Eine DOHC-Anordnung führt also zu voluminöseren Zylinderköpfen und erfordert einen erhöhten Aufwand in Konstruktion und Wartung.

Auch die Form des Brennraums beeinflusst das Zylinderkopf-Layout. Der kompakteste Brennraum ist der wirkungsvollste, und einen solchen erreicht man am besten mit einem engen Winkel zwischen den Einlass- und Auslassventilen sowie einem möglichst flachen Kolbenboden. Andererseits sollten im Interesse optimalen Gaswechsels die Einlassventile nahe der Auslassventile liegen, wobei die Ventilwinkel weit sein sollten und die Kolben mehr oder weniger gewölbt, um ein ausreichend hohes Kompressionsverhältnis zu erzielen. Dabei ist zu beachten, dass der Kolbenboden entsprechende Aussparungen aufweist, damit das Ventil Spiel hat.

In der Praxis gibt es zwei Kategorien von modernen DOHC-Motoren: die wirtschaftliche Variante mit einem Winkel bei 20 bis 30 Grad zwischen den Einlass- und Auslass-Ventilen sowie die leistungsorientierte Variante mit einem Winkel nahe 40 bis 45 Grad.

Der Ventilaufbau ist und bleibt im Grunde genommen einfach, obwohl die Materialien, aus denen Ventile gefertigt werden, heutzutage aus speziell entwickelten Legierungen bestehen, insbesondere bei Hochleistungsmotoren. Bei ihnen ist der Ventilschaft auch mit Natrium gefüllt. Natrium hat eine gute Wärmeleitfähigkeit und sorgt somit für eine verbesserte Wärmeabfuhr, also Kühlung.

Viel Aufwand erfordert die Konstruktion und Berechnung der Ventilfedern. Diese nämlich müssen klaglos bis zur maximalen Nenngeschwindigkeit des Motors (und darüber hinaus) zuverlässig funktionieren, jedoch ohne übermäßig steif zu sein: Dann nämlich wären die notwendigen Kräfte zu ihrer Betätigung zu groß, und das wiederum würde sich in der Leistung bemerkbar machen. Bis vor kurzem trat bei vielen Motoren auch Ventilflattern auf, was ebenfalls für Leistungsverluste sorgte: Bei bestimmten Geschwindigkeiten gerieten die Federn in Schwingungen, was die Ventile wieder öffnen ließ, nachdem sie bereits geschlossen waren, so dass der Motor an Leistung verlor. Heute werden fast alle Motoren mit Hilfe einer elektronischen Voreinstellung in ihrem Motormanagement gegen Überdrehen gesichert. Manchmal reduzieren die Konstrukteure die Gesamtfederkonstante und sichern sie gegen die Wirkungen einer einzelnen Resonanzgeschwindigkeit ab, indem sie zwei konzentrische Federn mit unterschiedlichen Konstanten verwenden.

Kette versus Zahnriemen

Wenn man obenliegende Nockenwellen antreiben will, muss sich der Konstrukteur zwischen Kette und Zahnriemen entscheiden. Vor- und Nachteile haben beide. Die Kette etwa benötigt eine Schmierung, während der Zahnriemen trocken ist. Bei einer Kette müssen Spannung und Schwingungsdämpfung sorgfältig eingestellt werden. Andererseits ist die Kette kompakter (Zahnriemen sind bis zu 30 mm breit) und von nahezu unbegrenzter Haltbarkeit, gute Materialien und ordentliche Schmierung vorausgesetzt, während Zahnriemen im allgemeinen nach einer bestimmten Fahrleistung (heutzutage bis zu 150.000 km) ersetzt werden müssen. Zahnriemen sind möglicherweise preiswerter. Ketten sind anscheinend automatisch erste Wahl bei den renommierten Autoherstellern wie BMW, Jaguar und Mercedes, sie werden aber auch bei vielen kleineren Motoren eingesetzt; eine Zählung bei heutigen Serienmotoren würde wahrscheinlich eine Mehrzahl von Zahnriemen ergeben.

Welcher Antrieb auch gewählt wird, er muss in der Lage sein, ausreichend Leistung zu übertragen. Denn schließlich heben die Nockenwellen die Ventile ständig gegen die erhebliche Rückbelastung ihrer Federn an. Um die 16 Ventile eines modernen Vierzylindermotors bei 6.000 U/min zu betreiben, bedarf es einer Leistung von schätzungsweise mehr als 1 kW. Deshalb sind Motorenentwickler so darauf bedacht, sowohl das Gewicht des Ventiltriebs als auch seine internen Reibungsverluste zu minimieren. Die Reibung hat eine deutliche und bestimmte Wirkung; die modernen Tendenzen gehen eindeutig in die Richtung, kleine Walzen (»Nockenrolle«) mit Kugellagern einzusetzen, um Reibungsverluste bei der Ventilbetätigung zu minimieren: Bei dieser Konstruktion stellen also die Nockenrollen den Kontakt zur Nockenwelle her. Reibung und Ver-

Motorenkonstrukteure können die Nockenwellen über Zahnriemen oder Ketten antreiben. Im Ford Duratorq-DI-Diesel, der hier abgebildet ist, wird ein Kettenantrieb für die beiden obenliegenden Nockenwellen verwendet. Kettenantriebe sind kompakter und halten heutzutage in der Regel ein Autoleben lang, ohne jemals ersetzt werden zu müssen. Beachtenswert ist aber, dass man einen Kettenspanner (links) und zwei Dämpfer aus hochfestem Nylon braucht, die die langen freien Teile der Kette vom Schwingen abhält. Außerdem liegt ein zweiter Kettenantrieb hinter dem hier sichtbaren, der die Ölpumpe antreibt, die sich in der Ölwanne befindet. (Ford)

schleiß sind dabei sehr gering. Die eigentliche Ventilbetätigung erfordert darüber hinaus noch Schlepphebel; das Ganze nennt sich dann Rollenschlepphebel und wird bei zahlreichen modernen Konstruktionen eingesetzt, so etwa bei aktuellen Renault-Motoren oder bei Motoren mit variablem Ventiltrieb (Valvetronic), wie sie etwa bei BMW zu finden ist.

Das Gewicht des Ventiltriebs ist gleichermaßen wichtig. Je schwerer jedes Bauteil ist, desto höher werden die Beanspruchungen im laufenden Betrieb sein. Vier Ventile pro Zylinder einzusetzen bedeutet auch, das Gewicht der Ventile bei einer vorgegebenen Gasströmungsrate reduzieren zu können. Einer der Gründe, warum der OHV-Entwurf mit Stößelstangen verbannt wurde, waren das Gewicht und die Trägheit der Stößelstangen. Die Nockenwellen selber müssen steif und doch leicht sein; Drehschwingungen von Nockenwellen und auch von Kurbelwellen waren bekannt, und eine längsseitige Verdrehung der Nockenwelle von einem Ende zum anderen wird auf jeden Fall die Exaktheit der Ventilsteuerung beeinflussen. Einige Hersteller bohren die Wellen heutzutage hohl, dabei bleibt die Steifigkeit trotz geringeren Gewichts erhalten.

Hydraulische Stößel

Ein weiteres Ritual, das regelmäßig von Autobastlern zelebriert wurde, war die Einstellung des Ventilspiels. Damit ließ sich sicherstellen, dass ein kleines, aber positives Spiel zwischen dem Kipphebelende und dem Stößel blieb: Nur wenn dieses vorhanden war, konnte man davon ausgehen, dass das Ventil vollständig und dicht schloss. War das nämlich nicht der Fall, trat Gemisch aus dem Brennraum aus, was den Wirkungsgrad und eventuell die Lebensdauer des Motors erheblich verringern konnte. Vor diesem Hintergrund spielte sich auch das regelmäßige Nachschleifen der Ventilsitze ab. Viele moderne Motoren haben inzwischen hydraulische Stößel, winzige, aber geniale Bauteile, die von Motoröl aufgepumpt werden und sicherstellen, dass das Spiel exakt Null beträgt, die Ventile also dann schließen, wenn sie schließen sollen. Ein zusätzlicher Vorteil der hydraulischen Stößel besteht in der Verringerung der Geräuschkulisse (ein altmodischer Motor mit zu viel Stößelspiel würde heftig klappern). Der Trend zu vier Ventilen pro Zylinder begünstigte die Verwendung dieser Hydrostößel, weil die Überprüfung des Spiels von 16 Ventilen in einem Vierzylinder, ganz zu schweigen von 32 Ventilen in einem V8, eine schwierige und langwierige Aufgabe wird. Und das wiederum verteuert die Wartung ganz erheblich. Die Stößel verhindern auch ein Überdrehen des Motors, weil sie oberhalb einer bestimmten Umdrehungszahl aufgrund der Massenträgheit nicht mehr schnell genug reagieren können; das Ventil schließt dann nicht mehr vollständig.

Darum besteht der erste Versuch eines jeden Tuners, der einen Rennmotor aufbaut, die Hydrostößel zu entfernen und sie durch feste Stößel zu ersetzen: Der Motor verkraftet dann höhere Drehzahlen.

Hydraulische Stößel wiegen und kosten deutlich mehr als feste mechanische Stößel. Ein Konstrukteur wird also genau überlegen, ob er nicht auf sie verzichten kann. Dort, wo keine hydraulischen Stößel den Ventilspielausgleich übernehmen, kann das Ventilspiel über eine Einstellschraube an Kipphebel oder Schlepphebel reguliert werden. Das funktioniert genauso gut, erfordert allerdings eine häufigere Kontrolle, hat sich aber bereits seit über einem Jahrhundert bewährt. Am kompliziertesten in Aufbau und Wartung ist die mechanische Ventilsteuerung direkt von obenliegenden Nockenwellen aus. In diesem Fall legt man das Spiel bereits in der Produktion durch eine kleine Ausgleichsscheibe mit genau definierter Dicke fest, die unter jeden Stößel gesetzt wird. Das Spiel korrekt einzustellen ist ein extrem kniffeliges Geschäft, es erfordert Spezialwerkzeug und einen großen Vorrat an unterschiedlich dicken Einstellplättchen (»shims«). Bei vielen modernen Motoren muss man sich aber, so man den Herstellern glauben möchte, darüber keine Gedanken mehr machen. Jaguar etwa verkündete bei der Vorstellung des AJ-V8-Motors, dass dank der Sorgfalt in Konstruktion und Materialwahl das Ventilspiel niemals justiert werden müsse, und das, obwohl das Unternehmen auf Hydrostößel verzichtet.

Die Feinheiten der Ventilsteuerung

Im idealtypischen Viertaktmotor öffnet das Einlassventil auf dem höchsten Punkt des Ansaughubs und schließt auf dem tiefsten, während das Auslassventil auf dem tiefsten Punkt des Ausstoßhubs öffnet und auf dem höchsten schließt. Obwohl jeder Motor, der diese Grundregel beachtet, funktioniert, müssen zwei lebenswichtige Faktoren berücksichtigt werden. Zum einen sind das Öffnen und das Schließen eines Ventils keine plötzlichen Ereignisse, sondern sie finden während einer halben Drehung der Nockenwelle statt (mit anderen Worten: während einer Vierteldrehung der Kurbelwelle oder fast der Hälfte der gesamten Kolbenbewegung, da die Nockenwelle halb so schnell dreht wie die Kurbelwelle). Also stellen sich folgende Fragen: Wann beginnt das Öffnen des Einlassventils? Am höchsten Punkt des Ansaughubs, wohl wissend, dass es so lange noch nicht völlig offen sein wird, ehe der Kolben ganz unten ist? Oder verlegt man den Beginn zeitlich nach vorn? Nächste Frage: Richtet man es so ein, dass das Auslassventil endlich schließt, wenn der Kolben den höchsten Punkt des Ausstoßhubs erreicht, wohl wissend, dass es bereits einige Zeit vorher fast geschlossen sein wird? Oder lässt man das Ventil eine kurze Zeit, nachdem der Kolben den oberen Totpunkt erreicht hat, noch ein wenig geöffnet? Und wie wenig ist eigentlich »wenig«?

Einfach Fragen, komplizierte Antworten: Ohne Rechner ist die Konstruktion von Nockenprofilen inzwischen undenkbar. Der Nocken kann beispielsweise so geformt sein, dass er das Ventil relativ langsam öffnet und ziemlich schnell wieder schließt, wobei der Nocken das Ventil während eines wesentlichen Teils seiner Kontaktzeit vollständig geöffnet hält. Das verbessert die Gasströmung, bedeutet aber auch, dass das Ventil in beiden Richtungen sehr stark beschleunigt werden muss. Das wiederum führt zu höheren Belastungen des Nockens und der Nockenwelle und erfordert eine steifere Ventilfeder (was eine noch höhere Belastung der Nockenwelle nach sich zieht). Ein Kompromiss muss her, ein vernünftiger Ausgleich von Ventilöffnungszeit (und daher Gasströmung) und bequemem Ventilbetrieb − und der fällt, je nach Zweck,

Der BMW Valvetronic-Motor ohne Nockenwellenabdeckung in der Draufsicht. Zu sehen sind drei »Nockenwellen« – zwei zum Antrieb der Ventile auf normale Art und Weise und die dritte (hier am deutlichsten zu erkennen), die über ein Gestänge die Einlassventilhübe ändert und damit die Funktion einer normalen Drosselklappe übernimmt. Das große Bauteil in der Mitte ist der von der Motorsteuerung aktivierte Elektromotor, der die Welle für den variablen Hub über ein Schneckengetriebe bringt. (BMW)

höchst unterschiedlich aus. Kein Wunder also, dass die Nockenprofile eines normalen Autos mit einem flexiblen, hohen Motordrehmoment ganz anders aussehen als bei einem Rennwagen, bei dem alles für eine maximale Leistung optimiert ist.

Der andere wichtigere Faktor ist, dass Luft und Gas selber Massen und Trägheiten besitzen. Und das muss berücksichtigt werden. Wenn beispielsweise eine Luftströmung durch das offene Einlassventil rauscht, wird sie nicht eher aufhören, bevor der Kolben seinen unteren Totpunkt im Ansaughub erreicht hat und zur Verdichtung wieder nach oben startet. Die Luftströmung wird mit Zeitverzögerung abreißen, und das Einlassventil schließt besser erst, wenn die maximale Luftmenge in den Motor eingeströmt ist. Genauso sollte das Auslassventil bereits vor dem unteren Totpunkt mit dem Öffnen beginnen, so dass es bereits vollständig geöffnet ist, wenn der Ausstoßhub beginnt. Und es sollte so lange zumindest teilweise offen bleiben, bis der obere Totpunkt überwunden ist.

Also vergessen wir die graue Theorie der Ventile, die genau dann öffnen und schließen, wenn der Kolben den Gipfel oder das Tal seiner Reise erreicht, ganz schnell: Ohne eine Überschneidung funktioniert es nicht. Am oberen Totpunkt, wenn der Kolben die Spitze seines Hubs am Ende des Ausstoßes und zu Beginn des Ansaugens erreicht, sind Einlass- und Auslassventile zumindest teilweise offen. Während dieses Zeitraums (eben jener »Überschneidung«) hilft das einströmende Luft-Kraftstoff-Gemisch, die Reste der Abgase aus dem Zylinder zu befördern, während das frühe Öffnen des Einlassventils dazu führt, dass mehr Gemisch eingelassen werden kann. Nun kommt es darauf an, die Zeitsteuerung so abzugleichen, dass die Spülung fast 100 % beträgt, ohne etwas vom frischen Gemisch durch den Auspuff zu verlieren. In einigen Rennmotoren ist der Wert der Ventilüberschneidung beträchtlich, obwohl man die Überlappung, insbesondere in einem Hochleistungsmotor, auch übertreiben kann. Die Überschneidung ist definiert in Graden des Kurbelwellenwinkels, bei dem die Einlassventile zu öffnen beginnen, bevor der obere Totpunkt erreicht ist (OT), plus dem Winkel, bei dem die Auslassventile schließen, nachdem der obere Totpunkt erreicht ist. Falls die Ventile beim OT noch offen sind, kann der Kolben auf ein Ventil treffen – und das mit unmittelbar zerstörerischer Konsequenz. Die Überlappung am unteren Totpunkt UT (Auslass öffnet vorher und Einlass schließt danach) birgt keine derartige Gefahr, und der Gesamtöffnungswinkel ist immer größer als der obere Totpunkt, insbesondere in Motoren, die für hohe Leistungen konstruiert wurden.

Als Gesamtergebnis ist für jeden Motor ein Zeitsteuerungsdiagramm dokumentiert, das die vier Winkel festlegt: 1. Einlass öffnet vor OT; 2. Einlass schließt nach OT; 3. Auslass öffnet vor UT; 4. Auslass schließt nach UT – alle Werte in Graden des Kurbelwellenwinkels. Die Werte sind nicht immer positiv, vor allem heute nicht, da merkwürdig aussehende Werte erforderlich sind, um die Abgasemissionen zu minimieren (dazu später mehr). Nehmen wir zwei Beispiele von Renault: der kleine 1,2-Liter-8-Ventil-Motor der D-Reihe aus dem Clio hatte eine Ventilsteuerung mit 10/38/32/-6 Grad. Der modernere 1,6-Liter-16-Ventil-Motor der K-Reihe besaß ein Timing von -1/18/14/4 Grad (das Minuszeichen bedeutet: das Ereignis findet vorher statt, nicht nachher oder umgekehrt). Der kleine Motor hatte also nur eine Überlappung von 4 Grad, und die K-Reihe (die strengere Emissions-Standards erfüllten) nur 3 Grad Überschneidung.

In jedem Fall aber ist das Wissen über die Ventilsteuerung und die Kurbelwellenwinkel nur die halbe Miete. Sie sagen wenig aus, wenn man das Nockenprofil nicht gesehen hat. Im Gegensatz zu dem, was man erwarten könnte, sind es die zahmen Motoren, die sanft gerundete Profile auf-

weisen (»steiler Nocken«), während die kompromisslosen Rennmotoren häufig Profile mit sehr scharfen Spitzen (»flacher Nocken«) haben. Die Nockenform bestimmt die Öffnungsdauer und den Öffnungshub. Die zahmen Motoren weisen eine nur sehr geringe Ventilüberlappung auf, während die Rennmotoren weitaus mehr Überschneidung haben. Werden eine große Ventilüberlappung und ein hoher Ventilhub gewünscht, müssen die Ventile schnell den Weg räumen, bevor der Kolben kommt, folglich wählt man die flachen Nocken, die ihre Ventile mit den höchsten Geschwindigkeiten beschleunigen, und umgekehrt: Bei Alltagsmotoren, die nicht auf maximale Leistung ausgelegt sind, finden sich relativ steile Nockenprofile.

Ventilsteuerung und Ventilhub ändern

Die Auswahl der Ventilsteuerzeiten erfordert einen weiteren technischen Kompromiss. Eine maximale Leistung bei hoher Geschwindigkeit bedingt eine positive Ventilüberlappung um den oberen Totpunkt herum, weil die Leistung entscheidend davon abhängt, dass möglichst viel Gemisch in einer möglichst kurzen Zeit in den Zylinder gelangt, und je schneller der Motor läuft, desto kürzer ist die verfügbare Zeit zum Gaswechsel. Bei niedriger Geschwindigkeit, bei der man etwas weniger nach der maximalen Leistung schaut, ist es besser, null Überlappung oder sogar noch ein wenig Zeit zu haben, in der beide Ventile geschlossen sind. Eine kleine oder gar keine Überschneidung macht beispielsweise einen Motor bei starkem Verkehr elastischer und fahrbarer.

Während der 1990er-Jahre wurden immer mehr Motoren mit variabler Ventilsteuerung ausgestattet, so dass die Überlappung den Fahrbedingungen, der Geschwindigkeit und der Last entsprechend variiert werden konnten. Der ursprüngliche Ansatz war auf DOHC-Motoren beschränkt, man wollte eine Ventilsteuerung im Antriebssystem für die Einlass-Nockenwelle installieren. Dabei wurde der Motoröldruck verwendet, um die Nockenwelle relativ zum Antriebssystem selber

Detailansicht der BMW Valvetronic-Nockenwellenver-
stellung. Die Nockenwelle wirkt nicht mehr direkt auf
den Schlepphebel, der das Ventil betätigt, sondern auf
einen vertikal neben der Nockenwelle angeordneten
Zwischenhebel. Der Zwischenhebel besitzt in der Mitte
eine Rolle, auf der der Nocken abläuft. Oben stützt sich
der Hebel an der elektromotorisch verstellbaren Exzenterwelle ab. Das untere Ende des Zwischenhebels
besitzt eine bogenförmige Laufbahn, auf die die Rolle
des Schlepphebels aufliegt. Der Schlepphebel stützt
sich auf der einen Seite auf einem hydraulisch arbeiten-
den Ventilspielausgleich ab, das freie Ende des Hebels
betätigt direkt das Einlassventil. Dreht sich die Nockenwelle, bewegt sich der Zwischenhebel wie ein Pendel
hin und her. Die Pendelbewegung wird auf den
Schlepphebel übertragen und damit das Öffnen und
Schließen des Einlassventils eingeleitet. (BMW)

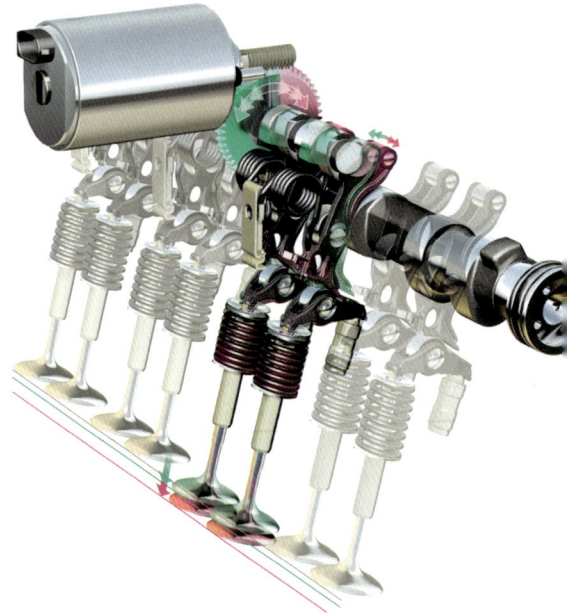

Mit dieser Abbildung wird das von BMW entwickelte
und patentierte Ventilhub-Verstellsystem für die Einlassventile dargestellt. Dieses Ventilhub-Verstellsystem lässt
die stufenlose Verstellung des Ventilhubes zwischen 0,0
und 9,7 Millimetern zu. Im Leerlauf wird das Einlassventil nur 0,25 mm geöffnet, dies reicht für die erforderli-
che Luftströmung aus. Eine Drosselklappe ist bei dieser
Motorbauart nicht erforderlich. Deutlich erkennbar der
oben angeordnete elektrische Stellmotor mit dem
Schneckenrad-Antrieb für die Exzenterwelle, die schräg
oberhalb der Nockenwelle angeordnet ist. (BMW)

beziehungsweise zur Kurbelwelle rotieren zu lassen, so dass die Einlassventile früher oder später
öffnen und schließen würden. Dabei zeigte die
Änderung der Steuerung der Einlassventile mehr
Wirkung als die Änderung der Zeitsteuerung der
Auslassventile. Frühe Ventilsteuerungen berück-
sichtigten zwei Positionen: Niedrige Geschwindigkeit und niedrige Last sowie hohe Geschwindigkeit und hohe Last. Damit waren die Konstruk-

teure einigermaßen in der Lage, eine gute Start-
willigkeit und ein besseres Drehmoment bei niedrigen und mittleren Geschwindigkeiten zu erreichen, ohne dafür die für hohe Geschwindigkeiten
notwendige Ausgangsleistung beschneiden zu
müssen. Mittlerweile aber gibt es Ventilsteuerungen, die im Stande sind, die Zeitsteuerung des
Einlassventils auf jeden Punkt zwischen oberer
und unterer Grenze einzustellen. Einige Hersteller wie beispielsweise BMW ändern inzwischen
auch die Zeitsteuerung des Auslassventils, um
die Emissionswerte weiter zu reduzieren. Heutzutage sind variable Steuerzeiten (VIVT = »variable
inlet valve timing«) Gemeingut. In der Praxis
bedeutet dies, dass die Öffnungs- und Schließzeit-
punkte der Ventile entsprechend den Fahrbedingungen verschoben werden.
Während des Gaswechsels bleibt ein Ventil offen

Das obere Ende des Motors

und muss also auch so lange angehoben werden – zwei weitere Faktoren, die in die Überlegungen mit einbezogen werden wollen. Das empfiehlt sich schon deshalb, weil das Ventil idealerweise nicht nur zu der genau richtigen Zeit, sondern auch genau so lange und so weit offen sein soll, bis die richtige Gemischmenge einströmen kann. Falls das Ventil zu lange und zu weit offen ist, verringert sich die Geschwindigkeit des einströmenden Gemischs. Dann wird es sich im Brennraum beruhigen, statt weiter zu verwirbeln. Diese Verwirbelung aber hält das Gemisch homogen, was wiederum der Flammenfront dabei hilft, sich schneller auszubreiten.

Ein komplizierter aber interessanter Mechanismus wird im MG-Rover 1,8 Liter VVT-Motor der K-Serie verwendet. Dieser Mechanismus verkürzt die Öffnungszeit (und ändert daher auch die Überschneidung). Die meisten Ventilsteuerungen, die Produktionsreife erreicht haben, setzen einfach eines der Einlassventile in jedem Zylinder außer Kraft. Dieses Verfahren verwendet Honda in seinen Hochleistungs-CVT-Motoren, die auch einen bemerkenswert hohen Wirkungsgrad besitzen.

Honda legt das Ventil nicht völlig lahm, sondern sorgt dafür, dass es um eine winzige Strecke angehoben wird. Damit wird ein Klemmen des Ventils unterbunden. Honda verbindet außerdem in einigen seiner Motoren eine variable Ventilsteuerung mit dem Dual-Lift-Mechanismus und hat erst kürzlich all diese Techniken mit einer konventionellen variabler Zeitsteuerung zu einem Variator vereinigt.

Die heute übliche Alternative wurde zuerst von Toyota übernommen: Bei Motoren mit zwei Einlassventilen pro Zylinder wird einer der Einlasskanäle durch eine automatisch betriebene Klappe abgeschaltet. Normalerweise sind die beiden Einlasskanäle unterschiedlich geformt: Der ständig offene Kanal ist ein Drallkanal, er hat also ein Profil, welches das Luft/Kraftstoff-Gemisch mit höchst möglicher Wirbelströmung in den Brennraum hineindreht. Der andere Kanal ist nur bei hoher Geschwindigkeit und Last offen und lässt das Gemisch mit der höchstmöglichen Geschwindigkeit ungehindert und direkt passieren.

In Zukunft ohne Ventilsteuerung?

Im Versuch laufen bereits Motoren, deren Ventile nicht von Nockenwellen betätigt, sondern von einzelnen Stellgliedern bedient werden, die durch Magnete hydraulische oder elektrische Leistung einsetzen. Damit lässt sich das Öffnen und Schließen jedes Ventils einzeln steuern. Mit einem solchen System lässt sich die Steuerung des Ventils in jede beliebige Richtung verändern. Es stellt nicht nur das beste Timing für maximale Leistung oder maximales Drehmoment (oder sehr langsamen und wirtschaftlichen Leerlauf) zur Verfügung, sondern erlaubt auch einige theoretische, für Motorkonstrukteure höchst aufregende Möglichkeiten. So könnten beispielsweise einige Zylinder bei niedriger Last komplett abgeschaltet werden (so dass die übrigen wirkungsvoller arbeiten könnten), oder der Motor könnte in einen Luftkompressor verwandelt werden, um die Belastung der Bremsen zu reduzieren und Energie bei Bergabfahrt zurückzugewinnen.

Aber die Hauptattraktion eines solchen Systems bestünde darin, das Ventiltiming und den Ventilhub den Arbeitsbedingungen des Motors jederzeit präzise anzupassen. Nach Schätzungen von Versuchsingenieuren ließe sich damit der Wirkungsgrad um bis zu 20% erhöhen und der Kraftstoffverbrauch dementsprechend reduzieren. Außerdem würde das die mechanische Konstruktion vereinfachen, weil der konventionelle Ventiltrieb – Kette oder der Zahnriemen, Spann-Mechanismus, Zahnkranz und die Nockenwellen – überflüssig würden.

Das einzig wirkliche Problem (sofern eine entsprechend unkomplizierte Elektronik zur Verfügung steht) besteht in der Leistung der Stellelemente und ihrer Größe. Unbestritten hingegen ist, dass elektrische Ventilbetätigungen, die einen hohen Strom durch einen Elektromagneten schicken, den hydraulische Einheiten vorzuziehen sind, schon allein deshalb, weil diese sehr teuer sind. Ein Elektromagnet, der genug Leistung entwickelt, um ein Ventil zu betätigen, wäre groß, schwer und daher für die gegenwärtigen 12-Volt-Systeme nicht geeignet. Die Autohersteller sind jedoch aus vielen guten Gründen nahe daran, einen 36-V-Standard zu übernehmen, bei

Auch ein nockenloses Ventilsystem kann nicht ganz auf Ventilfedern verzichten. Bei dem von Renault entwickelten System ist die Nockenwelle zum Öffnen der Ventile tatsächlich verschwunden. Jedes Ventil arbeitet mit zwei Ventil-Druckfedern und einem Elektromagneten. Die untere Feder im Bild schließt das Ventil, die obere, stärkere Feder »stößt« das Ventil auf. Ohne Strom überwiegt die Kraft der oberen Feder: das Ventil ist geschlossen.

Wird Strom durch den oben im Bild dargestellten Elektromagneten geleitet, wird der Eisenkern von der Magnetspule angezogen, die obere Feder wird gespannt, das Ventil wird durch die untere Feder geschlossen (linkes Bild). Wird der Stromkreis unterbrochen, fällt der Eisenkern ab, die obere Feder entspannt sich, die untere Feder wird zusammengedrückt, das Ventil öffnet (rechtes Bild). Elektrischer Strom wird nur kurzzeitig beim Schließvorgang benötigt. (Renault)

der die Lichtmaschine 42 V liefert (die heutigen Lichtmaschinen liefern 14 V und versorgen damit ein 12-V-System). Bei dreifacher Spannung wird viel weniger Strom zur Versorgung des Ventiltriebs benötigt; die Magnetventile könnten sehr viel kleiner ausfallen, möglicherweise so klein, dass sie nicht mehr Platz benötigen als ein konventionelles System mit zwei obenliegenden Nockenwellen und Ventilfedern.

Die Menge der erforderlichen Leistung ist dennoch beträchtlich – in der Größenordnung von 2 kW bei hoher Geschwindigkeit eines Vierzylindermotors mit 16 Ventilen. Diese Leistung würde jedes bestehende elektrische System überlasten. Die neuen 36-V-Systeme könnten das – und noch mehr – jederzeit, so dass es keine Unterversorgung mehr gäbe.

Renault hat einen etwas anderen Ansatz verfolgt, bei dem die Ventile zwischen zwei Federn hin- und herspringen. Geregelt wird das über Magnete, die aber nur so viel Leistung brauchen, wie sie für den Ausgleich der mechanischen Verluste benötigen. Renault veranschlagt den Leistungsbedarf seines Systems bei laufendem Motor auf rund 300 W.

Allgemein scheinen sich die Konstrukteure einig zu sein, dass der nockenlose Motor Eingang in die Serienproduktion finden wird. Die Frage ist also nicht ob, sondern wann. Mit Einführung der 36-Volt-Systeme wird jedenfalls das Haupthindernis aus dem Wege geräumt sein, und die Vorteile dieser technischen Entwicklung werden dann so offensichtlich, dass sie sich nicht mehr ignorieren lassen. Das Renault-Team jedenfalls rechnet fest damit, dass solche Motoren spätestens um 2010 in Betrieb gehen können.

Gegenüber: Der Brennraum des Duratec-HE-Motor, eingebaut im Ford Mondeo.
Das Bild zeigt das Ende des Ansaugtaktes: Beide Auslassventile sind geschlossen, beide Einlassventile noch offen, die Zündkerze sitzt in zentraler Lage im Brennraum. Man erkennt die Verteilung der einströmenden Frischgase (braun). Erzeugt durch sorgfältige Ausformung der beiden Einlasskanäle konzentriert sich das brennbare Gemisch um das Zylinderzentrum und wird von den Zylinderwänden ferngehalten, denn dort könnte der Kraftstoff an den gekühlten Wänden kondensieren und damit die HC-Emissionen erhöhen und den Wirkungsgrad der Verbrennung verringern.
(Ford)

Das obere Ende des Motors

5 Luft, Kraftstoff und Verbrennung

So kompliziert die ganze Theorie der Ventil-steuerung auch sein mag, das Ziel lässt sich einfach formulieren: Sie soll das Gemisch einbringen und das Abgas aus dem Brennraum ausstoßen. Wesentlich ist aber das, was im Brennraum selbst abläuft. Es ist nicht damit getan, das einmal komprimierte Gemisch mit dem Zünden eines Funkens irgendwo in der Nähe des OT abzufackeln.

Zuerst: Die Verbrennung nimmt Zeit in Anspruch. Ein einziger Funken in einer abgeschlossenen Kammer, die Luft und Benzindampf enthält, führt unweigerlich zu einer Explosion. Doch genau das will der Konstrukteur auf jeden Fall vermeiden. Der dabei entstehende gewaltige Druckanstieg würde ausreichen, um jeden Motor innerhalb kürzester Zeit zu beschädigen. Alle Motoren haben eine so genannte Klopfgrenze, bei welcher der Zündfunke keine Verbrennung, sondern eine Detonation verursacht – was zu jenem Phänomen führt, das man allgemein als Klopfen bezeichnet. Je höher das Verdichtungsverhältnis, desto größer die Anforderungen an die Zündung, und je niedriger die Oktanzahl des Benzins, desto näher ist man der Klopfgrenze. Viele moderne Motoren laufen nahe an dieser Grenze, verfügen aber über Sensoren, die kurz vor Erreichen der Klopfgrenze warnen: Die Motorsteuerung verzögert dann die Zündung, wodurch ein Klopfen verhindert wird.

Unterhalb der Klopfgrenze erfolgt eine gleichmäßige, aber extrem schnelle Verbrennung, so dass der Druck rasch (aber nicht zu rasch) ansteigt. Das Maximum ist erreicht, wenn der Kolben am oberen Totpunkt steht. Um die Sache mit der Zeit in die richtige Dimension zu rücken: Wenn ein Motor mit 6000 Umdrehungen pro Minute dreht und jeder der Zylinder bei jeder zweiten Umdrehung zündet, ergibt sich eine Gesamtzeit vom Fünfzigstel einer Sekunde zwischen dem Zeitpunkt, bei dem der Kolben vom unteren Totpunkt des Verdichtungshubs startet und nach dorthin am Ende des Arbeitshubs zurückkehrt. Währenddessen muss der gesamte Verbrennungsprozess ablaufen und der resultierende Druck seine Arbeit verrichten.

Tatsächlich steht noch weniger Zeit zur Verfügung, weil es definitiv keinen Zündfunken in dem Moment gibt, in welchem der Einlass schließt und der Kolben sich noch nicht in Aufwärtsbewegung befindet. Wartet man andererseits, bis der Kolben wieder auf seinem Weg nach unten ist, wäre der Verbrennungsdruck zu gering und viel Energie verschwendet. Somit ist der richtige Zündzeitpunkt absolut entscheidend, und es muss einen Weg geben, diesen Impuls zu steuern, also die Zündung entweder vorzuverlegen oder zu verzögern. Das wiederum ist abhängig von der Drehzahl und der Last des Motors.

Die frühesten Motoren überließen dem Fahrer die Festlegung des Zündzeitpunktes. Die Autos der Frühzeit wiesen neben dem Choke-Knopf auf dem Armaturenbrett einen kleinen Hebel auf, mit dem die Zündverstellung erfolgte und zwischen Früh- und Spät-Zündung gewählt werden konnte. Beim Kaltstart musste die Zündung auf »Früh« gestellt werden, und sobald der Motor ruhig genug lief, wurde der Zündzeitpunkt wieder zurückgenommen.

Gegen Ende der 1930er-Jahre hatte jedoch der Zündverteiler diese Aufgabe übernommen und den Zündzeitpunkt bestimmt. Im Verteilerdeckel mit seiner einzelnen Hochspannungszuführung von der Zündspule und seiner Reihe von Ausgangsleitungen, die mit je einer Zündkerze verbunden waren, befand sich ein genialer Mechanismus, in dem ein Paar von wirbelnden, federbelasteten Gegengewichten den Zündzeitpunkt nach vorne verlegte, sobald die Motordrehzahl anstieg. Zusätzlich war eine Unterdruckdose vorhanden, die den Zündzeitpunkt je nach Last abglich (je höher die Last, desto geringer der Druck innerhalb des Einlasskrümmers, in dem gemessen wurde). Der Zündverteiler wurde im Aufbau ständig verfeinert, so dass er ein halbes Jahrhundert bemerkenswert gut arbeitete. Zu den Schwachpunkten gehörte indessen die Betriebssicherheit. Die Einstellung der Zündzeitpunkte war eine weitere Hausaufgabe, die bis in die späten 1970er Generationen von Mechanikern oder Bastlern beschäftigte. Das Ende des Verteilers kam mit dem Zeitalter schärferer Abgas-Grenzwerte: Er konnte nicht mehr jene Genauigkeit oder Flexibilität bei der Erzeugung des Zündfunkens liefern, die notwendig geworden war.

Heutzutage ist der Zündzeitpunkt – wie vieles andere auch – innerhalb einer elektronischen Steuerungseinheit festgelegt (dazu später mehr). Eine Zündspule gibt es noch immer, oder doch etwas Ähnliches, und zwar eine einzelne Spule für jeden Zylinder oder eventuell für jedes Zylinderpaar – doch jeder Funke wird mit extremer Genauigkeit ohne bewegliche Teile über ein elektronisches Signal ausgelöst. Einige Einheiten zünden nicht nur einen einzelnen Funken, sondern eine Funkenserie. In vielen Motoren zündet der Funke nämlich nicht nur während der Kompression, sondern auch während des Auslasshubs, teilweise weil es den Aufbau des Systems vereinfacht. Dazu kommt wohl auch ein kleiner Vorteil bei den Abgasemissionen, während indessen keine Auswirkungen auf die Lebensdauer der Zündkerze festzustellen sind.

Von der äußerlichen Erscheinung her hat sich die Zündkerze in den vergangenen fünfzig Jahren kaum verändert. Die großen Anstrengungen, die in der Verfeinerung der verwendeten Isolations- und Leitmaterialien unternommen wurden, sind auf den ersten Blick daher auch kaum zu erkennen: Die eigentlich leichte Aufgabe, einen Funken zwischen zwei Elektroden hin- und herspringen zu lassen, wobei die eine den Spannungsimpuls erzeugt und die andere geerdet (also mit dem Zylinderkopf verbunden) ist, erweist sich tatsächlich als sehr kompliziert.

Die Ingenieure sprechen von heißen und kalten Zündkerzen (dabei geht es um die Bewältigung von unterschiedlichen Zylinderinnentemperaturen) und vom Wärmebereich, der Kombination von heißer und kalter Leistung. Sie sprechen auch von der Notwendigkeit, eine kalte Verschmutzung zu vermeiden, bevor der Motor warm geworden ist; ebenso ist die Rede vom nicht gewünschten Verrußen und natürlich von der allgemeinen Erosion der Elektroden. Zumindest dieses Problem ist inzwischen restlos gelöst: Einige der modernsten (und teuersten) Zündkerzen besitzen hauchdünne Elektroden aus fast unverwüstlichem Platin oder anderen Edelmetallen und haben eine Betriebsdauer von 100.000 Kilometern oder mehr. Die Techniker sind aber bereits weiter, sie wollen die Zündkerzen-Elektroden als Sensor einsetzen, um kontrollieren zu

können, was innerhalb des Brennraums passiert. Der Funke, die Kerzen und das Timing sind aber nur ein Teil der Geschichte. Die vielleicht noch wichtigere Frage lautet: Was geschieht mit dem Luft/Kraftstoff-Gemisch, nachdem es in die Verbrennungskammer gelangt ist? Was passiert vor der Zündung des Funkens und unmittelbar danach? Das Ideal der Motorenentwickler bildet eine perfekt homogene Mischung. Diese bewegt sich zwar schnell, aber kontrolliert. Die sauberste Verbrennung findet statt, wenn sich die vom Funken entfachte Flammfront schnell und gleichmäßig in alle Teile des Brennraums ausbreitet.

Vor einigen Jahren wurde die Verwirbelung des Gemischs durch eine Quetschfläche beschleunigt. Der Brennraum war in der Fläche kleiner als der Kolbenboden, so dass das Gemisch durch den nach oben gehenden Kolben dank dieser Quetschfläche gegen die Zylindermitte gepresst wurde. Das verbesserte die Vernebelung und unterstützte den Verbrennungsvorgang. Im aktuellen Motorenbau ist die Quetschfläche aus der Mode gekommen, hauptsächlich deshalb, weil dabei auch immer eine enge Spalte entstand, in der zwangsläufig etwas unverbranntes Gemisch zurückblieb. Zum anderen aber erfordert die Quetschfläche einen entsprechend geformten Brennraum, der weniger wirkungsvoll ist als er sein sollte. Eine starke Quetschströmung ist bei einem Vierventiler nur schwierig zu erreichen.

Die heutigen Schlüsselwörter sind »Wirbeln« und »Schleudern«. Beides wird durch sorgfältige Ausformung der Einlasskanäle und des Kolbenbodens erzeugt. Beim Wirbeln dreht sich bei aufwärts gehendem Kolben das Gemisch immer schneller um seine Längsachse. Dabei ergibt sich ein kleiner, ziemlich ruhiger Bereich in der absoluten Mitte, ähnlich wie das Auge im Tornado. Die Flammenfront wandert von innen nach außen. Beim Schleudern rollt das Gemisch um eine horizontale Achse (einen stehenden Motor vorausgesetzt!) wie in einem Wäschetrockner. Auch hier nimmt die Bewegung zu, wenn der Kolben sich in Aufwärtsbewegung befindet. In diesem Fall wird normalerweise dann gezündet, wenn das Gemisch den Funken bei hoher Geschwindigkeit passiert. Die Flammenfront breitet sich dann mit dem schleudernden Gemisch aus. Beide Strömungsmuster haben ihre eigenen Verfechter unter den Motorenentwicklern; doch beiden geht es nur um das eine: um eine saubere und konstante Verbrennung. Beide funktionieren auch bestens mit der zentralen Zündkerze, wie sie typisch für einen Vierventil-Zylinderkopf ist.

Geheimnisvoller Kraftstoff

Eine Motorzündung per Zündkerzen erfordert normalerweise Benzin, das heutzutage eine sorgfältige Mischung aus verschiedenen Kohlenwasserstoffen und einer Anzahl von Zusätzen darstellt. Natürlich wurde es auch früher keineswegs planlos zusammengepanscht, alle Zutaten folgen strengen Kriterien wie Flüchtigkeit und Siedepunkt. Eines der wichtigsten Bestandteile der Spezifikation ist die Oktanzahl, die das Maß des Kraftstoffwiderstands gegen Klopffestigkeit ausdrückt: Kraftstoff soll schließlich verbrennen, nicht explodieren.

Obwohl die Mineralölindustrie oft von einer Überbewertung der Oktanzahl spricht, ist sie doch die einzige Zahl, die der Autofahrer wirklich kennt und die ihm etwas sagt. Die restlichen Zutaten und Anforderungen, denen ein Kraftstoff genügen muss, einschließlich der regelmäßigen Umstellungen von Sommer- auf Winter-Kraftstoff, akzeptiert man einfach, ohne groß darüber nachzudenken.

Tatsächlich hängt die bekannte Zahl, die Research-Oktanzahl (ROZ) mit der weniger oft zitierten Motor-Oktanzahl (MOZ) zusammen, die man mit einer anderen Testmethode ermittelt. Im weitesten Sinne misst die ROZ den Widerstand des Kraftstoffs gegen das Beschleunigungsklopfen und die MOZ den Widerstand des Kraftstoffs gegen das Klopfen bei konstanter Höchstgeschwindigkeit und Last. Beide Zahlen, ROZ und MOZ, können durch verschiedene Zusätze erhöht werden. Viele Jahre lang dienten dazu Bleiverbindungen, aber die sind ja nun verboten, nicht nur damit die Atmosphäre von Blei frei gehalten wird, sondern auch weil sie Katalysatoren schädigen. Bleifreies Benzin ist nun in den meisten Industrieländern Standard; adäquate Oktanzahlen bis zu 98 ROZ lassen sich mit einer guten Mischung und alternativen Zusätzen erreichen.

Die USA zeigten sich stark interessiert an »reformulated gasoline« (= neu gemischtes Benzin), das Abgas-Emissionen um ein nennenswertes Maß reduzieren kann. Unglücklicherweise entbrannte um das Jahr 2000 eine Diskussion über die Sicherheit einiger Zusätze, die für die Neumischung verwendete wurden. Insbesondere die Sauerstoffverbindung Methyl-Tertiär-Butyläther MTBE geriet in die Kritik. Das Hinzufügen dieser Sauerstoff tragenden Mischung mindert die Brenntemperatur und verbessert die Emissionswerte.

Benzin ist keineswegs der einzige Kraftstoff, den man in Ottomotoren verwenden kann. Es gibt zahlreiche Alternativen inklusive der Alkohole Äthanol und Methanol, Biosprit aus Salatöl, Kohlenwasserstoff-Gase wie das Flüssiggas LPG (»liquefied petroleum gas«, eine Mischung aus Propan und Butan) sowie das natürliche Gas Methan. Keiner dieser Kraftstoffe ist jedoch wirklich in Großserie einsetzbar, zumal jeder Benzinmotor entsprechend umgerüstet werden müsste. Doch das ist nicht alles: Praktisch keiner dieser alternativen Kraftstoffe steht in der Menge zur Verfügung, um das herkömmliche Benzin auch nur ansatzweise zu ersetzen.

Jetzt Geschichte: Der Vergaser

Bislang war oft die Rede vom Gemisch gewesen, das in den Brennraum gelangen muss, und ohne das kein Motor funktioniert. Doch wie kam es überhaupt dorthin?

Bis zur Einführung der Kraftstoffeinspritzung war die Sache relativ einfach: Kraftstoff und Luft mussten zusammen in den Brennraum strömen. Die Gemischbildung erfolgte im Vergaser. Die Luft strömte durch das Ansaugsystem des Vergasers. Wenn sie das an einer Stelle verengte Ansaugrohr passierte, wurde sie beschleunigt, der Druck fiel ab, und der vom Tank in den Vergaser geleitete Kraftstoff wurde in den Luftstrom hineingesaugt. Je schneller der Motor lief, desto mehr Luft saugte er an und desto mehr Kraftstoff floss dank des Unterdrucks durch die Düse. Die

Steuerung des Motors erfolgte über eine bewegliche Ventilklappe – die Drosselklappe –, die den Lufttrichter öffnete oder schloss. Es war ein genial einfaches Prinzip und es funktionierte, wie der Verteiler auch, gut ein Jahrhundert lang zuverlässig und einfach. Aber ein Vergaser musste im Laufe der Zeit weiteren Anforderungen genügen. Für den Kaltstart brauchte er einen Choke, um die Luftzufuhr zu reduzieren und dadurch eine reichere (fettere) Mischung zur Verfügung zu stellen. Viele Vergaser erhielten kleine Beschleunigerpumpen, um zusätzlichen Kraftstoff zuzusetzen, wenn der Fahrer plötzlich die Drosselklappe öffnete, um den Motor vor dem möglichen Absterben, dem Verschlucken, wegen Kraftstoffmangels zu bewahren.

Dann kam die Zeit, in welcher der Hand-Choke einer Startautomatik weichen musste, was auch nicht immer optimal war. Dazu kamen Versuche, die Luftturbulenzen zu reduzieren, die stromabwärts an der Drosselklappe entstanden und zu Pumpverlusten beitrugen. Die letzte Generation von Vergasern präsentierte sich schließlich unglaublich kompliziert mit Rohren und Kammern und Düsen, um möglichst allen nur denkbaren Arbeitsbedingungen zu begegnen. Am meisten Mühe aber machte es, jenen Unwägbarkeiten gerecht zu werden, die der Fahrer verursachen konnte...

Das Aufkommen der Katalysatortechnik Ende der 1980er-Jahre führte dann rasch zum Verschwinden des Vergasers. An seine Stelle traten unterschiedliche Arten der Kraftstoffeinspritzung.

Die Umstellung auf die Einspritztechnik wurde durch die Tatsache begünstigt, dass der Vergaser genau wie der Verteiler einfach nicht exakt genug ansprach und auch nicht die niedrigen Abgas-Emissionserwartungen erfüllte, die eine Kraftstoffeinspritzung schaffte. Das Grundprinzip aller modernen Kraftstoffeinspritzungen besteht darin, Kraftstoff unter konstant schwachem Druck in einem Verteiler, der durch Rohrleitungen mit den Einspritzdüsen verbunden ist, vorzuhalten. Der Kraftstoff wird unter elektronischer Kontrolle eingespritzt, wobei ein Elektromagnet ein Nadelventil eine bestimmte Zeit lang von seinem Sitz abhebt. Entscheidend dabei ist zum einen der Moment, an dem die Einspritzdüse geöffnet wird – der Einspritzzeitpunkt –, und zum anderen die Dauer, während der die Düse offen bleibt – die Einspritzdauer. Dies bestimmt die eingespritzte Kraftstoffmenge. Die Fließgeschwindigkeit durch die Düse wird indirekt durch Variation des Drucks im Kraftstoffmengenteiler gesteuert. Die Menge des eingespritzten Kraftstoffs ist sorgfältig berechnet, damit sie zu der in den Motor eintretenden Luftmenge passt.

Einige frühe Kraftstoffeinspritzsysteme waren rein mechanisch, nicht elektronisch, und einige von ihnen – ausdrücklich genannt seien die von Bosch – waren extrem innovativ und arbeiteten gut. Schließlich aber erwies es sich als leichter, sich statt der Mechanik auf die Elektronik zu verlassen. So konnten die Systeme kompakter in den Abmessungen gehalten werden, sie funktionierten zuverlässiger und ließen sich leichter an die Anforderungen der unterschiedlichen Motoren anpassen.

Theoretisch können die Einspritzdüsen fast überall angeordnet werden. Tatsächlich bedienten sich einige frühe Systeme des Vergasers, entfernten das passive Kraftstoffversorgungssystem, fügten eine oder zwei Einspritzdüse(n) hinzu und erzeugten auf diese Weise eine (Zentral-) Einspritzung an der Drosselklappe. Vorteilhafter aber ist es, den Kraftstoff möglichst nahe am Zylinder einzuspritzen. Je weiter das Gemisch durch den Einlasskrümmer strömen muss, desto größer ist die Gefahr, dass etwas Kraftstoff an den Wänden kondensiert oder in Rissen gefangen wird, was die sorgfältig berechnete Gemischstärke ändert. Man ging daher bald dazu über, die Einspritzdüsen tatsächlich innerhalb der Einlasskanäle anzuordnen. Dabei wird der Kraftstoff meist auf die Rückseiten der Einlassventilsitze gesprüht. Das nennt man Multipoint- (Mehrpunkt-) Einspritzung; bei ihr hat jeder Zylinder eine eigene Einspritzdüse im Gegensatz zu Zentral-Einspritzung, wo es nur eine Einspritzeinheit (nämlich an der Drosselklappe) gibt. Theoretisch könnte die Einspritzung zu jedem beliebigen Zeitpunkt erfolgen, sobald der Einlass öffnet und der Kraftstoff mit der einströmenden Luft in die Verbrennungskammer mitgerissen wird. Allerdings beträgt die Zeit zwischen einem Einspritzimpuls und dem folgenden nur eine fünfzigstel Sekunde, der Kraftstoff verweilt nirgendwo länger. Mit dieser Anordnung könnten alle Einspritzdüsen gleichzeitig in einem passenden Moment im Arbeitskreis des Motors geöffnet werden und das so genannte simultane Einspritzsystem bilden. Noch einmal: Diese Technik, bei der eine vorher berechnete Kraftstoffmenge durch die Einspritzdüsen gejagt wurde, funktionierte gut, aber ein Problem blieb davon unberührt: Die Bedingungen für die Kraftstoffeinspritzung waren nicht für alle Zylinder gleich. In einigen Zylindern waren Luft und Kraftstoff stärker vermischt als in anderen, die Verbrennung verlief entsprechend unterschiedlich.

Schließlich gingen die Motorenentwickler, hauptsächlich wegen der immer strengeren Abgas-Vorschriften, aber auch um Wirtschaftlichkeit, Leistung und Ansprechverhalten zu verbessern, dazu über, jede Einspritzdüse auf den jeweils zu versorgenden Zylinder optimal abzustimmen. Das machte die Steuerung komplizierter, weil die Motorsteuerung statt eines einzigen Steuersignals, das für alle galt, individuelle Signale für jede einzelne Einspritzdüse liefern musste. Doch die Arbeit lohnte sich. Fast alle Benzinmotoren für Personenfahrzeuge aus heutiger Produktion sind mit sequenziellen Mehrpunkt-Einspritzungen ausgestattet.

Direkt einspritzen

Ob nun kontinuierliche oder intermittierende Benzineinspritzung, Zentral- oder Multipoint-Systeme: Warum nur wird der Kraftstoff indirekt in den Einlasskanal statt direkt in die Verbrennungskammer gespritzt? Dafür gibt es gute Gründe, und die drei besten lauten: Eine indirekte Einspritzung vereinfacht erstens den Aufbau der Einspritzdüse; sie lässt zweitens mehr Zeit für das Einspritzen des Kraftstoffs und die Gemischbildung, und sie vereinfacht drittens den Aufbau des Zylinderkopfs.

Die indirekte Einspritzdüse befindet sich außerhalb des Brennraums, geschützt vor allem, was

während und nach der Zündung hinter dem geschlossenen Einlassventil geschieht. Eine Einspritzdüse, die im Brennraumdach sitzt, muss dagegen allen Änderungen der Temperatur und des Drucks widerstehen, die dort auftreten. Zumindest wird sie im Ergebnis teurer sein. Sie muss auch den Kraftstoff schneller liefern. Wenn der Motor mit maximaler Drehzahl und Leistung arbeitet, oder mit anderen Worten: wenn er am meisten Kraftstoff braucht, ist die verfügbare Zeit für die Einspritzung auf jeden Fall sehr kurz. Aber bei der indirekten Einspritzung kann, falls notwendig, während des Arbeitshubs eingespritzt werden, was bei der direkten Einspritzung nicht der Fall sein kann, solange der Auslass geöffnet ist. In diesem Fall nämlich würde der Kraftstoff direkt durch den Auspuff verschwinden und eine ungeheure Fehlzündung verursachen. Bei der Direkteinspritzung steht also nur eine extrem kurze Zeitspanne zur Kraftstoffeinbringung zur Verfügung, und diese erfordert wiederum deutlich höhere Arbeitdrücke als bei einer indirekten Einspritzung.

Das Gemisch ist ein weiteres potenzielles Problem der direkten Einspritzung. Bei einer indirekten Einspritzung beginnen sich Luft und Kraftstoff miteinander zu vermischen, wenn sie während der wirbelnden und schleudernden Bewegung durch das Einlassventil strömen. Die Gemischbildung hält auch an, während der Kolben zunächst fällt und danach wieder steigt. Die direkte Einspritzung speist die Mitte des Brennraums nur für eine kurze Zeit und muss dabei den Kraftstoff entsprechend fein zerstäuben, dass er sich sofort mit der Luft mischt und ein zündfähiges Gemisch bildet. Diese Vernebelung des Kraftstoffs, diese extrem feinen Tröpfchen lassen sich nur durch eine Kombination von hohem Druck und kleinen, vielfachen Austrittslöchern erzielen. Und das erfordert einen hohen konstruktiven Aufwand.

Hinzu kommt: Der Motorenentwickler muss im Zylinderkopf Platz schaffen, wo er die direkte Einspritzdüse positionieren kann. Indirekte Einspritzdüsen sind normalerweise Teil des Einlasskrümmers, aber eine direkte Einspritzdüse muss sich mit den Ventilen und besonders den

Zündkerzen im Dach des Brennraums den Platz teilen. Die ideale Position für beide, Kerze wie Düse, ist zentral und aufrecht, aber natürlich kann nur eine von beiden diese Position beanspruchen. Weitere Nachteile: Der Zugang ist wahrscheinlich ungünstiger, und der Raum für Kühlkanäle um vitale Bereiche des Kopfes herum wird beschnitten.

Da die indirekte Einspritzung in der Regel extrem gut und zuverlässig funktioniert, stellt sich die Frage, warum man sich dann überhaupt um die direkte Einspritzung bemüht. Die Automobilhersteller haben dennoch begonnen, entweder an Motoren mit direkter Einspritzung zu arbeiten oder sie bereits in Serie anzubieten. Mitsubishi trat früh mit seinem GDI-Prinzip (»Gasoline Direct Injection«) auf und andere, inklusive Toyota, Renault und Peugeot-Citroën, haben bereits mit mehr oder weniger raffinierten Variationen – damit sie nicht mit Patenten in Konflikt gerieten – nachgezogen. Und auch Volkswagen ist mit seiner FSI-Technologie im Vormarsch, die anderen wie Ford, BMW, Audi oder Daimler-Chrysler werden folgen.

Für die direkte Einspritzung spricht hauptsächlich die bessere Kraftstoff-Ausnutzung, obwohl auch die Ausgangsleistung davon profitiert. Bei einer indirekten Einspritzung wird der Kraftstoff (mehr oder weniger) gleichzeitig mit der Luft im Brennraum gemischt. Das bedeutet, dass das Gemisch schwächer wird: Je mehr Luft es in Relation zum Kraftstoff gibt, desto schwieriger wird es, die Flamme zu entzünden. Wenn es gerade genug Luft gibt, den gesamten Kraftstoff zu zünden, wiegt die Luft rund 14-mal mehr als der Kraftstoff (80% des Gewichts der Luft stammt vom Stickstoff, nicht vom Sauerstoff). Das Verhältnis der Luft zum Kraftstoff beträgt deshalb 14:1. Diesen Zustand nennen die Ingenieure stöchiometrisch oder Lambda eins. Zu dem Zeitpunkt, zu dem das Luft/Kraftstoff-Verhältnis rund 18:1 erreicht (anders ausgedrückt Lambda = 1,3, Lambda ist der Ausdruck für die Schwäche des Gemischs), beginnt ein konventioneller Motor mit Fehlzündungen; der Kraftstoff verbrennt zeitweise nicht vollständig oder überhaupt nicht mehr. Bei ungefähr 22:1 (Lambda = 1,6) läuft ein konventioneller Motor kaum mehr rund; von geordnet ablaufenden Verbrennungsvorgängen kann keine Rede mehr sein.

Aber warum sollte jemand mit einem solch mageren Gemisch fahren wollen, wenn es solche Probleme verursacht? Aus zwei Gründen: Zum einen darf man annehmen, dass in diesem Zustand der »mageren Verbrennung« – im Gemisch befindet sich ein Überschuss an Luft – der gesamte Kraftstoff sauber und möglichst

Benzin-Direkteinspritzung am Beispiel des Audi 2.0 FSI. Die Stellung der Drosselklappe entscheidet über Homogen- oder Schichtladebetrieb

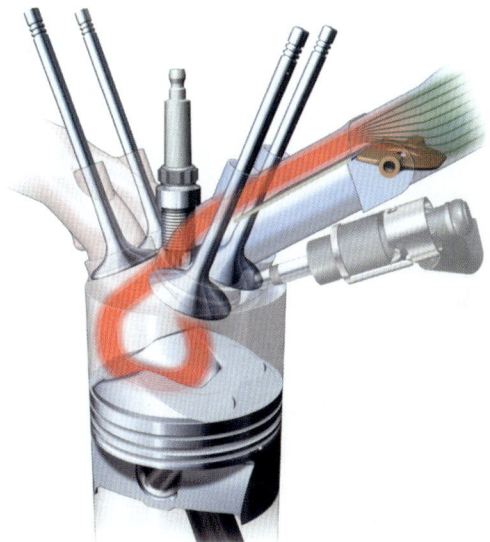

rückstandsfrei verbrennt, wenn die Verbrennung erst einmal begonnen hat. Zweitens gilt: Wenn man eine sehr kleine Menge an Kraftstoff in einer großen Menge Luft verbrennt, kann man die Drosselklappe weiter offenhalten, sogar wenn der Motor nur bei sehr geringer Last läuft. Das reduziert die Pumpverluste und bringt eine signifikante Verbesserung des Wirkungsgrades und des Kraftstoffverbrauchs. Allerdings ist dieser Vorteil nur bei geringer Last und niedrigen Drehzahlen gegeben. Niemand würde vernünftigerweise einen Motor konstruieren, der mit magerer Verbrennung und nur bei weit geöffneter Drosselklappe bei voller Leistung arbeitet, weil er unnötig groß und schwer wäre. Und hier kommt die überragende Wirtschaftlichkeit der direkten Einspritzung zum Tragen.

Sie ermöglicht eine extrem magere Verbrennung, weil der Kraftstoff präzise in das Zentrum der aufgewirbelten oder schleudernden Luftströmung in den Zylinder eingespritzt werden kann. Wenn auch das Gemisch, gemittelt durch den Brennraum, sehr schwach sein mag, so kann es doch in der Nähe der Zündkerze noch stark genug sein, um die Flamme jederzeit, und zwar ohne Gefahr der Fehlzündung, zu zünden. Direkteinspritzer-Motoren wie der Mitsubishi GDI können bis 40:1 laufen (ungefähr Lambda = 3), solange das Auto behutsam gefahren wird.

Wenn Spitzenleistung gefordert wird, muss ein Direkteinspritzer genug Kraftstoff liefern, damit der Motor bei Lambda 1 arbeiten kann. In diesem Bereich ist damit ein moderater Leistungsschub zu erreichen, weil der unter Druck stehende Kraftstoff direkt in den Zylinder gespritzt wird und die Temperatur dabei absenkt, genau wie sich ein Spray auf unserer Haut zunächst immer kalt anfühlt. Das verschiebt einerseits die Klopfgrenze des Motors nach oben, und der Ent-

Im Jahr 2000 kündigte Peugeot-Citroën (PSA) seinen HPI-Motor an, einen Zweiliter-Vierzylinder, der mit direkter Benzineinspritzung ausgestattet und auf Magerbetrieb ausgelegt ist. Die Einspritzdrücke in DI-Benzin-Motoren müssen nicht so hoch sein wie die Drücke in DI-Diesel-Motoren. (PSA)

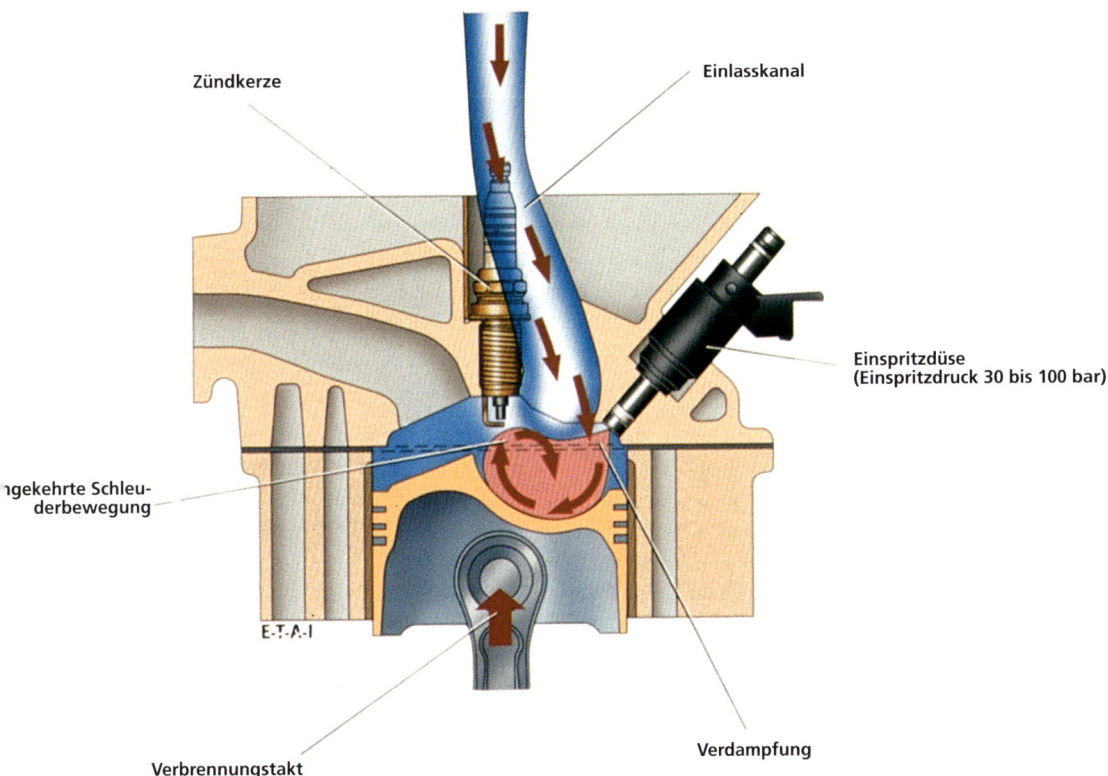

Zündkerze

Einlasskanal

Einspritzdüse
(Einspritzdruck 30 bis 100 bar)

ngekehrte Schleu-
derbewegung

E·T·A·I

Verbrennungstakt

Verdampfung

*Diese Detail-Zeichnung zeigt, wie die Einlasslufströ-
mung in der PSA HPI-Direkteinspritzungs-Benzinmotor
so geformt ist, dass die Ladung, bei sorgfältiger Positionierung der Einspritzdüse, im Kolbenhohlraum herum-
geschleudert wird und dadurch eine zuverlässige Verbrennung gewährleistet. (PSA)*

wickler kann andererseits den Vorteil nutzen, um das Verdichtungsverhältnis (die Mitsubishi-GDI-Motoren laufen mit einer Verdichtung von rund 13:1) und die Ausgangsleistung zu erhöhen. Und das wiederum führt zu einem weiteren kleinen Zuwachs beim Wirkungsgrad.

Weil der Kraftstoffverbrauch heute bei allen Autoentwicklern höchste Priorität genießt (außer vielleicht in den USA), sieht man die direkte Einspritzung bei Benzinmotoren in hohem Maße als zukunfträchtig an. Verschiedene europäische Hersteller bieten sie bereits in der Golf-Klasse und in der Mittelklasse an. Und in den folgenden Jahren werden immer mehr Autos mit dieser Technik ausgerüstet werden – obwohl bei weitem nicht weltweit –, und die meisten Autohersteller werden Direkteinspritzer in der einen oder anderen Ausführung anbieten. In dem Zusammenhang zeichnen sich noch weitere Möglichkeiten ab. Intensive Forschungen beschäftigen sich auch mit einer durch Luft unterstützten Einspritzung. Bei ihr wird Druckluft durch eine besonders modifizierte Einspritzdüse geblasen, was die Kraftstoffzerstäubung verstärkt und die Gemischzusammensetzung im Zylinder verbessert. Eine praktische Anwendung ist allerdings derzeit nicht in Sicht.

TEIL 1 – DER MOTOR

6 Krümmer, Aufladung und Motorsteuerung

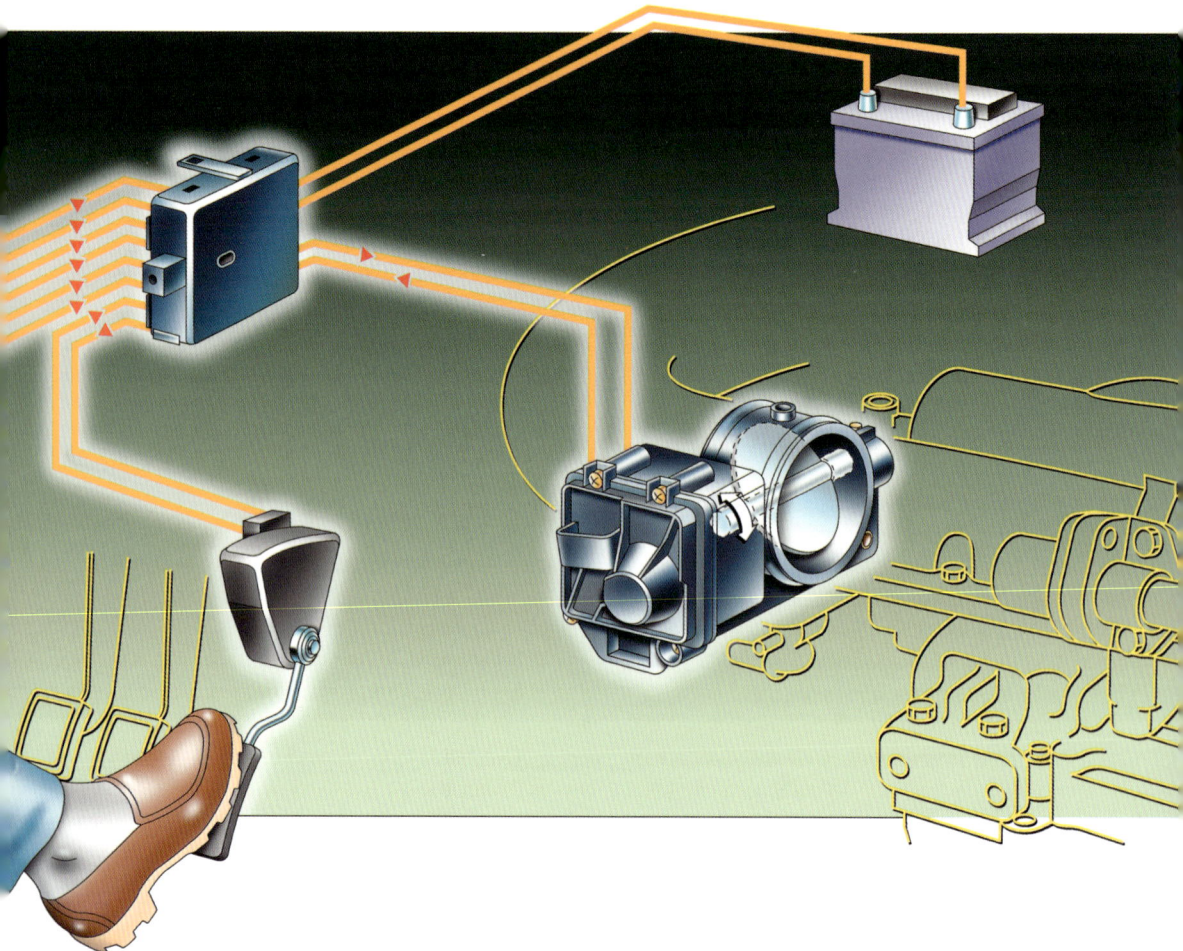

D er Ansaugkrümmer war einmal ein preiswert herzustellendes Röhrenwerk, durch das man das Gemisch vom Vergaser zu den Ansaugkanälen im Zylinderkopf transportierte. Heutzutage ist der Vergaser zu Gunsten von Einspritzdüsen verschwunden, die eigentlich Teile des Zylinderkopfs sind. Wenn man die Motorhaube eines modernen Autos öffnet, ist das Auffälligste häufig ein großer und komplizierter Ansaugkrümmer. Doch wozu braucht man ihn?

Einerseits, weil die Luft vom Einlass durch das Luftfiltergehäuse, weiter durch die Drosselklappe und schließlich in die Zylinder gelangen muss. Bei Rennmotoren sind diese Bauelemente anders angeordnet, dort sind die Ansaugtrichter mit Gaze-Sieben geschützt, damit nichts in den Motor gelangen kann, was irgendeinen mechanischen Schaden verursachen könnte. Dazu verfügt jeder Zylinder über eine Drosselklappe, die jeweils über ein Rohr von sorgfältig berechneter Länge mit dem Zylinderkopf verbunden ist.

Die einzigen Straßenfahrzeuge, die eine Drosselklappe pro Zylinder hatten, waren einige Hochleistungsmodelle der 1960er- und 1970er-Jahre. Insbesondere Alfa Romeo versah seine Vierzylinder-Motoren mit Weber-Doppel-Vergasern (DCOE = »double carburettor operated engine«), also mit zwei Vergasern mit zwei Drosselklappen und Luftkanälen in einem Gehäuse, die sich die meisten der anderen Bauteile teilten.

Heutzutage zieht niemand mehr ernsthaft separate Drosselklappen für Straßenfahrzeuge in Betracht.

Normalerweise ist die Drossel am Eingang eines großvolumigen Ansaugsammlers platziert – dort, wo die Luft in einem gleichförmigen Zustand einströmen kann, bevor sie in die Zylinder gelangt. Die Konstruktion des eigentlichen Krümmers zwischen dem Luftansaugsammler und den Einlasskanälen ist immer schwieriger geworden, da die Entwickler versucht haben, hohe Leistung und hoher Liefergrad (das Verhältnis zwischen

möglicher und tatsächlicher Ansaugluftmenge) mit gutem niedrigen und mittleren Drehmoment zu kombinieren. Die Grundkonstruktionen der Einlasskrümmer hatten in früheren Jahren mehrere Nachteile. Der Weg von der Drosselklappe bis zu den Brennräumen war nicht bei allen Zylindern gleich lang, wobei die näher liegenden Zylinder meist ein zu fettes, weiter entfernt liegende ein zu mageres Gemisch erhielten. Solange die Einlassventile benachbarter Zylinder offen waren, bestand auch die Gefahr der ungleichmäßigen Verteilung. Am schlimmsten war, dass die Ansaugrohre sich fast wie Orgelpfeifen verhielten. Heute ist man da natürlich weiter. Ohne tief in eine komplizierte Materie einzusteigen: Man kann das Schwingungs- und Strömungsverhalten der angesaugten Luft (und damit deren gleichmäßige Verteilung auf die Zylinder) durch die Länge der Ansaugwege variieren, eine Abstimmung ist also möglich.

Völlig unbestritten ist also, dass der beste Einlasskrümmer über einzelne, von den anderen getrennte Ansaugrohre verfügt, die entsprechend lang genug sind, um die gewünschten Abstimmungseffekte zu erreichen. Somit verläuft jedes Rohr in einem modernen Krümmer vom Ansaugsammler (der auch als Luftfilter fungiert) zu einem eigenen Einlasskanal. Die effektivste Rohrlänge ist weitaus länger, als sie beispielsweise in einem Krümmer von 1950 war, und das hat, besonders bei V6- und V8-Motoren, zu wild verschlungenen Krümmer-Konstruktionen geführt, die auch die am weitesten auseinanderliegenden Einlässe im Zylinderkopf gleichzeitig und ausreichend mit Gemisch versorgen.

Mit solchen Konstruktionen konnte man an sich einen ausreichend hohen Liefergrad unter allen Bedingungen erreichen. Aber wie so vieles in der Motorenentwicklung sind Krümmerformen Ergebnisse von Kompromissen. Idealerweise sollte man die Ansaugwege in der Länge ändern können, um sie an die Motordrehzahl anzupassen. Je höher die Drehzahl, desto höher die Einspritzfrequenz und desto kürzer sollte die ideale Rohrlänge sein. Das theoretische Ideal kommt einem Posaunenzug ziemlich nahe, aber niemand hat es jemals gewagt, die Probleme im Betrieb mit Hilfe eines Posaunenzugs zu lösen,

Gegenüber: Das echte »Drive-by-wire« nimmt die Signale vom Gaspedalsensor und sendet sie als Signale, wie vom Fahrer gewünscht, an das Motormanagementsystem, das dann die elektromotorische Drosselklappe in Position bringt, wie hier in einer Zeichnung von Renault dargestellt. (Renault)

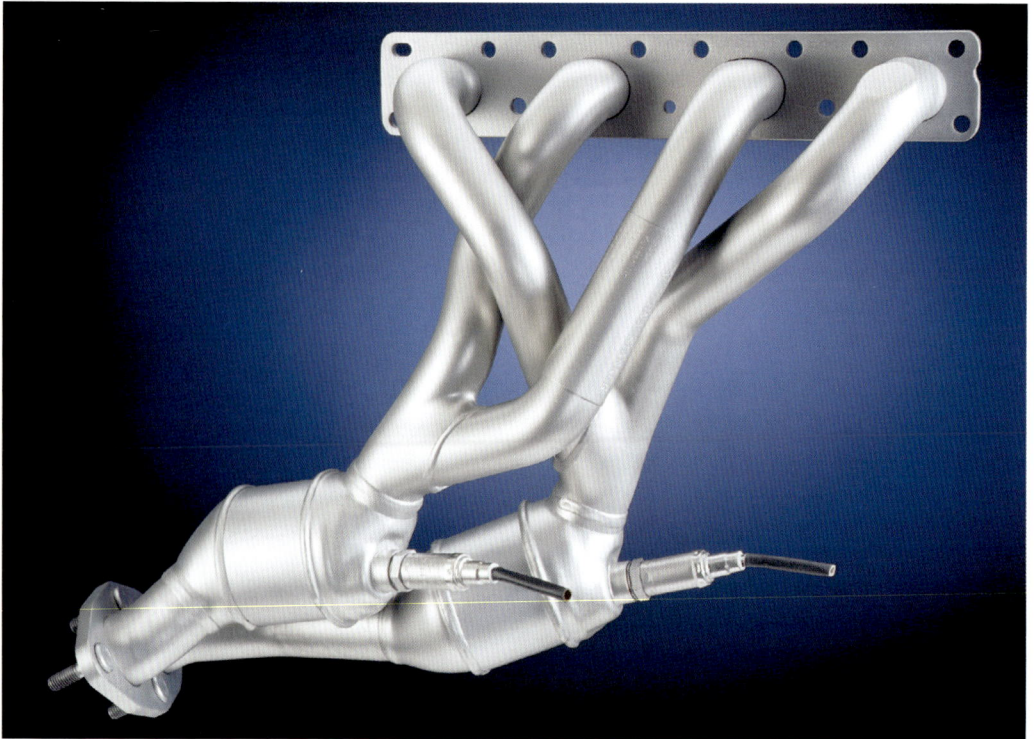

Das komplette Abgaskrümmersystem für den Valvetronic-Motor zeigt, wie sorgfältig die vier Fallrohre hergestellt und in Paaren zusammengefasst worden sind, die in zwei aufgesetzten Vorkatalysatoren münden, bevor sie schließlich am Flansch einen einzigen Kanal bilden, der mit dem Rest des Abgassystems verbunden wird. Bemerkenswert sind die beiden Sauerstoffinhaltssensoren, die direkt in den Vorkammern der Vorkatalysatorgehäuse liegen. (BMW)

geschweige denn ihn in einen Mehrzylindermotor einzubauen und zu schmieren. Stattdessen haben viele moderne Ansaugkrümmer einfache Klappen, die ihre effektive Länge durch das Öffnen oder Schließen von über Kreuz miteinander verbundenen Kanälen ändern. Wenn die Kreuzverbindungen geöffnet werden, verkürzt man damit die Ansaugwege und bringt die Luft schneller näher an den Motor heran: Der Effekt ist praktisch ein kürzeres Rohr. Die Rohrlänge ist zwar immer noch nicht variabel, aber man kann zwischen zwei oder drei unterschiedlichen Werten wählen: Einer ist sicherlich für maximale Leistung bei Höchstgeschwindigkeit ausgelegt, während die anderen das Drehmoment im mittleren Bereich erhöhen. Solche Ansaugkrümmer mit variabler Geometrie sind immer stärker auf dem Vormarsch, und man hat sich einige geniale Entwürfe ausgedacht, damit die Krümmer nicht zu kompliziert und zu teuer werden. Ansaugkrümmer werden überdies zunehmend aus Kunststoff hergestellt. Auf diese Weise lässt sich Gewicht sparen, und sie können extrem genau gegossen werden.

Abgaskrümmer

So wie bei den Ansaugrohren scheint auch die Abgasrohrkonstruktion simpel zu sein. Man fasst die Rohre von jedem Zylinder möglichst bald (räumlich) zu einem einzigen Fallrohr zusammen, muss aber bedenken: Die individuelle Rohrlänge ist wichtig. Da die Abgasströmung von jedem Zylinder aus Druckimpulsen besteht (die bei jeder zweiten Motorumdrehung auftreten), ist der ideale Punkt zum Zusammenfassen zweier Abgasrohre dort, wo die Drücke einander nicht beeinflussen – wo der hohe Druck eines Zylinders auf niedrigen Druck eines anderen trifft. Daher hält man entweder die Rohre möglichst lange völlig getrennt (was schließlich zu einem Rohrbündel wie bei den meisten Formel-1-Motoren führt; man kann das Bündel mit einer Bananenstaude vergleichen) oder führt die Rohre in einer sorgfältig entworfenen Vier-in-Zwei-in-Eins-Konstruktion zusammen, was bei modernen Vierzylindermotoren gang und gäbe ist.

Die Berücksichtigung von Emissionsvorschriften hat natürlich auch das Design der jüngsten Krümmer-Konstruktionen beeinflusst. Normalerweise sitzt ein Vorkatalysator im Abgassystem möglichst nah am Motor, damit er sich beim Kaltstart rasch erwärmen kann. Damit ist die Länge des einzelnen Rohrs begrenzt. Um diesen Nachteil aufzuheben, müssen die Entwickler mehr als eine Vorkatalysatorkammer

vorsehen (die meisten V6- und V8-Motoren haben sie bereits).

Damit möglichst viel Motorwärme den Vorkatalysator erreicht, sind die Abgasrohre so ausgelegt, dass sie möglichst wenig Wärme aufnehmen. Fast alle Krümmer wurden aus Gusseisen

Man mag sich darüber wundern, dass ein leistungsstarker Motor mit Turboaufladung ausgerechnet die Bezeichnung »Ecopower« erhält, doch Saabs 2,3-Liter-Quermotor verdient ihn wirklich. Der Vierzylinder wurde sorgfältig optimiert, indem er einen Turbolader mit ziemlich niedrigem Ladedruck verwendet und dadurch einen hohen Wirkungsgrad mit sehr geringen Emissionen erreicht. Bemerkenswert in dieser Zeichnung des kompletten, zur Installation fertigen Motorpakets ist die Anordnung des Kühlsystems und des üblicherweise langen und komplizierten Keilriemens, der eine ganze Reihe von Hilfsaggregaten antreibt. (Saab)

hergestellt, aber zunehmend werden diese heute aus Stahl gefertigt und verfügen daher über viel dünnere Wände. Die Abgasrohre der Mercedes-Benz-S-Klasse sind aus doppelwandigem, isolierten rostfreiem Stahl gefertigt, so dass sie ein absolutes Minimum an Wärme speichern und ein Maximum an Abwärme zum Vorkatalysator gelangt.

Aufladung

Bisher gingen wir davon aus, dass der Motor auf natürliche Weise Luft aus der Atmosphäre ansaugt. Das muss aber nicht sein. Die Alternative besteht darin, Luft zwangsweise, also unter Druck, in den Motor hineinzublasen. Das Verfahren nennt man Aufladung und lässt sich auf verschiedene Arten erreichen. Der heute bekannteste Weg ist die Turboaufladung. Dabei entzieht eine kleine Turbine dem Auspuffgas Energie und treibt damit ein Verdichterrad an, das die Ansaugluft unter Druck setzt, die dann an den Motor geliefert wird. Die Turboaufladung ist aber nur eine Möglichkeit zur Aufladung, wenn auch die im Moment populärste und am weitesten verbreitete Methode. Der Motor lässt sich aber auch mechanisch per Kompressor aufladen: entweder direkt von der Kurbelwelle aus – die beliebteste Konstruktion vieler Rennwagen der zwanziger und dreißiger Jahre – oder mittels Kette oder Zahnriemen. Die Frage ist also, welche Art Kompressor am sinnvollsten ist.

Jede Methode der Aufladung vervielfacht den mittleren effektiven Mitteldruck (BMEP = »Brake Mean Effective Pressure«) eines Motors und deshalb sein Drehmoment ungefähr um die Menge, um die er einen atmosphärischen Druck von 1 bar vervielfacht. Deshalb erhöht ein Lader, der an sich 0,8 bar Druckerhöhung liefert – der übliche Wert für den Einsatz mit Benzinmotoren – den Mitteldruck und somit das maximale Drehmoment um rund 80%. Die maximale Leistung steigt ebenfalls, wobei viel noch von der Bauart des Motors abhängt. Wenn Luft in den Zylinder hinein gepresst wird, kann der Entwickler die Ventilüberschneidung erheblich reduzieren. Das erhöht das Drehmoment im mittleren Bereich

noch mehr, reduziert aber die maximale Leistung bei Hochgeschwindigkeit. Letztere ist bei modernen Autos auch ohne Aufladung ziemlich gut, die Leistung ist mehr als ausreichend, um jedes Tempolimit überschreiten zu können. Anders sieht es aus, wenn stark beschleunigt werden muss, dann kann anscheinend nie genug Drehmoment zur Verfügung zu stehen. Deshalb macht es mehr Sinn, mit der Aufladung hauptsächlich das Drehmoment zu steigern, denn eine kräftige Leistungserhöhung ergibt sich ohnehin. In Rennwagen ist das anders, die turbogeladenen 1,5-Liter-Formel-1-Autos der 1980er-Jahre verwendeten sehr hohe Ladedrücke und ein passendes Ventil-Timing, um schließlich Ausgangsleistungen von gut 750 kW bei den kurzlebigen Qualifying-Motoren zu erzielen.

Da der Ladedruck das Verdichtungsverhältnis erhöht, bringt er den Motor nahe an seine Detonationsgrenze. Dies zu verhindern, gehört zu jenen Problemen von aufgeladenen Motoren, die es mit speziellen Gegenmaßnahmen zu meistern gilt. Frühe Turbomotoren waren wesentlich niedriger verdichtet als ihre Kollegen ohne Zwangsbeatmung: etwa 7,5:1 statt 10:1; damit war das Risiko von Motorplatzern und eines kurzen, aber spektakulären Lebens gebannt. Das hieß: Die Motoren mit Turbolader waren bei niedrigen Geschwindigkeiten und Lasten weniger wirkungsvoll, weil sie nicht im Aufladebetrieb liefen. In den 1970er- und 1980er-Jahren drehte es sich bei der Turboaufladung lediglich um hohe Leistung. Ein geringerer Wirkungsgrad spielte keine große Rolle. Außerdem wurden die Motoren bei hohen Geschwindigkeiten und Lasten auch mit zu viel Kraftstoff versorgt, um sie vor Überhitzung zu schützen. Dadurch lieferten sie mehr Leistung, erzeugten also mehr Wärme und stießen sie aus. Mit dem zusätzlichen Kraftstoff wurde der Lader gekühlt, denn die höheren Temperaturen ließen den überschüssigen Kraftstoff verdunsten, was einen gewissen Kühleffekt hatte. Also legten die frühen Turbo-Motoren, zurückhaltend formuliert, eine nur geringe Wirtschaftlichkeit an den Tag, aber das schien, wie gesagt, niemanden zu interessieren.

Dann aber stiegen die Spritpreise wie auch die

Abgasgrenzwerte, so dass sich die Kühlung über eine zusätzliche Spritdosis quasi von selbst verbot: Zu viele unverbrannte Kohlenwasserstoffe, zu schlechte Emissionswerte – der Turbomotor verschwand einige Jahre lang in der Versenkung und fand sich lediglich noch bei Sportwagen, bei denen Leistung vor Verbrauch und Wirtschaftlichkeit rangierte. Inzwischen ist er praktisch wieder überall wieder zu finden, und das nicht nur bei Sportwagen. Heute baut er meist moderate Ladedrücke von rund 0,5 bar auf und verfügt über neue Steuerungsstrategien. Damit kann er mit höheren Verdichtungsverhältnissen und größerem Gesamtwirkungsgrad betrieben werden, nicht zu reden von geringeren Kraftstoffverbrauchs- und Emissionswerten.

Turboaufladung – die bekannte Technik

Oberflächlich betrachtet, ist die Turboaufladung ein echtes Wirtschaftswunder, sieht es doch so aus, also ob die zusätzliche Leistung ganz ohne Gegenleistung zu haben ist; der Turbo nutzt ja nur die Energie, die sonst aus dem Auspuffrohr verschwinden würde. In der Praxis sind sehr wenige Dinge in der Welt ohne Gegenleistung zu haben, natürlich auch hier nicht. Eine Turbolader-Einheit im Auspuffsystem stellt immer einen Kompromiss dar und verursacht Gegendruck im Abgassystem, der in gewisser Weise den Motorbetrieb stört. Um das auszugleichen, muss das Ventil-Timing geändert werden. Außerdem kostet ein Turbolader Geld, und auch die lebenswichtigen Motorbauteile müssen gegen die vom Lader abstrahlende Hitze geschützt werden, und auch das gibt es nicht zum Nulltarif. Immerhin glüht bei hoher Geschwindigkeit und Last das Turbinengehäuse eines Turboladers hellrot vor Hitze.

Den ganzen Ärger vermeidet, wer einen Ladeluftkühler installiert (und dafür mehr Kosten und mehr Röhrenwerk in Kauf nimmt). Dafür spricht wiederum die Tatsache, dass ohne einen

Renault hat versucht, den Wirkungsgrad turboaufgeladener Motoren durch diese Doppelspiral-Baugruppe zu verbessern. Sie soll die Überlagerungen von Abgasströmungen von Zylinderpaaren dadurch verhindern, dass sie die Abgase getrennt hält, bis sie durch die Turbine hindurchgeflossen sind und ihre Energie abgegeben haben. (Renault)

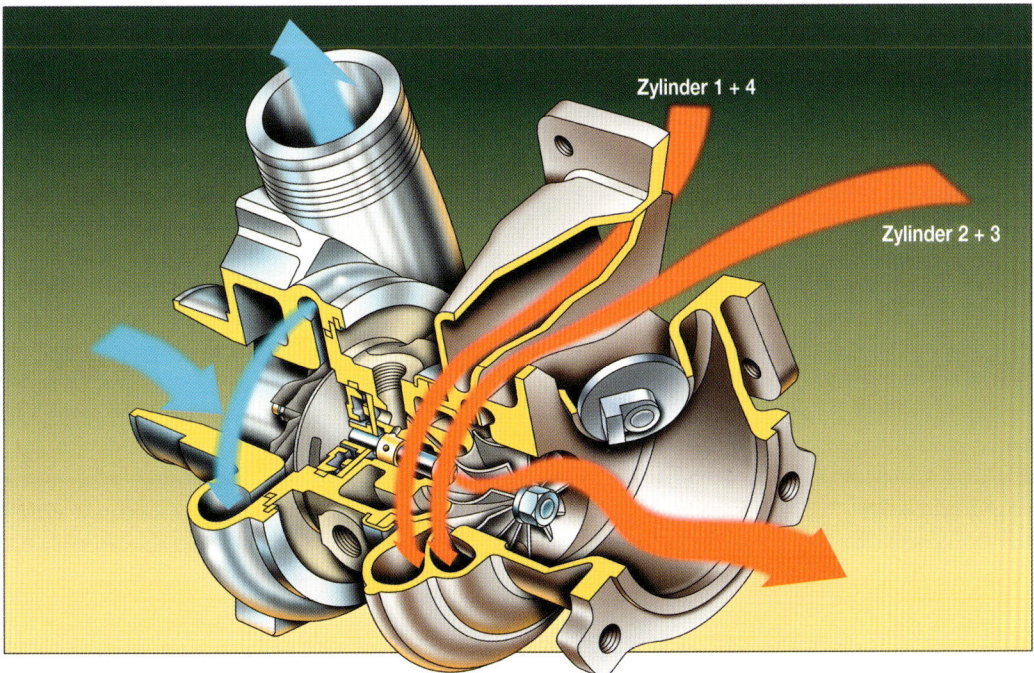

Zylinder 1 + 4

Zylinder 2 + 3

Ladeluftkühler die unter Druck verdichtete Luft zu heiß wird. Das reduziert den Wirkungsgrad des Motors, und wer den erhöhen will, muss kühlen. Eine Ladeluftkühlung erhöht die Luftmenge und somit die Kraftstoffmenge, die verbrannt werden kann, während eine Erwärmung den gegenteiligen Effekt hätte. In der Praxis funktioniert das so: Die Luft wird durch einen kleinen Wärmetauscher geleitet und dadurch wieder gekühlt, nachdem sie den Kompressor verlassen hat. Der Wärmeaustauscher ist praktisch eine Art Mini-Heizkörper, in dem die einströmende Luft als Kühlmittel fungiert. Dieser Zwischenkühler erhöht die Ausgangsleistung und verringert den Kraftstoffverbrauch jedes turboaufgeladenen Motors bis zu 20%.

Die meisten Turbolader sehen bemerkenswert klein aus im Vergleich zu der Luftmenge, die durch sie hindurchströmt. Das rührt daher, dass der Zentrifugalkompressor und die Radialturbine, die dicht beieinander auf einer Welle sitzen, sehr schnell drehen – mit rund 80.000 U/min in einer ziemlich großen Einheit und bis zu 200.000 U/min in einer ziemlich kleinen. Die Wahl der richtigen Lader-Größe ist von entscheidender Bedeutung. Die frühen 1970er-Jahre-Turbos hatten Turbolader von der Stange, also Aggregate, die für andere Anwendungen entwickelt worden waren, wie zum Beispiel für große Lastwagen-Diesel. Man erkannte rasch, dass ein Turbolader, der in Relation zum Motor überdimensioniert war, zwar viel in der Spitzenleistung, aber wenig für das Drehmoment im mittleren Bereich brachte und erst recht nicht das Ansprechen des Motors verbesserte.

Ein großer Teil des Problems bestand darin, dass ein großer Turbolader ungefähr eine Sekunde zum Hochdrehen brauchte, wenn die Drosselklappe bei niedriger Last geöffnet wurde, was zu einem verzögerten Ansprechverhalten führte, bevor sich der Ladedruck aufzubauen begann. Erst dann erhöhte sich die Motorausgangsleistung – ein Effekt, der als »Turboloch« bekannt wurde. Umgekehrt gilt: Je kleiner der Lader und je leichter seine Kompressor/Turbine-Baugruppe, desto größer sein Beitrag zur Beschleunigung – und abgesehen davon liefert er auch etwas Ladedruck bei niedrigen Geschwindigkeiten. In den 1970ern existierten allerdings keine passenden kleinen Turbolader, jedenfalls nicht aus der Serienproduktion. Heute erfüllen Turbolader der Hersteller Garrett, KKK oder IHI viel besser die Anforderungen, die kleine und mittelgroße Motoren stellen, und das Turboloch gehört der Vergangenheit an – außer in Autos für Top-Wettbewerbe wie etwa die Rallye-Weltmeisterschaft, die immer noch große Turbolader zugunsten maximaler Leistung einsetzen, auch wenn sie dadurch auf normalen Straßen, abseits der Spezialstrecken, schwerer zu fahren sind. Die jüngste Generation von kleinen Turboladern verwendet eine variable Geometrie, damit das Abgas bei niedriger Last schneller strömen kann, so dass die Turbine immer mit einer vernünftigen Geschwindigkeit dreht. Eine variable Geometrie erforderte natürlich wieder neue, trickreiche Bauteile, von Turbinen-Einlass-Führungsflügeln mit einem variablen Winkel bis zu Iris-Verschlüssen, durch die sich die für den Gasstrom offene Fläche der Turbine variieren lässt.

Jeder Turbo braucht auch einen Steuerungsmechanismus. Ohne den würde er die Ausgangsleistung des Motors ungehindert nach oben treiben. Das wiederum würde mehr Abgase produzieren, die Turbine würde noch schneller drehen, was wiederum die Ausgangsleistung des Motors weiter steigern würde, was noch mehr Druck im Lader aufbauen würde, was wiederum die Leistung noch mehr aufbauen würde – so lange, bis die mechanische Beanspruchung zu groß würde und der Motor platzt. Deshalb wird der Ladedruck von einem druckabhängigen Ventil, dem Bypass-Ventil, gesteuert. Es lenkt einen Teil der Abgase an der Turbine vorbei in das Abgassystem hinter der Turbine. In den frühen Tagen der turbogeladenen Formel 1 war es gängige Praxis, das Bypass-Ventil zu schließen, um im Qualifying den Ladedruck so weit wie irgend möglich zu erhöhen. Diese Leistung (die nie über eine Renndistanz zu erbringen gewesen wäre) spielte eine große Rolle bei der Vergabe der Startplätze: Die stärksten standen vorne... Schließlich stoppten Änderungen im Reglement diese Praxis. In der neuesten Generation der sehr kleinen Turbos kann die Einheit mit der variablen Geometrie selbst als Steuerungsmechanismus dienen, was ein Bypass-Ventil überflüssig macht.

Technische Probleme mit dem Turbo rührten von den Temperaturunterschieden her, weil eine extrem heiße Turbine und ein ziemlich kalter Kompressor sich eine gemeinsame Welle teilen und sehr nahe beieinandersitzen. Das Öl, das die Welle schmiert, wird der Motorschmierung entnommen. Turbolader haben manchmal ihre eigenen Kühlkreisläufe, indem sie Kühlmittel vom Motor nehmen. Einige Probleme entstanden früher durch das im Turbo aufkochende Öl, nachdem der Motor abgeschaltet worden war. Die Turbine und das Gehäuse waren aber immer noch sehr heiß, so dass die Wärme nicht schnell genug abgeführt werden konnte und das Öl zum Kochen brachte. Bessere Schmiermittel und die Einführung der Ladeluftkühlung verhindern das nun weitgehend (obwohl es immer noch nicht verkehrt ist, den Turbo nach einer Hochgeschwindigkeitsetappe noch etwas im Leerlauf laufen zu lassen und dann erst abzuschalten).

Mechanische Aufladung

Obwohl der Turbolader der älteste (Büchis Patent, 1905) und am meisten eingesetzte Aufladungstyp ist, setzte er sich erst nach dem Zweiten Weltkrieg in normalen Straßenfahrzeugen durch. Er profitierte dabei von den Erfahrungen im Flugzeugbau, denn der Turbolader war ursprünglich entwickelt worden, um Leistung über lange Zeiträume in extremer Höhe zu liefern. Sein Einsatzbereich waren die Kolbenmotoren. Bis dahin war die mechanische Aufladung in Hochleistungsautos bereits gut 20 Jahre lang im Einsatz und wurde für die Grand-Prix-Motoren der 30er Jahre weiterentwickelt.

Die Drehzahl jedes mechanischen Kompressors ist direkt abhängig von der des Motors, (mit welcher Art von Getriebe er auch immer kombiniert sein mag), und deshalb besteht kein Risiko, dass die Ausgangsleistung wie beim Turbolader unkontrolliert steigt. Der Luftaustritt am Kompressor verhält sich proportional zur Drehgeschwindigkeit des Motors, und diese Synchronisierung sorgt dafür, dass das Gleichgewicht erhalten

bleibt. Sehr hohe Temperaturen treten ebenfalls nicht auf, und auch vom Turboloch bleiben Kompressormaschinen verschont. Deshalb bildet der mechanische Kompressor zumindest teilweise eine ausgezeichnete Alternative zum Turbolader. Andererseits muss dafür ein zusätzlicher mechanischer Antrieb (heutzutage meist mit einem Zahnriemen) in einem bereits übervollen Motorgehäuse untergebracht werden, und Antrieb wie Kompressor selber können laut sein. Aber dennoch sind die Vorteile so überzeugend, dass sich namhafte Autohersteller wie Aston Martin, Jaguar und Mercedes-Benz vom Turbolader verabschiedeten.

Kompressormotoren gab es in der Geschichte nicht wenige, zum Teil sogar schon im 19. Jahrhundert, zum Beispiel das Roots-Gebläse mit seinen ineinandergreifenden Doppelrotoren in einem Gehäuse, das sie eng umschließt. Dieses am meisten angewendete Kompressorprinzip der 30er Jahre geht zurück auf das Jahr 1870. Entwickelt haben ihn die Brüder Roots 1870 in den USA, und ihr Kompressor wird immer noch häufig eingesetzt. Auch Flügelgebläse waren weit verbreitet. Sie können einfach nur blasen oder – dank Exzenterantrieb und in der Länge verstellbarer Rotorflügel – eine bescheidene Aufladung bewirken. Je exzentrischer der Antrieb eines Flügelgebläses ist, desto größer ist auch der Ladedruck (begrenzt von der Differenz zwischen maximalen und minimalen Kammervolumina), und desto größer sind aber auch die Belastungen der Flügelspitzen, deren Dichtung problematisch wird. Flügelgebläse erreichen allerdings nicht die hohen Ladedrücke wie Roots- oder Zentrifugalgebläse.

Andere Kompressortypen mit verzahnten Rotoren tauchten im 20. Jahrhundert auf. Einige von ihnen basierten auf Entwürfen von Rotationsmotoren von Felix Wankel, dessen Kreiskolbenmotor vielleicht die tauglichste Alternative zum konventionellen Hubkolbenmotor darstellt. Ebenfalls gebräuchlich: ineinanderverzahnte, schneckenförmige Rotoren wie im Lysholm-Kompressor. Wer sich also ernsthaft mit der Aufladung per Kompressor beschäftigt, findet viele Möglichkeiten. Was denn letztlich sinnvoll ist, hängt natürlich vom Anforderungsprofil ab.

Fortschrittliches Denken: SAABs SVC

Der schwedische Hersteller Saab, heute zu General Motors gehörend, erfreut sich eines guten Rufs nicht zuletzt in Bezug auf Innovation in der Motorenentwicklung. Saab war eines der ersten Unternehmen, das seine Motoren sowohl mit Turboaufladung als auch mit Vierventil-Zylinderköpfen ausstattete und vor einiger Zeit mit seinem SVC- (Saab Variable Compression-) Konzept einen genialen Weg aufgezeigt hat, wie man das Verdichtungsverhältnis variiert.

Dank dieser variablen Kompression kann der Motor sehr nahe an der Klopfgrenze laufen – dank idealem Zündungs-Timing in allen Betriebszuständen. Unter leichter Last kann die Verdichtung beispielsweise sehr hoch sein (Saab verwendet 14:1). Der Motorwirkungsgrad ist daher sehr gut. Normalerweise würde ein so hoch verdichteter Motor bei hoher Geschwindigkeit (und unter Last sowieso) unweigerlich klopfen, würde nicht das Zündungs-Timing strikt verzögert (»spät«) werden (und selbst das allein könnte nicht ausreichen). Eine späte Zündung ist auf jeden Fall schlecht für den Wirkungsgrad. Die Alternative besteht nun darin, das Verdichtungsverhältnis herabzusetzen, wenn die Klopfgrenze erreicht ist – sofern man einen sauberen Weg findet, wie's geht. Saab hat ihn wohl gefunden.

Der SVC-Motor teilt seinen Block in einen oberen und einen unteren Teil; der untere Teil enthält die Kurbelwelle und der obere Teil die Zylinderbohrungen. Beide Teile hängen scharnierartig an einer Seite zusammen und sind an der anderen mit einem Mechanismus verbunden, der sie auseinanderdrücken oder enger zusammenziehen kann. Wenn die beiden Teile auseinandergedrückt werden, kippt der obere Block leicht zur Seite, und der Kolben kann sich im Zylinder nicht mehr ganz nach oben bewegen, so dass die Verdichtung abnimmt. Ein Neigungswinkel von nur vier Grad ergibt einen Unterschied von 3 mm an Kolbenhöhe am oberen Totpunkt. Das genügt, um die Verdichtung zwischen 8:1 und 14:1 variieren zu können. Saab

Saab schafft mit seinem SVC-Motor (Saab Variable Compression) die Möglichkeit, während des Motorlaufs die Kompression zu verändern. Dabei wird das Zylindergehäuse mit den Zylinderkopf zum eigentlichen Motorgehäuse, in dem die Kurbelwelle gelagert ist, um einige Grad gekippt. Ein Kippwinkel von nur 4° reicht aus, um die Verdichtung von 8:1 auf 14:1 stufenlos zu steigern, solange der Motor unterhalb der Klopfgrenze arbeitet. Der Gesamtwirkungsgrad des Motors wird dadurch gesteigert. Der Kippdrehpunkt ist links im Bild, der Dreh-Aktuator rechts (beide gelb) dargestellt. Die Abdichtung zwischen Zylindergehäuse und Motorgehäuse wird durch eine elastische Membran (ebenfalls gelb) erreicht. Die Aufladung des Motors erfolgt außerdem noch zusätzlich mechanisch. (Saab)

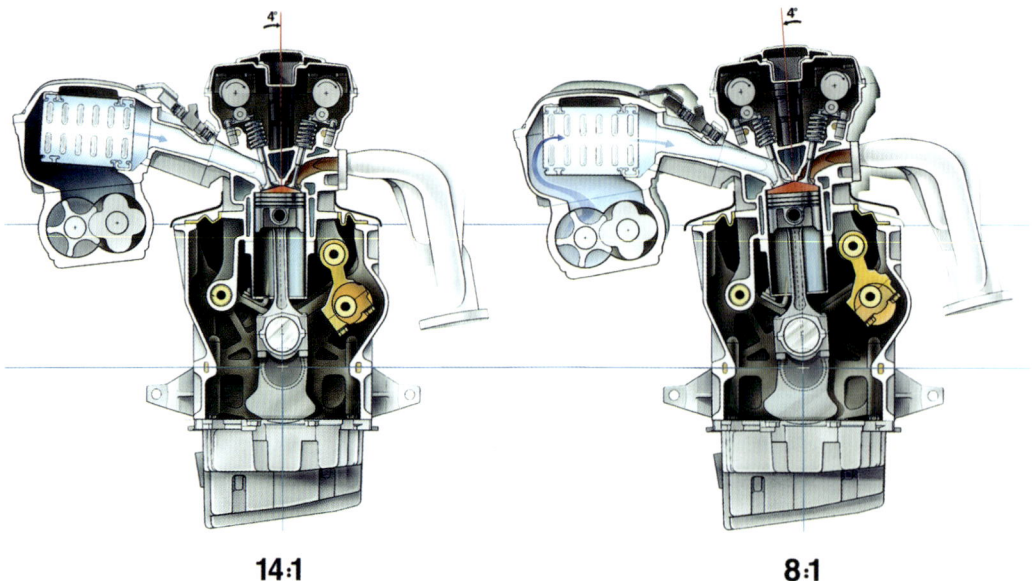

14:1   **8:1**

verwendet einen 1,6-Liter-Fünfzylinder-Reihen-kompressormotor mit dem SVC-System, der gut über 150 kW bei exzellentem Kraftstoffverbrauch leistet. Allerdings ist der Geräuschpegel hoch, und auch andere Probleme müssen noch vor einer Serieneinführung gelöst werden. Das Konzept beweist jedoch, dass einfallsreiche Motorenentwickler noch immer genügend Spielraum haben, sofern sie dabei gewissen Grundprinzipien treu bleiben.

Andere Technik-Teams versuchten auf anderem Wege variable Verdichtungen zu erreichen, zumeist mit Pleuelstangen, die zwischen Pleuelauge und Kolben verstellbar sind. Bislang aber ging noch kein solcher Motor in Serie.

Motor-Management

Um 1975 herum steuerten sich die Motoren mehr oder weniger selbst. Der Fahrer bediente den Zündschlüssel und das Gaspedal, das Timing der Zündung hing von der Bewegung des Verteilers und die Kraftstoffzufuhr von der Bauart des Vergasers ab, ebenso vom automatischen Choke, der das Gemisch beim Kaltstart anreicherte. Man konnte einige manuelle Einstellungen, beispielsweise die der Leerlaufgeschwindigkeit, unter der Motorhaube vornehmen, und die komplizierteste Herausforderung war die Synchronisation von Doppelvergasern.

Das hat sich alles geändert. Wie bereits erwähnt, geht ohne eine elektronische Steuerung der Kraftstoffeinspritzung und der Zündung nichts mehr, es sind die beiden wesentlichen Punkte des elektronischen Motormanagements. Dazu gehört aber noch mehr: Jedes moderne Auto, das in der Lage ist, die gültigen Grenzwerte für Abgasemissionen zu erfüllen, besitzt eine Blackbox mit elektronischer Ausrüstung. Diese Motorsteuerungseinheit (ECU = »Electronic Control Unit«) berechnet anhand von Daten, die von zahlreichen Sensoren geliefert werden, den Zündzeitpunkt ebenso wie den Zeitpunkt, an dem Kraftstoff eingespritzt wird – und natürlich auch die notwendige Kraftstoffmenge. Die ECU sendet dann ihre Steuersignale, Zylinder für Zylinder, Zyklus für Zyklus zum Zündsystem und zu den Kraftstoffeinspritzdüsen.

Die wichtigsten Sensoren informieren die ECU über den Winkel der Kurbelwelle (der normalerweise von einer Referenzmarkierung auf dem Schwungrad stammt, die den Sensor passiert, wenn der Kolben 1 durch den oberen Totpunkt geht), über die Motordrehzahl (wie oft die Referenzmarkierung in einer bestimmten Zeit vorbeizieht – die ECU hat natürlich eine Zeitbasis) und über die Luftmenge, die in den Motor gelangt, die ein Maß für die Motorlast darstellt. Normalerweise wird ein moderner Motor gerade mit so viel Kraftstoff versorgt, dass er bei Lambda = 1 bleibt – sofern er im Magerbetrieb läuft. Das Timing für die Zündung und Einspritzung ist normalerweise in eine Tabelle eingetragen, die sich im elektronischen Speicher der ECU befindet, der in der Fabrik programmiert wurde. Die ECU überprüft die Motordrehzahl und Motorlast viele Male in der Sekunde, gleicht deren Timing mit den im Speicher hinterlegten Werten ab, löst entsprechend die Zündfunken aus und steuert die Kraftstoffeinspritzung. In einem Motor mit variablem Ventil-Timing steuert die ECU auch dies, bezieht sich dabei aber auf eine andere Speichertabelle, um die korrekten Werte zu bestimmen. Falls einer der Sensoren ausfällt, sind moderne ECUs so programmiert, dass sie einen sensiblen Mittelwert für die fehlende Information schätzen; dem System wird dann mitgeteilt, dass es im Umkehrbetrieb arbeitet (manchmal spricht man von »Notlaufeigenschaften«). Die Einheit speichert auch die aufgetretenen Fehler und kann dann die Informationen an ein spezielles Werkstatt-Diagnose-Gerät weitergeben.

Natürlich kann die ECU noch mehr. Sie reichert das Gemisch für einen Kaltstart an, dazu muss sie die Kühlmitteltemperatur von einem anderen Sensor beziehen (der schaltet auch den elektrischen Kühlerventilator ein und aus). Die ECU steuert die Leerlaufdrehzahl. Sie reguliert auch eine maximal sichere Motordrehzahl, indem sie bei Erreichen der Grenze die Kraftstoffversorgung abschneidet. Die Informationen stammen von einem Klopfsensor, die ECU verzögert auch die Zündung. Bei den immer beliebter werdenden Chipkarten anstelle der Zündschlüssel könnte die ECU auch als Wegfahrsperre dienen (in dem sie den Startvorgang verweigert) oder prüfen, ob der

Zündschlüssel den richtigen Sicherheitscode aufweist und den Motor gegebenenfalls stilllegen. Die ECU kann darüber hinaus Ausgangssignale für den Betrieb zahlreicher anderer Geräte liefern, inklusive jener Impulse für Ansaugkrümmer mit variabler Geometrie, des Turbolader-Bypassventils oder des noch zu behandelnden Abgasrückführungs-Ventils (EGR = »exhaust gas recirculation«).

Die ECU kann ebenso gut die Motorausgangsleistung steuern, beispielsweise als »Cruise control« mit gleich bleibender Geschwindigkeit, oder als Teil der Antriebsschlupfregelung TCS (= »Traction Control System«) ein zu hohes Drehmoment reduzieren und so ein Durchdrehen der Räder verhindern. Dieses System trägt natürlich auch zur Verbesserung der Fahrzeugstabilität bei. Diese Funktionen, die praktisch überall bereits zum Standard gehören, lassen sich noch viel leichter unterbringen, wenn das Auto mit einer »Drive-by-wire«-Verbindung zur Drosselklappe statt mit einem Gaszug ausgerüstet ist, der das Gaspedal direkt mit der Drosselklappe verbindet. Beim »Drive-by-wire« werden die entsprechenden Kabelzüge durch eine elektrische Verdrahtung ersetzt. Sensoren unterhalb der Fahrerpedale erkennen ihre Positionen, diese Informationen können direkt an einen Elektromotor gesendet werden, der unter anderem die Drosselklappe verstellt. Natürlich stammt auch das Ausgangssignal für die Drosselklappe von der ECU. Die ECU leistete also Funktionen, gerade auch bei der Steuerung der Drosselklappe, die mit einer mechanischen Verbindung niemals möglich sein würde. »Drive-by-wire« tauchte in einem Serienfahrzeug (dem BMW 750) zuerst in den späten 1980ern auf. Es dürfte bis spätestens 2010 der Industrie-Standard werden.

Damit zukünftige Abgasemissionsgrenzen eingehalten werden können, braucht man komplizierte und teure Bauteile wie diesen elektrisch beheizten Katalysator, der HC-Emissionen nach einem Kaltstart reduziert – insbesondere für Fahrzeuge mit großvolumigen Motoren. (Siemens)

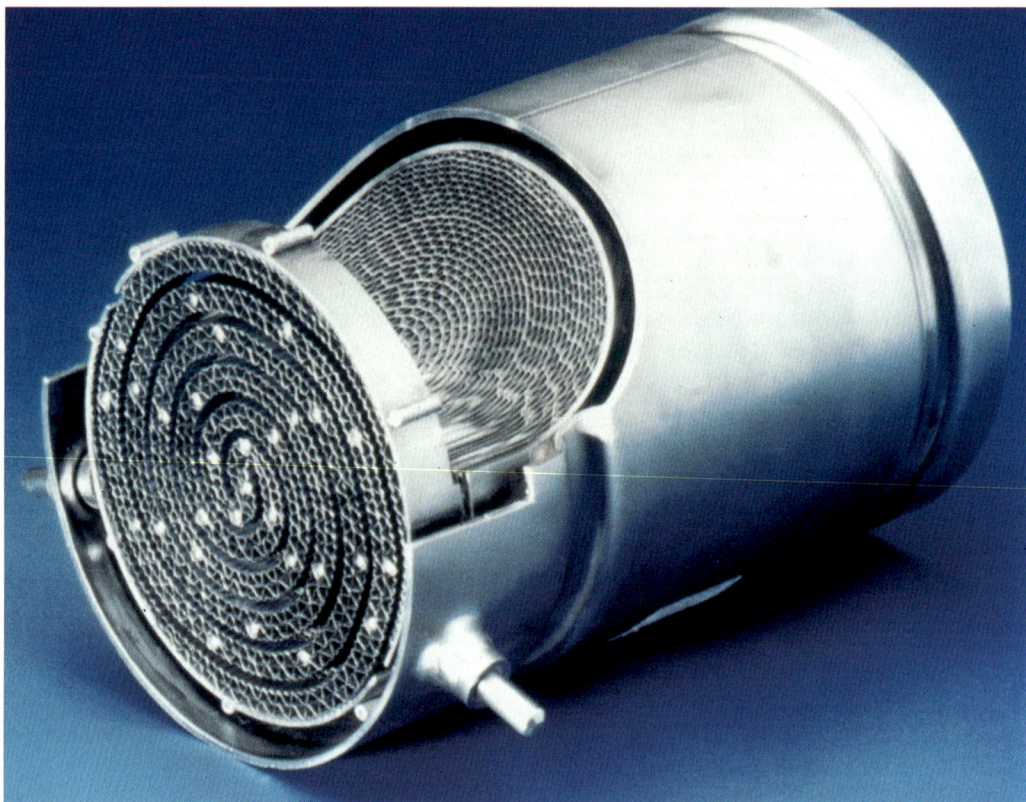

Eine Aufgabe, die die ECU immer noch nicht perfekt erledigt, ist die absolut präzise Steuerung bei rasch wechselnden Betriebsbedingungen, wenn beispielsweise der Fahrer plötzlich auf das Gaspedal tritt (oder es ebenso plötzlich loslässt).

Obwohl moderne Einheiten sehr schnell sind, sind sie nicht vor Störungen gefeit. Letztere kommen von dem, was die Ingenieure »Transients« (Einschwingvorgänge) nennen. Sogar die ältesten ECUs arbeiteten gut bei konstanten Bedingungen, die meisten darauf folgenden Entwicklungen führten zur Übernahme zusätzlicher Funktionen, wie sie bereits beschrieben wurden. Gleichzeitig aber näherte man sich dabei einer totalen Motorsteuerung unter transienten Bedingungen. Weil die Information in Echtzeit verarbeitet werden muss, kann man eine ECU nicht direkt mit einem PC vergleichen. Nach PC-Standards benötigt eine ECU sehr wenig Speicherkapazität, doch sie benötigt die Fähigkeit, Informationen mit hohen Geschwindigkeiten verarbeiten zu können. Viele moderne Einheiten verwenden 32-bit-Prozessoren, damit sie mehr Berechnungen für Zündungs- und Kraftstoff-Einstellungen pro Sekunde ausführen können.

Emissionen steuern

Theoretisch verbrennt der Verbrennungsmotor seinen Kohlenwasserstoff-Kraftstoff, und als Endprodukte bleiben Wasser (aus dem Wasserstoff) und Kohlendioxid (vom Kohlenstoff) übrig. Beides ist, für sich genommen, nicht unbedingt schädlich, damit hängt aber der Treibhaus-Effekt (zu viele Kohlendioxid (CO_2)-Emissionen) zusammen, und der beeinflusst das Weltklima. Das wird kaum ein Forscher mehr ernsthaft bestreiten wollen. Gleichwohl gibt es endlose Debatten darüber, wie gefährlich er ist, wie schnell er Wirkung zeigt und ob Motorfahrzeuge so viel Schuld am Auftreten weltweiter CO_2-Werte tragen, wie man ihnen zuweist.

Neben der Treibhausfrage ist die Emissionssituation weit weniger akademisch, ganz im Gegenteil: Sie ist höchst real, schmutzig und hässlich. Es gibt drei Hauptproblembereiche. Erstens wird der Kohlenwasserstoff (HC) nicht vollständig im Motor verbrannt, einiges davon entweicht immer unverbrannt. Zweitens wird ein Teil des Kohlenstoffs nicht vollständig zu Kohlendioxid umgewandelt, sondern lediglich in Kohlenmonoxid (CO), was extrem giftig ist. Drittens: Obwohl der Stickstoff, aus dem 80% der Atemluft besteht, eigentlich unverändert den Motor passieren sollte – weil Stickstoff ein fast inertes Gas ist – verbindet sich ein sehr kleiner Anteil unter dem Einfluss von Temperatur und Druck bei der Verbrennung mit Sauerstoff. Daraus entsteht dann eine Mischung aus drei Stickoxiden – in der Kraftfahrzeugtechnik bekannt als NOx.

Während die Bedrohung durch CO offensichtlich ist, gibt sich die durch HC und NOx subtiler. Die richtigen Bedingungen vorausgesetzt, lauern diese Gase in der Atmosphäre und reagieren durch das Sonnenlicht mit der Bildung von Ozon und Smog, wobei beide schlecht für die Luftqualität und insbesondere für Menschen mit Atemproblemen sind, die beispielsweise an Bronchitis oder Emphysemen leiden. Davon abgesehen, verbindet sich NOx mit dem Wasser in der Atmosphäre auch zu Saurem Regen, der die Vegetation schädigt und Baustoffe angreift, insbesondere Sandstein. Nur so viel: Wie schlimm die Lage werden könnte, sah man zuerst in Los Angeles Ende der 1940er-Jahre.

Die City hat nicht nur eine extrem hohe Kraftfahrzeugdichte, sondern sie liegt in einem Becken in den kalifornischen Bergen, den Seewinden vom Pazifik ausgesetzt. Das wiederum bedeutet, dass die Luftverschmutzung gefangen wird und sich über Tage lang aufbauen kann.

Schließlich erließ der Staat Kalifornien Ende der 1960er-Jahre Gesetze (und in der Folge die gesamten USA), durch die die Mengen an HC, CO und NOx begrenzt wurden, die Autos aus ihren Auspufftöpfen emittieren durften. Japan und Europa folgten einige Jahre später. Diese Grenzen wurden mit der Zeit enger, aber der entscheidende Punkt war erreicht, als die Benzinmotoren die Grenzwerte nicht länger ohne die Hilfe von Katalysatoren einhalten konnten. In Europa wurden Katalysatoren ab Anfang 1993 obligatorisch für alle neuen Autos mit Benzinmotoren, die überwiegende Mehrheit der Autos ist also damit ausgerüstet.

Jeder Neuwagen muss den gültigen gesetzlichen Abgasregelungen entsprechen. Ein Problem für Ingenieure besteht darin, dass die Regelungen von Markt zu Markt ebenso unterschiedlich sein können wie die vorgeschriebenen Messmethoden, um eine Zulassung zu erhalten. Der europäische Testlauf ist eine ziemlich einfache Kombination von Beschleunigung, Verzögerung und Perioden mit konstanter Geschwindigkeit, während die meisten amerikanischen (US Federal) Testläufe realitätsnahes Fahren in bestimmten Situationen simulieren, etwa im Stadtverkehr und auf der Autobahn bzw. dem Highway. Meist wird die Wirksamkeit der Emissions-Regelungen danach beurteilen, wie viel HC, CO und NOx erlaubt sind, daher können Änderungen der Testläufe enorme Auswirkungen haben. Vor einiger Zeit vorgenommene Änderungen in den europäischen wie auch den amerikanischen Prüfverfahren erlauben beispielsweise keine Aufwärmphase mehr vor dem Beginn des Messzyklus, und das wird bei Starttemperaturen unter dem Gefrierpunkt um keinen Deut leichter: Immer schärfere Prüfvorschriften machen es nicht gerade leicht, HC- und CO-Grenzen einhalten zu können. Und damit nicht genug, seit 1997 gehört beispielsweise zum europäischen Testzyklus eine zusätzliche Stadtverkehrs-Phase bei höherer Geschwindigkeit, was sich gravierend auf die NOx-Emissionen auswirkt.

Ein weiterer Aspekt der Umweltverschmutzung durch Abgase, der nicht per Umwandlung im Katalysator beizukommen ist, ist die Wirkung von Schwefel. Entsprechende Verunreinigungen sind sowohl in Benzin- als auch in Diesel-Kraftstoff vorhanden, in Konzentrationen von bis zu 500 ppm (oder mehr in einigen Kraftstoffen niedriger Qualität). Dieser Schwefel verbrennt und bildet Schwefeldioxid, das sich dann mit Wasser auf die gleiche Weise wie NOx zu Saurem Regen verbindet. Manchmal reagiert es auch mit Wasser in Katalysatoren und bildet dann geringe Mengen an Schwefelwasserstoff, ein Gas, das nach faulen Eiern riecht. Aber die schlimmste Wirkung von Schwefel besteht in der Vergiftung der fortgeschritteneren Emissi-

ons-Steuerungsgeräte, wie sie im nächsten Abschnitt diskutiert werden. Aus all diesen Gründen wird der Schwefelanteil im Kraftstoff schrittweise reduziert. Die meisten Motorenentwickler und Experten für Emissions-Steuerung würden am liebsten nicht mehr als 20 ppm sehen. Idealerweise würde man ganz auf Schwefel verzichten können.

Die Arbeitsweise eines Katalysators

In der Chemie ist ein Katalysator eine Substanz, deren Anwesenheit eine Reaktion einleitet, die Substanz selbst bleibt aber unverändert. Viele Metalle können katalytische Reaktionen hervorrufen, aber die mit der universellsten Wirkung sind die seltenen Edelmetalle Platin, Palladium und Rhodium. Man erkannte rasch deren Wirksamkeit auch im Verbrennungsmotor: Wenn die Abgase bei einer konstant hohen Temperatur über eine Schicht dieser Metalle geführt wurden, löste sich der Sauerstoff aus dem NOx und hinterließ reinen Stickstoff. Dieser wiederum vervollständigte die Verbrennung von HC und CO. Dabei entstand Wasserdampf und Kohlendioxid – ein kombinierter Prozess, den man 3-Wege-Katalyse nennt. Danach bedurfte es einer Menge bester Ingenieurkunst, um dieses Prinzip in einem Katalysator umzusetzen, der in den Abgasstrang eines Fahrzeugs eingebaut werden konnte, aber dabei auch verschiedene neue Probleme aufwarf.

Die beiden drängendsten Probleme waren das Blei im Benzin und die Gemischstärke. Bis zu den 1960er-Jahren wurden Bleibestandteile verwendet, um die Oktanzahl des Benzins zu erhöhen. Aber das Blei, das den Motor passiert, wirkte als eine Art von Mantel, der sich über den Katalysator legte und ihn allmählich außer Gefecht setzte – ein Prozess, der als Vergiftung bekannt wurde. Die einzige Antwort war, mit einem Katalysator ausgerüstete Autos auf die Verwendung von unverbleitem Benzin zu beschränken und schließlich (auch aus anderen guten Gesundheitsgründen) das verbleite Benzin vollständig zu verbannen.

Probleme mit der Gemischstärke ergaben sich, weil der Drei-Wege-Katalysator nur ordentlich funktionierte, wenn der Motor bei einer exakten stöchiometrischen Gemischstärke arbeitete: das 14:1-Verhältnis oder Lambda = 1. Anders gesagt: Es steht gerade genug Luft zur Verfügung, um den Kraftstoff zu verbrennen, nicht mehr und nicht weniger. Bei zu wenig Luft (also zu wenig Sauerstoff) werden HC und CO nicht vollständig verbrannt (oxidiert). Doch nur dann bleiben unschädliche Nebenprodukte übrig. Ein Zuviel an Luft verhindert dagegen, dass das NOx vollständig zu Sauerstoff und Stickstoff umgewandelt wird – auch das war keine Lösung. So tauchte eine neue Generation von Motoren auf, in denen die Gemischstärke jederzeit über Lambda-Sonden im Abgassystem, die auf zu viel oder zu wenig Sauerstoff reagieren, auf Lambda = 1 gehalten wurde. Die Sonde schickt ein Signal zur ECU, die wiederum die Menge des eingespritzten Kraftstoffs entsprechend ändert. Tatsächlich ist die moderne ECU ebenso sehr mit der Steuerung von Abgasemissionen beschäftigt wie mit der Sicherstellung des richtigen Ansprechverhaltens des Motors als Reaktion auf die Wünsche des Fahrers.

Wenn er auch teuer war, so stellte sich der Katalysator in mancher Hinsicht als Segen dar. Man fand heraus, insbesondere in den USA, dass Motoren, die entwickelt wurden, um die strengen Emissionsgrenzen zu erfüllen, unter hohem Kraftstoffverbrauch und schlechter Fahrbarkeit litten, wenn sie ohne Katalysatoren liefen. Mit eingebautem Katalysator und unter Berücksichtigung der Emissionsprobleme konnte der Ingenieur zu den Wurzeln zurückkehren und das Verhalten seines Motors in vielerlei Hinsicht verbessern. Die Emissionsgrenzen wurden immer strenger definiert, der Druck zur Verbesserung der Konstruktionen blieb konstant und trieb die Ingenieure zu immer neuen Höchstleistungen an. Logischerweise ist ein Weg die Emissionsleistung zu verbessern, die Bildung von Emissionen an der Quelle – mit anderen Worten im Brennraum – zu verhindern oder zumindest zu minimieren. Ingenieure sind in dieser Richtung ein gutes Stück vorangekommen. Verbleibendes HC wurde dadurch reduziert, dass man Quetschräume (wie den engen Spalt zwischen dem Kolben und der Zylinderwand oberhalb des oberen Kolbenrings) geschaffen und die Vertiefungen um die Ventilsit-

ze herum möglichst klein gehalten hat. Eine genaue Steuerung des Luftstroms innerhalb des Zylinders mit Hilfe von Computertechniken führte zu einer vollständigeren Verbrennung und niedrigeren CO-Werten. NOx-Werte konnten durch die Einführung der Abgas-Rückführung (die Abgasmengen aus dem Auspuffsystem abzapft und sie der einströmenden Luft hinzufügt) reduziert werden. Die Abgas-Rückführung ist ziemlich träge; ihre Anwesenheit reduziert die Bildung von neuem NOx. Abgesehen davon spielen bei der Reduzierung der Vorkatalysator-Emissionen auf ein Minimum die Messwerte eine große Rolle: Schließlich kommt es auch darauf an, wie schnell und häufig die Steuerung des Motors unter transienten Bedingungen arbeitet. Jede Verbesserung ist nützlich, da kein Katalysator zu 100% wirksam ist. 90% gelten als guter Betriebsdurchschnitt, die verbleibenden 10% verschwinden durch das Auspuffrohr. Falls die Emissionen aus dem Brennraum ihrerseits um 20% reduziert werden können, dann werden schließlich auch die Emissionen aus dem Auspuffrohr im entsprechenden Verhältnis reduziert.

Katalysator-Konstruktion

Der typische Katalysator ist ein Dose aus rostfreiem Stahl, die einen Teil des Abgassystems bildet. Das Katalysatormaterial, das ultradünn auf einem Träger verteilt ist, entweder auf einem Zylinder aus Honigwabenkeramik oder fein gewalztem gewelltem rostfreiem Stahl, befindet sich im Innern der Röhre. Jede Art von Träger vereint eine gewaltige Oberfläche – nach Herstellerangaben ungefähr die Fläche eines mittleren Fußballfelds – in einem Zylinder, der kaum 30 cm lang und einige Zentimeter im Durchmesser misst, auf den ungefähr 30 Gramm des Katalysatormaterials gleichmäßig aufgetragen sind. Wie bereits erklärt, arbeitet das Katalysatormaterial nur brauchbar, wenn das Abgas, das in den Katalysator strömt, genau die richtige Menge an Sauerstoff enthält. Die Sauerstoffmenge wiederum hängt von der Zusammensetzung des Gemischs ab, und die wird von den Signalen des Abgas-Sauerstoff-Sensors (der Lambda-Sonde) reguliert. Ein Katalysator arbeitet aber auch nur dann ordentlich, wenn er heiß genug ist. Experten der Emissionssteuerung sprechen von einer Umschalttemperatur von rund 300 °C, bei der das Katalysatormaterial 90% der schädlichen Emissionen umwandelt. Andererseits darf der Konverter nicht überhitzen, denn das könnte den Träger ernsthaft beschädigen. Das reduziert dann den Wirkungsgrad der Umsetzung und blockiert den Abgasausstoß zumindest teilweise. Normalerweise sind die Spitzentemperaturen begrenzt durch den Aufbau des Gehäuses, aber spezielle Probleme treten bei Fehlzündungen auf. Dabei gelangen dann relativ große Mengen unverbrannten Kraftstoffs in den Konverter (wir sprechen hier immer nur von einem Fingerhut voll), wo er verbrennt und die Temperatur ansteigen lässt. Ein Motor, der auch nur einige Minuten unter Fehlzündungen leidet, kann einen Konverter vollständig ruinieren. Deshalb sind moderne Motoren und Abgassteuerungssysteme mit Sensoren bestückt, die Fehlzündungen aufspüren, sie möglichst verhindern und den Fahrer warnen, falls ein wirklich ernsthaftes Problem aufgetreten ist. Einige Konverter verfügen über einen Temperatursensor, der sofort entdeckt, wenn die Einheit überhitzt und Schäden auftreten könnten – das war eine Zeit lang eine Forderung des japanischen Markts.

Künftig werden Emissionssteuersysteme auch prüfen, ob das Katalysatormaterial ordentlich arbeitet. Sie werden dafür mit zusätzlicher Information von einem zweiten Sauerstoffsensor am Ausgang des Konverters versorgt, der seine Daten mit denen vom existierenden Sensor am Eingang vergleicht. Die neuen Systeme werden den Betrieb verfolgen und jeden Fehler schon beim Auftreten notieren. Die gesammelten Informationen werden dann beim Service abgefragt, eine Technik, die als On-Board-Diagnose (OBD) bekannt ist.

Probleme beim Kaltstart

Eine Herausforderung plagt Emissions-Ingenieure immer noch, nämlich die Frage: Was macht man mit HC- und CO-Emissionen nach einem Kaltstart, bevor der Katalysator seine Umschalt-Temperatur erreicht? Man schätzt, dass bei modernen Motoren und Emissionssteuersystemen bis zu 90% aller HC-Emissionen (gemessen beim Standard-Testzyklus) in den ersten zwei oder drei Minuten nach dem Kaltstart auftreten.

Aus offensichtlichen Gründen versucht man diese Zeit zu verkürzen, in dem man den Katalysator nahe an den Abgaskrümmer heranrückt, damit der Katalysator möglichst rasch umschaltet. Das Problem dabei ist nur: Wie verhindert man trotz aller Nähe, ein Überhitzen oder sonstige Schäden?

Fast alle modernen benzingetriebenen Autos haben zwei getrennte Katalysatoren. Der eine ist starr an den Abgaskrümmer gekoppelt (ein Träger mit einem Katalysatormaterial, das höheren Temperaturen widersteht, wobei Palladium besser ist als Platin für diesen speziellen Zweck), und eine weitere Einheit im Abgassystem unterhalb des Gehäuses. Der starr gekoppelte Konverter heizt sich viel schneller auf und beschäftigt sich mit den Kaltstart-HC- und -CO-Emissionen, während der Hauptkonverter sich um die vollständige Drei-Wege-Umsetzung der Abgase im normalen, vollständig aufgeheizten Betrieb kümmert.

Andere Ideen, die in diesem Zusammenhang vorgeschlagen wurden, waren so genannte »Adsorber« mit Trägerschichten im Abgas-System nahe des Krümmers, die bei niedrigen Temperaturen HC absorbieren und, nach dem Durchwärmen, an den Hauptkonverter abgeben. Adsorber werden aber durch die Schwefel-Verunreinigungen im Benzin unwirksam.

Entwickler haben auch nach Methoden gesucht, das Aufwärmen des Hauptkonverters zu beschleunigen, entweder elektrisch (schwierig bei Standard-Batterien, möglich beim 36-V-System), oder durch die Einspritzung von genau festgelegten kleinen Mengen von Kraftstoff in das Abgassystem. Damit wird genau jene Art von schneller Temperaturerhöhung erzeugt, die im vollständig aufgeheizten Betrieb (etwa hervorgerufen durch Fehlzündungen) zu schweren Schäden führen würde.

Emissionssteuerung mit Magermotor

Bis jetzt haben wir Emissionssteuerungen in Motoren betrachtet, die mit einer Gemischstärke von genau Lambda =1 laufen, was die meisten von ihnen auch tun. Falls man stattdessen ein mageres Gemisch mit einem Luftüberschuss nimmt, dann sinken zwar die HC- und CO-Emissionen, während die Bildung von NOx steigt. Wie wir bereits gesehen haben, arbeitet der Drei-Wege-Katalysator in dieser Situation nicht mehr sauber.

Weil HC und CO bereits niedrig sind, erfordert es einen Konverter, der NOx zu Stickstoff und Sauerstoff reduzieren kann. Dies ist schwierig, weil dabei einer Stickstoff-Verbindung ihr Sauerstoff entzogen und in eine Gasströmung geleitet werden muss, die bereits überschüssigen Sauerstoff enthält. Ein Forscher beschrieb das einmal so: Es sei, als ob man versuchen würde, bei einem heftigen Regenguss Wäsche zu trocknen.

Das hat die Entwickler aber nicht vom Versuch abgehalten, und drei Hauptverfahren sind dabei herausgekommen. Das erste ist das direkte Verfahren, nämlich nach einem Katalysatormaterial zu suchen, das trotz all dieser Probleme funktioniert. Einige Teams haben mit Erfolg einen Träger verwendet, der aus einem porösen Keramikmaterial besteht, das als Zeolit bekannt ist. Aber die besten Umsetzungsraten waren bei rund 30 % – zu wenig im Vergleich zu den 90 %, die ein Drei-Wege-Konverter schafft. Dennoch könnte die Reduzierung der NOx-Emissionen um 30 % genug sein, es kommt auf die entsprechenden gesetzlichen Grenzwerte an.

Das zweite Verfahren ist eine Zwei-Stufen-Strategie. Zunächst wird das NOx in einer besonders präparierten chemischen Schicht gefangen – im Prinzip wie der Adsorber, der sich mit dem Kalt-Start-HC befasst. Wenn die Schicht fast gesättigt ist, gibt die ECU eine kleine zusätzlichen Einspritzung von Kraftstoff frei, die das NOx, wie gewünscht, im Konverter verbrennt. Dieses Verfahren, das zuerst in einem Serienfahrzeug von Toyota verwendet wurde, hat sich als viel wirkungsvoller erwiesen als die reine katalytische Umsetzung. Es verursacht aber offensichtlich eine leichte Erhöhung des Kraftstoffverbrauchs und erfordert einige kluge Sensoren und eine noch klügere Computer-Software. Diese Art von Konverter mit Speicher-Reduktion wird von Schwefel-Verunreinigungen im Benzin beeinflusst und kann nur verwendet werden, wenn garantiert Kraftstoff mit geringem Schwefel-Anteil verfügbar ist.

Das dritte Verfahren ist völlig anders, es bezieht die Bildung eines Gasplasmafelds innerhalb des Abgassystems mit ein. Ein hoher Anteil eines jeden Gases, der das Feld passiert, wird in seine elementaren Bestandteile zerlegt. Sowohl CO als auch NOx können auf diese Weise behandelt werden, aber einfache, verbrennende Katalysator-Materialien würden noch gebraucht, um das HC zu behandeln. Im Grunde genommen geht es aber dabei vor allem um die NOx-Anteile. Entwickelt wird dieses System vom Zulieferer Delphi und von einem Team der UK Atomic Energy Authority, doch stehen die Spezialisten im Moment noch vor großen Problemen: Damit diese Systeme wirksam werden, benötigen sie erhebliche Mengen an elektrischer Leistung bei hoher Spannung, und erscheinen deshalb auf der Liste der guten Ideen, die auf das elektrische 36-V-System warten.

Nächster Punkt: Magermotoren emittieren nur im Magerbetrieb unter niedriger Last und bei mittlerer Geschwindigkeit entsprechend wenig Schadstoffe, wie oben erklärt. Bei voller Geschwindigkeit arbeiten alle modernen Benzinmotoren bei Lambda = 1, und unter dieser Bedingung brauchen auch Magermotoren einen konventionellen Drei-Wege-Katalysator, um die Emissionen zu steuern. Tatsächlich weist diese neue Motorengeneration deshalb zwei miteinander kombinierte Konverter auf, einen, der normal arbeitet, und einen anderen, der sich um das NOx kümmert.

7 Dieselmotoren

Taxis waren noch bis vor vielleicht zwei Jahrzehnten die einzigen mit Dieselmotoren versehenen Personenautos. Sie galten als langlebig und sparsam, hatten allerdings wenig Leistung, waren unkultiviert, geräuschvoll und qualmten erbärmlich. Dieseltanksäulen auf dem Hof waren schmutzige Dinger und wurden auf der abgelegenen Seite versteckt, wo nur Lastwagen hinkamen.

Doch im Jahr 1999 hatten bereits 25 Prozent aller Personenkraftwagen, die in Europa abgesetzt wurden, Dieselmotoren. Experten rechnen mit einem Marktanteil von bald 50 Prozent; in einigen Ländern weist bereits jetzt schon jeder zweite neu zugelassene Personenwagen einen »Selbstzünder« auf.

Zweifellos hat sich in letzter Zeit der Diesel sehr verändert, was dazu beiträgt, dass er vom privaten Autokäufer immer mehr akzeptiert wird. Aus zwei Gründen vor allem: Einmal sind die Kraftstoffpreise enorm gestiegen, so dass die Wirtschaftlichkeit des Diesels einen wichtigen Anreiz darstellt (und in Ländern mit einem hohen Anteil an Dieselautos ist Dieselkraftstoff erheblich billiger als Benzin), und zum anderen sind Dieselmotoren sauberer, ruhiger und leistungsstärker geworden, ohne dass diese Eigenschaften zu Lasten der Wirtschaftlichkeit gehen. Wie kurz in einem der voranstehenden Kapitel erklärt, ist das Prinzip des Dieselmotors das der Kompressionszündung. Wenn Luft verdichtet wird, wird sie heißer; denken Sie nur daran, wie heiß das Zylinderrohr einer Fahrradpumpe wird, wenn man dabei ist, einen Reifen aufzupumpen. Bei hoher Kompression wird die Luft so heiß, dass Kraftstoff, der hineingespritzt wird, sich ohne die Hilfe einer Zündkerze sofort quasi von selbst entzündet. Noch besser: Mit modernen Brennkammer-Konzepten zündet der Kraftstoff fast unbeeindruckt davon, wie mager das Gemisch ist, so dass die Motorausgangsleistung direkt über die Einspritzung gesteuert werden kann. Wenn die zugeführte Kraftstoffmenge ohne eine Drosselklappe geändert wird, treten auch keine Ladungswechselverluste auf. Das Fehlen von Gaswechselverlusten wie auch der zusätzliche Wirkungsgrad ergeben sich aus dem weitaus höheren Verdichtungsverhältnis (bis zu rund 20:1), das den Diesel so wirtschaftlich macht. Andererseits führt die höhere Kompression aber auch zu größeren Beanspruchungen im Motor, was dazu führt, dass der gesamte untere Teil des Motorblocks stärker ausgelegt sein muss. Das bedeutet auch, dass der Motor mehr mechanische Geräusche entwickelt, weil der Druckanstieg während der Verbrennung eine solch hohe Spitze aufweist.

Auch ein Dieselmotor saugt Luft an. Diese wird verdichtet und erreicht das Maximum kurz vor dem oberen Totpunkt. Dann wird Kraftstoff eingespritzt – im Brennraum herrscht eine Temperatur von rund 800 Grad. So gibt es überhaupt keinen Spielraum für irgend eine Ventil-Überlappung; Hochleistungs-Dieselmotoren »ersticken« normalerweise, Drehzahlen jenseits von 5000 U/min erreichen sie infolge Luftmangels praktisch nie. Natürlich brauchten Dieselmotoren in den Tagen, als Benzinmotoren mit preiswerten und einfachen Vergasern auskamen, teure Kraftstoffeinspritzsysteme, Reihen- oder Verteilerpumpen. Dies und mit der Tatsache, dass Dieselmotoren sehr schwer waren und das Temperament eines Wagens merklich dämpften, machte ihn zu einer eben nur für Lastwagen und Taxis interessanten Alternative zum herkömmlichen Ottomotor. Wie gesagt: Wenn nicht ein langes und wirtschaftliches Leben die Hauptüberlegung bei einer Anschaffung darstellte, wie etwa beim Betrieb von Taxis oder Nutzfahrzeugen, hatte der Diesel keine Chance.

Wegen ihrer hohen Kompressionsverhältnisse erfordern Dieselmotoren einen kräftigeren Anlasser als Benzinmotoren und sie sind normalerweise mit Hochleistungsbatterien ausgerüstet. Kaltstarts benötigen für gewöhnlich die Hilfe von Glühkerzen, die ähnlich wie Zündkerzen

Der Fünfzylinder-2.4JTD-Common-Rail-Dieselmotor, wie er in den Alfa Romeo 156 eingebaut wird. Trotz seiner hohen Ausgangsleistung – für Dieselverhältnisse – verwendet dieser Motor nur zwei Ventile pro Zylinder, deren »Atmung« vom hohen Turboladerdruck unterstützt wird. Indem man bei zwei Ventilen bleibt, schafft man Platz für Einspritzdüsen und Glühkerzen. Interessante Punkte sind hier die Brennraummulden in den Kolben, die sehr starke Kurbelwelle und die Einzelheiten der Kupplungs- und Schwungrad-Baugruppe, die ein sehr hohes Drehmoment übertragen muss. Der »fliegende« Kühler zur Linken ist der Turbo-Ladeluftkühler. (Alfa Romeo)

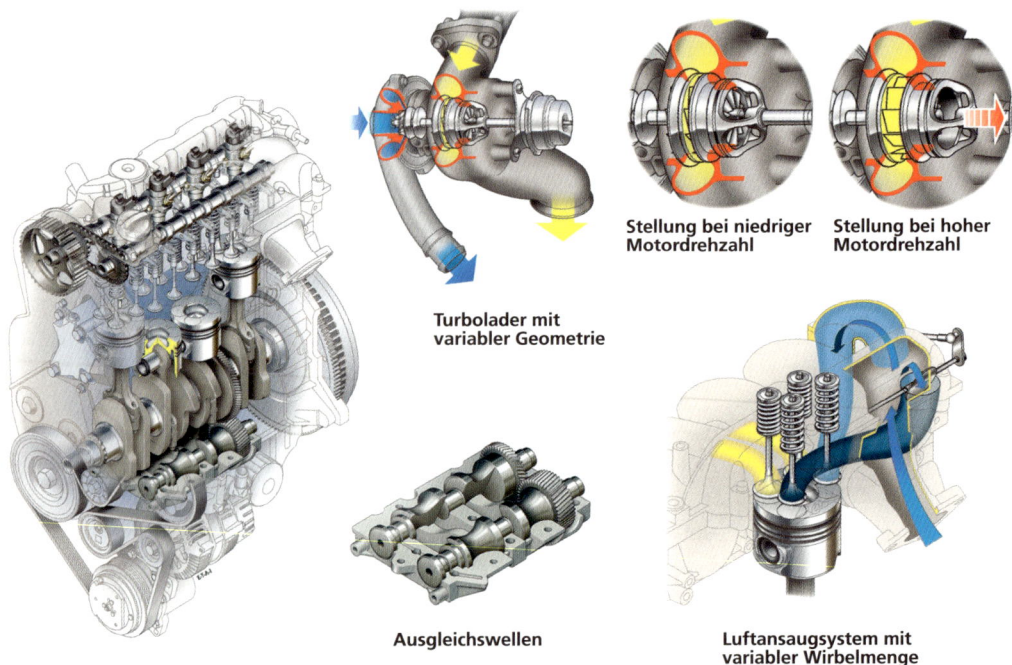

Stellung bei niedriger Motordrehzahl

Stellung bei hoher Motordrehzahl

Turbolader mit variabler Geometrie

Ausgleichswellen

Luftansaugsystem mit variabler Wirbelmenge

aussehen, aber keinen Zündfunken, sondern einfach eine hohe Temperatur innerhalb des Zylinders erzeugen, damit die Selbstzündung beim Kaltstart in Gang kommt. Glühkerzen werden vor dem eigentlichen Startvorgang automatisch ein- und, sobald der Motor läuft, wieder abgeschaltet. Moderne Glühkerzen benötigen nur wenige Sekunden um aufzuheizen, die heutigen Dieselmotoren starten praktisch ebenso flink wie Benziner. Vor 20 Jahre dauerte es bei sehr kaltem Wetter schon mal zehn oder fünfzehn Sekunden, bis das Warnlicht im Armaturenbrett erlosch und die Glühkerzen heiß genug waren, um den Startvorgang zu unterstützen – das war die so genannte »Diesel-Gedenkminute«. Dieselkraftstoff ist ein ganz besonderer Saft, da er zünden muss, sobald er mit der heißen, komprimierten Luft in Berührung kommt. Ganz anders bei einem Benzinmotor: Weil sich Benzin unter diesen Bedingungen so schnell entzündet, dass man dieses Geschehen nur als Explosion bezeichnen kann, erlebt man das »Klopfen« des Motors. Dieselkraftstoff muss deshalb so gemischt sein, dass er bei Kontakt langsam und progressiv verbrennt. Deshalb ist Dieselkraft-

Die fortschrittlichsten Dieselmotoren der Mittelklasse sind die Motoren der HDI-Reihe von PSA mit Common-Rail-Direkteinspritzung, hier in der 2,2-Liter-16V-Ausführung für den Citroën C5. Die dargestellten Details enthalten die doppelten Ausgleichswellen, die in der Ölwanne untergebracht sind, das Prinzip des Turboladers mit variabler Geometrie und die Steuerung der Ansaugmenge durch die unterschiedlichen Einlasskanäle. (Citroën)

stoff auch weniger flüchtig, fühlt sich bei Berührung ölig an und ist tatsächlich sehr viel dichter als Benzin.

Die Zündwilligkeit des Dieselkraftstoffs wird mit der Cetanzahl ausgedrückt, beim Benzin spricht man von der Oktanzahl. Cetan selber ist ein hoch entzündlicher Kraftstoff und steht für eine Cetanzahl von 100, während sich ein anderer Kraftstoff, der sehr unwillige »Verbrenner« Methylnaphtalin, am unteren Ende der Skala befindet und mit 0 bewertet wird. Dieselkraftstoffe haben normalerweise eine Cetanzahl von 45 bis 50, wobei der höhere Wert vorzugsweise für moderne Dieselmotoren genommen wird.

Wer versehentlich Benzin statt Diesel tankt, muss mit zweierlei Arten von Ungemach rechnen: Die Heftigkeit, mit der das Benzin verbrennt, kann ernsthafte Schäden anrichten. Viel wahrscheinlicher aber ist, dass der Motor abstirbt. Dieselkraftstoff ist nämlich ein guter Schmierstoff, deshalb fühlt er sich ölig an – und schmiert das Kraftstoffsystem samt Pumpen beim Durchlaufen gleich mit. Benzin ist weit davon entfernt, ein Schmiermittel zu sein, im Gegenteil: Es stellt ein wirkungsvolles Lösungsmittel dar, so dass die Pumpen in einem Dieselsystem bei Kontakt mit Benzin rasch von ihrem Ölfilm befreit und festfressen würden. Unter sehr kalten Bedingungen, bei Umgebungstemperaturen von minus 20 °C und darunter, muss Dieselkraftstoff verdünnt werden, damit er überhaupt noch fließt. Additive wie Paraffin im Dieselkraftstoff gewährleisten auch bei tiefen Temperaturen einen problemlosen Start. Die meisten modernen Dieselmotoren, die unter arktischen Bedingungen arbeiten, sind allerdings mit Kraftstofferhitzern ausgerüstet, damit der Kraftstoff flüssig bleibt. Außerdem darf kein Wasser in die Einspritzpumpe gelangen, denn in Kraftstofftanks sammelt sich häufig Wasser. Sogar eine ganz kleine Wassermenge, die sich in der Einspritzpumpe nach dem Abstellen des Motors sammelt und über Nacht stehen bleibt, kann ausreichen, um die Pumpe am Morgen vollständig zu zerstören. Alle Dieselmotoren sind deshalb durch ein Wasserfilter geschützt, den man von Zeit zu Zeit prüfen und leeren muss.

Einen Benziner mit Dieselkraftstoff zu befüllen, wirkt sich nicht ganz so verheerend aus. Die Chancen, den Motor zu ruinieren, sind eher gering, aber der Motor wird nur wenig Leistung liefern und extrem rußig aus dem Auspuff qualmen. Die einzige Abhilfe besteht darin, den Kraftstofftank vollständig trocken zu legen und ihn danach wieder mit Benzin zu füllen.

Genug Kraftstoff einspritzen

Dieselkraftstoff kann nicht über einen so relativ langen Zeitraum in den Zylinder hinein gespritzt werden, wie das mit Benzin in einen Motor mit Direkteinspritzung und Zündkerzen geschieht. Im Diesel nämlich muss, weil die Zündung innerhalb einiger Millisekunden nach Beginn der Einspritzung beginnt, der gesamte Kraftstoff in kürzest möglicher Zeit eingespritzt werden. Hat der Kolben einmal mit seiner Abwärtsbeschleunigung im Zylinder begonnen, ist es zu spät, denn dann wird ein Teil des Kraftstoffs unverbrannt als schwarzer Rauch entweichen. Der einzige Weg, dem Zylinder genug Kraftstoff in so kurzer Zeit zuzuführen, ist das Einspritzen unter sehr hohem Druck.

Alte Diesel mit schwacher Leistung verwendeten eine indirekte Einspritzung, die in eine kleine Nebenkammer im Zylinderkopf erfolgte. Das Wirbelkammerprinzip geht auf ein Patent von Prosper L'Orange aus dem Jahre 1909 zurück. Sogar bei Einspritzung einer nur geringen Kraftstoffmenge – die Menge, die ein Motor im Leerlauf pro Umdrehung benötigt, würde kaum ein Stück Zucker durchfeuchten – war das Gemisch in der Vorkammer noch stark genug für eine zuverlässige Verbrennung. Durch die Druckerhöhung, verursacht durch Ausdehnung der Verbrennungsgase, gelangt das Verbrennungsgemisch über feinste Öffnungen in die Hauptbrennkammer. Die zweite Stufe der Verbrennung erfolgte dann dort. Solche Motoren brauchen im allgemeinen einen Einspritzdruck von rund 700 bar, damit sie gut arbeiten.

Der Motor mit indirekter Einspritzung (IDI = indirect injection, Wirbelkammerverfahren) erreichte schließlich recht zufrieden stellende Leistungsregionen; das beste Beispiel dafür dürften vermutlich die 1,9-Liter-Motoren aus französischer Produktion gewesen sein. Aber der enge Hals (der »Schusskanal«), der die Vorkammer mit der Hauptbrennkammer verbindet, erwies sich als ständige Quelle von Ladungswechselverlusten. Die Luft musste nämlich in die Vorkammer gezwungen und danach ausgeblasen werden. Somit wurde klar, dass Motoren mit direkter Einspritzung (DI) wirkungsvoller und wirtschaftlicher sein müssten. Viel Arbeit war erforderlich, um Lösungen der Probleme bei der DI zu finden – besonders in Bezug auf die Erzielung einer zuverlässigen Zündung und einer vollständigen Verbrennung im Raum der Hauptbrennkammer.

Die Antwort auf diese wichtigen Fragen bestand darin, den Brennraum als Mulde im Kolbenboden zu formen. Dabei wird der Kraftstoff in die Mitte

VERBRENNUNGSSYSTEM MIT INDIREKTER EINSPRITZUNG

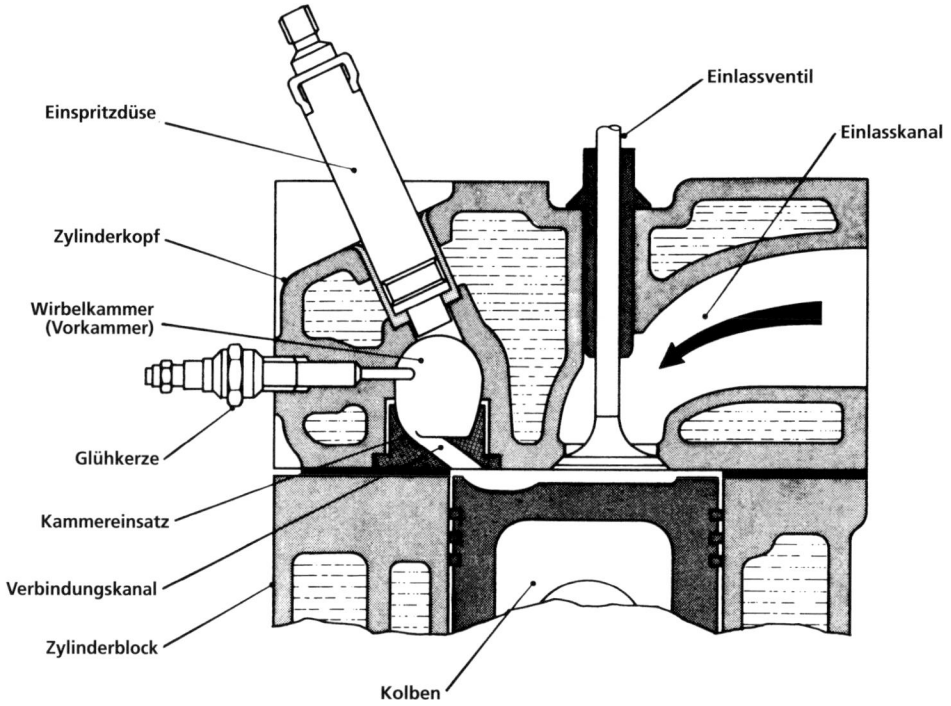

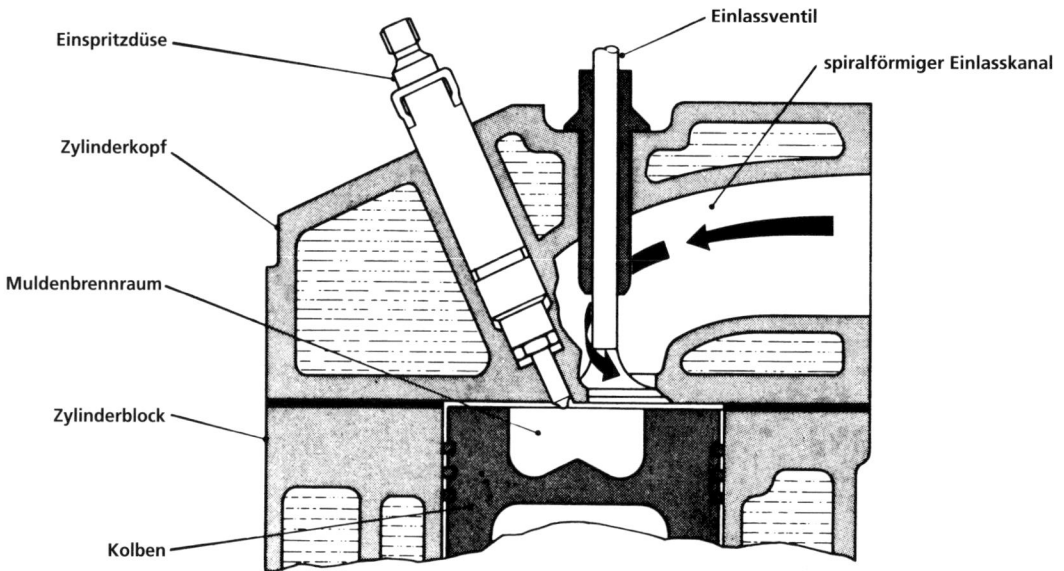

Einspritzdüse

Einlassventil

Einlasskanal

Zylinderkopf

Wirbelkammer
(Vorkammer)

Glühkerze

Kammereinsatz

Verbindungskanal

Zylinderblock

Kolben

VERBRENNUNGSSYSTEM MIT DIREKTER EINSPRITZUNG

Einspritzdüse

Einlassventil

spiralförmiger Einlasskanal

Zylinderkopf

Muldenbrennraum

Zylinderblock

Kolben

Oben. Als er eingeführt wurde, übernahm der Alfa
Romeo 156 eine Pionierrolle auf dem Gebiet der
Common-Rail-Dieselkraftstoff-Systeme in der Großserie.
Diese Entwicklung findet sich natürlich auch in anderen
Wagen des Fiat-Konzerns. Im Bild zu sehen: der ebenso
leistungsstarke wie imposante 1,9-Liter-JTD-Vierzylinder.
(Alfa Romeo)

Linke Seite: Der wesentliche Unterschied zwischen Dieselmotoren mit indirekter Einspritzung (IDI) und solchen
mit direkter Einspritzung (DI) besteht darin, dass der
Kraftstoff bei der indirekten Einspritzung in eine Vorkammer gespritzt wird, in der die Verbrennung beginnt,
bevor sie sich im Brennraum oberhalb des Kolbens ausbreitet. Die Vorkammer bewirkte in den frühen Tagen
eine angenehme und ruhige Verbrennung – aber der
Wirkungsgrad war schlecht, weil die Ladung durch
einen engen Verbindungskanal gequetscht werden
musste. Obwohl man es hier nicht erkennen kann,
brauchen DI-Diesel auch Glühkerzen, die aber nicht bei
allen Zylindern vorhanden sein müssen. (Ford)

eingespritzt; er streicht dabei an einer Erhebung,
einem Zapfen, in der Mitte der Mulde vorbei. Das
verstärkt die Verwirbelung und hilft bei der Kraft-
stoffverteilung. Der Formgebung von Mulde und
Ansaugkanal (Drallkanal) kommt dabei besondere Bedeutung zu. Die angesaugte Luft (die durch
die Führung im Kanal sich bereits in einer Drehbewegung befindet) wird im Kolbenboden-Brenn-
raum verdichtet. Dieser Brennraum hat eine
geringere Oberfläche als beim Nebenkammer-
Verfahren, so dass der eingespritzte Kraftstoff in
einem kleinen Volumen konzentriert ist, bevor er
sich sauber entzündet. Deshalb funktioniert der
Luftstrom im Zylinder eines DI-Diesels genau wie
die Nebenkammer in einem IDI-Motor.

DI-Diesel benötigen höhere Einspritzdrücke als ihre IDI-Gegenstücke, letztere haben nämlich einen kürzeren Zündverzug, wodurch der Verbrennungsvorgang früher beginnen kann. Beim DI ist das Zeitfenster für die Einspritzung kürzer, beim IDI ist es die Nebenkammer (und der daraus folgende andere Verbrennungsverlauf), die eine frühere Einspritzung erlaubt. Gleichzeitig ist die neue Generation von DI-Diesel-Motoren weitaus leistungsfähiger: In der gleichen Zeiteinheit können dank entsprechender Düsen größere Kraftstoffmengen eingespritzt werden.

Bis vor kurzem lief die Diesel-Einspritzung überall gleich ab: Eine Niederdruckpumpe förderte Kraftstoff aus dem Tank und leitete ihn an eine Hochdruckpumpe weiter, die ihrerseits Kraftstoffimpulse an die Einspritzdüsen lieferte. Frühe Hochdruckpumpen sahen etwa wie Miniatur-Reihenmotoren aus. Eine Nockenwelle innerhalb der Ein-

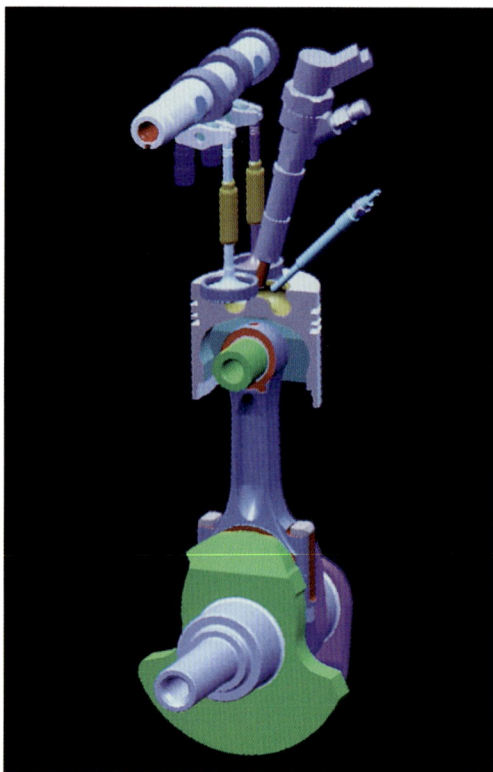

Diese Zeichnung zeigt viele Charakteristika des PSA Peugeot-Citroën-HDI-Common-Rail-Diesel-Motors: den Kolben mit seinem ringförmigen Muldenbrennraum, die nicht ganz aufrecht stehende, elektronisch gesteuerte Kraftstoffeinspritzdüse und die Glühkerze (rechts). (PSA)

spritzpumpe, die von der Kurbelwelle des Motors angetrieben wurde (sie hatte ebenso viele Nocken wie Zylindern im Motor) drückte der Reihe nach auf Pumpenkolben und erzeugte dabei die Hochdruck-Kraftstoffimpulse. Solche Pumpen sind noch weitgehend in großen Nutzfahrzeugen mit Dieselmotoren im Einsatz. Ab 1960 wurden Dieselmotoren für Autos zunehmend mit Drehkolben-Einspritzpumpen ausgerüstet. Die Drehkolbenpumpe kann man sich als einen einzelnen Nockenfinger vorstellen, der eine Reihe von Pumpkolben antreibt, auch hier der Zylinderzahl des Motors entsprechend. In einiger Hinsicht ähneln diese Pumpen dem altmodischen Zündverteiler in einem Benzinmotor und werden oft als Verteilereinspritzpumpen bezeichnet. Solche Pumpen sind kompakter und preiswerter herzustellen als die Reihen-Typen, und sie können Drücke bis zu 1000 bar erzeugen. Mechanische Einheiten (und moderne, elektronisch gesteuerte), die in die Pumpe eingebaut sind, stellen das Einspritz-Timing durch Beschleunigen oder Verzögern des Arbeitsnockens und die Kraftstoffzufuhr durch das Öffnen von Überströmventilen ein, die den Einspritzdruck drosseln, wenn genügend Kraftstoff eingespritzt worden ist.

Common-Rail-Systeme

Die jüngste Dieselmotoren-Generation arbeitet nicht mehr mit Hochdruck-Verteilerpumpen, sondern entweder mit dem Common-Rail- oder Pumpe-Düse-System. Dem Anschein nach gleicht das Common-Rail-System einem Direkt-Einspritzsystem beim Benziner. Das Common-Rail-System selber wird von einer Förderpumpe unter konstant hohem Druck gehalten (viel einfacher als eine Drehkolbenpumpe). Die Einspritzdüsen sind alle mit dem Verteilerrohr (Rail) verbunden. Jede Einspritzdüse ist mit einem Magnetventil ausgestattet, das elektronisch von einem Steuergerät geöffnet wird. Dieses stellt sowohl die Anfangsöffnung als auch die Zeit ein, während die Einspritzdüse geöffnet bleibt. Mit anderen Worten: Beim Common-Rail-Motor erfolgt die Steuerung an der Einspritzdüse statt an der Pumpe, was eigentlich logisch ist. Freilich, Einspritzdüsen sind kompliziert und müssen präzise hergestellt werden,

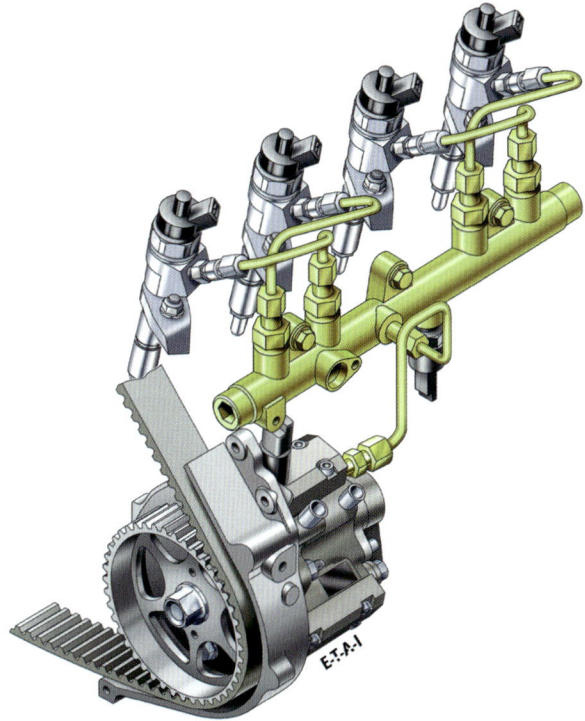

Diese Abbildung zeigt das Common-Rail-Kraftstoff-System des PSA HDI-Turbodiesel. Das »Common Rail«-System selbst (gelb) wird von der Pumpe unter Druck gesetzt, die von dem Zahnriemen angetrieben wird, der auch die Nockenwelle antreibt. Einzelne Einspritzleitungen von der Schiene speisen jede Einspritzdüse, die ihrerseits zum richtigen Zeitpunkt und die richtige Zeit lang mittels einer elektronisch gesteuerten Ring-Magnetspule geöffnet wird. Falls notwendig, lässt sich damit mehr als ein Kraftstoffimpuls pro Verbrennungszyklus je Zylinder einspritzen. (PSA)

aber die Vorteile wiegen den Mehraufwand allemal auf: Größere Flexibilität, präzisere Steuerung und besonders die Fähigkeit, mit erheblich höheren Einspritzdrücken zu arbeiten. Heute angebotene Systeme arbeiten bei rund 1500 bar, und in der Entwicklung sind bereits Systeme mit mehr

Diese Zeichnung zeigt genauer, wie das Common-Rail-Kraftstoff-System im PSA HDI-Turbodiesel-Motor am Zylinderkopf befestigt wird. Die Köpfe der Einspritzdüsen sind zu erkennen und auch die unteren Hälften der Lager für die einzige obenliegenden Nockenwelle. Diese kompakte Achtventil-Anordnung nimmt sehr viel weniger Platz ein, als für vier Ventile pro Zylinder und zwei obenliegende Nockenwellen gebraucht würden. (PSA)

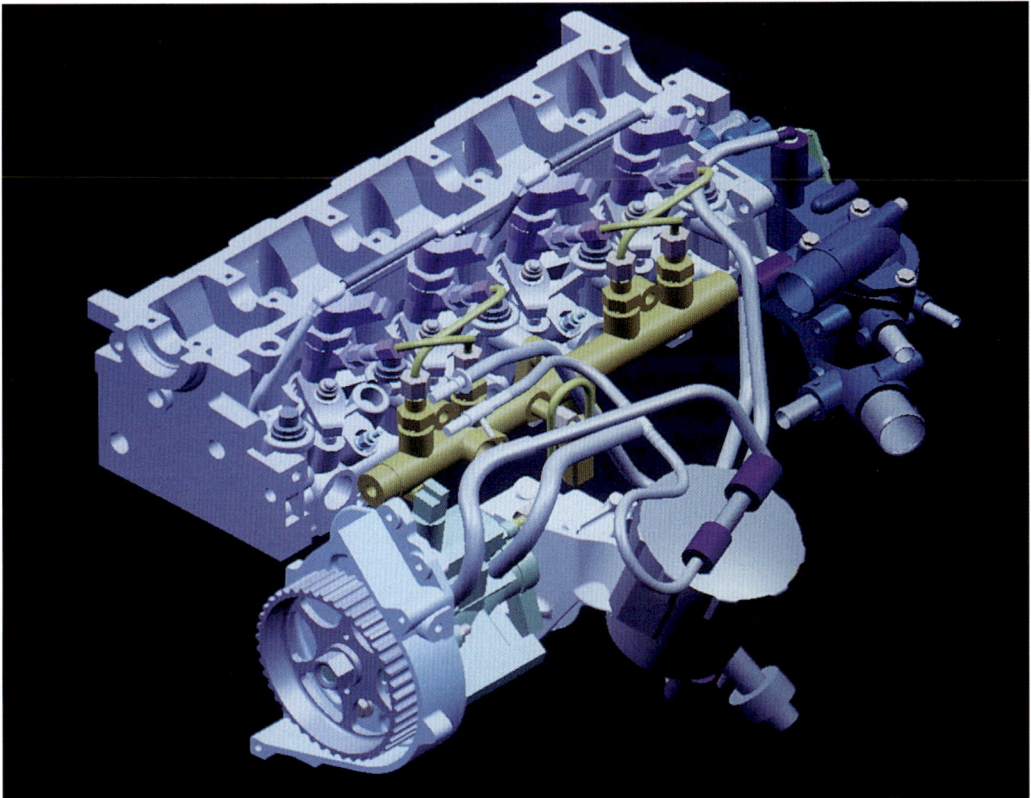

Ein hoher Anteil an Ingenieurskunst ist in die Konstruktion dieses extrem kleinen Dieselmotors für den Smart geflossen. Hier bestand die Schwierigkeit, eine vernünftige Laufkultur bei ausreichender Ausgangsleistung und extrem niedrigen Emissionen zu erreichen. Daher konnte man es sich nicht leisten, den Motor in irgendeiner Hinsicht primitiv auszuführen. (DaimlerChrysler)

als 2000 bar. Dieser hohe Druck markiert den wichtigsten Unterschied zwischen Common-Rail-Diesel-Systemen und den äußerlich ähnlichen Benzin-Einspritzsystemen, die bei maximal einem Fünftel der Dieseldrücke arbeiten. Abgesehen davon, dass mehr Kraftstoff in der kurzen zur Verfügung stehenden Zeit eingespritzt werden kann, sorgen höhere Drücke auch für eine bessere Zerstäubung des Kraftstoffs. Und die feinere Zerstäubung ermöglicht wiederum die Verwendung kleinerer Zylindergrößen. Neben all ihren anderen Vorteilen ist die Common-Rail-Diesel-Einspritzung potenziell auch der Schlüssel zu hoch wirksamen, besonders wirtschaftlichen Vierzylinder-Dieseln mit Volumina bis hinunter zu 1,2 Liter und sogar noch kleineren Dreizylindern.

Die meisten der großen Autohersteller bieten heutzutage Drei- oder Vierzylinder-Diesel mit 1,4 Liter Hubraum an. Motoren mit noch kleineren Volumina sind für ultra-wirtschaftliche Autos im Super-Miniformat im Einsatz. Volkswagen hat bereits 1,2-Liter-Dieselmotoren für

den Lupo auf den Markt gebracht, und Fiat hat ebenfalls einen 1,2-Liter-Vierzylinder mit einem modernen Einspritz-Steuerungssystem vorgestellt. Ford und PSA (Peugeot-Citroën) haben gemeinsam einen neuen, kleinen Diesel entwickelt (der auch im Mazda 3 Verwendung findet), und Renault ist ebenfalls weit fortgeschritten in der Entwicklung eines 1,5-Liter-Motors mit Turbolader, Ladeluftkühler und Common-Rail-System mit einer Ausgangsleistung von 60 kW (und 185 Nm Drehmoment). In diesem Motor ist die gemeinsame Leitung (common rail) ein hoch unter Druck stehender, untersetzter Zylinder, von dem die Versorgungsleitungen strahlenförmig abgehen. Mercedes-Benz-Spross Smart schließlich hat schon seit 1999 einen Dreizylinder-Diesel mit 0,8 Liter Hubraum im Angebot; seine Leistung liegt bei 30 kW – bis vor wenigen Jahren waren das noch utopische Werte für einen Diesel.

Pumpe-Düse: eine Alternative zu Common Rail

Das alternative Pumpe-Düse-System setzt eine einzelne Pumpe-Düse (injector) auf jeden Zylinder und betreibt sie direkt über eine Nockenwelle. Diese Methode hat zwei deutliche Vorteile: Sie erfordert keine Leitungen, die unter hohem Druck stehen, da der hohe Druck nur in der Pumpe-Düse selbst besteht, und sie erlaubt bereits Einspritzdrücke, die über den bisher als machbar geltenden 2000 bar liegen. Volkswagen ist der erste Autohersteller, der diese Methode eingeführt hat.

Zu den Schwierigkeiten, die sich bei der Entwicklung dieser Technik stellte, gehörte das Platzproblem. In und auf dem Zylinderkopf musste Raum gefunden werden, um die relativ massigen Einspritzdüsen und die Betriebsnockenwelle unterzubringen. Das System benötigt außerdem einige Energie bei niedriger Geschwindigkeit und Last, weil die Nocken immer die Pumpe-Düse durch ihren maximalen Leistungshub bedienen. Jede Überversorgung wird durch Rücklaufkanäle

Renaults Common-Rail-Turbodiesel-Motor, wie er in den Laguna II eingebaut ist, der im Jahr 2000 auf den Markt kam. Dieser Motor hat nur zwei Ventile pro Zylinder, und Ansaug- und Auslasskrümmer liegen auf der gleichen Motorseite, was eine kompakte, übersichtliche Einbaumöglichkeit für den Turbolader ergab. Die Ventile, die direkt von einer einzigen obenliegenden Nockenwelle angetrieben werden, sitzen aufrecht und etwas versetzt von den Muldenbrennräumen, die typisch für Dieselmotoren mit Direkteinspritzung sind. Das Speicher-Einspritzsystem »Common Rail« (gelb) ist parallel zur Nockenwelle eingebaut. (Renault)

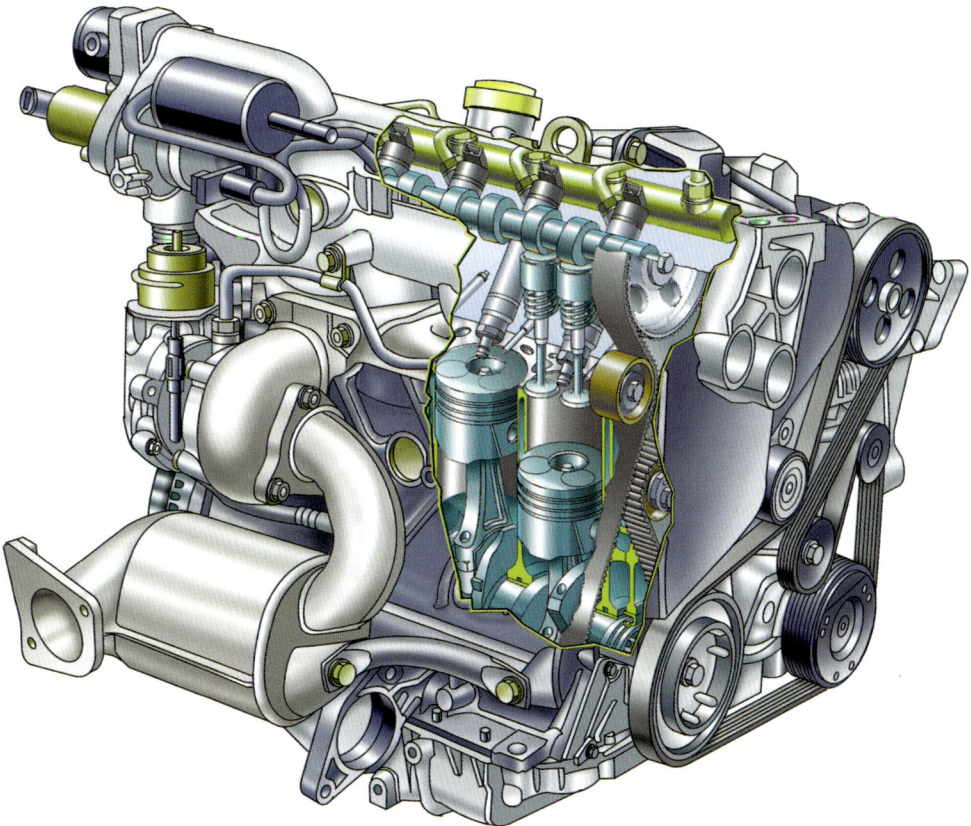

hinausbefördert. Diese Gründe scheinen – bisher jedenfalls – die weitere Verbreitung von Pumpe-Düse-Aggregaten zu verhindern.

Bei den meisten im Automobilbau heute verwendeten Dieseln handelt es sich um Common-Rail-Einspritzer. Deren flexible Steuerung erlaubt es, den Einspritzprozess dank fortgeschrittener Elektronik in eine Anzahl von einzelnen Impulsen aufzuteilen. Es ist bereits allgemein üblich, mit einer »Pilot-Einspritzung« zu starten, einer sehr kleinen Kraftstoffmenge vor der Haupteinspritzung. Mittels dieser Voreinspritzung setzt der Einspritzprozess selbst weniger plötzlich ein, der Verbrennungsablauf wird weicher. Man vermeidet einen steilen Druckanstieg, wodurch sich das charakteristische Diesel-Nageln, das man besonders bei älteren DI-Dieseln wahrnimmt, erheblich reduzierte. Entwicklungsteams untersuchen auch Nach-Einspritzimpulse, die helfen sollen, fortgeschrittene Emissions-Steuerungssysteme einzusetzen. Fiat hat überdies ein Common-Rail-System namens »Multijet« entwickelt, das auch die Haupt-Einspritzimpulse in zwei oder drei separate Abläufe teilt. Dieses System, das in dem bereits erwähnten 1,2-Liter-Dieselmotor verwendet wird, bietet laut Fiat auch Vorteile bei der Geräuschentwicklung und Abgas-Emission.

Zusammen mit den Änderungen des Kraftstoffsystems haben sich moderne Diesel-getriebene Personenautos mindestens ebenso rapide weiterentwickelt wie ihre Benzin-getriebenen Verwandten. Auch beim Diesel sind inzwischen Vierventil-Zylinderköpfe die Regel, wobei sich statt der Zündkerze die Einspritzdüse an zentraler Position befindet. Der größere Luftdurchsatz, der durch die Erhöhung der Ventilanzahl möglich wurde, passt zu dem höheren Kraftstoffstrom der Einspritzsysteme. Einige moderne Diesel liefern nun Ausgangsleistungen, derer sich vor 20 Jahren kein Benzinmotor hätte schämen müssen – und das bei weit höherem Drehmoment. Die meisten Diesel verwenden der mechanischen Festigkeit und Steifheit wegen noch gusseiserne Zylinderblöcke, wiewohl sich Aluminiumlegierungen als gewichtssparende Alternative auf dem Vormarsch befinden: Volkswagen hat es bei der neuesten Golf-Generation Ende 2003 vorgemacht.

Diesel mit Turbolader

Die Mehrheit der modernen Personenwagen-Diesel arbeiten mit Turboaufladung. Sie funktioniert in Verbindung mit Dieselmotoren besonders gut. Diesel-Abgase sind in der Regel kühler als die Abgase von Benzinmotoren, was dem Turbolader entgegenkommt. Das Bypass-Ventil wird nur gebraucht, damit der Motor (oder das Getriebe) nicht überbeansprucht wird. Klopfen gibt es nicht, da der Diesel das Prinzip der spontanen Zündung (Selbstzündung) anwendet, damit er überhaupt laufen kann.

Die Turboaufladung stellt eine exzellente Methode dar, um die Ausgangsleistung zu erhöhen. Fast alle modernen Dieselmotoren in Personenautos sind daher serienmäßig mit Turboladern ausgestattet oder werden zumindest auch mit einem solchen angeboten; Fahrzeuge mit Diesel-Aggregaten ohne Lader – bei Volkswagen laufen sie als SDI (Saugmotor-Direkteinspritzer) – sind die Ausnahme. Ausgangsleistungen von 45 kW pro Liter, die vor nicht allzu langer Zeit als respektable Leistung für Benzinmotoren galten, sind nun auch in den besten Turbodieseln zu finden. Diese hohe Ausgangsleistung bedarf einer Kühlung der Ladeluft: Im Diesel herrschen zum Zündzeitpunkt Temperaturen von 800 °C. Wenn jetzt noch vorverdichtete heiße Luft zugeführt wird, steigt die Temperatur im Brennraum noch weiter an. Heiße Luft dehnt sich aber aus, also passt weniger Luft in den Brennraum, und das führt zu Leistungsverlust. Also wird die vorverdichtete Luft durch einen Ladeluftkühler geschickt. Einige Motoren, beispielsweise von Peugeot und Renault, werden in preiswerteren und leistungsschwächeren Versionen allerdings auch ohne Ladeluftkühlung angeboten.

Personenwagen sind heutzutage wahrscheinlich der größte Markt für kleine Turbolader. Außerdem zielen viele der am weitesten fortgeschrittenen Entwicklungen, wie die Verwendung von verstellbaren Leitschaufeln (verstellbare Turbinengeometrie), um die Abgasgeschwindigkeit durch die Turbine bei geringer Last aufrechtzuerhalten, in erster Linie auf den Einsatz in Dieselmotoren.

Fortschrittliches Diesel-Denken

1999 lieferte Renault einige Hinweise darauf, wie viel Potenzial im Dieselmotor bei weiterer technischer Entwicklung steckt. Das Unternehmen nahm die normale dTi Version mit Ladeluftkühler seines 1,9-Liters-Motors, der 75 kW erzeugt, als Ausgangspunkt. Die dCi-Entwicklung dieses Motors, ausgestattet mit einem Common-Rail-Kraftstoffsystem, liefert 83 kW mit dem Vorteil von substanziell niedrigeren Abgas-Emissionen. Eine spätere Version dieses Motors mit Turbolader mit variabler Geometrie lieferte 90 kW und 270 statt 250 Nm Drehmoment. In seiner ultimativen Version mit einem 16-Ventil-Zylinderkopf und einem Kraftstoffsystem der zweiten Generation mit höherem Druck ist das Ziel, eine Ausgangsleistung von 105 kW bei 300 Nm zu erreichen und die noch strengeren Emissionsgrenzen in Europa für 2005 zu erfüllen.

Der Hersteller BMW, der gemeinsam mit DaimlerChrysler einige der leistungsstärksten Dieselmotoren anzubieten hat, die bis jetzt in Personenwagen eingebaut wurden, sieht in der Variabilität

Auf der Tokyo Motor Show im Jahr 1999 zeigte Mazda diesen Zweiliter-Turbodiesel-Motor mit Speicher-Einspritzsystem. Die Versorgungspumpe, die das Common-Rail-System unter Druck setzt, und die Schiene selber kann man deutlich in dieser Seitenansicht erkennen. Weniger offensichtlich sind vier Ventile pro Zylinder, die sorgfältig geformten Einlasskanäle, der Turbolader mit variabler Geometrie und das luftgekühlte Abgasrückführungssystem (EGR). (Mazda)

den Schlüssel zu weiteren Entwicklungen. Intensiv untersucht werden die Möglichkeiten, die Einlasskanäle mit variabler Verwirbelung sowie ein variables Ventil-Timing (Steuerzeiten) bieten. Ebenfalls in der Entwicklung sind Einspritzdüsen, die in Relation zu Fahrgeschwindigkeit und Last fähig sind, dem Motor Kraftstoff in jeweils angepasster Menge zuzuführen, so dass diese nicht mehr allein von einem Zeitfaktor abhängt, der die Öffnung der Einspritzdüse steuert. BMW untersucht ebenfalls ein variables Kompressionsverhältnis, eine zweistufige Aufladung und eine noch präzisere Steuerung der Verbrennungsabläufe, die sich aus zusätzlichen Informationen wie Kraftstoffdichte und Kraftstoffqualität regeln lassen. Ein Blick in die Zukunft lässt erkennen, dass eine vollständig vorbereitete Kraftstoff-Luft-Ladung eingebracht werden könnte anstelle der bisherigen Methode des Einspritzens von reinem Kraftstoff in den Zylinder. Einer der BMW-Ingenieure schlug sogar vor, von der intermittierenden zur konstanten Verbrennung zu wechseln, was einem Verbundtriebwerk entspräche (bei dem ein größerer Turbolader und eine Art Energie-Rückgewinnung zurück an die Kurbelwelle eine wesentliche Rolle spielen). Auch gibt es Überlegungen zu einem Konzept, das einem Motor mit Wärmezufuhr von außen gilt. Doch das ist noch Zukunftsmusik, denn in den kommenden Jahren werden die Entwickler alle Hände voll zu tun haben, die immer schärfer werdenden Abgasgrenzwerte (Euro 5 ist die nächste Hürde, die genommen werden wird) zu erfüllen. Und da zunehmend auch der amerikanische Markt mit den Segnungen moderner Diesel-Technik beglückt werden soll, gilt es auch die dort geltenden, sehr hohen Emissionsstandards zu erreichen.

Diesel-Emissionen steuern

Abgas-Emissionen von Dieselmotoren lassen sich nicht auf die gleiche Art steuern wie bei Benzinmotoren. Wie bereits erläutert, können Emissionen von Benzinmotoren dadurch auf eine sehr niedrige Stufe herunter gefahren werden, indem man die Abgase durch einen Drei-Wege-Katalysator leitet, solange das Luft-Kraftstoff-Gemisch präzise auf Lambda = 1 gehalten wird. Aber der Diesel arbeitet die meiste Zeit als Magermotor, außer unter Volllast, und der Drei-Wege-Katalysator hat hierbei nur eine geringe Wirkung. In der Tat gleicht der Diesel dem Benzin-Magermotor und teilt sich mit ihm eines seiner Probleme, deshalb sind seine HC- und CO-Emissionen von Natur aus niedrig, seine NOx-Emissionen dagegen höher. Der Diesel leidet auch an einem sehr spezifischen Problem: Sein unterschiedlich zusammengesetzter Kraftstoff und sein relativ hohes Kompressionsverhältnis begünstigen die Bildung von sehr kleinen Feststoffpartikeln, die als Nebenprodukte der Verbrennung anfallen. Deren Gefährlichkeit

und Schädlichkeit für die Gesundheit mag noch umstritten sein, und Gutachter mögen sich darüber noch lange streiten, Tatsache bleibt: Als Teil aller Regelungen für die Abgas-Emissionen sind strenge Grenzen für Partikel-Emissionen gesetzt worden.

Obwohl HC- und CO-Emissionen niedrig sind, weisen viele Personenautos Dieselmotoren mit einfachen oxidierenden Katalysatoren auf – Katalysatoren, die sicherstellen, dass die Emissionen vollständig zu Wasserdampf und CO_2 oxidieren. Was nun die Emissionen betrifft, so lassen sich die NOx-Grenzen bereits durch Abgasrückführungen (EGR = exhaust gas recirculation) möglichst weit reduzieren. Daher gehört eine EGR in vielen modernen Motoren zum Standard. Die Abgasrückführung erfolgt manchmal durch einen eigenen Ladeluftkühler, der Wärme an das Motorkühlmittel abgibt, so dass die Ausgangsleistung nicht durch Reduzierung der Ladungsdichte in der Brennkammer beeinflusst wird.

Eine endgültige Lösung könnte das Katalysator-Prinzip der NOx-Reduktion sein, wie es bereits in Zusammenhang mit den Emissionen des Benzin-Magermotors erwähnt wurde. Ein Beispiel dafür ist ein Speicher-Reduktionssystem, das – von einem späten Einspritzimpuls gespeist – die Katalysator-Einheit falls erforderlich mit winzigen Mengen zusätzlichen Kraftstoffs versorgt. Solche Geräte brauchen Kraftstoff mit geringem Schwefelanteil, der bereits als »City Diesel« erhältlich ist, damit die Speicherschicht nicht vergiftet wird. Eine weitere Lösung des Problems könnte die Plasma-Behandlung sein, die bereits erwähnt wurde. Forschungsteams arbeiten beispielsweise am SiNIX-Verfahren von Siemens, ein System, bei dem ein Additiv in die Abgase eingespritzt wird, damit es in einem besonderem Gerät im Abgassystem mit dem NOx reagiert.

Die deutlichste Antwort auf das Partikelproblem besteht darin, die Partikel in einem Filter im Abgassystem aufzufangen. Theoretisch lässt sich das unangenehme Reinigen oder der regelmäßige Filterwechsel dadurch vermeiden, indem man den Filter so stark erhitzt, dass die Partikel, die hauptsächlich Kohlenstoff enthalten, leicht zu CO_2 verbrennen können. Solche »Rußfilter« werden regenerativ genannt, weil sie sich selbst reinigen und nur in langen Intervallen gewartet werden müssen. Rußpartikelfilter funktionieren sehr gut in schweren Nutzfahrzeugen, deren Motoren über eine sehr lange Zeit unter hohen Belastungen stehen, und die daher auch über genügend hohe Abgastemperaturen verfügen, die eine sichere Regeneration ermöglichen. Viele Diesel-Personenwagen werden allerdings meist im Stadtverkehr eingesetzt, und dort sind ja auch die Vorteile des Diesels gegenüber dem Benzinmotor am größten. Für eine sichere Regeneration wird aber eine Abgastemperatur von ungefähr 550° C benötigt. Ein Dieselauto, das nur zum Einkaufen benutzt wird oder um die Kinder zur Schule zu bringen, kann aber Hunderte von Kilometern fahren, ohne dass die Abgastemperatur auf mehr als 300° C ansteigt. Um dieses Problem zu lösen, hat PSA ein Auffangsystem entwickelt, in welchem ein Kraftstoff-Additiv die Temperatur reduziert, die für die Regeneration benötigt wird. Wenn das Auffangsystem Anzeichen von Verstopfung zeigt, wird zusätzlicher Kraftstoff eingespritzt und die Systemtemperatur durch kontrolliertes Nach-

brennen erhöht. Dieses Auffangsystem, FAP genannt, fand erstmals in die Dieselversion des Peugeot 607 Eingang und nimmt für sich in Anspruch, die Partikelemissionen auf nahezu Null reduzieren zu können. Kein Wunder, dass es Pläne gibt, das Verfahren auf die gesamte PSA-Produktpalette auszuweiten. Es wirkt allerdings nicht bei NOx, das separat behandelt werden muss.

PSA Peugeot-Citroën war das erste Unternehmen, das einen regenerativen Partikelfilter für Dieselmotoren in Pkw entwickelte und auch produzierte. Zuerst für den Peugeot 607 und dann für den Citroën C5. Der wirksame Betrieb des Systems und damit die zuverlässige Verbrennung der aufgefangenen Partikel hängt zu einem Teil davon ab, dass ein Kraftstoff-Additiv eingespritzt und zum anderen Teil davon ab, dass zusätzlich Kraftstoff eingespritzt wird, der die Partikelfallen-Temperatur erhöht, falls der Partikelfilter Zeichen der Verstopfung zeigt. (Citroën)

1 *»Partikelfilter und Vorkatalysator«-Baugruppe*
2 *Temperatur- und Druck-Sensoren*
3 *Motorsteuerungsgerät (ECU)*
4 *Einspritzung eines Additivs in den Kraftstoff im Haupttank, falls erforderlich*
5 *Falls eine Nachverbrennung erforderlich ist, wird ein spezielles Signal an die Einspritzdüse gesendet*
6 *Vorkatalysator*
7 *Partikelfilter*

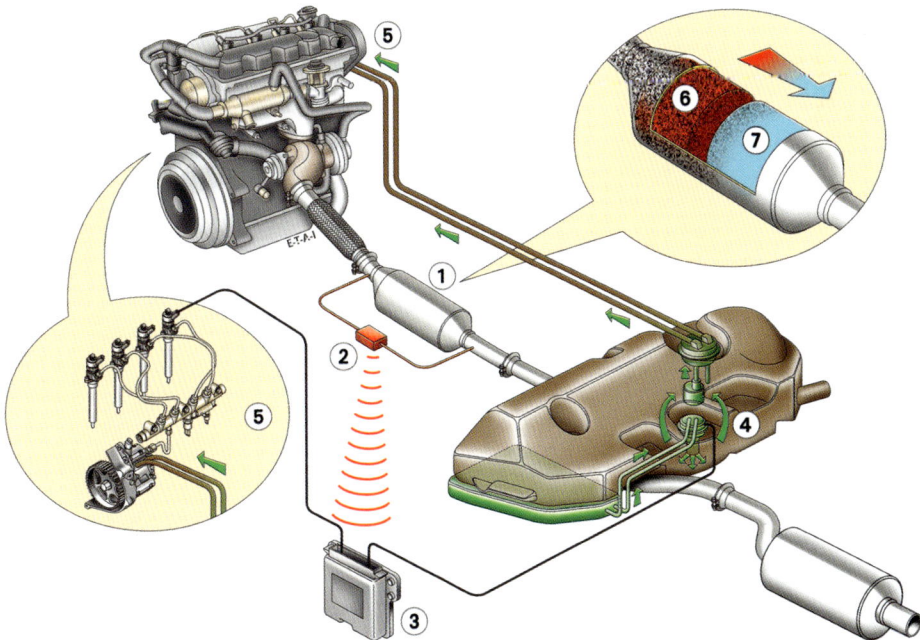

Renault hat ein allumfassendes System einer Diesel-Emissionssteuerung vorgeschlagen, die von der Verwendung eines extrem hohen Anteils der Abgasrückführung abhängt. Diese Technik reduziert NOx auf extrem niedrige Werte, die aber zu Lasten höherer Partikel-Bildung gehen. Mit anderen Worten: Der Renault-Versuch vermeidet möglichst die Produktion von NOx und akzeptiert dabei hohe Partikelwerte, die durch das Nachverbrennen der Abgase in einem regenerativen Auffangsystem reduziert werden. Verglichen mit dem Auffangsystem von PSA muss Renault sich mit einem größeren Partikelvolumen beschäftigen und deshalb die Nachverbrennung öfter auslösen – in Extremfällen alle 400 Kilometer. Zur Unterstützung dieses Verfahrens erhöht der Hersteller die Temperatur der Auffangschicht teilweise um 1,2 kW elektrischer Heizleistung. Diese Leistung wird von einer Gruppe von vier Glühkerzen in der Nase des Behälters erzeugt, die sofort die Temperatur der Schicht erhöht. Renault gibt sich sehr zuversichtlich, dank dieser Technik, zusammen mit einer Common-Rail-Einspritzung der zweiten Generation, die ab 2005 europaweit geltenden Emissionsstandards für Diesel erfüllen und wahrscheinlich sogar unterschreiten zu können.

Rechte Seite: Welchen Eindruck das Funktionsbild des Antriebsstrangs auch vermitteln mag, in Wirklichkeit sieht der Toyota Prius überraschend konventionell aus. Der quer eingebaute Frontmotor mit angeblocktem Getriebe für den Frontantrieb ist ein speziell angepasster 1,5-Liter Viertakt Benzinmotor mit einer variablen Nockenwellen-Verstellung auf der Auslassseite. Neu und auffällig sind der im Heck platzierte Elektromotor mit Antriebseinheit für die Hinterräder und ein Batterieblock direkt darüber. Toyota behauptet, dass dieses Konzept nur halb so viel Kraftstoff verbraucht wie ein Fahrzeug gleicher Baugröße mit normalem Antrieb. (Toyota)

8 Elektrische und hybride Antriebe

V or einigen Jahren schien es, als könnte das abgasfreie elektrische Auto mittel- bis langfristig den Personenwagen mit Verbrennungsmotor ersetzen. Ein reizvoller Gedanke, denn damit würden sich weitgehend die Probleme mit Abgas-Emissionen und den zur Neige gehenden Erdölvorräten lösen lassen…

Die Elektroauto-Idee war keineswegs neu; Autos mit Batterieantrieb gab es schon vor mehr als hundert Jahren. Schon damals gab es Fahrzeuge, deren Antriebsbatterien an einer Steckdose wieder »aufgetankt« werden konnten. Die Sache hat nur seit eh und je einen Haken: Um eine Batterie aufladen zu können, benötigt man Leistung, und die muss von irgend einem Kraftwerk kommen, und falls dieses fossilen Kraftstoff verbrennt, transferiert man bestenfalls die Schadstoffbelastung vom Ort, an dem das Auto gefahren wird, dort hin, wo das Kraftwerk steht.

In den späten 1990er-Jahren versuchten etliche größere Autohersteller, den verschärften kalifornischen Abgasbestimmungen mit total abgasfreien Autos zu begegnen. Und null Emissionen, das ging nun einmal nur mit Elektroautos. Der Versuch, sich im trendigen Kalifornien damit durchzusetzen, schlug jedoch fehl, teilweise wegen der begrenzten Reichweite eines Elektrowagens, vor allem aber, weil sich die Batterien in der Herstellung als zu teuer erwiesen. Überdies hatten sie eine vergleichsweise geringe Lebenserwartung und mussten in kurzen Abständen ersetzt werden. Einige Forscher wiesen daher auf die nicht absehbaren Folgen für die Umwelt hin, die bei der Herstellung (und beim Recycling) großer Batteriemengen auftreten könnten, denn zu ihrer Produktion werden großer Mengen von schädlichen Metallen wie Blei und Cadmium benötigt (und fallen auch beim Recycling an). Wenn also nur noch Elektroautos unterwegs wären, könnte das gegenwärtig noch nicht abzusehende Umweltfolgen nach sich ziehen.

Bedeutet diese Erkenntnis das Ende der Träume vom Elektroauto? Keineswegs. Es bedeutet auch nicht das Ende vorhandener Elektroautos, obwohl sie auch in Zukunft wegen ihrer konzeptionellen Nachteile lediglich für bestimmte Aufgaben wie den innerstädtischen Lieferverkehr in Frage kommen. Aber es ist vernünftig, an ein Elektroauto zu denken, dessen Räder von elektrischer Leistung angetrieben werden, und es ist auch sinnvoll, solche Fahrzeuge in verschiedene Klassen einzuteilen.

Zum einfachen Elektofahrzeug ist die erste Alternative ein Auto, in welchem ein Verbrennungsmotor einen Generator antreibt, der seinerseits die Leistung zum Antrieb der Räder erzeugt. Das ist das (ebenfalls schon vor hundert Jahren erfundene) Hybrid-Fahrzeug, das heute von verschiedenen Herstellern in Serie gebaut wird. Daneben gibt es ein Antriebskonzept, das auf lange Sicht wahrscheinlich die besten Perspektiven bietet und eine interessante Zukunft haben könnte: Autos mit einer Brennstoffzelle.

Es ist durchaus denkbar, dass das Brennstoffzellenauto innerhalb der nächsten fünfzig Jahre das Auto mit Verbrennungsmotor nach und nach ablösen wird. Dabei wird das Hybridauto den Übergang fließend gestalten, und der Verbrennungsmotor wird uns eines Tages ebenso altmodisch vorkommen wie heute eine Dampflokomotive. Denkbar auch, dass daneben einige Elektroautos auf festgelegten Routen verkehren, die nicht allzu weit von ihren Aufladedepots entfernt liegen, so dass sie jederzeit und schnell wieder zur Ladestation gelangen können. Zukunftsmusik? Vielleicht, aber auch jeden Fall müssen wir schon heute die Hybrid- und Brennstoffzellenautos genauer betrachten – aber erst, nachdem wir über Batterien und ihre möglichen Alternativen nachgedacht haben, selbst wenn der Elektroantrieb nur eine begrenzte Zukunft haben sollte.

Die Batterie: ein einfacher Energiespeicher

Der einzige Zweck jeder Batterie ist die Speicherung chemischer Energie und diese Energie auf Anforderung zur Verfügung zu stellen.

Ob das Elektroauto praktisch ist oder nicht: Alle Fahrzeuge brauchen irgendein Gerät, das Energie speichert. Sogar das konventionelle Auto mit Verbrennungsmotor benötigt eine Batterie zum Anlassen und zur Versorgung all seiner elektrischen Systeme, wobei es keine Rolle spielt, ob die Lichtmaschine jeweils genügend Leistung erzeugt. Hybrid- und Brennstoffzellenautos werden voraussichtlich einen viel größeren Energiepuffer benötigen, entweder eine Batteriebank oder eine Alternative, damit ihre Leistungseinheiten immer mit maximalem Wirkungsgrad arbeiten können. Dabei sorgt der Puffer durch Absorbieren und Rückführen von Energie dafür, dass Leistungstäler und Anforderungsspitzen gleichermaßen bewältigt werden können. Daraus folgt: Eine Batterie wird auch in Zukunft wichtig sein, unabhängig davon, welche Fahrzeugtechnologie sich auf breiter Ebene durchsetzt.

Für den Fahrzeugantrieb muss die Batterie aufladbar sein. Einmal-Akkus, die wir in mobilen Radios, Taschenlampen und Blitzlichtgeräten einsetzen, sind dafür untauglich. Es gibt viele chemische Verbindungen, die als Grundlage für eine wieder aufladbare Batterie verwendet werden können. Einige speichern mehr Energie (pro Gewicht und Größe der Batterie) als andere, aber viele der Hochenergie-Verbindungen sind abhängig von teuren chemischen Materialien, von denen einige sogar potenziell gefährlich sind, einzeln oder in Verbindungen. Die beste Energiedichte von allen wiese eine Batterie auf, die Wasserstoff und Fluor zusammenbrächte, aber niemand würde aus Sicherheitsgründen versuchen, eine solche Batterie anzufertigen.

Um einen Eindruck von dem Leistungsloch in der Energiespeicherung von Benzin und einer Blei-Säure-Batterie zu vermitteln: Die Energie, die durch die Verbrennung von 1 kg Benzin freigesetzt wird, entspricht ungefähr 12 kWh. Davon werden etwa 4,5 kWh von einem Verbrennungsmotor in mechanische Energie umgesetzt. Eine typische Blei-Säure-Batterie für Autos mit 50 Ah Leistung bei 12 V speichert eine Energie von 0,6 kWh und wiegt ungefähr 20 kg. Also wiegt eine Blei-Säure-Batterie-Bank mit einer Kapazität von 4,8 kWh etwa 160 kg, und sie lässt dabei einen geringen Energieverlust während der Leistungsumsetzung zu. Der sorgfältig optimierte Entwurf der Bank und ihrer verbundenen Bauteile kann das Gewicht auf vielleicht 100 kg reduzieren. Anders ausgedrückt: Damit eine gegebene Energiemenge gespeichert werden kann, wiegt die Batterie 100 mal mehr als die äquivalente Kraftstoffmenge – und das Fahrzeug muss das hohe Gewicht verkraften, was natürlich Konsequenzen für seinen Gesamtwirkungsgrad zur Folge hat. Die fortschrittlichsten Batterie-Konzepte können die Blei-Säure-Batterie um den Faktor Vier verbessern, was im Energievergleich bedeutet, dass sie immer noch 25 mal mehr wiegen würde als das äquivalente Benzin in einem Tank. Seitdem die Umweltschutz-Lobby als ernstzunehmende gesellschaftliche Größe auftritt, wurde einigen Batterie-Konzepten jedoch eine intensive Forschung zuteil.

Die Ergebnisse sind bisher nicht ermutigend. Ein Bericht Ende der 1990er-Jahre stellte fest, dass – anders als noch bei den Untersuchungen Ende der 1970er-Jahre, als man noch optimistischer war – nicht mehr als sechs Batterie-Konzepte ernsthaft als Antrieb in Frage kommen. Dazu gehören die existierende und bewährte Blei-Säure- sowie die Nickel-Cadmium-Batterie. Die restlichen vier Typen auf der Liste waren Nickel-Metall-Hybrid, Natrium-Nickel-Chlorid, Lithium-Kohlenstoff und Lithium-Polymer (Lithium-Ion). Obwohl diese vier Batterie-Konzepte wesentlich bessere Energiedichten erreichen als Blei/Säure, kosten sie ausnahmslos sehr viel mehr, auch wenn sie längere Serviceintervalle aufweisen und dadurch die Kostendifferenz nicht ganz so groß wäre. Die meisten Hersteller haben ihre Studienmodelle, egal ob mit Elektro-, Hybrid- oder Brennstoffzelle, mit Nickel-Metall-Hybrid- oder Lithium-Ionen-Batterien ausgerüstet. Diese beiden Batterietypen gelten nun zwar als ausgereift, sind aber noch extrem teuer im Vergleich zu Blei/Säure. Um das zu ändern, müssten sie in hohen Stückzahlen hergestellt werden, und hierfür fehlt wiederum die Nachfrage.

Eine mögliche Alternative zur Batterie bildet der Kondensator. Er hat eine bessere Energiespeicherdichte und eine viel bessere Leistungsdichte (Batterien überhitzen, falls ihnen zu schnell Leistung entnommen wird). Kondensatoren kommen als sehr kleine Bauteile in elektrischen Schaltungen vor, sie speichern elektrische Energie eine Zeit lang, statt den Strom passieren zu lassen. Banken von großformatigen Kondensatoren sind in der Lage, eine beträchtliche Menge an elektrischer Energie zu speichern. Obgleich Kondensatoren als Langzeitspeicher unbrauchbar sind, können sie doch als leistungsfähige Kurzzeitspeicher dienen: Sie können beispielsweise die während des Bremsens zurück gewonnene Energie speichern, bevor sie wieder für die Beschleunigung abgegeben wird. 1997 zeigte Honda ein Auto mit einer Kondensator-Bank, die ausreichend Energie speicherte, um damit einen elektrischen 10-kW-Motor 12 Sekunden lang mit Leistung zu versorgen. Das war genug, um einen Einfädelvorgang auf der Autobahn zu absolvieren oder um einen Überholvorgang zu beenden. Einige japanische Forscherteams denken daran, eine fortgeschrittene Batterie – Nickel-Metall-Hybrid oder Lithium-Ionen – und einen Hochenergiekondensator zu kombinieren und damit einen leichten, flexiblen und effizienten Energiepufferspeicher für ein Hybridauto zu schaffen.

Elektromotoren: lebenswichtig

Jede Art von elektrischem Fahrzeug erfordert einen Antriebsmotor – so definiert sich gegenwärtig jedenfalls ein Elektroauto. Da die Hybride und Brennstoffzellen nach und nach wohl die Stelle der heutigen Autos mit Verbrennungsmotoren übernehmen, werden immer mehr Antriebsmotoren gebraucht, und deren Technologie wird wichtiger werden.

Frühere Elektroautos verfügten über ziemlich unfertige Motoren mit noch unfertigeren Steuersystemen: Sie waren laut und sprachen nur ruckartig an. Ein unkultivierter Elektromotor, der in einem Lastwagen vielleicht noch hingenommen werden kann, ist kaum für einen Personenwagen geeignet. Anfang der 1990er-Jahre schienen Dreh- und Gleichstrommotoren gleichermaßen geeignet zu sein. Der Drehstrommotor hat einen besseren Grundwirkungsgrad, braucht aber einen Inverter, der die Gleichspannung aus der Batterie in Wechselspannungsleistung für den Motorantrieb umsetzen muss. Prototypen von Elektroautos, wie sie um die Jahrtausendwende von japanischen Herstellern vermarktet wurden, verwendeten hauptsächlich Synchronmotoren, obwohl Honda einen bürstenlosen Gleichspannungs-Motor-Generator als »Sandwich« zwischen Motor und Getriebe seines

Typs »Insight« installierte, eines der ersten Hybridautos, das in Produktion ging.

Die meisten Wechselspannungs-Antriebsmotoren arbeiten mit Spannungen im Bereich von 70 bis 120 V, das Ergebnis eines Kompromisses zwischen Motormasse, Wirkungsgrad und elektrischer Sicherheit. Größtenteils verwenden die heutigen Elektroautos einen Antrieb mit einer Geschwindigkeit, der die Fähigkeit von elektrischen Antriebsmotoren ausnutzt, das maximale Drehmoment bei Null oder wenigstens bei sehr geringer Geschwindigkeit zu entwickeln. Dank besonderer Technik und positiver Kühlung können Elektromotoren ein extrem hohes Drehmoment-zu-Gewicht-Verhältnis liefern. Ein Motor, den das britische Unternehmen Zytec vorstellte, erzeugt 60 Nm bei einem Gewicht von nur 13 kg, und das ist leicht genug, um eventuell eine Montage in der Radnabe zu ermöglichen.

Elektronik liefert den Schlüssel zur modernen Steuerung von Elektromotoren. Alle Motoren sind bürstenlos. Die meisten Elektrofahrzeuge besitzen heutzutage eine elektronische Motorsteuerung, die das Hochfrequenz-Chopper (Zerhacker)-Verfahren anwendet; dabei wird der durchschnittliche Leistungswert durch den Zeitanteil (pro Standard-System-Impuls) festgestellt, während die Stromversorgung eingeschaltet ist. Eine mögliche Alternative bildet die Vektor-Steuerung, die von Mitsubishi in einem Konzeptfahrzeug demonstriert wurde und die sogar zu einem höheren Wirkungsgrad führt.

Elektroautos können auch durch die Umkehr ihrer Motoren Energie sparen (regenerieren) und etwas kinetische Energie zurückgewinnen, die sonst beim Bremsen verloren ginge (praktisch in Wärme und als solche abgestrahlt). Die Wiedergewinnung kann auch mittels Computersteuerung beim Auskuppeln oder an Gefällen stattfinden. Abhängig von den Fahrbedingungen kann sie somit die Wirtschaftlichkeit von Elektro- und Hybrid-Autos erhöhen.

Hybrid-Fahrzeuge

Ein nahe liegender Weg, die begrenzte Reichweite eines Elektroautos zu vergrößern, besteht darin, zusätzlich einen kleinen Motor samt Generator einzubauen, womit die Batterie-Bank während der Bewegung wieder aufgeladen wird. Gleichwohl wirkt es widersinnig, ein umweltfreundliches und wirtschaftliches Fahrzeug mit einem elektrischen Antrieb auszustatten, der von einem motorgetriebenen Generator versorgt wird…

Die Größe dieser Antriebsmaschine kann man nach der Durchschnittsleistung des Fahrzeugs wählen, nicht nach der Leistungsspitze, die zur Beschleunigung benötigt wird. Der Motor kann dann immer auf seinem Kraftstoff- und Emissions-effizientesten Punkt betrieben (oder abgeschaltet) werden. Die zusätzliche Leistung für die Beschleunigung wird aus einem Energiepuffer gezogen.

Man kann die Hybrid-Autos in zwei Klassen aufteilen: Die erste hat den Reihen-Hybrid-Antrieb, in dem der Energietransfer elektrisch vonstatten geht, und die zweite den Parallel-Hybrid-Antrieb, in welchem die Antriebsmaschine über ein mechanisches Getriebe mit den Antriebsrädern verbunden ist. Der Leistungsfluss verläuft dabei parallel – daher der Name. Der Reihen-Typ gibt dem Fahrzeugentwickler die größere Flexibilität, da alle Verbindungen (abgesehen von der Kraftübertragung vom Antriebsmotor zu den Rädern) elektrisch sind und jedes Gerät dort untergebracht werden kann, wo es am besten hinpasst.

Andererseits kann der Motor beim Parallel-Typ sehr viel leichter und kleiner ausfallen. In einem Reihen-Hybrid-Auto muss der Motor in der Lage sein, die gesamte Antriebskraft zu liefern, während im Parallel-Hybrid-Auto vergleichsweise gerade einmal 30 Prozent gebraucht werden.

Lange Zeit sprachen nach vorherrschender Meinung die Kosten gegen ein Hybrid-Auto: Ein solches Fahrzeug schien wegen seiner zwei Antriebssysteme, nämlich Verbrennungsmotor und Elektromotor, schlichtweg zu teuer, um gegen die konventionelle Konkurrenz bestehen zu können. Erst kürzlich hat indessen eine Analyse ergeben, dass ein Hybridauto bei Betrachtung aller zusätzlich (und tatsächlich) anfallenden Kosten durchaus wettbewerbsfähig sein könnte. Das ergebe sich aufgrund der besseren Wirtschaftlichkeit und geringerer Emissionen, die sich aus dem Konzept des Energie-Managements ergeben, das die Flexibilität des Systems nutzt, Energie konservieren, wiedergewinnen und halten zu können,

Das Hybrid-Fahrzeug kombiniert einen Verbrennungsmotor mit zusätzlicher elektrischer Leistung, um die verfügbare Energie optimal auszunutzen, statt sie beim Bremsen und Fahren bei uneffizienten Geschwindigkeiten und Lasten zu verschwenden. Das Hybrid-Fahrzeug könnte sich als wichtigste Station eines Weges erweisen, der schließlich zum Brennstoffzellen-Fahrzeug führt. Nissan zeigte diese Anordnung eines Antriebsstrangs für ein hybrides Fahrzeug im Jahr 1999. (Nissan)

Das NEO-HYBRID-System

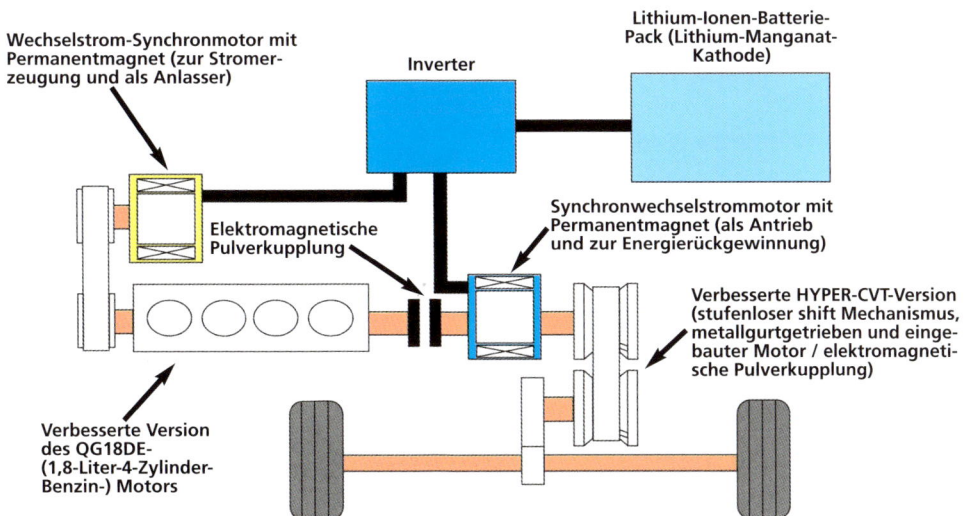

Wechselstrom-Synchronmotor mit Permanentmagnet (zur Stromerzeugung und als Anlasser)

Inverter

Lithium-Ionen-Batterie-Pack (Lithium-Manganat-Kathode)

Elektromagnetische Pulverkupplung

Synchronwechselstrommotor mit Permanentmagnet (als Antrieb und zur Energierückgewinnung)

Verbesserte HYPER-CVT-Version (stufenloser shift Mechanismus, metallgurtgetrieben und eingebauter Motor / elektromagnetische Pulverkupplung)

Verbesserte Version des QG18DE- (1,8-Liter-4-Zylinder-Benzin-) Motors

Toyota Hybrid System

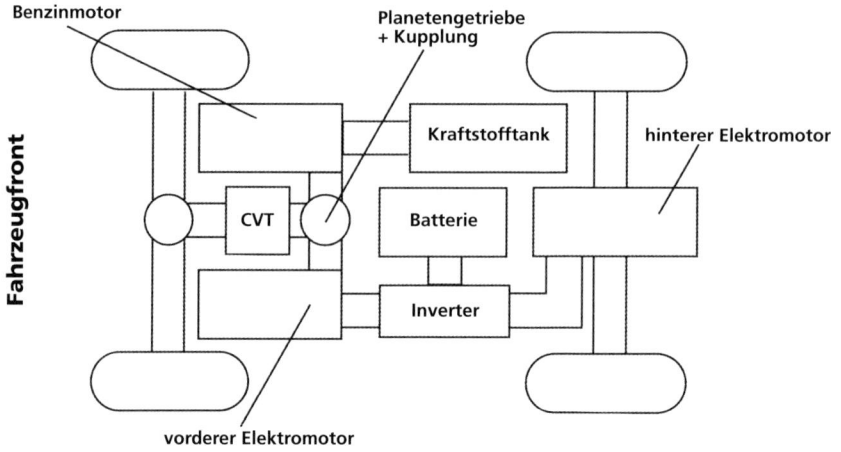

normale Fahrt / Batterieaufladung

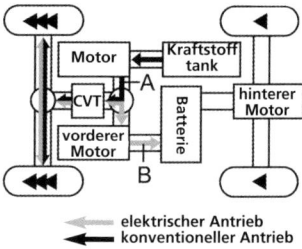

elektrischer Antrieb
konventioneller Antrieb

volle Beschleunigung

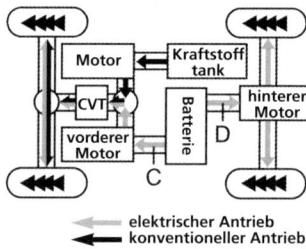

elektrischer Antrieb
konventioneller Antrieb

leichte Belastung

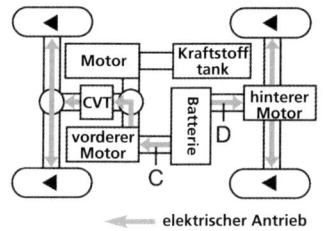

elektrischer Antrieb

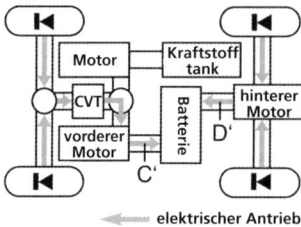

elektrischer Antrieb

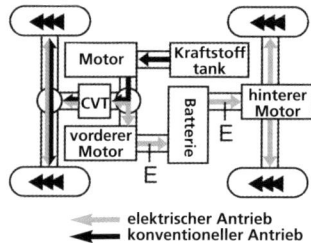

elektrischer Antrieb
konventioneller Antrieb

CVT = stufenloses Getriebe

die in einem Auto mit konventionellem Verbrennungsmotor verschwendet wird. Diese neue Betrachtungsweise hat Toyota und Honda bewogen, Hybrid-Autos nun auch in Serie zu produzieren und zu verkaufen. Toyota als Marktführer hat inzwischen die zweite Generation seines »Prius« auf dem Markt; Honda verkauft den »Insight«.

Die viertürige Limousine Prius wird vom Toyota-Hybrid-System THS angetrieben, einem integrierten Antrieb, der einen 1,5-Liter-Verbrennungsmotor und einen Elektromotor miteinander verbindet. Das Auto fährt mittels eines genialen Leistungsteilers und eines stufenlosen Getriebes (CVT = »Continuously Variable Transmission«, siehe Teil 2), mit einem Steuerungssystem, das die verfügbare Energie bestmöglich nutzt. Nach Herstellerangabe benötigt der Prius dadurch nur halb so viel Kraftstoff (also werden auch nur halb so viel CO_2-Emissionen erzeugt) wie ein vergleichbares Auto gleicher Größe und gleicher Leistung mit konventionellem Antrieb. Andere Emissionen (HC, CO, NOx) sollen um 90 Prozent reduziert sein. Die Ausgangsleistung des 1,5-Liter-Motors im Prius beträgt 58 PS (43 kW). Er dreht dabei niemals höher als 4000 U/min, sein Elektromotor kann weitere 40 PS (29 kW) und ein kräftiges Drehmoment für Sprint-Beschleunigung beisteuern. Allein die Ausgangsleistung des Motors ist hoch genug, um eine konstante Geschwindigkeit von 100 km/h in der Ebene zu gewährleisten, ohne dass bei dieser Dauergeschwindigkeit sich die Batteriebank leert.

Der Honda Insight ist ein zweisitziges, leichtgewichtiges Coupé mit einem Reihen-Hybrid-Antrieb. Seine Leistungseinheit, sorgfältig integriert wie beim Prius, verwendet Hondas Integral-Motor-Assist-Konzept (IMA) und kombiniert einen Vierventil-Dreizylindermotor von 1,0 Liter

Linke Seite: Auf der Tokyo Motor Show im Jahr 1999 zeigte Toyota sein HV-M4-Konzept-Fahrzeug, tatsächlich ein Hybrid-Fahrzeug der zweiten Generation, Nachfolger des Prius, der seinerzeit in Produktion ging. Das HV-M4 verwendete das gleiche Hybrid-Prinzip, fügte aber einen zweiten Elektromotor hinzu, der die Hinterräder antrieb, falls erforderlich. Diese Schemata zeigen die Wege, wie elektrische und mechanische Leistungsflüsse abhängig von Fahrbedingungen Computergesteuert werden, immer mit dem Ziel, die eingesetzte Energie zu optimieren. (Toyota)

Hubraum mit einem schmalen Motor-Generator-Sandwich zwischen Motor und der Fünfgang-Handschaltung. Der Insight-Motor besitzt eine Ausgangsleistung von 68 PS (50 kW) und ein maximales Drehmoment von 91 Nm bei 4800 U/min. Wenn der Elektromotor die volle Unterstützung liefert, geht die Ausgangsleistung auf bescheidene 76 PS (56 kW) hinauf, doch das maximale Drehmoment wird bis auf 113 Nm bei nur 1500 U/min erhöht, was deutlich zeigt, wie der Elektromotor ein hohes Drehmoment bei sehr geringer Geschwindigkeit entwickelt. Diese Daten belegen jedoch auch, dass der Insight ein gutes Stück weniger hybrid ist als der Prius, bei dem die Ausgangsleistungen von Verbrennungs- und Elektromotor viel ausbalancierter sind. Aus hybrider Sicht ist der Insight am anderen Ende des Spektrums der Fahrzeuge angesiedelt, die Ende der 1990er Jahre von Citroën und Fiat vorgestellt wurden. Beide waren grundsätzlich Elektroautos mit kleinen Verbrennungsmotoren und Generatoren anstelle einiger Batterien. Wenn die Batterien leer waren und der Motor im Nach-Hause-Betrieb arbeitete, brachten diese reinen Reihen-Hybride nicht mehr als etwa 50 km/h zustande. In solchen Fällen dient der Motor nur als »Flautenschieber«, der den Batterien hilft und den möglichen Operationsradius bis zur Aufladestation vergrößert.

Brennstoffzellen

Die Brennstoffzelle ist die Technologie, von der sich die meisten Experten langfristig Antworten auf die Probleme der Abgas-Emissionen und der Ölknappheit erhoffen. Das Grundprinzip der Brennstoffzelle kennt man aus dem Schullabor, wo man mit der Elektrolyse – wenn auch in umgekehrter Form – experimentiert hat. Dabei fließt der elektrischer Strom durch Wasser und bildet Sauerstoff und Wasserstoff. In der Brennstoffzelle werden Sauerstoff aus der Luft und Wasserstoff auf die jeweiligen Gegenseiten einer reaktiven Schicht geführt, in der sie sich – begünstigt durch einen Katalysator – zu Wasser verbinden und während dieses Prozesses elektrische Leistung erzeugen.

Die Innenansicht des NECAR 4 von DaimlerChrysler zeigt, wie die ganze Leistungseinheit auf dem Bodenblech dieses kompakten (aber hohen) 4-Sitzers, basierend auf der A-Klasse, untergebracht worden ist. Im ersten Fahrzeug der NECAR-Reihe, nur einige Jahre zuvor, nahmen die gleichen Bauteile den meisten Raum in einem Mittelklasse-Lastwagen ein und ließen nur Raum für zwei Sitze. (DaimlerChrysler)

Mittlerweile wurden verschiedene Brennstoffzellen entwickelt. Nur eine, der Typ mit Protonen-Austausch-Membran (PEM = »Proton Exchange Membrane«) arbeitet bei ziemlich niedriger Temperatur (etwa 80 °C), was ihn weitaus am brauchbarsten für die Verwendung in Fahrzeugen macht. Bis in die 1990er-Jahre hinein galt die PEM-Brennstoffzelle bestenfalls als teuer, massig und als Energiespeicher von zweifelhaftem Wirkungsgrad bei der Energie-Umsetzung. Die Sackgasse aber, in der die Entwicklung des Elektroautos steckte (die größten Probleme waren seit einem Jahrhundert immer noch nicht gelöst), führte immerhin zu aufwändigen Brennstoffzellen-Forschungsprogrammen. Die Brennstoffzelle stellte dabei die einzige Alternativtechnologie dar, die ebenso umweltfreundlich aussah wie die Elektrotechnik. In der Tat ließen sich hier rapide Fortschritte erzielen, und ab 1999 erprobten verschiedene Automobilhersteller, unter ihnen DaimlerChrysler, Ford, General Motors, Honda und Toyota, entsprechende Prototypen mit Brennstoffzellen. Diese Fahrzeuge wiesen eine zufrieden stellende Leistung und eine ebensolche Alltagstauglichkeit auf, obwohl mit immer noch hohen Kosten verbunden.

Einige Anzeichen für den Fortschritt erkennt man an den Prototypen der DaimlerChrysler-NECAR-Serie. Das Unternehmen stellte bereits 1994 den NECAR I vor, ein Nutzfahrzeug, das neben seiner experimentellen Leistungseinheit nur Platz für den Fahrer bot. Zwei Jahre später konnte die Leistungseinheit des NECAR II, basierend auf dem V-Klasse Multivan, unter dem hinteren Boden untergebracht werden, und dabei verblieb Raum für sechs Sitze innerhalb des Fahrzeugs. 1999 hatte das NECAR 4, abgeleitet von der kleinen A-Klasse, sein gesamtes Brennstoffzellen-System unter seinem Boden und ließ Platz für vier Sitze und eine Menge Gepäck. Die meisten der größeren Automobilhersteller gehen davon aus, ab etwa 2010 solche Autos in wirtschaftlichen Stückzahlen produzieren zu können (wenn auch noch

Nissans Brennstoffzellen-Fahrzeug

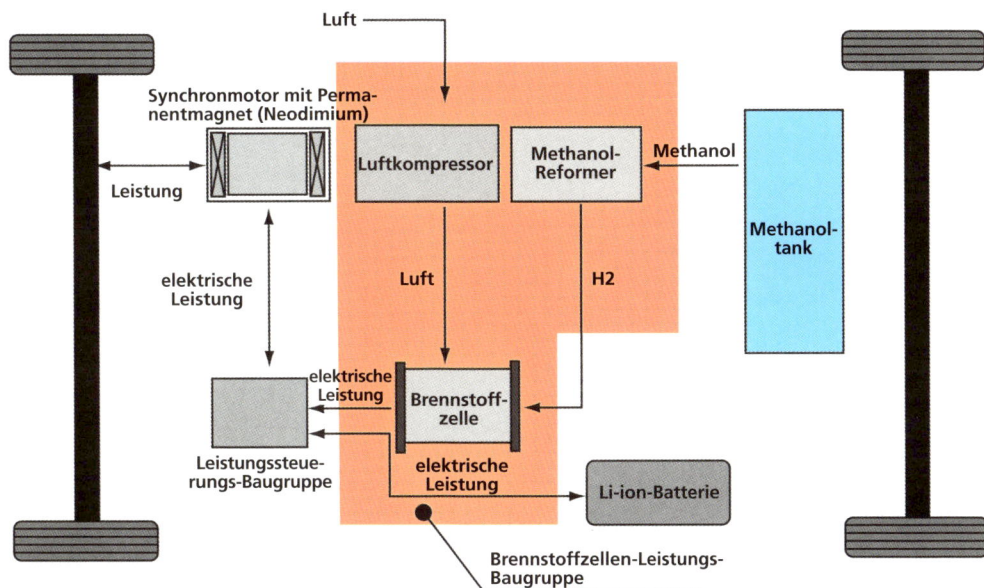

Auf der Tokyo Motor Show im Jahr 1999 stellte Nissan ein Fahrzeug vor, das mit einer Brennstoffzelle angetrieben wurde. Der Kraftfluss ist in diesem Diagramm dargestellt. Unter anderem ist hier bemerkenswert, dass das Brennstoffzellenaggregat selber zwar das Herz einer vollständigen Brennstoffzellen-Leistungsbaugruppe ist, aber nur einen kleinen Teil davon ausmacht. Dass man Luft genauso schnell durch eine Brennstoffzelle schicken muss, wie durch einen konventionellen Verbrennungsmotor, wird häufig übersehen. (Nissan)

in weitaus kleineren Stückzahlen als Autos mit Verbrennungsmotoren).

Theoretisch erzeugt die Brennstoffzelle nichts weiter als elektrische Leistung und Wasser. In der Praxis ist das allerdings nicht so einfach. Die meisten der potenziellen Probleme hängen mit dem Prozess der Umformung flüssiger Kraftstoffe zusammen, aus denen der Wasserstoff für die Zelle erzeugt wird. Benötigt wird entweder Benzin oder Methanol. Die Alternative dazu besteht darin, einen unter Druck stehenden oder flüssigen Vorrat an Wasserstoff mitzuführen, doch das macht ein Nachtanken sehr unbequem. 1999 und 2000 entwickelte sich eine hitzige Debatte über die beste Kraftstoff-Optionen, bei der Benzin-, Methanol- und Wasserstoff-Befürworter gleichermaßen ihren Standpunkt vertraten. Jenseits aller Ideologie steht aber fest: Benzin ist am einfachsten, obgleich das Benzin ziemlich verschieden von dem heutzutage üblichen bleifreien Benzin sein würde, mit weniger Additiven und fast völlig ohne Unreinheiten (besonders Schwefel). Doch es bleibt das Problem, dass seine Ressourcen einmal erschöpft sein werden, wenn die Rohölvorräte zu Ende gehen. Benzin mindert auch nicht die CO_2-Emissionen, also den Treibhauseffekt.

Methanol-Tanks können auf die gleiche Art befüllt werden wie solche für Benzin, erfordern aber eine neue Infrastruktur mit Raffinerien, Verteilungsdepots und Spezialpumpen bei Tankstellen. Methanol kann aus natürlichem Methangas gewonnen werden, und bis zum Jahr 2100 sollte es auch keine Versorgungsprobleme mehr geben.

Wasserstoff schließlich würde das Brennstoffzellen-System im Auto stark vereinfachen, gleichzeitig aber eine gewaltige Veränderung hinsichtlich Speicherung, Verteilung und Verzicht bedeuten und die Lösung einiger ernsthafter Sicherheitsfragen erfordern. Wasserstoff ist theoretisch in unbegrenzter Menge verfügbar, aber ihn zu isolieren, erfordert eine Menge elektrischer Leistung. Alle aber sind sich einig: Niemand möchte zwei massive Änderungen des Versorgungssystems, von Benzin nach Methanol und schließlich nach Wasserstoff. Man streitet und forscht weiter, wobei schon jetzt klar ist: Es wird eine Zeit dauern, bevor alle Fragen gelöst sein werden.

Brennstoffzellen sind potenziell sehr wirkungsvoll. Der Verbrennungsmotor arbeitet mittels eines Kreislaufs aus Kompression und Expansion. Der französische Wissenschaftler Carnot bewies schon 1824, dass ein solcher Motor niemals mehr als 50 Prozent Wirkungsgrad bei der Umsetzung von Wärme (erzeugt von der chemischen Energie bei der Verbrennung von Kraftstoff) in mechanische Arbeit erreichen kann. Die Brennstoffzelle hat keine beweglichen Teile (zumindest nicht in der Zelle selber) und unterliegt nicht den Carnot'schen Beschränkungen. Sie kann sicher einen Wirkungsgrad von mehr als 50 Prozent erzielen und gewinnt besonders bei geringer Last, bei der der Verbrennungsmotor weniger leistungsfähig ist, an Bedeutung. Deshalb sind Brennstoffzellen-Fahrzeuge voraussichtlich wirtschaftlicher als konventionelle Au-

tos unter praxisnahen Fahrbedingungen, und sie haben das auch bereits bewiesen.

Brennstoffzellen-Fahrzeuge können noch wirtschaftlicher arbeiten, wenn deren Zelle als Teil eines Hybridsystems wirkt, wobei der Energiepuffer ein Gesamtenergiemanagement inklusive Regeneration zulässt. Damit wird ein weiter verbesserter Wirkungsgrad erzielt. Brennstoffzellen-Experten diskutieren heftig darüber, welche Methode die meisten Vorteile bietet: eine Brennstoffzelle im »Beharrungszustand« mit einem Energiepuffer und einem Management-System, um die Spitzen und Täler bei Bedarf zu glätten; oder eine Brennstoffzelle, die ihre Ausgangsleistung sehr rasch durch Variationen des Wasserstoffflusses und des Drucks in der Zelle – genau wie bei einem Verbrennungsmotor – ändern kann. Die Ausgangsleistung einer Brennstoffzelle lässt sich in kW pro Liter des Zellenvolumens ausdrücken. Die jüngst präsentierten Zellen von Ballard und General Motors reichten bis 2 kW/Liter, was bedeutet, dass die 75-kW-Ballard-Zelle

Der milde Hybrid mit den Komponenten Verbrennungsmotor, Starter-Generator und automatisches Getriebe (DaimlerChrysler)

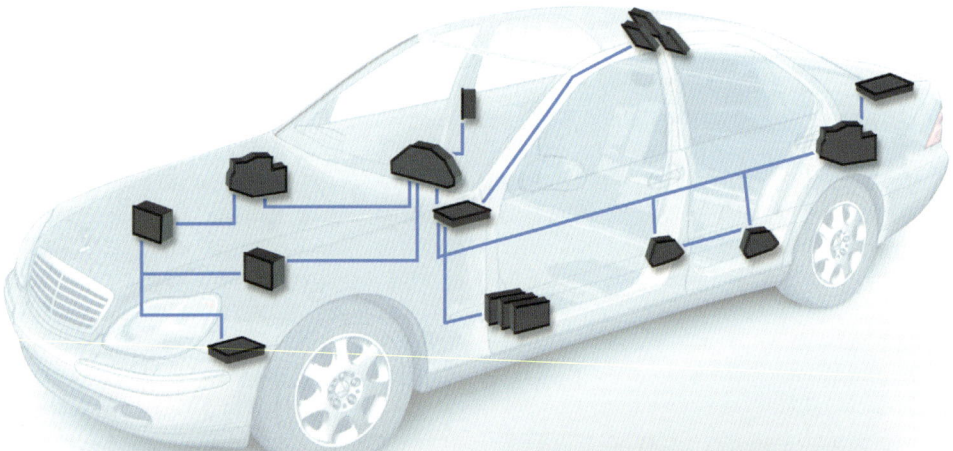

ein Volumen von fast 40 Litern besitzt, was ungefähr der Größe des Benzintanks in einem Kleinwagen entspricht.

Wohlgemerkt, die Brennstoffzelle stellt keinen Motor dar, sie liefert lediglich die zur Fortbewegung notwendige elektrische Leistung. Damit das Fahrzeug fahren kann, muss diese Leistung über einen Elektromotor in mechanische Arbeit umgesetzt werden. Deshalb können wir lediglich die Gesamtheit aus Brennstoffzelle plus Elektromotor als Ersatzmotor betrachten. Die Brennstoffzelle ist auch kein einfaches Gerät. Die Zelle selber darf keine bewegliche Teile aufweisen, sie muss aber mit Wasserstoff und Luft versorgt werden, und das erfordert Pumpen und andere Hilfsgeräte. Man kann leicht übersehen, dass die Brennstoffzelle annähernd so viel Luft braucht wie ein Verbrennungsmotor, wenn sie gleich viel Leistung liefern soll. Mit anderen Worten: ziemlich viel. Und wie beim Verbrennungsmotor wird 80 Prozent der Luft, die aus Stickstoff besteht, unverändert passieren. Deshalb benötigt die Brennstoffzelle eine große und leistungsfähige Luftpumpe, vielleicht eine Kompressor-Expander-Einheit, in der die Auspuffgase helfen, den Kompressor anzutreiben, so dass keine Energie verschwendet wird.

Auf der Seite der Wasserstoffversorgung hängt alles von der Wahl des Kraftstoffs ab; reiner Wasserstoff kann einfach unter Druck zugeführt werden. Wenn man Benzin oder Methanol verwendet, muss der Kraftstoff in einem speziellen Gerät (Reformer), das den Wasserstoff abtrennt und den Rest in CO_2 und Wasser aufteilt, aufbereitet werden. Die Verbesserung von Benzin ist schwieriger und erfordert höhere Temperaturen, etwa 800° C, verglichen mit 250° C innerhalb eines Methanol-Reformers. Und fast mit Sicherheit wird der Verbesserungsprozess weniger perfekt erfolgen, und die Abgase werden eine Art von Katalysator durchlaufen müssen, damit Emissionen nahe Null erreicht werden.

Es gibt genügend Prototypen und Versuchsmodelle von Brennstoffzellenfahrzeugen, die heutzutage in verschiedenen Ländern der Welt laufen. Der Nachweis also, dass das Konzept funktioniert, ist längst erbracht. Die verbliebenen Herausforderungen sind technischer und industrieller Natur. Die technische Herausforderung besteht darin, für eine weitere Verbesserung der Ausgangsleistung zu sorgen, und für eine längere Lebensdauer bei drastisch reduzierten Kosten. Der reale Preis für eine automobile Brennstoffzelle ist seit 1990 um den Faktor zehn gesunken, aber er darf nicht höher als ein Zehntel des Preises von 2001 sein, bevor sie als Leistungseinheit für Serienfahrzeuge wettbewerbsfähig wird.

Die industrielle Herausforderung besteht natürlich darin, die Produktion auf Millionen von Brennstoffzellen-Leistungseinheiten pro Jahr zu steigern – und zu entscheiden, was mit den Fabriken, die nun Verbrennungsmaschinen herstellen, geschehen soll. Überdies ist nicht geklärt, woher die großen Mengen etwa an Methanol kommen sollen.

Andere Alternativen

Neben der Batterie und der Brennstoffzelle gibt es verschiedene andere merkwürdige und nicht so merkwürdige Ideen, den Motor abzuschaffen. Verschiedene Forscherteams haben Entwürfe von Schwungrädern untersucht, die große Mengen an Energie speichern können. Die vielversprechendsten Methoden scheinen sehr kräftige Rotoren zu sein (die Stärke wird gebraucht, damit der Rotor unter dem Zentrifugalstress nicht zerbricht), die extrem schnell in einer Vakuumkammer drehen. Die benötigte Energie wird elektrisch zugeführt und wiedergewonnen, nicht mechanisch. Eine sehr einfache Lösung besteht auch darin, komprimierte Luft zu verwenden, die von einem elementaren Motor ausgelöst wird, eine Lösung, die die Leistung eines leichten Fahrzeugs der eines Elektroautos vergleichbar macht, und das zu einem Bruchteil der Kosten. Jede mögliche Lösung ist es wert, untersucht zu werden, aber immer müssen zwei grundsätzliche Anforderungen bedacht werden: Was wird die Lösung wiegen, wenn bei gegebener Forderung nach einer bestimmten Menge an Energie eine akzeptable Leistung erreicht werden soll? Und was wird sie wahrscheinlich kosten?

9 Grundlagen des Getriebes

UTS Grafica Tecnica

Die Aufgabe des Getriebes ist es, die Leistung oder genauer: das Drehmoment des Motors an die anzutreibenden Räder zu übertragen. So gesehen ist diese Aufgabe einfach, dennoch sind die technischen Herausforderungen vielfältig und mehr geworden, seit die meisten Autos über Vorderradantrieb (Frontantrieb) und viele über Allradantrieb verfügen.

Oberflächlich betrachtet, besteht das Getriebe in einem beliebigen Auto mit einem Verbrennungsmotor aus einem Getriebegehäuse und dem Drumherum. Das Drumherum wird meist als selbstverständlich angesehen. Doch wozu überhaupt ein Gehäuse mit unterschiedlichen Zahnrädern?

Ein Verbrennungsmotor liefert nur ein relativ schwaches Drehmoment, insbesondere bei niedrigen Drehzahlen. Jedes Auto benötigt ein gewisses Drehmoment zum Anfahren und Beschleunigen, besonders bergauf und womöglich mit einem Wohnwagen im Schlepp. Das ist die Messlatte, die man anlegt, wenn die Übersetzung für den niedrigsten Gang gewählt wird. Dieser Gang hält den Motor auf Touren, auch wenn sich das Auto sehr langsam bewegt: Er setzt die Motordrehzahl so weit herab, dass sich die Hauptwelle des Getriebes, die Abtriebswelle, normalerweise mit etwa einem Viertel der Eingangsgeschwindigkeit dreht. Der Übergang vom Stillstand zur Bewegung erfordert ein Hilfsmittel, um die Motorausgangsleistung in das Räderwerk zu übertragen; das kann entweder eine manuelle oder automatische Kupplung sein oder eine Flüssigkeitskupplung – doch dazu später mehr. Welches System man auch wählt, es hindert den Motor nicht daran, weiter zu laufen, auch wenn das Auto steht. Die Kupplung kann schleifen, um die unerwünschte Lücke zwischen Stillstand und Bewegung des Fahrzeugs zu überbrücken. Normalerweise stellt die Kupplung das Medium dar, das einen sanften, gleitenden Übergang anstelle eines allzu plötzlichen Einsetzens des Antriebs gewährleistet.

Hat die Kupplung vollständig gegriffen, dann steht einer sauberen und ruckfreien Beschleunigung des Wagens nichts mehr im Wege – zumindest so lange, bis der Motor seine maximale Betriebsdrehzahl erreicht hat. In einem typischen Familienauto tritt das bei rund 50 km/h ein. Und was geschieht dann? Man wechselt natürlich in einen höheren Gang (in dem man allerdings nur schwer aus dem Stand wieder anfahren könnte). Im zweiten Gang kann man in einem modernen Auto bis etwa 100 km/h fahren. Aber selbst wenn das Auto mit dieser Geschwindigkeit fährt, möchte man den Motor nicht mit seiner maximalen Drehzahl im zweiten Gang laufen lassen. Deshalb ist ein dritter Gang vorgesehen, und ein höherer vierter und inzwischen sogar meist ein fünfter, wenn nicht schon ein sechster. Und so wie der erste Gang in der Regel für das Caravangespann beim Anfahren am Berg gedacht ist, so soll der höchste Gang, der vierte, fünfte oder sechste, der Höchstdrehzahl des Motors bei maximaler Geschwindigkeit auf ebener Straße entsprechen.

Das ist jedoch nicht lebenswichtig. Einige deutsche Hersteller wählten etwas niedrigere als ideale höchste Gänge, so dass der Motor bei Vollgas (theoretisch noch möglich auf deutschen Autobahnen) etwas jenseits seiner Spitzenleistung laufen wird. Wenn man dann leicht aufwärts fährt, wird die erste leichte Verlangsamung des Autos den Motor wieder zu seiner Leistung bei Spitzengeschwindigkeit zurückbringen, die man hoffentlich halten kann, ohne herunterschalten zu müssen. Wenn man jedoch Wert auf einen vernünftigen Kraftstoffverbrauch (und auch auf eine ruhige Fahrweise) legt, man den Motor also irgendwo zwischen Spitzendrehmoment und Spitzenleistung drehen lässt, könnte der höchste Gang so hoch gewählt werden, dass der Motor sogar mit maximaler Geschwindigkeit liefe. Um das zu erreichen, müsste der höchste Gang in der Regel ein »Overdrive« sein, was buchstäblich bedeutet, dass die Abtriebswelle schneller (statt langsamer) als der Motor am Eingang dreht. Das

Es ist schwierig aber nicht unmöglich, einen Quermotor zusammen mit einem Zweiwellen-Sechsganggetriebe in einem Frontantriebler unterzubringen. Dieses Prachtexemplar wird im Alfa Romeo 156 mit dem V6-Motor eingesetzt. Weil der V6 so kompakt ist, stellt der Einbau des Getriebes kein großes Problem dar. Ganz anders dagegen bei den Vier- und Fünfzylinder-Motoren im 156: Der V6, obwohl leistungsstärker, baut sehr schmal, sein Breite entspricht der von nur dreieinhalb Zylindern. Bemerkenswert in dieser Zeichnung ist die Art, wie der Kraftfluss vom Ausgang zum Achsantrieb und Differential geführt wird. (Alfa Romeo)

reduziert zwar den Kraftstoffverbrauch und das Motorengeräusch, aber das heißt auch, dass nur eine leicht ansteigende Autobahn die Geschwindigkeit des Autos so rasch absinken lässt, dass man früh wieder herunterschalten muss. Besonders in den 1980er-Jahren hatten viele Autos mit einer Viergang-Handschaltung eine höhere maximale Geschwindigkeit im vierten als im fünften Gang.

Heutzutage, mit nahezu weltweiten Geschwindigkeitsbeschränkungen außerhalb einiger Autobahnstrecken in Deutschland, ist es unbedeutend geworden, ob der oberste Gang besonders hoch ausgelegt ist; Wirtschaftlichkeit und Laufruhe sind wichtiger. Was wirklich zählt, ist die Anzahl der Gänge und wie sie abgestuft sind (vorläufig sprechen wir von einer beliebigen Gangschaltung, egal ob manuell oder automatisch). Je mehr Gänge es gibt, desto geringer ist natürlich auch der Stufensprung zwischen zwei benachbarten Übersetzungen. Eine große Lücke zwischen zwei Gangstufen kann das Fahren zum Elend machen. Wenn Sie beispielsweise zu überholen versuchen und den Überholvorgang aus einem niedrigen Gang starten, werden Sie das Gefühl haben, während des Manövers hinaufschalten zu müssen (was keineswegs zu empfehlen, aber manchmal notwendig ist). Dann könnten Sie nämlich feststellen, dass der Durchzug im höheren Gang so viel zu wünschen übrig lässt, dass sich Schweißperlen auf der Stirn bilden. Auch der umgekehrte Fall ist unangenehm, etwa falls Sie herunterschalten müssen, vielleicht vor einer Kurve oder bei Annäherung an eine Kreuzung: Ein zu großer Drehzahlsprung zwischen zwei Gängen mag zu einem plötzlich aufheulenden Motor, zu schwarzen Strichen auf der Straße und zu weit mehr Bremswirkung, als Sie benötigten, führen.

Da die Fahrer anspruchsvoller geworden und die Leistungen der Autos gestiegen sind, wurde der Schritt zu mehr Gängen unvermeidlich. Wäh-

*Portrait eines Überlebenden: Der Porsche 911, in unserem Falle ein 911 Carrera 4 (4WD), ist so ziemlich das einzig verbliebene Beispiel für die einst beliebte Anordnung des Motors im Fahrzeugheck, das sich noch in Serienproduktion befindet. Bemerkenswert in diesem Fall ist der Antriebsstrang des 4WD, der am hinten liegenden Getriebe mit integriertem Achsantrieb beginnt und in Form eines Zentralrohres mit innenliegender Antriebswelle zur vorderen Antriebsachse führt. Um Handling-Probleme mit dem hinter der Hinterachse liegenden Motor zu vermeiden, hat der moderne 911 eine sehr anspruchsvolle Multilink-Hinterradaufhängung und vorn McPherson-Federbeine. Bemerkenswert sind außerdem die vorne angebrachten Kühler, da der aktuelle Sechszylinder-Boxermotor inzwischen flüssigkeitsgekühlt ist und nicht mehr luftgekühlt wie die früheren Neunhundertelfer.
(Porsche)*

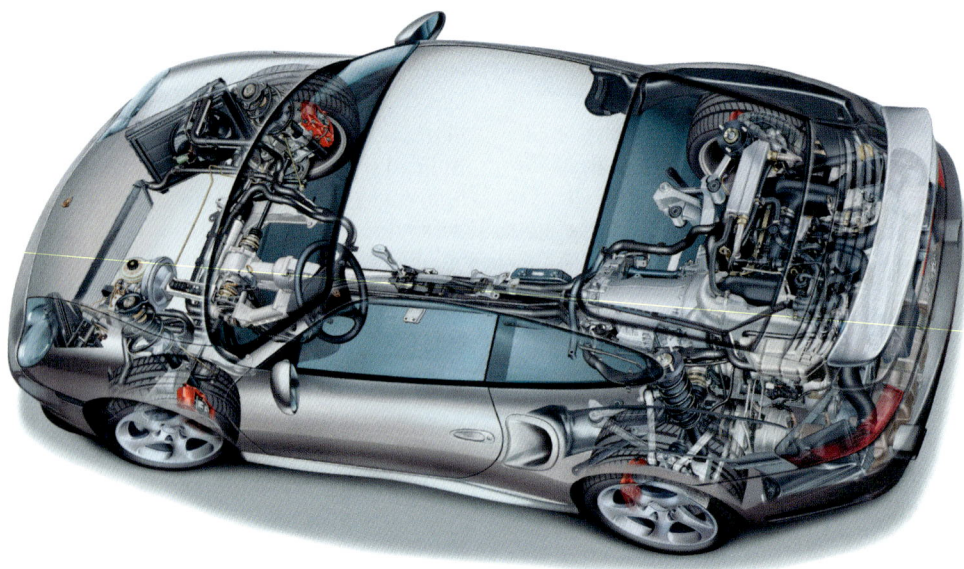

rend der 1940er-Jahre hatte das durchschnittliche Familienauto mit Handschaltung drei Vorwärtsgänge. In den 1950er- und 1960er-Jahren gab es einen Trend zur Viergang-Handschaltung (und die meisten Automatikgetriebe hatten damals nicht mehr als drei Fahrstufen). Um 1980 befanden wir uns im Übergang zu fünf Gängen manuell und vier Gängen automatisch, und um die Jahrtausendwende wurden Sechsgang-Handschaltungen und Fünfgang-Automatik-Getriebe üblich. Die Vorreiterrolle übernahmen sportliche Autos, nicht zuletzt weil ihre Fahrer das manuelle Schalten als Garant für Fahrspaß und eine optimale Leistungsausbeute betrachteten, aber auch, weil die hochdrehenden Sportmotoren in vielen Situationen mehr oder weniger häufig geschaltet werden mussten, um genügend Drehmoment zu entwickeln.

Die Geschichte des Autofahrens ist auch eine Geschichte der Bemühung, dem Autofahrer das Leben am Lenkrad leichter zu machen. Mit einer manuellen Gangschaltung, die lange Zeit die einzige Möglichkeit des so genannten »Geschwindigkeitwechsels« darstellte, war das Anfahren immer eine Herausforderung. Wer ohne Gefühl und ohne mechanisches Verständnis im Getriebe herumrührte, ruinierte manche Gangschaltung – und seine Nerven. Schließlich, wie wir in Kapitel 10 sehen werden, fanden die Ingenieure Antworten sowohl bei der Kupplungs- als auch bei der Getriebeentwicklung; in der Zwischenzeit bemühten sich andere um eine echte Getriebeautomatik, die vom Fahrer nur verlangte, vor dem Losfahren den Wählhebel auf »D« zu stellen. In den frühen 1940ern wurde in den USA mit der Getriebeautomatik die definitive Antwort auf die Herausforderungen des Anfahrens gefunden. Zumindest wurde sie ein halbes Jahrhundert lang als definitiv betrachtet, aber sie wurde in jüngster Zeit durch neuere und raffiniertere Systeme in Frage gestellt.

Es bleibt das Drumherum des Getriebes. In der ersten Hälfte des 20. Jahrhunderts bestand das Getriebe, von wenigen Ausnahmen abgesehen, aus dem längs eingebauten Schaltgetriebe, aus einer Kardanwelle, die das Schaltgetriebe mit einem Achsantrieb verband, der in der Mitte einer Hinterachse saß, über welche die Räder an ihren beiden Enden angetrieben wurden. Die Kardanwelle wurde mit mindestens einem Kreuzgelenk und einer leichten Änderungsmöglichkeit in der Länge ausgerüstet, um die Bewegung der Hinterachse in Relation zum Schaltgetriebe anzupassen. Die Achsantriebswelle hatte zwei Aufgaben. Zum einen enthielt sie ein weiteres Untersetzungsverhältnis, normalerweise rund 4:1 – sonst bräuchte der erste Gang im Getriebe ungefähr 16:1. Zum zweiten enthielt sie eine Differenzial-Anordnung, die die angetriebenen Räder in Kurven mit unterschiedlichen Drehzahlen rollen ließ was wichtig für enge Kurvenfahrt ist, damit sich die inneren und äußeren angetriebenen Räder nicht ins Gehege kommen. Das steife Rohr der Hinterachse enthielt die Antriebswellen mit fester Länge, die beide Differenzial-Ausgänge mit den Hinterradnaben verbanden. Dies war eine Anordnung, die René Panhard (1841–1908), der sie 1890 erfunden hatte, 60 Jahre später in der überwiegenden Mehrheit der Autos wiedererkannt hätte. Heutzutage würde Monsieur Panhard mehr Mühe haben, seine Anordnung wiederzuerkennen.

Der große Schlag: der Übergang zum Frontantrieb

Die bei weitem wichtigste Änderung im Automobilbau bestand in der Umstellung vom Hinterradantrieb zum Vorderradantrieb. DKW, Citroën und andere Hersteller bereiteten ihm in den dreißiger Jahren den Weg. Den weltweit wegweisenden Durchbruch schaffte der Vorderradantrieb aber erst durch den Erfolg des Mini, der ab 1959 ungeheuer populär wurde. Dank Vorderradantrieb konnte der Motor längs oder quer eingebaut werden, eine Kombination von Achse und Kardanwelle verband das Getriebe und den Achsantrieb miteinander. Im Mini lagen die Getriebezahnräder in der Ölwanne des quer liegenden Motors, die Kraftübertragung erfolgte mit einem Stirnradgetriebe zum Achsantrieb hinter dem Motor. Bei nahezu jedem anderen Auto mit Quermotor war das Getriebe linear mit der Kurbelwelle angeordnet, was den Entwurf in mancher Hinsicht erleichterte. Andererseits bedeutete das aber auch, dass das komplette Motor-und-Getriebe-Paket bedeutend breiter geriet, was zu Platzproblemen beim Einbau führte. Die Reihenmotor-und-Kardanwelle-Lösung war weniger anspruchsvoll, nicht zuletzt, weil Kardan- und Antriebswellen bereits für eine ganze Generation von Nachkriegsautos mit Heckmotor und Hinterradantrieb gebaut worden waren, inklusive VW Käfer, Renault 4 CV / Dauphine, Fiat 500/600 und viele anderer Autos. Andererseits bot diese Anordnung keinen der Raumvorteile des Quermotors und ließ nur die Wahl zwischen einem Motoreinbau vor der vorderen Achslinie (was das Auto potenziell frontlastig machte und die Aerodynamik des Bugs störte) oder der Montage hinter der Achslinie mit vorn platziertem Getriebe. In diesem Fall wanderte der Motor fast zwangsläufig weit in den Fahrgastraum hinein, wie man in allen großen Citroën bis zum DS sehen konnte. Ganz gleich, welche Anordnung man wählte: Frontantrieb (und auch Heckmotor plus Getriebe) machte eine Kardanwelle entbehrlich. Zugleich musste man eine Möglichkeit für die Räder finden, sich vertikal relativ zum Motor und zur Gangschaltung bewegen zu können. Tatsächlich machte das mehr oder weniger den Einsatz einer unabhängigen Aufhängung statt einer Starrachse erforderlich, wobei die Antriebswellen direkt vom Differenzial zu den Vorderrädern führten, wo sie miteinander verbunden und gewissermaßen verkeilt waren, damit kleine Längenänderungen möglich

waren und Stöße aufgefangen wurden. In den kleinen Autos mit Heckantrieb der 1950er-Jahre konnte eine unabhängige Hinterradaufhängung verhältnismäßig einfach durch Variation der Pendelachse arrangiert werden (siehe Teil 3). Doch die Mängel der Pendelachse ließen sich beim Lenkeinschlag der Räder nicht tolerieren – und das erforderte in jedem Fall, statt der einfachen Kreuzgelenke bei den Antriebswellen Doppelgelenk-Konstruktionen (CVJ = »Constant Velocity Joint«) zu verwenden.

Im Grunde genommen gibt es heute nur noch zwei Getriebe-Anordnungen: den Frontantrieb mit Quermotor und den Heckantrieb mit Reihenmotor vorn sowie den Spezialfall Vierradantrieb (siehe Kapitel 13). Daher hat man sich in den vergangenen beiden Jahrzehnten vor allem auf die Perfektionierung dieser Anordnungen konzentriert, ohne sich allzu sehr um Alternativen kümmern zu müssen, und einige wirklich fortschrittliche Lösungen entwickelt, um das Getriebe auch zur Unterstützung der Lenkfunktionen zu nutzen. Man kann sich vorstellen, dass dies im Bereich der Getriebeentwicklung den bis dato letzten großen Evolutionsschritt darstellt, bevor der elektrische Antrieb kommt. Dann werden die Lastenhefte neu geschrieben werden. Denkbar ist allerdings auch, dass die neuen Technik letztlich auch zu wesentlichen Vereinfachungen auf diesem Gebiet führen. Noch ist nichts entschieden...

TEIL 2 – DAS GETRIEBE

10 Manuelle Getriebe (Handschaltung)

UTS Grafica Tecnica

Es gibt zwei technische Grundelemente bei jedem Getriebe mit Handschaltung: die Kupplung und das eigentliche Räderwerk der Gangschaltung. Jeder Ingenieur strebt für beide Baugruppen niedrige Herstellungskosten, möglichst geringes Gewicht und geringe Masse sowie eine bequeme Bedienung an.

Autofahrer legen verständlicherweise großen Wert darauf, dass Kupplung und Gangschaltung leicht und nahezu narrensicher zu bedienen sind. Jeder, der die Segnungen des technischen Fortschritts, die bisher erzielt worden sind, anzweifelt, sollte versuchen, ein Auto aus den 1930er-Jahren zu fahren und dann ein modernes – es liegen Welten dazwischen. Bei oberflächlicher Betrachtung der Autoentwicklung könnte man annehmen, dass das Auftauchen des Synchrongetriebes den Unterschied ausmacht, aber das wäre nur ein Teil der Geschichte. Vielmehr hat eine enorme Zahl von Detailentwicklungen beim Kupplungs- und Getriebeentwurf und bei den verwendeten Materialien zum Fortschritt beigetragen.

Die Kupplung

Der einzige Zweck der Kupplung besteht darin, den Motor vom Rest des Antriebsstrangs zu trennen, falls erforderlich. Das Grundprinzip der Kupplung in einem modernen Personenauto ist einfach: eine Scheibe (die Mitnehmerscheibe), die auf beiden Seiten mit hochfestem Reibungsmaterial beschichtet ist, sitzt zwischen der Rückseite des Motorschwungrads und einer Druckplatte. Diese Druckplatte wird von einer kräftigen Feder an ihrem Platz gehalten. Der Druck kann dadurch verringert werden, indem der Fahrer auf das Kupplungspedal tritt, wobei meist eine Hydraulik diesen Vorgang unterstützt. Bei der technischen Auslegung des Lösevorgangs der Kupplung muss berücksichtigt werden, dass die Kupplung mit hoher Drehzahl rotiert, die hydraulische Betätigung dagegen nicht. An dieser Stelle hat der Ausrückmechanismus (der gegen die Druckseite drückt) seinen großen Auftritt, womit wir beim letzten entscheidenden Bauteil wären: dem Kupplungsausrücklager. Das wär's im Prinzip. Die Pra-

xis ist jedoch komplizierter, und man brauchte rund 90 Jahre Entwicklung, um zu jener Art von Kupplung zu gelangen, die wir normalerweise heutzutage einsetzen.

Die wichtigste technische Anforderung an die Kupplung, abgesehen vom Ausrücken und Einrücken, ist es, das gesamte vom Motor erzeugte Drehmoment zu übertragen, und das möglichst ohne Verlust durch ein Rutschen der Reibflächen. Vergessen wir nicht, dass wir es mit zwei Scheibenoberflächen zu tun haben, die nur mittels Reibung verbunden sind und vom Federdruck zusammengehalten werden. Denn wenn die Last auf die Kupplung groß genug und das Drehmoment am Schwungrad besonders hoch ist, wird die Kupplung rutschen. Die Drehmomentleistung der Kupplung hängt ab vom Reibungskoeffizienten des Belagmaterials, der Größe der Kupplungsscheibe (also von ihrem wirksamen Durchmesser) sowie von dem Federdruck, der die Kupplungsscheibe gegen das Schwungrad drückt. Die Beschichtung der Anpressplatte mit Reibungsmaterial auf beiden Seiten verdoppelt die effektive Fläche der Kupplung. Die Stirnflächen des Schwungrads und der Druckplatte bestehen aus glattem Metall, weil der Kontakt zwischen zwei Stirnflächen aus Reibungsmaterial ein fast augenblickliches Blockieren und sehr raschen Verschleiß verursachen würde.

Es gibt nicht viel, was man noch tun könnte, um die Reibung des Materials über einen bestimmten Wert hinaus zu steigern, wenn man die anderen Anforderungen berücksichtigt. Immerhin muss eine Kupplung einen sanften Kraftschluss ermöglichen und stark genug sein, den verschiedenen Kräften und Temperaturen, die auf sie einwirken, zu widerstehen – und all das in Kombination mit einer maximalen Lebensdauer. Natürlich lassen sich durch das Installieren einer kleineren und leichteren Kupplung höhere Reibbeiwerte erzielen, das würde aber zur Folge haben, dass man die Kupplungsscheibe alle hundert Kilometer ersetzen müsste. Daher hat sich inzwischen ein bestimmtes Maß, eine bestimmte Größe eingebürgt, die eine Kupplungsscheibe aufweist und die natürlich von der Motorgröße abhängig ist. Die Scheibe in einem Auto der Zweiterklasse hat normaler-

120

weise einen Durchmesser von 200 bis 230 mm. Größere Drehmomente erfordern indes den Einsatz einer stärkeren Federhaltekraft. Das war vor allem in jenen Tagen von Bedeutung, als die Kupplungsscheibe von einer Druckplatte festgeklemmt wurde, die den Schub an mehrere kleine, aber steife Schraubenfedern zwischen der Druckplatte und dem Kupplungsgehäuse weitergab (was häufig zu Problemen im Betrieb führte). Bei einem leistungsstarken Auto der 1950er-Jahre war beim Auskuppeln ein richtig kräftiger Druck auf das Pedal erforderlich, damit der Mechanismus die Schraubenfedern zusammenpressen konnte. Der einzige Weg, die Kupplung leichter bedienbar zu machen, war, den Pedalweg zu vergrößern, eine Technik, die ihre Grenzen hat. Dann wurde die Membranfeder entwickelt, die zumindest den Konstrukteuren von Kupplungen für leichte Beanspruchungen das Leben erleichterte. Die Membranfeder hatte gegenüber den Schraubenfedern so viele Vorteile, dass letztere bald nicht mehr verwendet wurden, außer in großen Nutzfahrzeugen.

Im Prinzip funktioniert die Membranfeder (»Tellerfeder«) wie der vertiefte Boden einer Blechdose: Man kann sein Zentrum ohne große Mühe eindrücken, um ihn in die Gegenrichtung zu vertiefen, aber beim Loslassen springt diese Delle in ihren Ursprungszustand zurück. In der Praxis ist die Federscheibe weitaus sorgfältiger ausgeführt, mit radialen Nuten, damit sie ihre exakte Form zurückerhält ohne sich zu verkrümmen, und mit der Möglichkeit, ihre Eigenschaften zu verändern. Aber das Prinzip bleibt das gleiche: In ihrer natürlichen Form liefert die Feder einen starken Druck, der die Kupplung eingerückt hält, aber der Druck kann durch Treten des Kupplungspedals über die Betätigung (mechanisch oder hydraulisch) und das Ausrücklager verringert werden. Die Feder befindet sich auf einem Stützring mit mittig platziertem Ausrücklager; die Belastung wirkt auf die Druckplatte am Rand. Die modernste Form der Kupplung ist der Membranfeder-Zug-Typ (DSP = »diaphragm-spring pull«), bei dem das Ausrücklager gezogen statt gedrückt wird, um auszukuppeln. In diesem Fall liegt der Drehring um den Rand der Druckplatte, was zu einem stärkeren Aufbau beiträgt. Die Last wird auf die Druckplatte innerhalb des Rings aufgebracht, dadurch wird die Hebelwirkung größer und spart Gewicht an der Kupplung. Beim Ausrücklager selbst handelt es sich meist um ein abgedichtetes Kugellager, nicht mehr um ein selbstschmierendes Gleitlager.

Der Entwurf der Kupplungsscheibe in einer modernen Kupplung ist alles andere als einfach. Die Reibbeläge werden normalerweise auf starre Federn montiert, die zusammengepresst eine sanfte Aufnahme des Antriebs bewirken. Die Scheibe wird meistens mit der Zentralnabe – am verkeilten vorderen Ende der Getriebeeingangswelle – mit Hilfe von Schraubenfedern verbunden, die zusammengedrückt werden, wenn der Antrieb aufgenommen wird. All diese Eigenschaften machen moderne Kupplungen weniger anfällig, eine Tatsache, die Testfahrer zu schätzen wissen, weil sich die Kupplung auch bei einem Standard-Beschleunigungstest nicht verabschiedet, obwohl der Motor mit rund 4000

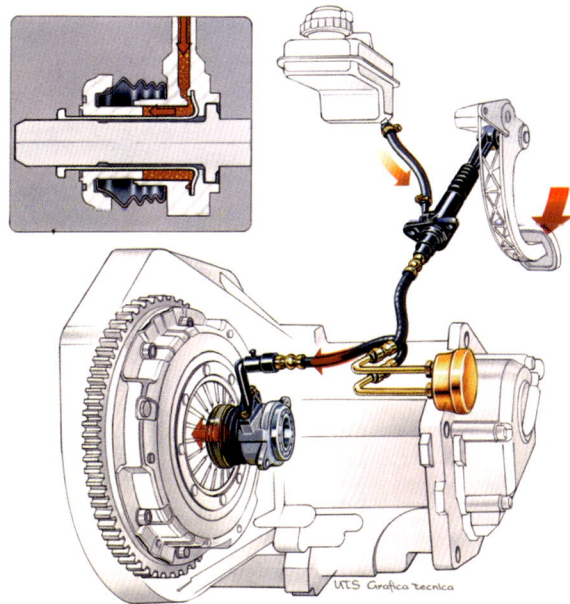

Obwohl die meisten modernen Autos mit Schaltgetrieben Seilzug-betätigte Kupplungen verwenden, halten einige Ingenieure eine hydraulische Kupplung noch immer für die bessere, weil angeblich feinfühliger zu betätigende Lösung. Der Alfa Romeo 156 ist ein Auto, bei dem ein hydraulisches Ausrücklager (siehe Detailzeichnung) direkt auf die Membranfeder der Kupplung wirkt. (Alfa Romeo)

U/min dreht. Diese Tortur ist sicherlich nicht ratsam, aber sie ist möglicherweise auf die Dauer weniger schädlich, als das Kupplungspedal als Stütze für den linken Fuß zu verwenden. Obwohl moderne Reibungsmaterialien, mittlerweile ohne Asbest hergestellt, Verschleiß und Temperatur ziemlich gut widerstehen, kann eine schleifende Kupplung immer noch für viel Ärger sorgen. Das dürfte so ziemlich das einzige Beispiel für einen Kunstfehler des Fahrers sein, auf das es niemals eine vollständige, zufrieden stellende Antwort geben wird.

Die Einscheibenkupplung ist der Weltstandard für Personenwagen mit manueller Gangschaltung. Motorräder, eine Handvoll Autos mit extrem hohem Drehmoment und extrem hoher Leistung wie auch viele Nutzfahrzeuge verwenden Mehrscheiben-Kupplungen, um ein hohes Drehmoment übertragen zu können, ohne den Kupplungsdurchmesser übermäßig vergrößern zu müssen. Bei einer Mehrscheiben-Kupplung (auch als »Lamellenkupplung« bezeichnet) werden die Treiberscheiben und Druckplatten, allesamt verkeilt mit der Getriebeeingangswelle in einem vielschichtigen Sandwich, von einer Master-Scheibe an der Abtriebswelle zusammengepresst. Lamellenkupplungen sind nicht nur teuer, sondern müssen auch sehr präzise gefertigt werden, damit das Ein- und Auskuppeln genauso sauber wie bei einer Einscheibenkupplung funktioniert.

Im Laufe der Jahre wurden verschiedene Typen von automatischen Kupplungen angeboten. Der Hintergrund bildete die Überlegung, ein Fahren mit nur zwei Pedalen und einer Handschaltung zu ermöglichen. Theoretisch sollte jede Kupplung, die den Motor unterhalb von rund 800 U/min vollständig vom Getriebe trennt und bei ungefähr 1200 U/min allmählich bis zum festen Antrieb einrückt, das können – wäre da nicht die Tatsache, dass die Wechsel zwischen den höheren Gängen mittels des Synchrongetriebes selten ausgeführt werden, wenn die Motorgeschwindigkeit unter 1200 U/min fällt, ganz zu schweigen von 800 U/min. Deshalb muss jede richtige automatische Kupplung nicht nur im Stillstand auskuppeln, sondern jedes Mal, wenn der Fahrer den Gang wechselt.

Diese Bedingung schließt die einfache Fliehkraftkupplung aus, in die Bremsbacken, die einer Trommelbremse ähneln, auf eine motorgetriebene Welle und bei Erhöhung der Motorgeschwindigkeit nach außen geschoben werden, und dabei die Spannung der Federn überwinden, die sie in die ausgekuppelte Position ziehen. Fliehkraftkupplungen werden häufig in Fahrzeugen mit geringer Leistung verwendet, wie Rasenmäher und Motorschlitten, bei denen die einfache Arbeitsweise an erster Stelle steht. Sie wurden auch in einigen Autos mit geringer Leistung eingebaut, inklusive der frühen 2 CV-Modelle von Citroën und dem originellen Daffodil von DAF. Die Schwierigkeit, eine Einheit zu entwickeln, die für einen zufrieden stellenden, ruckfreien Kraftschluss des Antriebs sorgt, nimmt mit maximalem Antriebsdrehmoment rapide zu. Ein weiteres Problem besteht darin, dass die Kupplung erst auskuppelt, wenn die Motorgeschwindigkeit ausreichend niedrig abgesunken ist, was einige zusätzliche Mittel wie einen Freilauf erfordert, damit die Gänge unmittelbar in der Bewegung geschaltet werden können.

Eine bessere Alternative bildet die elektromagnetische Kupplung, in welcher der Antrieb durch einen elektrischen Strom, der durch eine Spule fließt, eingekuppelt wird. Der Strom kann unterbrochen werden, wenn der Schalthebel bewegt wird, dadurch können normale Gangwechsel bei jeder Geschwindigkeit stattfinden. Während der 1960er- und 1970er-Jahre verwendeten eine Reihe von Autos, unter anderen der NSU Ro 80, eine automatische Servokupplung, die einen kupplungslosen Gangwechsel bei normalen Geschwindigkeiten erlaubte. Dazu gehörte auch ein Drehmomentwandler, der das Anhalten und Starten aus dem Stand ermöglichte – eine extrem schwerfällige Anordnung, die sich glücklicherweise nie durchsetzte. Solche Autos wurden normalerweise als »halb-automatisch« bezeichnet, obwohl der Fahrer alle Gangwechsel durchführen musste.

Moderne automatische Kupplungen verwenden einen hydraulischen Servo, eine Anzahl von Sensoren und eine elektronische Ansteuerungseinheit für ihren Betrieb. Die elektronische Steuerung ist flexibel genug, um die Kupplung (selber eine mehr oder weniger Standardeinheit, wobei der einzige Unterschied darin besteht, dass der Servo-Zylinder anstelle des Fahrers die Verbindung herstellt) nicht nur während der Gangwechsel zu aktivieren, sondern auch entsprechend der Arbeitsbedingungen. Also kuppelt die Kupplung sanft aus, wenn das Fahrzeug anhält oder (mit einer angemessenen Rückmeldung zum Fahrer) eine für die herrschenden Bedingungen zu hohe Fahrstufe eingelegt werden soll. Man benötigt keine separate Anfahreinheit, und die modernen Systeme leiden nicht unter den empfindlichen Mikroschaltern, die früher plötzlich und unerwartet auskuppelten.

Unter den modernen Servo-Kupplungs-Systemen bietet Renault kleinere Modelle mit der Easy-Einheit an, die gemeinsam mit AP entwickelt wurde, während Valeo ein ähnliches System an Fiat und die koreanischen Hersteller Daewoo und Hyundai liefert. In allen diesen Autos bleibt der Fahrer verantwortlich für die Gangwahl. Dank dieser modernen Technik scheint es nun möglich, dass sich zusehends kleine Autos mit Halbautomatik am Markt etablieren, die kaum weniger Komfort bietet als eine echte Vollautomatik, aber viel weniger kostet. Saabs Versuch, das Sensonic-System an die gut situierten Fahrer von Hochleistungsautos mit dem Argument zu verkaufen, dass der Fahrer immer noch am besten direkt für die Gangwahl verantwortlich sei, wurde nach kurzer Zeit aufgegeben. Begeisterte Fahrer, so scheint es, genießen tatsächlich das Gefühl eines perfekten Zusammenspiels zwischen Kupplung und Gang(schaltung).

Manuelle Gangschaltungen

Die Grundaufgabe des Gangwechsels ist es, ein Paar Zahnräder aus dem Eingriff heraus- und ein anderes Paar hineinzunehmen. Das klingt ganz einfach. Und wenn man die fingerleichte Gangschaltung eines beliebigen modernen Kleinwagens bedient, hat man nicht die geringste Vorstellung davon, wie schwierig der Prozess des Gangwechsels wirklich ist, oder vielmehr, wie viel Geschicklichkeit und mechanische Harmonie dabei im Spiel sind.

Die Grundanordnung der Gangschaltung wurde um 1890 eingeführt; sie hat sich, was Autos mit Reihenmotor und Hinterradantrieb betrifft, seitdem nicht geändert: Der Antrieb vom Motor über die Kupplung erfolgt auf eine Hauptwelle, die eine Reihe von Zahnrädern trägt. Parallel zur Hauptwelle liegt eine so genannte Vorgelegewelle, die einen Satz von Gegen-Zahnrädern trägt. Antriebswelle und Hauptwelle liegen in einer Flucht. Wenn beide mit der gleichen Geschwindigkeit rotieren, spricht man von einem direkten Gang (bei einem Fünfganggetriebe ist es meist der vierte Gang, der fünfte ist als Overdrive ausgelegt). Dabei ist das Übersetzungsverhältnis zwischen Antriebs- und Abtriebswelle gleich (1:1), ebenso, wie bereits gesagt, die Ein- und Ausgangsgeschwindigkeiten. Zusätzlich greift ein Zahnrad auf der Vorgelegewelle in ein anderes Zahnrad auf der Abtriebswelle ein, die Gangräder sind permanent im Eingriff. Alles was bleibt – außer dem dritten Zahnrad im Räderwerk für einen Rückwärtsgang, der die Richtung, in der die Abtriebswelle dreht, umkehrt – ist, die Zahnräder auf der Hauptwelle und der Vorgelegewelle so zu manövrieren, dass sie wie gewünscht ineinander greifen.

Genau das geschah in frühen Gangschaltungen. Blöcke von Zahnrädern wurden per Klauenhebel über die Länge der genuteten Hauptwelle geschoben, so dass ein Paar von Zahnrädern einrückte. Der Antrieb erfolgte von der Hauptwelle auf die Vorgelegewelle und von dort über die permanent eingerückten Gänge an die Abtriebswelle.

Das war theoretisch auch in Ordnung, litt aber an zwei praktischen Problemen. Das erste: Wie werden zwei Zahnräder eingerückt, die mit unterschiedlichen Geschwindigkeiten rotieren, durch eine Änderung nach oben oder nach unten? Vorausgesetzt, dass die zuvor eingerückten Zahnradgeschwindigkeiten auf der Hauptwelle und der Vorgelegewelle perfekt übereinstimmten, konnten die Geschwindigkeiten des neuen Zahnradpaars das offensichtlich nicht sein. Ein versierter Fahrer könnte den Motor einsetzen, um damit die Geschwindigkeit der Hauptwelle mit der Gangschaltung anzupassen, die vorübergehend in der neutralen Position

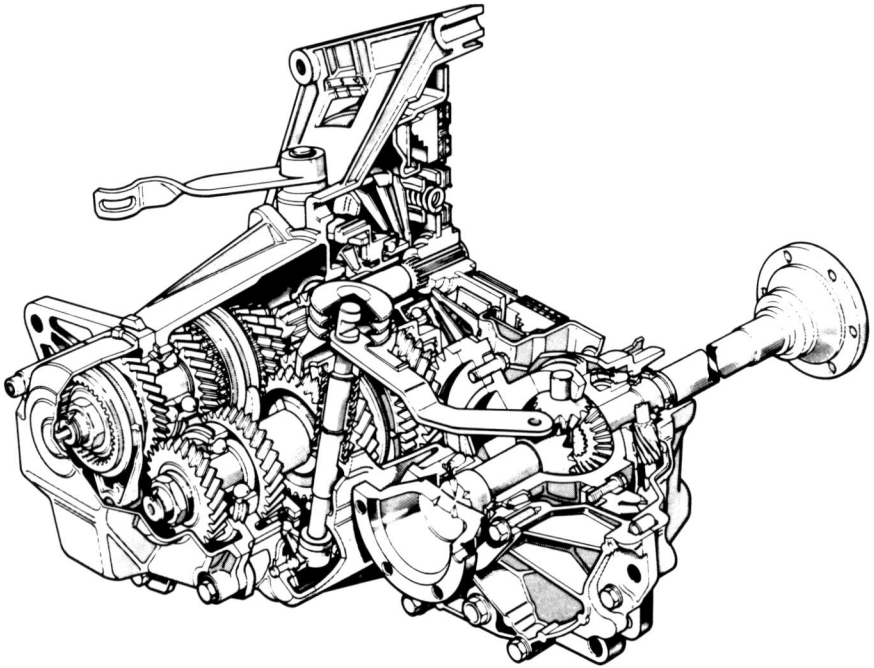

Der offensichtlich komplizierte Aufbau jedes manuellen Vielgang-Schaltgetriebes wird noch deutlicher, wenn sie quer eingebaut und mit ihrem integrierten Achsantrieb gezeigt wird, wie in dieser Abbildung des Fiat Tipo-Getriebes aus dem Jahr 1988 dargestellt. Diese besonders klare Zeichnung zeigt die beiden Getriebewellen, die Kupplung, das Schaltgestänge und die Umlenkhebel sowie den Achsantrieb mit seinem Differenzial – und sogar den Schneckenantrieb für das Tachometerkabel, das heutzutage durch Elektronik ersetzt wird. (Fiat)

steht, und dann den neuen Gang einzurücken: Ein solcher Prozess war bis in die frühen 1950er-Jahre gang und gäbe wurde als »Zwischengasgeben« bezeichnet. Geringe Geschwindigkeitsunterschiede konnten durch sorgfältige Formung der Zahnräder ausgeglichen werden: An den Stellen, wo sie ineinander zu greifen beginnen, sind sie abgerundet statt scharfkantig. Der Versuch, doppelt auszukuppeln, machte die Sache schlechter, nicht besser. Mit einer Kombination aus Glück und roher Gewalt konnte dennoch eventuell ein Gang eingelegt werden. Tapfere Fahrer, die wissen möchten, wie sich das anfühlt, können das auch heute noch versuchen, in dem sie einen Gang wechseln, ohne die Kupplung überhaupt zu benutzen. Das geht tatsächlich und wird immer leichter, je öfter man übt. Dabei wird der Gang herausgenommen und dann versucht, den Zeitpunkt einzuschätzen, an dem Motor- und Fahrzeuggeschwindigkeit übereinstimmen, um dann den nächst höheren oder niedrigen Gang einzulegen. Das Schwierigste ist, in den Gang zurückzukommen, aus dem man kam. Und ein praktischer Tipp: Falls die Bedienungselemente der Kupplung einmal komplett ausfallen sollten, kann man trotzdem aus

dem Stillstand (wenn auch holpernd) anfahren, wenn der Motor mit bereits eingelegtem ersten Gang gestartet wird.

Abgesehen davon war es jedoch immer klar, dass eine Art von Reibungskupplung gebraucht würde, die die Geschwindigkeiten der einrückenden Zahnräder vor dem Eingriff anpasste. Überdies musste auch ein Blockieren vermieden werden, was auftreten könnte, wenn die Zähne »Nase an Nase« liegen und nicht ineinander greifen können. In den 1920er-Jahren schließlich hatte man solche ersten Synchronvorrichtungen. Diese konnten aber erst dann voll wirksam werden, als das zweite große Problem im Getriebebau gelöst worden war.

Dieses bestand im Gewicht der Zahnräder. Die Geschwindigkeit der Hauptwelle mit dem kompletten Zahnradblock zu ändern, kostete Zeit und Energie. Überdies musste man auch Platz für die Vor-und-Zurückbewegung des kompletten Zahnradblocks lassen, was nahezu zwangsläufig zu massigen Getriebegehäusen führte. Die Lösung ergab sich schließlich in Form des Schaltmuffenprinzips, das bald das ursprüngliche Schuberadgetriebe verdrängte, zumindest in Personenautos.

Im Schaltmuffengetriebe befinden sich alle Zahnradpaare jederzeit miteinander im Eingriff. Die Gangzahnräder sitzen, mit der Schaltverzahnung verbunden, verschiebbar auf der Hauptwelle und werden per Schaltmuffe verschoben. Die Zahnräder auf der zweiten Getriebewelle, der Vorgelegewelle, sind dagegen fest. Kleine Wählhebel aktivieren die Schaltmuffe und verbinden diese formschlüssig (»sie rasten ineinander«) mit der Schaltverzahnung und dem damit verbundenen Gangrad. Jetzt kann das Gangrad auf der Hauptwelle verschoben und die Verbindung zum Zahnrad auf der Vorgelegewelle hergestellt werden. Solche kleinen Wählhebel benötigen weitaus weniger Platz und Kraftaufwand als die Bewegung ganzer Zahnradblöcke, so dass das Getriebegehäuse kompakter gehalten werden kann. Weil sie leichter sind, kann ihre Geschwindigkeit mit der des Zahnrades weitaus schneller synchronisiert werden. In den vergangenen drei Jahrzehnten wurde unter enormen Anstrengungen die Synchronisierung, also die Drehzahlangleichung zwischen Schaltmuffe und Gangrad, immer perfekter.

Aber es dauerte einige Zeit, bis sich das Synchrongetriebe verbreitete. Bei den Dreigangschaltungen, wie sie in den 1940er-Jahren üblich waren, war das Synchrongetriebe normalerweise auf die Wechsel zwischen dem zweiten und dritten Gang begrenzt. Ein Herunterschalten auf den ersten Gang in der Bewegung erforderte immer noch einen zusätzlichen Gasstoß bei getretener Kupplung – eine Portion Zwischengas also. Ein Auto ohne Synchrongetriebe wäre heute praktisch unverkäuflich. Wenn überhaupt, ist nun die Art, wie der Wählhebel selbst bewegt wird, von Interesse, also jener Mechanismus, der den Schalthebel mit der Gangschaltung verbindet. Der Trend geht eindeutig zur seilzugbetätigten Schaltung. Teilweise vereinfacht das den Einbau, zum anderen Teil lassen sich damit Probleme lösen, die Drehmomentschwingungen des Motors bei Querinstallation mit sich bringen. Auch eventuell auftretende Schwingungen entlang der Gestänge, die starr miteinander verbunden sind, können nicht auftreten. Die Probleme früherer Seilzugschaltungen scheinen vollständig überwunden zu sein. Die Zukunft aber scheint der hydrostatischen Schaltung zu gehören. Die dürfte noch leichter und besser als die besten existierenden Gestänge sein.

Der Hinterradantrieb brachte ständig neue Getriebeentwicklungen hervor, ebenso die Umstellung auf Vorderradantrieb. Da hier kein Reihenantrieb zu den Hinterrädern existierte, war eine Gangschaltung erforderlich, die den Antrieb praktisch umkehrte, um dann von der Kupplungsseite zu kommen. Der Ausgang mündete direkt in einem Achsantrieb, der mit dem Getriebe eine Einheit bildet (»Transaxle«-Bauweise: eine Hinterachse kombiniert mit einer Kardanwelle beim Hinterradantrieb und für Autos mit Vorderradantrieb mit Reihenmotor). Möglich wäre auch eine Platzierung seitwärts über ein Stirnradgetriebe zu einem Achsantrieb hinter dem Motor und dem Getriebegehäuse, wie in praktisch allen Anordnungen mit Frontantrieb und Quermotor. In solchen Getriebegehäusen existiert die Option eines durchgehenden Direktantriebs nicht mehr. Alle Antriebsverhältnisse müssen von Zahnradpaaren gebildet werden, und diese Gangschaltung wird häufig Zweiwellengetriebe genannt – statt Hauptwelle, Vorgelegewelle und Abtriebswelle bestehen sie einfach aus einer Eingangs-(Antriebs-) und einer Ausgangs-(Abtriebs-)welle.

Der Trend zu weiteren Übersetzungsverhältnissen und deshalb mehr Zahnradpaaren war deshalb eine schlechte Nachricht für die Entwickler von Zweiwellengetrieben für Autos mit Quermotor. Ein Längsgetriebe kann in der Länge ziemlich einfach erweitert werden, so dass Platz für zusätzliche Gänge entsteht; viele frühere Fünfgang-Reihen-Gehäuse waren buchstäblich nichts anderes als Viergang-Einheiten mit zusätzlichem kleinem Gehäuse. Doch die Baubreite von Quermotor und Quergetriebe ist immer durch den zwischen den Vorderrädern zur Verfügung stehenden Raum begrenzt. Bei Zweiwellen-Getrieben erforderte die Lösung dieses Problems daher jede Menge Gehirnschmalz (und was bei einigen Modellen zu Lasten des Wendekreises ging). Eine Alternative war jedoch in der Form der Dreiwellen-Anordnung verfügbar, die mittels einer komplizierten Gangwahl-Anordnung die Länge des Getriebegehäuses durch Verringerung der Zahnradanzahl auf jeder Welle reduziert. Das erste Serienauto, das diese Anordnung verwendete, war der Volvo 850 mit seinem Fünfzylinder-Quermotor. Volvo entwickelte ein extrem kompaktes Fünfganggehäuse, den Typ M56 mit insgesamt drei Wellen, davon zwei Zahnwellen. Zwei der Wellen sind Vorgelegewellen, von denen eine die Zahnräder für die erste und zweite Fahrstufe trägt und die andere die Zahnräder für den fünften und den Rückwärtsgang. Die Zahnräder für den dritten und vierten Gang sitzen auf der Hauptwelle. Der Eingriff des Rückwärtsgangs erfordert, dass die Gänge auf den beiden Vorgelegewellen eingerückt werden. Beide Nebenwellen wirken der Reihe nach auf die Hauptwelle, dadurch braucht man kein separates Zahnrad. Die Dreiwellen-Anordnung der M56-Gangschaltung macht sie insgesamt nur 353 mm lang, so kann sie in Reihe mit dem Fünfzylindermotor verblockt werden, und es bleibt dennoch genügend Spiel für den Volvo-typisch engen Wendekreis.

Die Ford B5S Fünfgangschaltung, die im Fiesta installiert wird, ist typischer für moderne Zweiwellen-Fünfgang-Schaltgetriebe in kleinen Autos, und sie weist verschiedene Eigenschaften auf, die Verfeinerung und leichte Bedienbarkeit zum Ziel haben. Zusätzliche Rippen versteifen die Gehäuse von Getriebe und Kupplung, was auch die auftretenden Vibrationen reduziert. Man weiß bereits seit einiger Zeit, dass die Verbiegung der Kupplungsglocke, verbunden mit wechselnder Belastung, die Ursache von vielen Geräusch- und Schwingungsproblemen ist. Diese Probleme wurden häufig durch das Hinzufügen von Dämm-Material in Form von Gewebe zwischen Motor und Getriebegehäuse gelöst. Die Fiesta-Gangschaltung verwendet auch eine Doppel-Konus-Sperrsynchronisierung für die Fahrstufen eins, zwei und drei, und große Einfach-Konus-Synchronringen bei den Gängen vier und fünf, um dadurch die Qualität des Gangwechsels zu verbessern. Ein leichterer Gangwechsel bei Kälte wurde mit dem Wechsel auf ein neues 75W90-Synthetik-Öl erreicht.

Sechsgangschaltungen wurden interessanterweise entwickelt, obwohl die meisten Autos der Luxusklasse heutzutage mit automatischem Getriebe geliefert werden. Mit anderen Worten: die Sechsgangschaltung macht ihren Weg in erschwingliche Mittelklasseautos, besonders in die Sportversionen, wie Modelle der Hersteller Audi, Fiat, Peugeot und Toyota zeigen.

Renaults erste Sechsgangschaltung, die PK6, wurde im Jahr 2000 als das Standardgetriebe für den futuristischen (und leider nur kurzlebigen) Avantime angekündigt. Die PK6 war nicht ganz neu, sondern eine Überarbeitung der Fünfgang-PKI-Schaltung, wie sie im Laguna, Safrane und Espace verwendet wurde, und weist ein zusätzliches Zahnradpaar auf. Renault begründet die Einführung des sechsten Gangs mit dem Hinweis auf eine Senkung des Kraftstoffverbrauchs unter den meisten Fahrbedingungen und die Reduzierung der Geräuschwerte um 3 dB. Renault betonte jedoch, dass eine sechste Gangstufe nur dann Sinn mache, wenn der Motor genug Drehmoment besitzt und entsprechend elastisch ist, also nicht so oft geschaltet werden muss. Renault schlug den sechsten Gang vor allem für Turbodieselmotoren vor, weil diese im Verhältnis zu ihrer Leistung ein sehr hohes Drehmoment aufweisen. Audi ist offensichtlich der selben Meinung und bestückt seit einiger Zeit nicht nur den TT, sondern auch die Turbodiesel-Versionen seiner größeren Modelle mit Sechsganggetrieben.

Zu den einzelnen Änderungen, die bei der Umsetzung des Renault PK1 in die Sechsgang-PK6 durchgeführt wurden, gehören die Schaltgabeln, die wegen des besseren Wirkungsgrades nun auf Teflon-beschichteten Schienen oder Nadellagern montiert werden. Der überarbeitete Zahnradblock ist stärker und reduziert interne Reibungsverluste um 20 Prozent, und eine neue Synchronisierungs-Anordnung in den unteren beiden Gängen gewährt sanftere Gangwechsel. Ein neues Schmiermittel trägt dazu bei, ein einheitliches Gangwechsel-Gefühl sowohl bei tiefen Temperaturen als auch dann zu erreichen, wenn es warm ist. Die Schaltstange mit notwendigerweise kürzeren Schaltwegen, bedingt durch den sechsten Gang, gewinnt an Präzision und Reibungsarmut. Dabei werden die Vorwählkräfte trotz einer um 40 Prozent engeren Hebelbewegung zwischen den $^1/_2$- und $^5/_6$-Ebenen um 30 Prozent reduziert (ein Sechsganggetriebe besitzt vier getrennte Schaltebenen zur Hebelbewegung, drei für die Vorwärtsgänge plus Rückwärtsgang). Die Vorwählbewegungen werden übrigens ebenfalls um 10 Prozent reduziert. Es spricht für die Verbesserungen, die durch clevere Entwürfe und neue Herstellungsverfahren immer noch erreicht werden können, dass die PK6-Gangschaltung um 2 Kilogramm leichter als seine Fünfgang-Vorgängerin ist.

Am anderen Ende der Größenskala wartet Renault mit seinem jüngsten Projekt, einer extrem leichten und kompakten Fünfgangschaltung für eine Drehmoment-Übertragung von 140 Nm für zukünftige kleine Autos auf. Obwohl noch ein Prototyp, zeigt diese EM1-Gangschaltung in die Richtung, in die Getriebeingenieure zukünftig denken werden. Die Renault-Entwickler konzentrierten sich darauf, die Gangschaltung möglichst kompakt und leicht zu machen – die EM1 wiegt nur 22 kg – und darauf, die Reibungsverluste in den Lagern zu reduzieren. Einige der Einsparungen hängen von neuen Herstellungsverfahren wie dem Reibschweißen ab, was nicht nur die sonst notwendige Bearbeitung überflüssig macht, sondern bei der Konstruktion der Bearbeitungswerkzeuge Möglichkeiten für den Einsatz von Robotern bietet. Momentan handelt es sich bei der EM1 um eine Zweiwellen-Fünfgang-Handschaltung, doch daraus ließe sich durchaus ein Sechsganggetriebe entwickeln.

6-Gang Schaltgetriebe des Mercedes-Benz Sportcoupés der C-Klasse, 2004. (DaimlerChrysler)

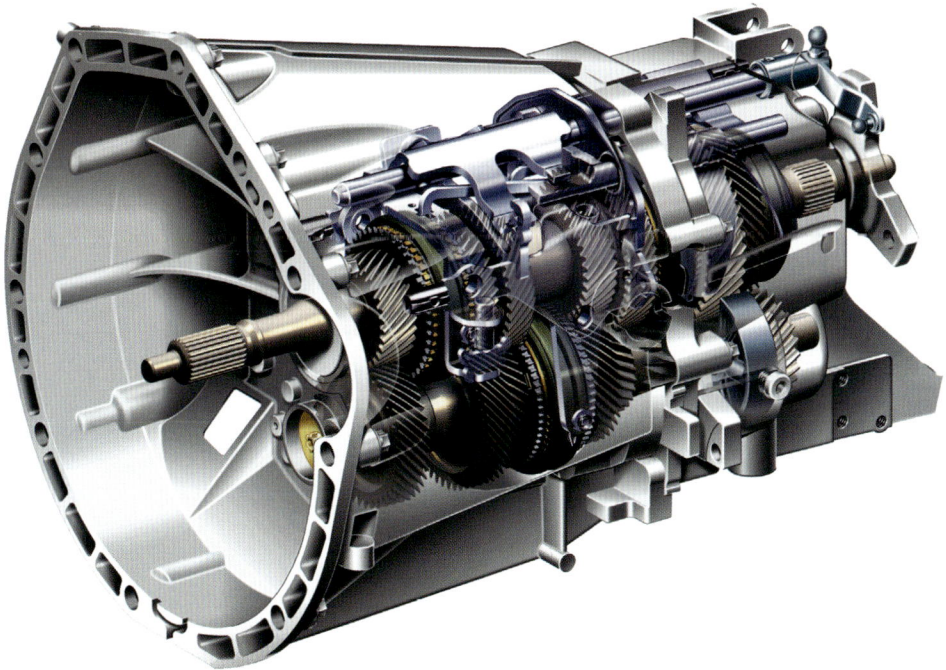

11 Automatisches Getriebe

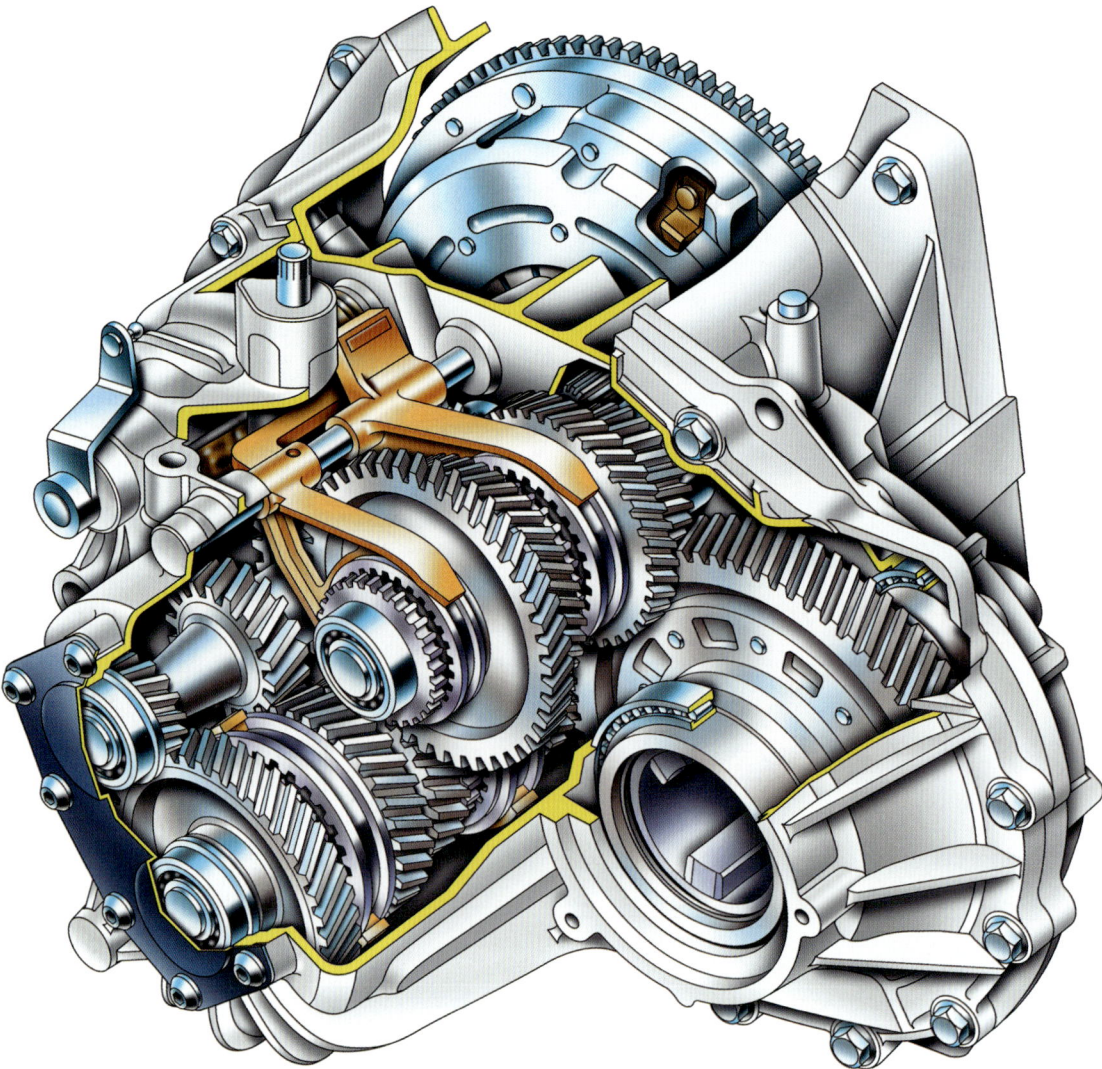

In den frühen Tagen des Autofahrens war der Gangwechsel so kompliziert, dass viele Fahrer – und auch Erfinder – von einer Schaltung träumten, die den Gang ganz von selbst wechselte. Heute ist der Umgang mit einer Handschaltung kinderleicht, doch der dichte Verkehr, der häufige Gangwechsel erfordert, ist ein gutes Argument für eine Getriebeautomatik – einfach weil es nervt, Kupplung und Gangschaltung im Verlauf einer Fahrt durch's Stadtzentrum permanent bedienen zu müssen.

Die Entwicklung eines automatischen, sich den jeweiligen Erfordernissen anpassenden Getriebes bedingte die Lösung zweier Aufgaben. Zum einen sollte der Gangwechsel automatisch zur richtigen Zeit nach unten oder oben erfolgen. Zum anderen benötigte man dafür eine selbsttätig arbeitende Kupplung, mit der das Auto anhalten und wieder anfahren kann, ohne dass der Fahrer mehr als Bremse und Gaspedal betätigen muss.

Es gab schon in den dreißiger Jahren geradezu geniale Lösungen, teils hervorragende Mechanismen, die nur einen Nachteil hatten: Sie waren zu kompliziert. Viele Entwicklungen scheiterten, weil die geeignete Technik für die Ermittlung und Messung der verschiedenen Faktoren, die eine Rolle spielen – wie Motordrehzahl und -belastung sowie Stellung des Gaspedals – noch nicht verfügbar war. Heute existierten diese Mittel dank Einsatz von Elektronik, und deshalb findet auch die automatisierte Handschaltung wieder Beachtung. Inzwischen haben sich jedoch andere, weniger komplizierte Arten von Automatikgetrieben bestens etabliert.

Die konventionelle Automatik

Das Mehrgang-Automatikgetriebe, wie es den meisten von uns vertraut ist, beruht auf zwei

Renaults DP0-Automatik-Getriebe ist ziemlich typisch für moderne Baugruppen, die für den Quereinbau in Autos mit Frontantrieb konstruiert wurden. Renault nennt das Getriebe »Pro-active«, weil die sorgfältige Programmierung seiner Steuereinheit dazu führt, dass das Getriebe so reagiert, wie ein erfahrener Fahrer in einem Auto mit einem manuellen Schaltgetriebe umgehen würde. (Renault)

Haupttechniken: dem Drehmomentwandler und dem Planetengetriebe. Der Drehmomentwandler entwickelte sich aus der früheren hydrodynamischen Kupplung, in der das normale Schwungrad durch eine längs in zwei Hälften geschnittene Scheibe ersetzt wurde – eine Hälfte (das Pumpenrad) wurde vom Motor angetrieben, die andere Hälfte (das Turbinenrad) war mit der Eingangswelle des Getriebes verbunden. Die Scheibenteile werden mit Öl gefüllt (natürlich mit passenden Dichtungen), und jede Hälfte stattete man mit einer Anzahl sorgfältig geformter Leitschaufeln aus. So wurde der Motorantrieb aufgrund der spiralförmigen Zirkulation der Flüssigkeit innerhalb der Kupplung auf die Gangschaltung übertragen, was die Energie vom Pumpen- zum Turbinenrad übertrug. Bei laufendem Motor und eingelegtem Gang trat an der hydrodynamischen Kupplung Schlupf auf, ein Kraftfluss konnte nicht erfolgen: Die Drehzahl des Pumpenrads wurde nicht auf das Turbinenrad übertragen.

Eine einfache hydrodynamische Kupplung leitete das Eingangs-Drehmoment unverändert weiter. Lediglich die Verwirbelung der Flüssigkeit verursachte einen minimalen Leistungsverlust. Fügte man jedoch zwischen Pumpenrad und Turbinenrad einen Satz stationärer Schaufeln – Stator oder Leitrad – ein, erhöhte sich das Abgangs-Drehmoment beträchtlich.

Nach diesem Prinzip arbeitet auch der moderne Drehmomentwandler. Abhängig von der Form der Leitradschaufeln, können Multiplikatoren bis zu rund 2,4:1 bei niedriger Geschwindigkeit erreicht werden (je höher der Multiplikator, desto weniger wird die Übersetzung bei normalen Geschwindigkeiten wirken). Der Multiplikator-Effekt bedeutet, dass sich das Auto schneller aus dem Stand heraus beschleunigt. Dadurch kann der erste Gang höher übersetzt werden bei einer gleichzeitigen Reduzierung der Anzahl der Gänge.

Wenn die Drehzahl ansteigt, reduziert sich der Multiplikationsfaktor, und bei normalen Geschwindigkeiten gibt es überhaupt keine Multiplikation, es sei denn, es gibt eine Vorrichtung zum Ändern des Einfallswinkels bei den Leitschaufeln entsprechend dem des Flüssigkeitsstroms. Damit bleibt die Wirkung erhalten. Projekte solcher Art kamen aber nie über das Versuchsstadium hi-

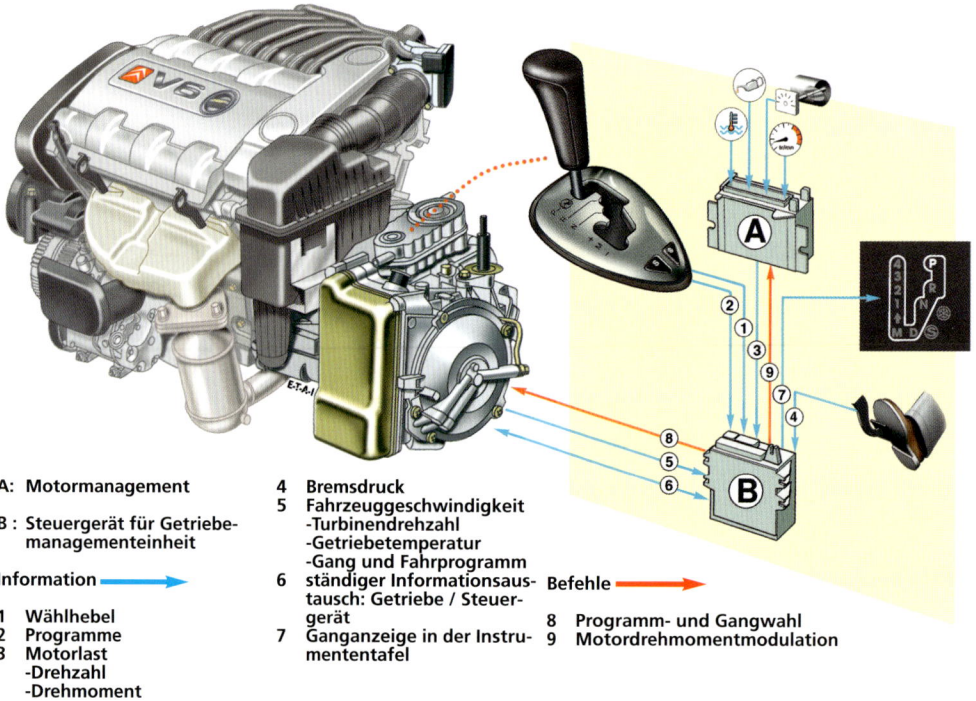

A:	Motormanagement	4	Bremsdruck

A: Motormanagement

B : Steuergerät für Getriebe-
    managementeinheit

Information ➝

1 Wählhebel
2 Programme
3 Motorlast
   -Drehzahl
   -Drehmoment

4 Bremsdruck
5 Fahrzeuggeschwindigkeit
   -Turbinendrehzahl
   -Getriebetemperatur
   -Gang und Fahrprogramm
6 ständiger Informationsaustausch: Getriebe / Steuergerät
7 Ganganzeige in der Instrumententafel

Befehle ➝

8 Programm- und Gangwahl
9 Motordrehmomentmodulation

naus. Entsprechende Versuche waren aber durchaus sinnvoll: Viele moderne Turbolader haben Leitschaufeln mit variablem Einfallswinkel, und auch die meisten modernen Flugzeugtriebwerke steuern den Einfallswinkel der Statoren, die zwischen jeder Reihe ihrer Axialverdichterschaufeln sitzen. Eine Drehmoment-Multiplikation bei allen Geschwindigkeiten würde die Anzahl der Übersetzungsverhältnisse in der Gangschaltung reduzieren, letztlich aber ist es leichter und kostengünstiger, zusätzliche mechanische Komponenten zu installieren: Den Bau eines komplizierten Drehmomentwandlers mit variabler Geometrie kann man sich sparen.

Der moderne Drehmomentwandler ist heutzutage ein erprobtes und zuverlässiges Bauteil, normalerweise hat es auch den gleichen Durchmesser wie das Schwungrad für ein manuelles Getriebe. Der Querschnitt des Gehäuses, das Pumpen- und Turbinenrad aufnimmt, ist häufig ein Oval, kein Kreis, was besonders bei Quermotoren mit Vorderradantrieb Platz spart, ohne dass darunter der Wirkungsgrad nennenswert zu leiden hätte. Die meisten modernen Wandler

Da Automatikgetriebe inzwischen auch sequenziell schalten können (einen Gang gleichzeitig mit jeder Vorwärts- oder Rückwärtsbewegung des Schalthebels aufwärts oder abwärts einlegen zu können), ist das elektronische Steuergerät und die Art und Weise, in der Signale verarbeitet werden, komplizierter geworden. Bemerkenswert dabei ist allerdings die Tatsache, dass Motor- und Getriebemanagement in ständigem Dialog miteinander sind. (Citroën)

werden heute auch mit einer Überbrückungskupplung ausgerüstet, die wirkungsvoll jegliches Rutschen beim Einlegen höherer Gänge verhindert, was den Gesamtwirkungsgrad verbessert.

Das andere lebenswichtige Bauteil des konventionellen automatischen Getriebes, das Planetengetriebe, beruht auf Prinzipien, die bereits seit mehr als 100 Jahren angewendet werden, aber immer noch für Verwirrung sorgen können. Das einfache Planetengetriebe besteht aus einem zentralen Sonnenrad und einem äußeren Hohlrad mit Innenverzahnung, es verbindet die beiden mit einer Reihe von Planetenzahnrädern (normalerweise drei), die auf einen Trägerrahmen (»Steg«) montiert sind. Theoretisch kann eines der drei Teile angetrieben werden, während ein zweites von einer Art Bremse festgehalten wird, der Ausgang wird vom dritten Teil übernommen. Es gibt auch etwas komplizierte Variationen dieses Basisthemas, einige von ihnen mit umgekehrten und andere mit doppelten Planetenrädern. Wichtig in diesem Zusammenhang ist aber, dass die unterschiedlichen Übersetzungsverhältnisse gewählt werden können, ohne den Kraftschluss vom Motor unterbrechen zu müssen. Das erfordert verkettete Planetenräder in einem Räderwerk sowie Bremsbänder oder automatische Kupplungen. Die Bremsbänder werden um die Außenseite des Planetengetriebes gewickelt, damit das Zahnrad der äußeren Scheibenhälfte gehalten oder gelöst wird. Bei den automatischen Kupplungen dagegen handelt es sich um mehrfach geschichtete »nasse« (mit Getriebeflüssigkeit gefüllte) Einheiten; beide können kompakt, kräftig und mit progressiver Funktion ausgelegt werden.

Ist die Basis der Gangschaltung einmal definiert, bleibt nur noch ein Steuerungssystem zu entwickeln, das die Gangwechselvorgänge zur richtigen Zeit stattfinden lässt.

Dies indessen ist so schwierig, dass bei den ersten hydraulischen Kupplungen – es gab sie bei einigen Luxusautos der dreißiger Jahre mit Planetengetriebe (und auch in einer ganzen Generation von Londoner Bussen) – der Fahrer die aktuelle Gangwahl vornehmen musste. Die damals angebotenen Wilson-Vorwahl-Gangschaltung erforderte die Bedienung eines kleinen Wählhebels (in späteren Autos war es ein elektrischer Schalter), den man nach oben oder nach unten schob, um den gewünschten Gang zu wählen. Der tatsächliche Gangwechsel erfolgte dann durch das Niedertreten eines Pedals, das es an Stelle des Kupplungspedals gab. Per Hydromechanik löste sich dann das Bremsband auf dem Hohlrad des Planetengetriebes, während (nahezu) gleichzeitig ein weiteres Band auf einem anderen Räderwerk bremste. Die hydraulische Kupplung griff nicht ein, wenn das Auto zum Stillstand kam und der Motor ausgeschaltet wurde (anders dagegen beim Einlegen des ersten Ganges). Fahrer, die sich an das Wilson-Getriebe gewöhnt hatten, genossen es, den richtigen Gang vorab zu wählen, um ihn dann, wenn sie sich beispielsweise einer Kurve näherten, sofort mit einer einzigen Fußbewegung zum genau richtigen Moment einzulegen. Das Getriebe eignete sich auch für das, was man heutzutage sequenzielle Selektion nennt, mit einem einfachen Vor-und-Zurück-Hebel, der in eine Richtung gedrückt, den nächsten Vorwärtsgang vorwählte und umgekehrt den nächsten Gang rückwärts. Bei einigen britischen Luxusautos der Vorkriegszeit, zum Beispiel beim großen Armstrong-Siddeley, gab es die »pre-selector gearbox« serienmäßig.

Schließlich fanden amerikanische Ingenieure Möglichkeiten, die Gangwahl vollständig zu automatisieren. Von den 1940er-Jahren an wurden solche Getriebe in den USA zusehends beliebter. Europäische Fahrer mochten diese Getriebe in der Regel nicht. Ihre Gründe: Die Automatik war schwer und teuer, reduzierte die Motorleistung und hatte einen erhöhten Kraftstoffverbrauch zur Folge. Vor allem war nicht immer sicher, dass die Automatikgetriebe genau dann schalteten, wenn es erforderlich war. Sicherlich waren einige der frühen Automatikgetriebe, wie sie auch in europäischen Mittelklasseautos angeboten wurden, für ihre Aufgaben dürftig ausgestattet. Das wohl ungeeignetste für europäische Mittelklasseautos war das amerikanische Zweigang-«Powerglide«-Getriebe der 1960er-Jahre. Was ein passables Getriebe in Verbindung mit einem Fünfliter-V8 in einem Land unendlich langer Highways war, wurde im Zusammenspiel mit einem 1,6-Liter-Motor bei einem Überholvorgang auf einer belebten zweispurigen Straße zum Alptraum. Schließlich dämmerte es auch den fanatischsten Befürwortern eines Automatikgetriebes, dass ein durchschnittliches europäisches Mittelklasseauto selbst mit einem Drehmomentwandler besser vier Fahrstufen aufweisen sollte.

Inzwischen konzentrierten sich die Entwickler vor allem auf die Lösung zweier Problemfelder. Es ging einerseits darum, ein besseres Ansprechverhalten zu erreichen und zum anderen, den subjektiven Eindruck von »Zähigkeit« beim automatischen Gangwechsel zu verringern. Das erfolgte in zwei Schritten. Zuerst wurden die komplizierten hydromechanischen Steuerungssysteme, die von den Amerikanern entwickelt

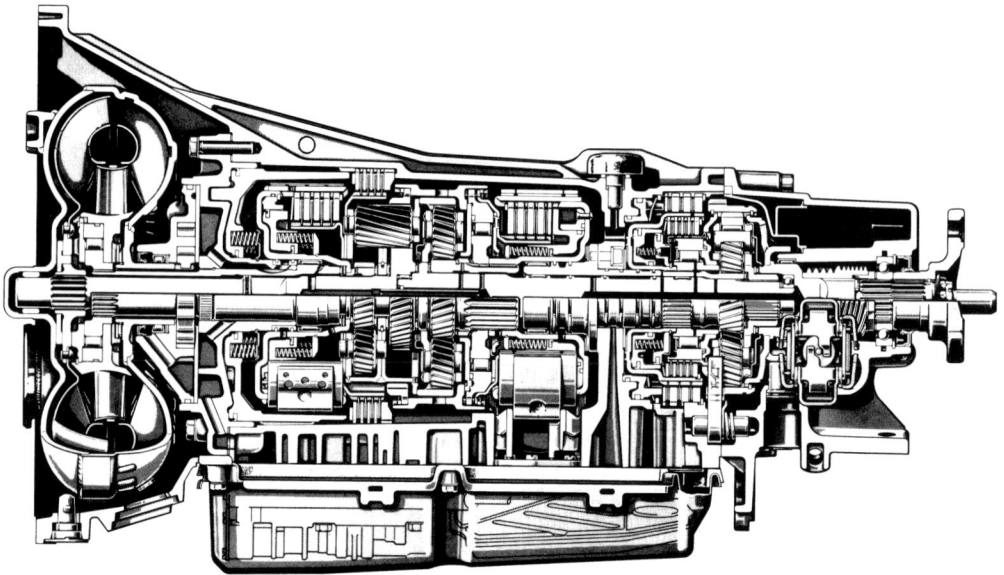

Das Mercedes-Benz-Fünfgang-Automatikgetriebe in der S-Klasse zeigt, wie kompliziert solche Baugruppen sein können. Hier finden sich Mehrscheibenkupplungen anstelle der früher üblichen Bremsbänder. Mehrscheibenkupplungen erledigen ihre Arbeit sanft und nahezu ruckfrei. Man bemerkt den Schaltvorgang dann nur noch am Motorklang, wenn sich die Drehzahl ändert. (DaimlerChrysler)

worden waren, durch eine elektronische Steuerung ersetzt – Renault nahm für sich in Anspruch, der erste Hersteller in der Welt gewesen zu sein, der Mitte der 1970er eine elektronisch gesteuerte Automatik produzierte. Alsdann wurden die Automatikgetriebe durch eine japanische Entwicklung in die Lage versetzt, den Gangwechsel exakt so zu durchzuführen, wie es ein erfahrener und vernünftiger Fahrer tun würde – nicht bloß bei bestimmtem Kombinationen von Motordrehzahl und -belastung, sondern den Fahrbedingungen angemessen und sogar den Fahrstil und das Fahrverhalten des Fahrers berücksichtigend.

Die Erfinder machten sich die Fähigkeit moderner Computersysteme zunutze, mittels Fuzzy-Logik auf eine adaptive Weise reagieren zu können. Diese Steuerungssysteme können nicht nur zwischen einer ruhigen und zurückhaltenden, sondern auch zwischen einer aggressiven Fahrweise unterscheiden und in jeder Situation entsprechend reagieren. Damit gehen sie einen Schritt über die Wahlschalter hinaus, die in einigen anspruchsvollen Getrieben vorhanden sind, mit denen der Fahrer »Komfort«, »Normal« oder »Sport« wählen kann. Solche Getriebe sind heute so programmiert, dass sie nicht hochschalten, wenn der Fahrer vom Gas geht, besonders dann, wenn er bergab fährt. Das automatische Herun-

terschalten beim starken Bremsen ist ein weiteres Merkmal, das einem Automatik-Fahrer vor 20 Jahren fremd vorgekommen wäre. Das einzige, was normalerweise ein Fuzzy-Logik-Getriebe dem Fahrer noch überlässt, ist die Wahl der »Winter«-Einstellung, die das Einlegen des ersten Gangs verhindert, damit die Räder auf verschneiten oder vereisten Oberflächen nicht durchdrehen.

Die Verbreitung der Automatik

Dieser Wechsel zu einer flexiblen elektronischer Steuerung hat einen der stärksten Vorbehalte gegen eine Automatik beseitigt – das Gefühl, dass ein erfahrener Fahrer besser als eine Automatik weiß, wann geschaltet werden sollte. Zumindest in Europa müssen viele Fahrer immer noch entdecken, wie gut die neue Generation von Automatikgetrieben wirklich ist. Im südlichen Europa wird sich das so schnell auch kaum ändern, dort betrachtet man ein Automatikgetriebe wohl auch künftig als Verleugnung der Rechte und Pflichten eines verantwortungsbewussten Fahrers.

Anderswo auf der Welt sieht man die Dinge nicht so. Mit steigendem Wohlstand folgten die japanischen Autofahrer dem amerikanischen Beispiel, obwohl ihre Hersteller sorgfältig darauf achteten, ihre Automatikgetriebe japanischen Bedürfnissen anzupassen. Im Jahr 2000 lag der Anteil an Automatikgetrieben bei amerikanischen Autos etwa 90%, im japanischen Markt fast 80% und im europäischen Markt bei ungefähr 15%, mit einem höheren Anteil in Großbritannien, Deutschland und Skandinavien, aber einem vernachlässigbaren Anteil in Italien und Spanien.

In den USA gibt es gegenwärtig noch konventionelle Dreigang-Automatikgetriebe, während es sich bei der überwiegenden Mehrheit in allen Märkten um mindestens Viergang-Automatikgetriebe handelt. Der Trend geht zweifelsohne zu Fünfgang-Einheiten, und vereinzelt werden inzwischen auch sechs Vorwärtsgänge angeboten. Es gibt zwei aktuelle Tendenzen in der europäischen (und japanischen) Entwicklung von Viergang-Getrieben. Die erste ist die Verbesserung ihrer Eignung für mittelgroße und kleine Fronttriebler mit Quermotor; dort setzt sich Getriebeautomatik zunehmend durch. Das erfordert aber nicht nur kleine und relativ preiswerte Getriebeeinheiten, sondern auch sehr effizient arbeitende, weil die Eigner kleinerer Autos sehr auf den Kraftstoffverbrauch achten.

Eine kürzlich eingeführte Viergang-Einheit für kleine und mittelgroße Autos, die diese Wünschen entspricht, wurde von PSA (Peugeot-Citroën) speziell für diesen Zweck entwickelt. Bevor dieses neue Getriebe erhältlich war, kaufte PSA fast ausschließlich von ZF, während Renault einige Getriebe selber baute, aber auch ein Joint Venture mit Volkswagen eingegangen war, um Vierganggetriebe für Fronttriebler mit Quermotor zu bauen. Das neue Getriebe dürfte die meisten Anforderungen von PSA und Renault erfüllen, kommt aber kaum für größere und leistungsfähigere Modelle in Frage. Weil die Einheit vom Start weg für Autos in der Größe von Peugeot 206 und Renault Clio gedacht war, musste sie entsprechend klein ausfallen – was bedeutete, dass es ein Vier- und nicht ein Fünfgang-Getriebe sein musste (geringer Kostenaufwand spielte ebenfalls eine Rolle). Renault führte diese Automatik zuerst ein, nicht ohne darauf hinzuweisen, dass die Entwicklung eines neuen Automatikgetriebes etwa doppelt so viel kostet wie eine entsprechende neue Handschaltung. Das machte den Plan, sich die Kosten mit einem anderen Hersteller zu teilen, sehr attraktiv.

Damit die Kosten möglichst niedrig blieben, wurde das Getriebe auf eine Großserienproduktion ausgelegt, und die Zahl der Bauteile wurde auf ein Minimum begrenzt. Anders als viele frühere Getriebe, deren Öl in bestimmten Intervallen gewechselt werden musste, ist die PSA/Renault-Einheit mit einem speziell entwickelten Öl befüllt, das mindestens 150.000 km nicht getauscht werden muss. Damit ein Öl so lange wirken kann, ist es auf eine wirkungsvolle Temperatursteuerung angewiesen. Zu diesem Zweck hat die Firma Valeo einen neuen, hoch wirksamen Öl/Kühlmittel-Wärmetauscher entwickelt, der einen integralen Bestandteil des Getriebes bildet.

Bei der Suche nach hohem Wirkungsgrad und wirtschaftlichem Kraftstoffverbrauch setzte das PSA/Renault-Team auf High-Tech, inklusive eines sperrbaren Drehmomentwandlers in allen Vorwärtsgängen und eines elektronischen Steuerungssystems (von Siemens) in Fuzzy-Logik. Die Steuerungsstrategie ist tatsächlich nicht völlig »fuzzy« in ihren Entscheidungsfindung, sondern sie verwendet stattdessen »fuzzy switching«, schaltet also zwischen einer Anzahl von charakteristischen Kurven, die im Speicher der Steuerungseinheit hinterlegt sind, jede davon einer bestimmten Situation angepasst.

Über anpassungsfähige Steuerelemente verfügen die meisten modernen Fünfgang-Automatikgetriebe, wie sie in Europa und Japan hergestellt werden. Man verwendet sie hauptsächlich in großen Luxusautos, obwohl DaimlerChrysler seine Fünfgang-Getriebe aus eigener Produktion quer durch seine gesamte Produktpalette einsetzt, inklusive der kleinen A-Klasse. ZF liefert seine Fünfganggetriebe an Audi, BMW, Jaguar und Volkswagen. Ford und General Motors (Opel), die beide ihre eigenen Automatikgetriebe in Europa fertigen, sind langsamer bei der Umsetzung vom Viergang- auf das Fünfgang-Automatikgetriebe gewesen; der Mondeo verwendete beispielsweise auch in der zweiten Auflage von 2001 immer noch eine Viergang-Einheit. GM kündigte bereits 1997 an, eine Fünfgang-Einheit in Serie bauen zu wollen. Dieses sollte – zusammen mit einer ähnlichen Viergang-Einheit – in seiner Straßburger Getriebefabrik produziert werden. Auch Volvo sollte die GM-Automatik erhalten. Der Volvo S80 mit Frontantrieb kam als erster Wagen aus europäischer Produktion in den Genuss des Viergang-Getriebes 4T65-E, das für den Quereinbau von Frontantrieben entwickelt und von den GM-Getriebe-Fabriken in den USA geliefert wurde. Diese Einheit wird in den Sechszylinder-Versionen des S80 eingesetzt, während die leistungsschwächeren Fünfzylinder-Versionen mit einem Fünfgang-Automatikgetriebe von Aisin-Warner aus Japan ausgerüstet sind.

Das jüngste Fünfganggetriebe, das für die Mercedes-Benz-Modelle der Luxusklasse entwickelt wurde, belegt den inzwischen hohen Standard der meisten modernen Mehrgang-Automatikgetriebe. Diese vollständig neue Ausführung erreicht ihre fünf Vorwärtsgänge (und zwei Rückwärtsgänge) mit nur drei Planetenradsätzen und sechs Bremsbändern, die im Prinzip alle Mehrscheibenkupplungen sind. Zum Vergleich: Die vorher gebaute Automatik, ebenfalls mit fünf Fahrstufen, hatte vier Zahnradsätze und sieben Bremsbänder. Das hat zu einem bedeutend kleineren und leichteren Getriebe geführt, zumal hier Teile aus gepresstem Blech statt aus Schmiedestücken und Gussteilen verwendet werden. Entwickelt wurde dieses Getriebe für den Mercedes-Zwölfzylinder, es besticht durch seine kompakten Abmessungen: Länge 600 mm, Gewicht 80 kg, Anzahl der Einzelteile: 630; beim Vormodell waren es noch 1160 Teile.

Obwohl der Drehmomentwandler des Mercedes-Benz-Getriebes weitgehend konventionell aufgebaut ist, verfügt er über eine Überbrückungskupplung, die im dritten, vierten und fünften Gang jederzeit geringfügigen Schlupf (ca. 20 bis 80 U/min) zwischen der Eingangs- und Ausgangsseite zulässt. Dadurch soll verhindert werden, dass das Getriebe sich wie ein starr verriegeltes Bauteil verhält, was stärkere Geräusche und Vibrationsprobleme verursacht. Während ein rutschender Drehmomentwandler ein exzellenter Isolator für Vibrationen ist, sei ein starr verriegelter Wandler weit davon entfernt, so argumentiert das Unternehmen. Dadurch, dass ein geringer Schlupf zugelassen wird, braucht man keine Torsionsvibrationsdämpfer und Ausgleichsmassen, die beide zu Gewicht und Kosten beitragen würden.

Es bleibt abzuwarten, ob Fünfgang-Automatikgetriebe sich von der Spitze des Markts nach unten verbreiten werden, oder ob die Viergang-Einheit der Standard für kleine und mittelgroße Autos bleiben wird. Auf längere Sicht aber werden aus Gründen der Treibstoffersparnis kleinere Motoren mit hoher spezifischer Ausgangsleistung in relativ engen Geschwindigkeitsbereichen unabdingbar, und das erfordert Getriebe mit mehr Stufen und einer weiteren Spreizung der Übersetzungsverhältnisse. An diesem Punkt wird jedoch die wachsende Konkurrenz des stufenlosen Getriebes (CVT = »Continously Variable Transmission«, siehe weiter hinten in diesem Kapitel) eine Rolle spielen. Das CVT ist schon heute in der Lage, eine sehr breite Spreizung der Übersetzungsverhältnisse anzubieten und bei jeder beliebigen Geschwindigkeit den höchsten Wirkungsgrad und damit das vom Fahrer gewünschte Motordrehmoment zu liefern.

Die spezifischen Anforderung des europäischen Marktes stellen die Getriebeentwickler vor besondere Herausforderungen: Nirgendwo anders gibt es so viele Fahrer, die unbedingt die allerletzte Kontrolle über die Wahl des Übersetzungsverhältnisses behalten wollen, sogar bei einem Automatikgetriebe. Das hat zu einer Entwicklung von einer Reihe von letztlich überflüssigen Systemen geführt. Auf der einen Seite zielen automatische Kupplungsanordnungen wie Renaults EASY-System, das in Kapitel 10 erwähnt wurde, hauptsächlich darauf ab, die Kupplungsbetätigung zu vereinfachen, ohne die Kosten eines vollautomatischen Getriebes zu verursachen. Auf der anderen Seite gibt es Getriebe, wie die Selectronic von

BMW und Porsches Tiptronic, bei denen das automatische Schalten außer Kraft gesetzt werden kann (der Fahrer schaltet mit einem Hebel, der rückwärts oder vorwärts bewegt wird), mit Tasten oder mit den ins Lenkrad eingebauten Schaltwippen jeweils einen Gang rauf oder runter: Dank Elektronik ist das technisch kein Problem, und der Aufwand hält sich in Grenzen, zumal neben den Wahlschaltern kaum mehr eine zusätzliche Hardware erforderlich ist. Bei modernen Formel-1-Autos macht so ein Arrangement sogar noch mehr Sinn, weil der Rennfahrer seine Hände nicht vom Lenkrad nehmen muss, wenn er schalten will. Im normalen Straßenverkehr ist das natürlich ganz anders – das sollten die Autokäufer, die damit liebäugeln, vielleicht bedenken.

Das riemengetriebene stufenlose Getriebe

Die Geschichte des stufenlosen Getriebes (CVT = »continously variable transmission«) in Personenwagen kann über verschiedene Dekaden und verschiedene Getriebearten zurück verfolgt werden. Es war jedoch das DAF-Variomatic-Getriebe von 1959, als technischer Ursprung für das stufenlose Getriebe anzusehen. Die Variomatic im holländischen Daffodil nutzt endlose Gummiantriebsriemen, die zwischen konischen Riemenscheiben liefen. Der Abstand zwischen den Scheiben ließ sich variieren, so dass sich der Arbeitsradius der Primär- und deshalb auch der der gefederten Sekundärkegelscheibe änderte. Die gesamte Anordnung hieß Variator. Die Variomatic wurde von der Van-Doorne-Transmatic abgelöst, bei welcher der Gummiriemen durch einen Gurt ersetzt wurde, der aus präzise geformten Stahlblöcken bestand, aufgereiht auf ein flexibles Stahlband. Obwohl sich die Transmatic von der Variomatic grundsätzlich dadurch unterschied, dass die Übertragung des Antriebs von einer Scheibe zur anderen nun über eine Gurt-Block-Kompression statt über eine Gurtspannung erfolgte, blieb die Zwei-Scheiben-Anordung zumindest optisch ziemlich gleich. Die neue Technik konnte aber höhere Drehmomente übertragen, obwohl es einige Zeit dauerte, bevor die Transmatic mehr als rund 150 Nm verkraftete.

Ein riemengetriebene stufenlose Getriebe liefert zwar jedes gewünschte Übersetzungsverhältnis innerhalb den oberen und unteren Grenzen, die von den Formen und Größen der Scheiben gesetzt werden, es besitzt aber keinen Leerlauf und braucht deshalb eine Art Kupplung sowie eine Möglichkeit zur Antriebsumkehr, sonst kann ein solches Getriebe nicht als Vollautomatik agieren. Vergleichsweise einfach ist das Problem mit dem Rückwärtsgang zu lösen, dazu bedarf es lediglich einen einfachen Planetengetriebes, das gebremst werden kann. Dadurch kehrt sich der Ausgang des Variators um; theoretisch kann ein Auto damit rückwärts genauso schnell wie vorwärts fahren kann (und die ersten DAF-Modelle taten genau das). Moderne CVT-Systeme begrenzen deshalb normalerweise die mögliche Geschwindigkeit beispielsweise dadurch, dass man den Variator an der Bewegung aus seinem kleinsten Übersetzungsverhältnis heraus hindert.

Die Variomatic und die ersten Transmatic-Systeme verwendeten eine Fliehkraftkupplung. Dieses war kostengünstig, konnte aber trotz aller Fortschritte niemals völlig überzeugen. Ein wirklich sanftes Anfahren aus dem Stand (oder Anhalten) war nicht möglich – es ruckelte immer, wenn die Geschwindigkeit anstieg, selbst mit zweistufigem Eingriff.

Subaru, der erste japanische Autohersteller, der das stufenlose Getriebe in seinen Justy Supermini übernahm, erzielte mit einer elektromagnetischen Eisenpulver-Kupplung mit Computersteuerung des Kupplungsstroms deutlich bessere Ergebnisse. Die Lösung wurde auch von Nissan übernommen, die das stufenlose Getriebe in den Micra einbaute.

Ein konventioneller Drehmomentwandler ist eine sehr gute, wenn auch teure Lösung. Er erlaubt ein viel ruckfreieres Anfahren, und seine Vervielfachung des Drehmoments kann entweder eine raschere Abstufung oder eine Erhöhung des kleinsten CVT-Übersetzungsverhältnisses ermöglichen, was ein kompakteres Scheibensystem erlaubt. Schrittmacher auf diesem Gebiet war der deutsche Getriebe-Spezialist ZF. Das Unternehmen zeigte erstmals 1995 sein Riemen- und-Scheiben-CVT Ecotronic, drei Jahre

Das Grundprinzip des riemengetriebenen CVT (= »continuous variable transmission« = stufenloses Automatikgetriebe) wird in dieser Abbildung gezeigt. In diesem Fall ist der Riemen als Stahlgliederband ausgebildet, das von Van Doorne (DAF) für sein Transmatic-Getriebe entwickelt wurde, lizensiert für Fiat und Ford. (Fiat)

später war daraus eine Ecotronic-Familie mit drei Einheiten unterschiedlicher Größe und Drehmoment-Kapazität entstanden: das CFT13 (130 Nm), das CFT18 (180 Nm) und das CFT 25 (250 Nm). Wenn man bedenkt, dass moderne Saugmotoren rund 90 Nm pro Liter Hubraum liefern (der von Ford angebotene 2,5-Liter-24-Ventil-Duratec-V6-Motor erzeugt beispielsweise 220 Nm Drehmoment), passt das CFT25 gut in die europäische Mittelklasse von Mondeo, Vectra und Passat. Das CFT13 und das CFT18 verwenden einen 24 mm breiten Riemen; der des CFT25 ist 30 mm breit. Die Kegelscheiben weisen in den Einheiten mit hoher Kapazität einen größeren Außendurchmesser auf, aber der Unterschied ist geringer als man erwarten könnte. Die Scheiben des CFT25 sind 19% größer als die des CFT13.

Der Drehmomentwandler der ZF-Ecotronic besitzt, wie eine konventionelle Automatik, eine mechanische Überbrückungskupplung. Ein einfaches Planetengetriebe zwischen dem Wandler und der Antriebsscheibe bildet den Rückwärtsgang, eingelegt und ausgerückt durch das Einwirken einer Mehrscheibenkupplungs- und Bremseinheit. Obwohl das CVT ideal für Quermotor-Frontantrieb-Baueinheiten geeignet ist, hat ZF auf dieser Basis Einheiten entwickelt, die sowohl für Autos mit Hinterradantrieb als auch zu Fronttrieblern mit Reihenaggregaten passen (womit die Ecotronic auch für BMW interessant wurde).

Das Ecotronic-Getriebe erfordert ein kompliziertes elektronisches Steuerungssystem – das ist ein Vorteil für ZF, das dabei von seinen Erfahrungen mit der Adaptivsteuerung (lernfähige Steuerung, wird von ZF bei Vier- und Fünfgang-Automatikgetrieben verwendet) profitiert. Dabei wird eine Fuzzy-Logik verwendet, um den Arbeitspunkt in jedem Augenblick zu spezifizieren. Die Informationen hierfür liefern verschiedene Sensoren. ZF definiert den Arbeitspunkt im Prinzip als den des optimalen spezifischen

Kraftstoffverbrauchs. Der Arbeitspunkt wird aber durch einen Adaptionsfaktor verändert, der stufenlos zwischen den beiden Extremen »optimaler Kraftstoffverbrauch« und »maximale Leistung« variabel ist. Die Motordrehzahl etwa steigt, wenn der Fahrer oder die Straßenverhältnisse eine höhere Ausgangsleistung erfordern.

Der Autohersteller Honda, der seine eigene CVT-Technik unter Verwendung des Stahlgurt-und-Scheiben-Prinzips entwickelte, ging mit der Einführung einer computergesteuerten Mehrscheiben-»Nass«-Kupplung für das Anfahren aus dem Stand einen Schritt weiter. Honda baute sein Getriebe in den Mittelklasse-Civic ein, der von einem 1,6-Liter-Motor angetrieben wurde und ein maximales Drehmoment von 140 Nm am Ausgang aufwies. Neben einigen anderen bemerkenswerten Entwicklungen, die von Honda eingeführt wurden, befand sich darunter der computergesteuerte (vom Motor- und Getriebe-Management-System) Druck auf die beweglichen Scheiben beider Scheibensätze. Das stellte sicher, dass der Druck stets für eine zuverlässige Übersetzung sorgt, ohne unangemessen hoch zu sein. Wird der Druck auf beide Scheiben zu stark, reduziert sich die mechanische Wirkung in gleichem Maße, wie sich das Risiko des Riemenverschleißes und der Geräuschentwicklung erhöht. Die Programmierung des Civic CVT zielte besonders darauf ab, eine gute Übereinstimmung mit dem besten spezifischen Kraftstoffverbrauch des Motors zu erreichen. Der CVT-Civic war, laut Honda, im Stadtverkehr um gut 15 % sparsamer als ein Wagen mit konventioneller Viergang-Automatik.

Diese Behauptungen resultieren aus den Ergebnissen beim Service des Civic. Dabei sollte aber nicht unerwähnt bleiben, dass Honda in den jüngsten Civic-Modellen, die nach 2000 vom Band liefen, statt eines stufenlosen Getriebes eine Viergang-Automatik anbietet. Für diese Entscheidung mag auch ein Rolle gespielt haben, dass viele Fahrer ein Problem haben – in der Regel ein psychologisches Problem: Beim CVT-Getriebe steht das Motorgeräusch nicht in direkter Beziehung zur Geschwindigkeit des Wagens. Mit Handschaltungen oder Mehrgang-Automatikgetrieben hört der Fahrer immer am sich ändern-

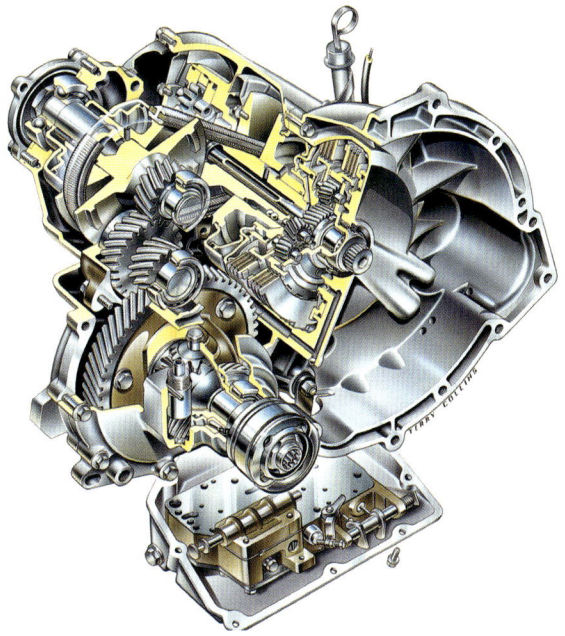

Das riemengetriebene CVT mag im Prinzip einfach aussehen. Wenn es aber als komplettes Getriebe mit integriertem Differenzial gebaut wird, mit einer Vorrichtung zum Anfahren aus dem Stand und zum Rückwärtsfahren, ergibt sich eine Baugruppe wie diese – Fords frühes CTX-Getriebe für den Fiesta. Spezielle Maßnahmen sind erforderlich, damit das Auto nicht genauso schnell rückwärts wie vorwärts fährt. (Ford)

den Motorgeräusch, wenn das Auto etwa beschleunigt, und jeder Schaltvorgang ist spürbar. Mit einem stufenlosen Getriebe beschleunigt das Auto zwar ebenso stark, nur: Der Motorton bleibt konstant, weil das CVT den Motor bei der Beschleunigung auf der besten Umdrehungszahl hält. Die Leistung ist wirklich gut, aber weil der Sound im konventionellen Sinne nicht stimmt, hat der Fahrer den Eindruck, dass das Auto sich träge und unwillig verhält. Das hat einige Hersteller dazu bewogen, ihre CVT-Systeme auf feste Übersetzungsverhältnisse umzustellen, was die psychologische Barriere abbaute. Theoretisch könnten beliebig viele Übersetzungen realisiert werden, aber sechs oder sieben scheinen die häufigste Wahl zu sein. Jeder Gang kann dann leicht per Kippschalter hoch- oder runtergeschaltet werden; und ein vollständig variabler CVT-Betrieb kann immer noch als ein separater Modus erhalten bleiben, falls gewünscht.

Nissan scheint der einzige Hersteller geblieben zu sein, der diesen Versuch bei seinem Hyper CVT-

Übersetzungsverhältnis der EXTROID-CVT

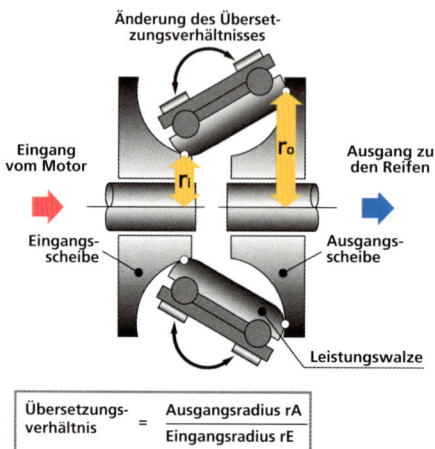

$$\text{Übersetzungs-} \atop \text{verhältnis} = \frac{\text{Ausgangsradius rA}}{\text{Eingangsradius rE}}$$

Nissan ist einer der Hauptanwender der riemenangetriebenen CVT mit variablen Scheiben geworden und hat eine neue Stufe der Kultiviertheit und des Wirkungsgrades in das Konzept eingebracht. (Nissan)

M6 unternahm, der 1997 mit einem Steuerungssystem angekündigt wurde, das sechs vorbestimmte Gänge enthielt – der niedrigst- und der höchstmögliche und vier mit gleichem Abstand dazwischen. Das Hyper CVT-M6 erlaubte dem Auto, entweder in seinem ökonomischsten Auto-CVT-Modus zu arbeiten oder in jedem der sechs vorbestimmten Gänge – beispielsweise abhängig vom Schutz vor dem Überdrehen des Motors. Nissans Beispiel folgten seitdem einige andere CVT-Anwender. Nissan hat das Hyper CVT, das einen Anfahr-Drehmomentwandler verwendet, für Autos mit Motoren bis zu zwei Liter Hubraum entwickelt. Das Getriebe reduziert den Kraftstoffverbrauch beim japanischen 10-15 Modus-Emissions-Kreislauf, verglichen mit einem konventionellen Viergang-Automatikgetriebe ohne Leistungsverlust, um 20%. Um 1999 wurde das Hyper CVT für viele Nissan-Modelle auf dem japanischen Markt angeboten, in Europa waren nach 2000 der Primera und der Almera Tino damit lieferbar. Nissan hat danach auch eine kleinere Version entwickelt, die immer noch auf entsprechender Basis arbeitet, aber für Modelle der Micra-Klasse mit Motoren bis zu 1,3 Liter Hubraum gedacht ist. Das Unternehmen hat überdies das CVT mit seinem eigenen neuen Dieselmotor mit Direkteinspritzung zusammengebracht. Dessen Motor-Management entscheidet anhand der Gaspedalstellung, welche Drehmoment-Ausgangsleistung gefordert wird. Die Steuerungseinheit überträgt Drive-by-wire-Ausgangssignale sowohl an den Motor als auch an das stufenlose Getriebe. Dabei wird das CVT verwendet, um die Ausgangsleistung dem Drehmoment anzugleichen, ohne dass der Motor den verbrauchsgünstigen Schichtladungs-Magerverbrennungs-Betrieb verlässt.

Das Multitronic-CVT von Audi funktioniert ein wenig anders. Hier steigt die Drehzahl im Verhältnis zur Fahrgeschwindigkeit. Ein Verfahren, das schnell genug ist, um das Auto so stark zu beschleunigen, wie es den Vorstellungen des Fahrers entspricht. Dafür wurden einige der (theoretischen) Errungenschaften und Wirtschaftlichkeits-Vorteile des reinen CVT-Betriebs geopfert, aber nicht annähernd so viele, wie das Schalten zwischen festgelegten Übersetzungen normalerweise an Nachteilen mit sich bringt. Wie beim Honda-System verwendet das Multitronic-Getriebe eine nasse Mehrscheibenkupplung, um das Anfahr-Drehmoment aufzunehmen. Audis Antriebsriemen arbeitet unter Spannung und überträgt das Drehmoment mittels Reibung von Nadeln, die durch die Gelenke des Gurts und des Lagers gegen die Scheibenflächen laufen. Audi bescheinigt seiner Multitronic im A6 2,8 V6 erhebliche wirtschaftliche Vorteile und Leistungsgewinne gegenüber einem konventionellen Fünfgang-Automatikgetriebe und behaupt sogar, marginale Gewinne im Vergleich zu einer Handschaltung erzielt zu haben.

In Zukunft wird die Akzeptanz von stufenlosen Getrieben wegen der Leichtigkeit, mit der es an unterschiedliche Kraftübertragungen, besonders Hybridantriebe, angepasst werden kann, sicher zunehmen. Das Hybrid-Auto Prius von Toyota verwendet ein stufenloses Getriebe serienmäßig, und tatsächlich hat im Grunde genommen jeder japanische Hersteller ein Konzeptfahrzeug oder einen Antriebsstrang mit einem stufenlosen Getriebe als Prototyp gezeigt. In den meisten Fällen nutzen die Einheiten Drehmomentwandler, um das Getriebe mit dem Motor

Automatisches Getriebe

zu verbinden. Mitsubishis HSR-VI-Konzeptauto wird beispielsweise vom eigenen Benzin-Direkteinspritzer GDI (gasoline direct injection) und stufenlosem Getriebe angetrieben. Das Unternehmen hat dafür das INVECS-II-Fuzzy-Logik-Programm an sein CVT angepasst – erstmals bei einem konventionellen Viergang-Automatik-Getriebe –, was die inherente Flexibilität des Programmierungsverfahrens beweist.

Toroidgetriebe

Ein anderes CVT-Konzept erfordert eine schwenkbare Walze, die zwischen zwei Schalen läuft, wobei eine vom Motor angetrieben wird und die andere einen Ausgang zu den angetriebenen Rädern besitzt. Die beiden aneinanderliegenden Schalen bilden so etwas wie einen (Doppel-)Ring, daher heißen diese Getriebe oft auch »Toroid« (Ring). Je nach Winkelstellung der Walze wird die Ausgangsschale mit der gleichen Geschwindigkeit wie die Eingangsschale angetrieben; liegt die Walze horizontal, geschieht dies schneller oder langsamer. Man benötigt wieder eine Kupplung zum Anfahren und für einen Rückwärtsgang. Bereits in den 1930er Jahren gab es Toroid-Getriebe, doch sie litten an mangelnder Haltbarkeit und Drehmoment-Leistung, was an ungeeigneten Materialien und noch nicht ausgereifter Technik lag. Das Schlüsselproblem ist, dass die Übertragung des Drehmoments vollständig vom Reibkontakt zwischen den Walzen und den Schalen abhängt, und je höher das Drehmoment ist, desto höher muss die in einem sehr kleinen Bereich verfügbare Reibung sein. Also müssen die Drücke höher sein, womit die Gefahr wächst, dass Walzen und Schalen zerstört werden. Das geschieht trotz der Tatsache, dass hier nicht Metall auf Metall reibt, sondern (wie in den Motorhauptlagern) eine sehr dünne Schicht eines flüssigen Schmiermittels den Kontakt herstellt. Dieses Schmiermittel hat also zwei Oberflächen zu schützen sowie zur gleichen Zeit das Drehmoment zu übertragen. Damit beide Ziele erreicht werden, müssen Tragfähigkeit und Viskosität stimmen.

Viele Jahre lang leistete das britische Unternehmen Torotrak Pionierarbeit am Toroidal-Getriebe, was zu einer Reihe bemerkenswerter Fortschritte im Detailentwurf und in der Steuerung führte, wie eine Reihe von erfolgreichen Prototypen bewies. Torotraks Arbeit geht weiter, aber mittlerweile fand Nissan Interesse an diesem Konzept und verwendet es nun in einer Kleinserienproduktion.

Nissan nennt seinen Entwurf Extroid-CVT und konstruierte ihn als eine Reiheneinheit für die Verwendung in Autos mit Hinterradantrieb. 1997 zeigte das Unternehmen einen Prototyp, in welchem das Eingangsdrehmoment zwischen zwei torodialen Variatoren aufgeteilt ist, die parallel arbeiten, also den Durchmesser der Einheit als Ganzes reduzieren. Zur gleichen Zeit wies Nissan auf die Verwendung von Spezialstählen und auf seine ausgiebige Erforschung der Eigenschaften von hochfeinen Schmier-/Getriebeölen hin, die diese Getriebeart zuverlässig und wirksam machten. 1999 baute Nissan das Extroid in kleiner Serie in die Luxuslimousinen Cedric und Gloria ausschließlich für den japanischen Markt ein. Diese beiden verwandten Modelle werden von Dreiliter-V6-Motoren angetrieben. Damit ist bewiesen, welche Drehmoment-Leistung das Getriebe bewältigen kann.

Automatisierte Handschaltungen

Im Europa der 1990er-Jahre weckte eine automatisierte Handschaltung, die eine elektronische Steuerung und moderne Umformer verwendete, zunehmend Interesse. Das damit erzielte Ergebnis wurde, entgegen der Meinung vieler Erfinder, auf rein mechanischem Wege erreicht. BMW war der erste Hersteller, der eine solche Einheit anbot; sie wurde als sequenzielle-M-Gangschaltung (SMG) bezeichnet. Dieses Getriebe bot man als Option für die Hochleistungs-M3-Version der 3er Reihe an; sie hatte sechs Vorwärtsgänge und zwei alternative, servogesteuerte Betriebsmodi. Zunächst erfolgte dabei der Gangwechsel wie in jedem konventionellen Automatikgetriebe; BMW nannte diesen Betrieb »Economy«. Die Einheit schaltete in diesem Modus, wenn die Zündung ausgeschaltet wurde. Im »Sport«-Modus wählte der Fahrer Aufwärts- und

Abwärtsgänge in Tiptronic-Manier. Der Fahrer schaltete durch »Schaukeln« des Wählhebels zur Seite zwischen den beiden Betriebsarten um. Aufwärtsschalten konnte man, ohne vom Gas zu gehen. Es erfolgte kein automatisches Hochschalten, wenngleich der Motor durch einen Zündungsregler vor dem Überdrehen geschützt war. Ein Sicherheits-Override war jedoch vorhanden, um den Motor beim Runterschalten bei zu hoher Geschwindigkeit vor dem Überdrehen

Bei der Tokyo Motor Show 1999 stellte Mazda diese neuartige stufenlose Getriebeeinheit aus, die aus zwei Halbtoroid-Reibradgetrieben und einem schrägverzahnten Zweigang-Stirnradgetriebe und zwei automatischen Kupplungen besteht. Beim Startvorgang reduzieren die beiden Stirnradgetriebe zunächst das Gesamt-Übersetzungsverhältnis um das Ausgangsdrehmoment zu steigern. Bei höherer Geschwindigkeit erfolgt der Kraftfluss direkt über die Abtriebsscheiben der Toroid-Reibradgetriebe. Der Achsantrieb befindet sich oben links im Bild.
Die gesamte Getriebeeinheit ist eindeutig für einen querliegenden Frontantrieb ausgelegt. (Mazda)

zu bewahren. Die Gangschaltung schaltete auch automatisch herunter in den zweiten Gang, wenn die Geschwindigkeit unter 15 km/h sank, und in den ersten Gang, wenn das Auto stand. Die Einstellungen der elektronischen Steuerung der SMG konnten leicht neu programmiert werden; BMW verwendete, je nach Exportmarkt, entsprechend angepasste Schaltzeitpunkte im Economy-Modus. Für den britischen Markt beispielsweise waren sie anders als für den deutschen Markt, BMW UK nannte als Begründung dafür das Bestreben, ein ständiges Hin-und-Her-Springen zwischen den niedrigen Gängen zu verhindern, etwa wenn sich das Auto im Kreisverkehr bewegt.

Ein ähnliches Konzept haben auch Valeo und Renault entwickelt, allerdings ohne die sportlichen Untertöne. Die »Boîte de Vitesses Automatisée« (BVA) kombiniert die zuvor beschriebene Valveo-Kupplungs-Einheit mit einer modifizierten Fünfgang-Handschaltung von Renault bei vollständigem Servobetrieb der Gangwahl. Als Vorteile nennt Renault niedriges Gewicht, geringe Kosten und einen hohen Wirkungsgrad im Vergleich zu einem konventionellen Automatikgetriebe gleicher oder besserer Leistung.

Wenn man das jedoch im weltweiten Vergleich betrachtet, scheinen diese Kombinationen aus automatisierten Abläufen und Handarbeit ziemlich am Rand der technischen Hauptströmung zu verlaufen. Sie befinden sich nach Ansicht des anerkannten Forschungsunternehmens Ricardo auf dem Rückzug. Ricardo begründet das mit Untersuchungen zur Optimierung der Wirtschaftlichkeit unter simulierten Bedingungen. Dabei lieferte eine Eigenentwicklung, die automatische Vorgelegewelle (ALT) ihre besten Daten, wobei ihre Arbeitsbedingungen denen der SMG gleichen, obwohl sie nicht die Möglichkeit bietet, in den Sportmodus zu wechseln. Ricardo weist auf den kleinen, aber entscheidenden Vorteil hin, der durch den Dauereingriff einer Vorgelegewelle in Gangschaltungen hinsichtlich mechanischem Wirkungsgrad erreicht wird. Solche Einheiten sind normalerweise ungefähr zu 97 % wirksam, während die beste konventionelle Automatik sogar mit einem überbrückten Drehmomentwandler und minimierten Ölpumpenverlusten gerade mal auf ungefähr 95 % hoffen darf.

Nissans Extroid-Getriebe verwendet zwei ringförmige CVT-Einheiten, bei denen der Antrieb zwischen ihnen aufgeteilt ist, damit die Gesamtbaugruppe schlank gehalten wird. Dieses Getriebe wurde für den Längseinbau in einem leistungsstarken Auto mit Hinterradantrieb konstruiert und wird heutzutage in kleinen Stückzahlen produziert, allerdings nur für den japanischen Binnenmarkt. (Nissan)

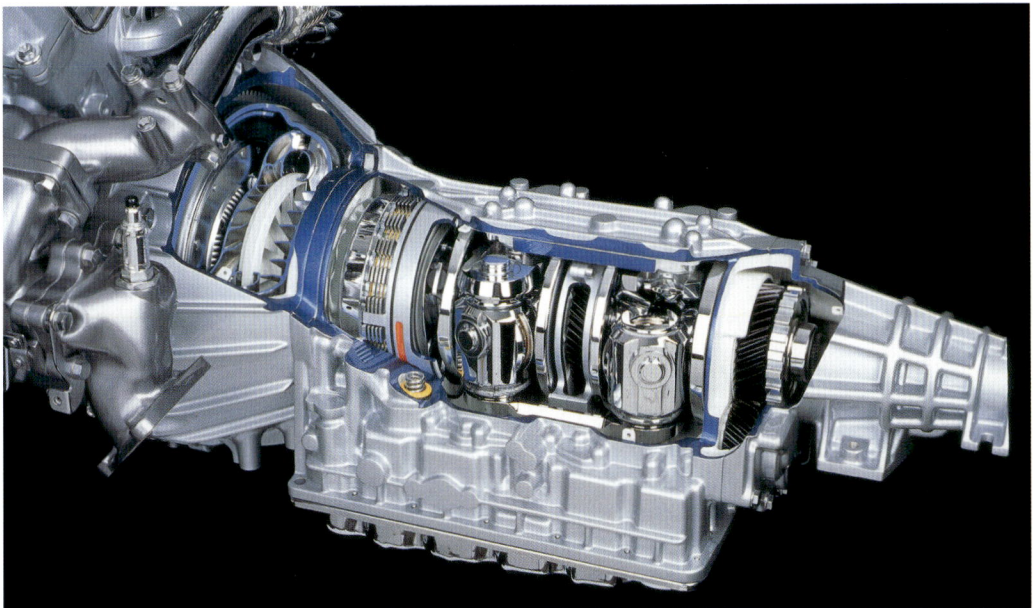

12 Kardanwellen, Antriebswellen und Achsantriebe

Die Bauteile, die die Ausgangsleistung vom Getriebe abnehmen und sie an die angetriebenen Räder liefern, sind die Mauerblümchen im Übertragungsgeschäft, aber trotzdem unentbehrlich. Immerhin helfen sie, einige komplizierte technische Herausforderungen zu bewältigen: Die Antriebsräder müssen frei nach oben und nach unten schwingen und bei Autos mit Frontantrieb auch noch lenkbar sein. Die Aufgabe von Getriebeingenieuren ist es, entsprechende Bauteile zu entwickeln, die den Job zu minimalen Kosten, bei minimalem Gewicht und minimaler Masse bei maximaler Zuverlässigkeit erledigen.

Bei einem Auto mit Heckantrieb, wie es bis in die 1960er-Jahre hinein Standard war, bestand die Kraftübertragung hinter dem Getriebe im Prinzip aus einer Kardanwelle, die den Kraftfluss zu einem Achsantrieb zwischen den Hinterrädern lenkte, und Antriebswellen, die ihn vom Achsantrieb zu den Rädern leiteten. Die Hinterräder, der Achsantrieb und die Achse, die sie verband, musste sich als eine einzige Einheit frei aufwärts und abwärts bewegen können, in diesem Fall befanden sich die Antriebswellen

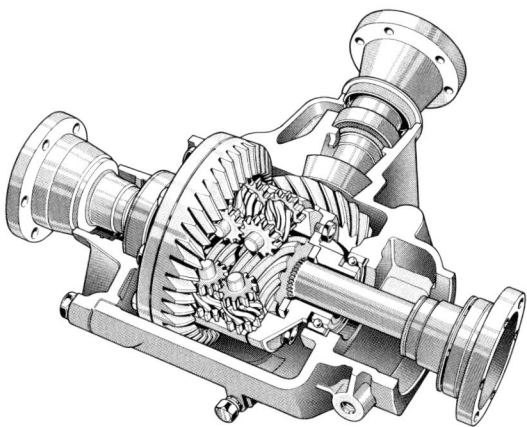

Das Torsen- (TORque SENsing) Differenzial leitet Drehmoment auf rein mechanische Art und Weise auf die Seite mit dem besten Grip. Dies erfolgt über ineinander verzahnte Schneckenräder, die die Eingangszahnräder mit den beiden Antriebswellen überbrücken. Diese Bauweise erfordert einen hohen Aufwand, also eine hochpräzise Fertigung wie auch eine exakte Montage. Das macht ein Torsen-Differenzial sehr teuer.
(Lancia)

innerhalb eines Achsrohrs. Die gesamte Konstruktion hieß Antriebsachse und ist heute längst nicht mehr so verbreitet wie früher. Überdies gibt es auch beim Heckantrieb Alternativen. So kann der Achsantrieb auch an der Karosserie befestigt werden, und die Antriebswellen, die das Drehmoment an die Räder übertragen, wirken zumeist im Verbund mit Lenkern und Streben. Das macht man, weil ein Ein- und Ausfedern eines angetriebenen Rads stets kleine Änderungen in der Länge der Welle zur Folge hat. Doch dazu später mehr, Stichwort »Einzelradaufhängung«.

Bei diversen Autos mit Frontmotor wurde das Getriebe nach hinten gesetzt und bildete somit eine Einheit mit dem Achsantrieb (bei einigen früheren Ala Romeo üblich, auch der Porsche 928 ist ein klassisches Beispiel dafür); man sprach von einer Transaxle-Bauweise. In solchen Autos sind die Hinterräder einzeln aufgehängt. Tatsächlich verwenden wohl alle modernen Personenwagen eine hintere Einzelradaufhängung, während viele Nutzfahrzeuge bei der klassischen Antriebsachs-Konstruktion bleiben. Bei einem Auto mit Frontantrieb, also jenem Antriebskonzept, für das sich die überwiegende Mehrheit der Automobilhersteller inzwischen entschieden hat, bildet der Achsantrieb ebenfalls eine Einheit mit dem Getriebe. Die Kraftübertragung auf die Räder erfolgt lediglich über die beiden Antriebswellen, was den großen Vorteil des Frontantriebs unterstreicht: Das Gewicht sowie die Kosten der Kardanwelle und der Raum, den ihr Tunnel für die Führung durch die Karosserie beansprucht, fallen weg. Die Kehrseite der Medaille sind komplizierte und teure Gelenke. Sie sind notwendig, um den Antrieb »um die Ecke« zu leiten, wenn die Vorderräder über einen großen Lenkwinkel gedreht werden.

Achsantriebswellen

So lange nur zwei Räder eines Fahrzeugs angetrieben werden, ist die Sache relativ einfach: Das Drehmoment wird vom Getriebeausgang auf den Achsantrieb und die Antriebsräder übertragen. Dafür benötigt man Gelenkwellen, die eine vom Getriebe zum Achsantrieb und von dort jeweils eine Welle (»Achswelle«) zu den Rädern. Die Achsantriebseinheit hat normalerweise zwei Funktionen. Sie agiert als Vorlegegetriebe (»Achsgetriebe«), was die Geschwindigkeit des Getriebeausgangs auf die Geschwindigkeit der Räder reduziert, und sie enthält eine Differenzial-Baugruppe, um das Eingangsdrehmoment genau im Verhältnis 50:50 zwischen den Rädern aufzuteilen. Darüber hinaus erlaubt sie unterschiedliche Rad-Drehgeschwindigkeiten, was bei Kurvenfahrt wichtig ist, bei der das innere Rad nämlich langsamer als das äußere dreht. Etwas anders sieht es beim Allradantrieb aus, dazu aber später mehr.

Das Achsgetriebe besteht aus zwei Teilen: Ein kleines Eingangsantriebsritzel (Kegelrad) greift dabei in ein größeres Tellerrad. Das Untersetzungsverhältnis beträgt normalerweise zwischen 3:1 und 5:1. Das Achsgetriebe reduziert die von der Kardanwelle übertragene Drehzahl. Dafür gibt es verschiedene Gründe, wobei einer von ihnen heute eher akademischer Natur ist. Falls nämlich das Gesamtübersetzungsverhältnis des ersten Gangs – normalerweise zwischen 16:1 und 20:1 – im Getriebe untergebracht werden müsste, passte das in kein Gehäuse mehr: Im ersten Gang wäre nämlich ein Zahnradpaar erforderlich, bei dem der Durchmesser des einen 16-mal größer wäre als das andere. Die Anpassung der Geschwindigkeit in zwei Stufen macht alles leichter und kompakter. Davon abgesehen, müsste die Kardanwelle bei Hecktrieblern stark genug sein, um dem gesamten vervielfachten Drehmoment des ersten Gangs standzuhalten. Durch ein Vorgelege ist es nur rund ein Viertel davon, und das wirkt sich natürlich auch auf die Abmessungen des Gehäuses aus.

So wie die Dinge sind, geht in jedem Auto mit Hinterradantrieb das vollständig vervielfachte Drehmoment nur aus der Achsantriebseinheit hervor – und wird dann zweifach geteilt, so dass auf jede Antriebswelle (normalerweise) nur die Hälfte davon entfällt. Falls das Getriebe wegen schwerer Überbeanspruchung versagt, etwa beim Kavalierstart bergauf mit einem hoch drehenden Motor und schleifender Kupplung, macht in der Regel eines der Kegelräder im Differenzial oder am anderen, dem Rad zugewandten Ende einer Antriebswelle schlapp. Und meistens dürfte es sich dabei um einen Keilbruch handeln. Gelenkwellen-Defekte sind aber selten, und Getriebeärger hat meist andere Ursachen.

Weil der Achsantrieb die Hauptübersetzung im Wechselgetriebe vervielfacht, vergrößert ein höher (numerisch niedriger) übersetzter Achsantrieb die Gesamtübersetzung und erweitert die Übersetzung in den einzelnen Gängen. Die Gesamtübersetzung lässt sich also mittels der relativ leichten Änderung im Übersetzungsverhältnis des Achsantriebs modifizieren. So lassen sich beispielsweise ohne großen Aufwand ein Getriebe problemlos an unterschiedliche Motoren verschiedener Hubräume und Drehmoment-Ausgangsleistungen anpassen. Bei einigen Herstellern konnten Kunden ihre Wagen früher wahlweise ab Werk mit verschiedenen Achsantriebs-Übersetzungen ordern. Seit sich die Zulassungsvorschriften geändert haben, denen zufolge die Abgasemissionen bei der Standard-Gesamtübersetzung gemessen werden, ist man davon abgekommen. Die Änderung im Achsantriebs erfolgt normalerweise über das Ritzel, das das Motor-Drehmoment einleitet, möglicherweise auch mit einem Kegelrad samt unterschiedlichen Zahnradzähnen. Die Anzahl der Zähne auf dem Kegelrad ist in der Regel nicht ein genaues Vielfaches der Zähne auf dem Ritzel, um auszuschließen, dass die Zahnräder in Phase in Schwingung geraten und dadurch kaputt gehen. Aus diesem Grund wird als Anzahl der Zähne auf den meisten Achsantriebs-Kegelrädern eine Primzahl gewählt, typischerweise 37, 41, 43 oder 47.

Alle moderne Hinterradantriebe verwenden Schraubrad- oder Spiralkegelräder statt Geradezahnräder. Diese Art des Getriebes (Hypoid-Verzahnung) ermöglicht es, den Ritzelantrieb und daher das hintere Ende der Längswelle unter die Mittellinie des Kegelrads zu setzen. Und dieser Achsversatz lässt wiederum zu, dass der Längswellentunnel flacher und kleiner gehalten werden kann. Der Hypoidantrieb bringt es auch mit sich, dass mehrere Zahnradzähne sich zu jeder Zeit im Eingriff befinden, was die Antriebsbelastung verteilt und Geräusche mindert. Aus dem gleichen Grund verwenden Stirnradgetriebe, die

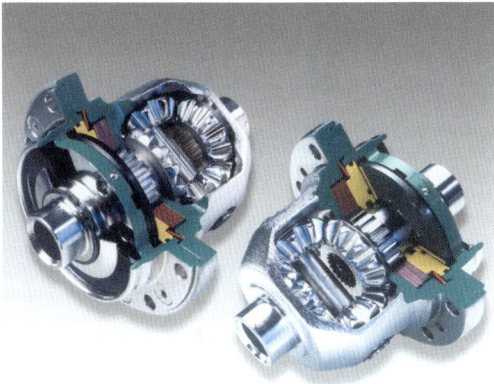

GKNs Visco-Lok-Differenzial verwendet eine extrem kompakte Viskose-Kupplung, um das Drehmoment von einer auf die andere Seite zu übertragen, wenn eine Drehzahldifferenz auftritt. Es kann als Zentraldifferenzial oder als Achsantrieb mit begrenztem Schlupf eingesetzt werden, mit einem Tellerrad, das am Außenflansch angeschraubt wird. Die Menge der Drehmomentübertragung und die Geschwindigkeit der Wirkung des begrenzten Schlupfs hängen vom Abstand der Kupplungsscheiben und den Eigenschaften der Viskoseflüssigkeit ab. (GKN)

bei Quermotoren den Kraftschluss sicherstellen, schräg verzahnte Stirnräder anstelle solcher mit gerader Verzahnung. Der einzige technische Nachteil besteht darin, dass der Kontakt zwischen den Zahnrädern von Antriebskegelrad und Tellerrad sowohl eine gleitende als auch eine rollende Bewegung mit sich bringt und damit höhere Zahnflankendrücke, was spezielle Schmiermittel (so genannte Hypoidöle) erfordert, die in der Lage sind, höheren Scherkräften zu widerstehen. Die konventionelle Differenzial-Einheit schickt das Eingangsdrehmoment genau hälftig zu den Rädern. Immer und unter allen Bedingungen. Und das ist auch gut so, denn bei einer ungleichen Aufteilung würde der Wagen tendenziell vom Kurs abkommen. In Sonderfällen wie beim Zentraldifferenzial eines Allradlers kann das Eingangsdrehmoment jedoch in jedem gewünschten Verhältnis aufgeteilt werden.

Die strikte 50:50-Aufteilung des Drehmoments auf die beiden Antriebsräder kann in bestimmten Situationen aber auch von Nachteil sein. Bei extrem rutschiger oder vereister Straße dreht beispielsweise ein Rad durch, dabei kann kaum Drehmoment auf den Boden übertragen werden.

Auch wenn bei scharfer Kurvenfahrt ein Rad den Kontakt zur Fahrbahn verliert, ist kein Antrieb vorhanden. Im ersten Fall wird das Fahrzeug manövrierunfähig; im zweiten Fall besteht die Gefahr, dass die Kontrolle ganz verloren geht, entweder sofort oder wenn das innere Rad plötzlich am Ausgang der Kurve wieder Bodenhaftung (Traktion) bekommt. Man suchte deshalb nach einer Möglichkeit, die Wirkungsweise des Differenzials zu begrenzen: Das Differenzial mit Schlupfbegrenzung, auch Sperrdifferenzial genannt, leitet das gesamte Drehmoment nicht mehr einfach auf das besser greifende Rad um. Der einfachste Ansatz besteht in der Verwendung einer Differenzialsperre, aber solch eine Sperre kann nur im Stillstand eingelegt werden und ist nur nützlich im Geländeeinsatz. Bei Straßenfahrzeugen wird ein ungleich höherer Aufwand betrieben, um einen vollständigen Drehmomentausgleich zu verhindern. Das Grundprinzip aber ist normalerweise immer gleich: Es geht in jedem Fall darum, eine wachsende Differenz der Drehzahl beider angetriebenen Räder zu fühlen (wenn der Differenzialkorb immer schneller dreht) und die Wirkung des Ausgleichgetriebes zu beeinflussen. Ein Beispiel: Hat ein Rad Traktion und das andere nicht (weil es etwa auf Eis dreht), wird durch das Ausgleichgetriebe das gesamte Drehmoment auf jenes Rad übertragen, das »Grip« hat. Das andere Rad, das auf Eis, dreht durch: Der Vortrieb auf der Straße? Gleich null.

Daher gilt es, die Wirkung des Ausgleichgetriebes zu beeinflussen, ohne die notwendige Funktion des Differenzials zu stören. Denn so viel ist klar: Drehzahlunterschiede zwischen den Antriebsrädern treten immer auf, es sei denn, es wird nur geradeaus gefahren. Ansonsten aber, etwa bei Kurvenfahrt, drehen sich die beiden Räder unterschiedlich schnell, und dort macht das Ausgleichgetriebe Sinn. Wenn in diesem Fall eine Ausgleichsperre zu früh eingreift, ist das aber mehr als ärgerlich. Zu viel Sperrwirkung kann ebenfalls schlecht sein, nicht nur weil sie das Fahrverhalten beeinflusst.

Wenn das gesamte Antriebsdrehmoment an einen einzigen Reifen übertragen würde, wäre dieser der Belastung möglicherweise nicht gewachsen. Überdies müsste die Antriebswelle stär-

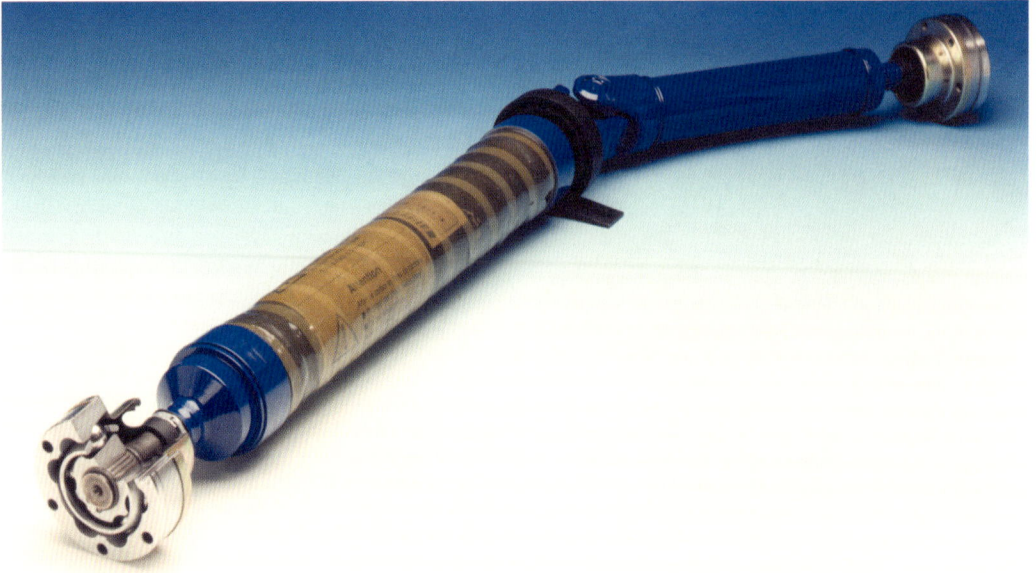

ker und schwerer dimensioniert werden, um ein Ausfallrisiko zu vermeiden. Ausgleichssperren für Achsantriebe werden daher normalerweise so entworfen, dass nur ein Teil des Antriebsdrehmoments an das Rad mit Grip gelangt. Die älteren mechanischen Einheiten legten häufig (beispielsweise) 20% Schlupfbegrenzung zugrunde, so dass nur ein Fünftel des Antriebsdrehmoments übertragen wird, falls ein Rad ungehindert durchdreht. Solch ein Verhältnis ist ein vernünftiger Kompromiss für ein Hochleistungs-Straßenauto; Rennwagen können viel »festere« Einheiten verwenden.

Das Antriebsdrehmoment von einer Seite des Differenzials auf die andere übertragen entweder Rutsch-, Kegel- oder Viskokupplungen, welche die beiden Ausgangsseiten des Differenzials überbrücken. Die Viskokupplung gleicht einer Mehrscheibenkupplung mit dicht beieinander liegenden, verschachtelten Lamellen. Diese sitzen auf Wellen, mit denen sie an jeder Seite in einem Gehäuse, das mit einer speziellen viskosen Flüssigkeit gefüllt ist, verbunden sind. Das lässt die Wellen frei und langsam relativ zueinander rotieren. Wenn aber die Geschwindigkeit zunimmt, arbeitet die viskose Flüssigkeit eher als fester Stoff, der die Scheiben zusammenhält und übermäßigen Schlupf verhindert.

Eine Schlupfbegrenzung per Viskosekupplung

Die zweiteilige Kardanwelle von GKN zeigt eine Kombination von Verbundmaterial (vorne) mit Metall im hinteren Teil. Eine Welle aus Verbundmaterial ist steif und leicht, allerdings auch sehr teuer. Normalerweise fertigt man damit eine Welle aus einem Stück, dagegen müsste die metallische Welle aus zwei Abschnitten bestehen. Bemerkenswert sind die Doppelgelenke (CVJ = »constant velocity joint«) an jedem Wellenende und das zentrale Stützlager in der Mitte. (GKN)

wird von verschiedenen Fahrzeugherstellern verwendet, und spezialisierte Unternehmen haben Getriebeeinheiten entwickelt, die diese Baugruppen für die Anwendung in Getrieben für Hinterrad- und Vorderradantriebe vereinigen.

Ein anderer Typ von Schlupfbegrenzungseinheit ist das Torsen-Differenzial (Torsen = TORque SENse = Drehmomentfühler), in dem ein komplizierter Mechanismus mit Schneckenantrieb das Drehmoment zwangsläufig auf die Seite mit höherer Leistung überträgt, wenn eine Geschwindigkeitsdifferenz ansteigt. Die Einheit wirkt praktisch sofort und hat einen breiten, zunehmenden Bereich der Drehmomentverzweigung; die Schlupfbegrenzung wird von der Geometrie der Einheit bestimmt. Ihr Hauptnachteil sind die hohen Kosten, weil die Konstruktion eine Menge von Teilen erfordert, die mit engen Toleranzen hergestellt und zusammengebaut werden müssen. Obwohl beide Baugruppen oft als Alternativen diskutiert werden, gibt es grundsätzliche Unterschiede zwischen dem Torsen-Differenzial und der Viskokupplung. Das Torsen Differenzial ist eine richtige Differenzial-Einheit, die eine Eingangsleistung in zwei gleich großen Ausgangsleistungen 50:50 aufteilt, diese Aufteilung aber ändern kann, wenn sich die Ausgangsgeschwindigkeiten ändern. Auf der anderen Seite kann die Viskokupplung entweder den Eingang oder den Ausgang einer konventionellen Achsantriebs-Einheit überbrücken, so dass ihre Drehmomentverzweigung als eine Funktion des Unterschieds der Ausgangsspannungen variiert oder sie kann eine direkte Zwischenschaltung ersetzen. In diesem Fall wird eine Antriebsleistung nur dann an den Ausgang geliefert, wenn es einen spürbaren Unterschied zwischen den Eingangs- und Ausgangsgeschwindigkeiten gibt.

Das Prinzip der Begrenzung eines unterschiedlichen Schlupfes kann weiter gefasst werden. Falls der Effekt von der schlupfbegrenzenden Einheit definitiv gesteuert werden kann, lässt sich die Verteilung des Antriebsdrehmoments um das Getriebe herum auf Wunsch ändern – zugunsten der Handhabung und der Stabilität. Das Ergebnis ist das aktive Getriebe, das genauer in Kapitel 14 beschrieben wird.

Kardanwellen

Die Kardanwelle ist heutzutage eigentlich weniger interessant, doch weil es nach wie vor einige teure Frontmotor-Hochleistungsautos gibt, deren Hinterräder mit sehr viel Drehmoment angetrieben werden, lohnt vielleicht doch ein genauerer Blick. Offensichtlich müssen die Wellen stark genug sein, damit sie die maximale Drehmoment-Ausgangsleistung vom Getriebe aushalten, sie müssen aber auch gut ausgewuchtet sein, damit Vibrationen vermieden werden, und sie sollen dabei möglichst klein und leicht sein. Frühere Kardanwellen, die vom Getriebe zur Hinterradachse führten, waren aus einem Stück und hatten einfache, universelle (Hooke-)Gelenke an jedem Ende plus einen verkeilten Teil, damit die Kardanwelle bei einem Vollausschlag der Aufhängung etwas länger als in ihrer Mittelposition war

und dadurch besser »eintauchen« konnte. Bei einzeln aufgehängten Hinterrädern bewegt sich die Achsantriebseinheit viel weniger in Relation zum Getriebe als bei einem Wagen mit Starrachse, aber immer noch so viel (wegen der Karosserieverbiegungs- und Drehmoment-Reaktions-Effekte), dass man Gelenke an beiden Enden der Welle haben muss, damit auch eine nicht so perfekte Ausrichtung passt – und auch den Zusammenbau vereinfacht. Diese kardanischen Gelenke gaben der Kardenwelle letztlich ihren Namen.

Bei der Rotation einer Welle mit hoher Geschwindigkeit wird jede Unwucht dazu führen, dass die Welle sich in der Mitte verbiegt. Falls die Unwucht erheblich und die Welle nicht steif genug ist, wird die Biegung die Unwucht verstärken, demzufolge nimmt die Biegung zu, was wiederum zu einer Verstärkung der Unwucht führt... bis das Ganze übel oder zumindest in starken Vibrationen und hoher Belastung endet, was sich auf die Lebensdauer der Kardanwellengelenke auswirkt. Je länger die Welle, desto größer ist die Gefahr, dass diese Schwingungsprobleme auftreten. Als technische Lösung bietet sich entweder eine Versteifung der Welle durch einen größeren Querschnitt an, was die Masse und die Kosten erhöht, oder die Trennung der Welle in zwei kürzere und weniger zum Schwingen neigende Teile, wobei die Verbindung zwischen ihnen ein Festlager übernimmt, was zwar Extrakosten verursacht, aber die Wellen kleiner, leichter und preiswerter hält. Die Lösung mit geteilter Kardanwelle ist heute fast Standard, obwohl man bei Konstruktion und Montage des Mittellagerblocks peinlich genau darauf achten muss, dass die Übertragung von Geräuschen, Vibrationen und Rauigkeiten (NVH = »noise, vibration and harshness«) auf die Karosserie vermieden wird. Probleme dieser Art sind auffälliger, weil das Mittellager (oft auch in Verbindung mit einer Hardyscheibe) zwangsläufig fast genau unterhalb der Vordersitzlehnen montiert ist. Abgesehen von der Konstruktion des Mittellagers hat man sich dieses Problems auch angenommen, indem man Doppelgelenke (CVJ = »constant velocity joints«, siehe nächster Abschnitt) zur Befestigung der Kardanwellen statt einfacher Hooke-Gelenke verwendet.

Die Einzelteile des Doppelgelenks (CVJ) vom UF-Typ von GKN. Die Kugeln in ihrem Käfig werden gezwungen, sich zwischen dem inneren »Zahnrad« und dem äußeren Käfig zu bewegen, so dass die Eingangs- und Ausgangsgeschwindigkeiten immer gleich sind. Jede Winkeldifferenz wird von den Kugeln, die in ihren Kanälen laufen, ausgeglichen. Sie erzeugen dabei zyklische Kräfte, die vom äußeren Käfig absorbiert werden müssen. Eine gute Schmierung ist für die Lebensdauer und einen ruhigen Betrieb jedes CVJ lebenswichtig. (GKN)

Kardanwellen bestehen normalerweise aus einem einfachen Rohr, das an jedem Ende mit einer Befestigung für ein Gelenk verschlossen ist. Stahlrohr ist immer noch das am häufigsten verwendete Material, aber Aluminiumlegierungen und verstärkte Verbundwerkstoffe wurden ebenfalls verwendet, vor allem dann, wenn die Gewichtsersparnis wichtiger ist als der Kostenaufwand. Neue Schmiedetechniken haben rohrförmige Wellen aus einem Stück ermöglicht, die speziell abgestimmt werden können, wodurch sich Geräuschprobleme vermeiden lassen. Diese Wellen sind auch leichter als solche konventioneller Bauweise. Gelenke, normalerweise Doppelgelenke (CVJ), können auf unterschiedliche Art an den Wellenenden befestigt werden: gesteckt und geklemmt (geklammert), geschraubt oder reibverschweißt.

Antriebswellen, Gelenke und Doppelgelenke (CVJ)

Antriebswellen, ob in Autos mit Vorderradantrieb oder im Heck von Autos mit Hinterradantrieb mit Einzelaufhängung, sind eigentlich Miniaturausführungen von Kardanwellen – mit dem wichtigen Unterschied, dass die Winkel, auf denen sie sich bewegen, viel größer sind. Außerdem sind Antriebswellen kürzer, weil sich ihre äußeren Enden mit dem Rad bewegen, das sie antreiben. Ein wichtiger Faktor ist ihr Gewicht, weil die Welle, wie in Teil 3 erläutert, einen Teil der ungefederten Masse bildet, die Fahrkomfort und Straßenlage beeinflusst. Doch die Wellen müssen auch möglichst schmal sein, weil sie durch die Aufhängung gefädelt werden und dabei Platz für alle anderen Bauteile lassen müssen, wie Bremsen und Bremsleitungen, die einen Teil der Rad-Baugruppe bilden. Antriebswellen können daher röhrenförmig sein, sind aber häufig massiv, weil sie dann schlanker und preiswerter herzustellen sind.

Die Konstruktion der Welle ist jedoch weniger wichtig als die der Gelenke an jedem Ende. Der grundsätzliche Zweck jedes Antriebsgelenks besteht darin, zwei miteinander verbundene Wellen in die Lage zu versetzen, sich in einem Winkel zueinander drehen zu können. Um Vibrationen zu vermeiden, muss das Gelenk die Wellen genau zentriert halten. Die Konstruktion des Gelenks ist deswegen kompliziert, weil es eine konstant ruhige Ausgangsleistung erzeugen, mit einem extremen Winkel laufen, Tauchbewegungen ausgleichen sowie Reibungsverluste minimieren muss.

Die einfachste Form des Antriebswellengelenks ist das Kreuz- oder Hooke-Gelenk, das vielfach vollkommen ausreicht. Dabei muss nicht immer ausschließlich Metall verwendet werden, manche Gelenke bestehen auch aus elastischem Material, entweder aus einem Gummiring oder einer Scheibe aus widerstandsfähigem Plastik. All diese Konstruktionen haben jedoch einen Nachteil: Wenn die beiden Wellen mit einem Winkel bei konstanter Geschwindigkeit der Eingangswelle laufen, variiert die Geschwindigkeit der Ausgangswelle während jeder Umdrehung ober- und unterhalb der Eingangsgeschwindigkeit: Der Bewegungsablauf ist asynchron. Je größer der Winkel zwischen den Wellen, desto größer die Ungleichheit. Das spielt so lange keine Rolle, wie es sich um langsam rotierende Wellen handelt oder um solche, die nur einen geringen Beugewinkel aufweisen. Ganz sicher aber darf das bei einer Antriebswelle zum Vorderrad, das auch noch über einen Lenkungswinkel gedreht wird, nicht passieren. Das Rad soll mit einer konstanten Geschwindigkeit drehen, die Ausgangswelle muss mit der gleichen konstanten Geschwindigkeit rotieren wie die Eingangswelle.

Das ist bei asynchron laufenden Wellen nicht möglich, deshalb hat man homokinetische, also gleichlaufende Gelenke entwickelt, miteinander verbundene Kreuzgelenke. Diese Gleichlaufgelenke können fest miteinander verbunden oder als Verschiebegelenk ausgebildet sein, was neben der Drehmomentübertragung auf das Gelenkaußenteil auch Längsverschiebungen in der Wellenachse ermöglicht (was bei Fronttrieblern besonders wichtig ist). Die Fachliteratur kennt für die Konstruktionen übrigens viele Namen, doch ob nun homokinetische Gelenk, Doppel-, Gleichlaufoder CV- (»constant velocity«) Gelenk: Gemeint ist stets eine Konstruktion, durch die eine Drehbewegung über abgewinkelte Wellen übertragen werden kann.

Es gab in der Vergangenheit verschiedene erfolgreiche Doppelgelenkkonstruktionen, dennoch lassen sich noch immer Verbesserungen erzielen.

Bei den meisten Doppelgelenkkonstruktionen sind die Eingangs- und Ausgangswellen über einen Käfig miteinander verbunden, in dem eine Reihe von Kugellagern oder Walzen in Rillen in den Enden beider Wellen laufen. Statt der zyklischen Schwingungen der Ausgangswelle erzeugt das Gelenk eine zyklische Bewegung und bewirkt eine Druckänderung auf die Kugeln oder Walzen,

was die Ausgangswelle dazu zwingt, mit der konstanten Drehgeschwindigkeit der Eingangswelle zu rotieren. Wenn sich die Kugeln und Walzen auf der Wellenachse axial bewegen und somit einen gewissen Grad an Eintauchen ausgleichen können, spricht man, wie oben erwähnt, von einem Gleichlaufverschiebegelenk. In Antriebswellen für Autos mit Vorderradantrieb sind es die inneren Gelenke.

Die Belastungen innerhalb der Doppelgelenke steigen mit dem Beugewinkel. Falls große Winkel über eine längere Zeit aufrecht erhalten werden, könnten sie die Haltbarkeit und Ausgewogenheit der Konstruktion gefährdet. Sehr große Winkel, wie sie bei nach außen wirkenden Vorderrad-Antriebsgelenken vorkommen, und die großen inneren Belastungen, die sie begleiten, treten allerdings nur beim Lenken mit vollem Anschlag auf. CV-Gelenke haben sich im allgemeinen als extrem haltbar erwiesen, so lange sie ausreichend geschmiert werden. Die flexiblen Manschetten, die das Schmiermittel halten und gegen Schmutz und Staub schützen, sind lebenswichtige Bauteile, deren Wichtigkeit manchmal selbst heute noch nicht erkannt wird. Wie bereits erwähnt, werden Gleichlaufgelenke sehr oft in Kardanwellen für Hinterradantriebe und in Antriebswellen eingesetzt. Tatsächlich ist normalerweise der erste Gedanke eines modernen Fahrwerksingenieurs, wenn er sich mit einem NVH-(»noise, vibration and harshness«) Problem beschäftigt, jedes einfache Kreuzgelenk durch ein Doppelgelenk zu ersetzen.

13 Vierradantrieb

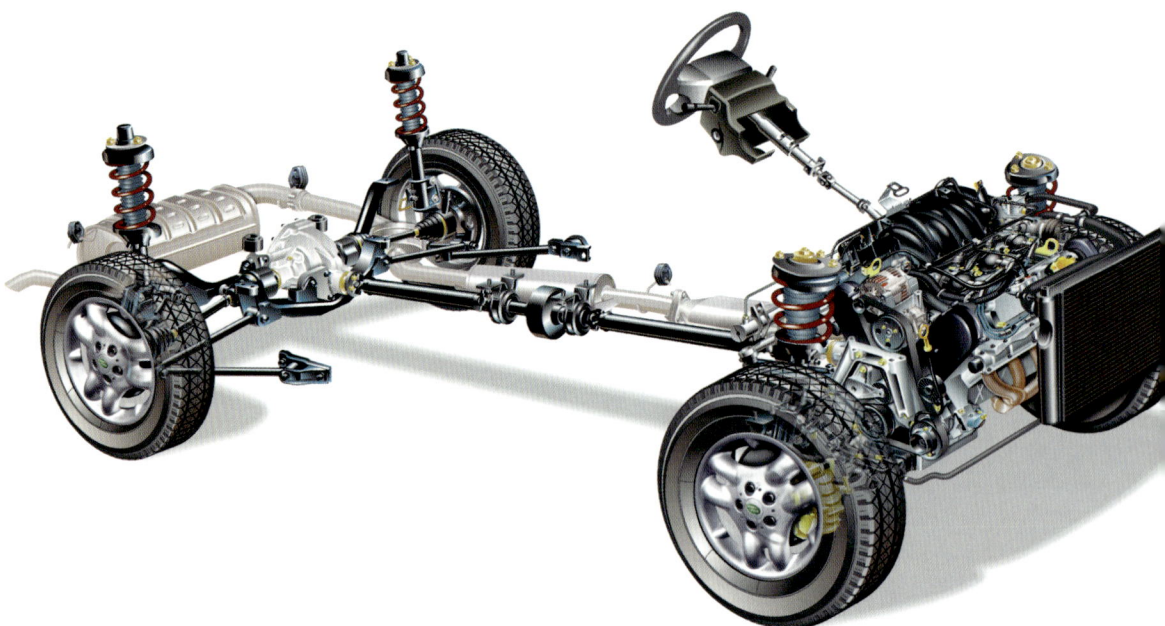

Es gibt zwei Gründe, alle vier Räder eines Fahrzeugs anzutreiben: Entweder möchte man eine maximale Bodenhaftung erzielen, auch unter schlechtesten Bedingungen, oder aber es geht darum, eine bestmögliche Leistung in Fahrverhalten und Beschleunigung zu erhalten. Der erste Grund führte in den 1940er-Jahren zur Entwicklung von entsprechenden Militärfahrzeugen, und daraus entwickelte sich die heute so große Familie der Off-Road- und All-Terrain-Fahrzeuge, allgemein als Geländewagen (4WD oder 4x4) bezeichnet, sei es zu Arbeitseinsätzen oder zum Freizeitvergnügen.

Das Allrad-Konzept im Straßenfahrzeug – Grund zwei – setzte sich mit der Einführung des Audi Quattro durch, wobei anzumerken ist, dass es Rennwagen mit vier angetriebenen Rädern bereits 1930 (Bugatti) und 1948 gab (Cisitalia) und man auch nicht den 1965 präsentierten Jensen FF vergessen sollte, konzipiert von Harry Ferguson und L.T.C. Rolt. Es gibt noch immer eine ganze Anzahl von Straßenautos mit Allradantrieb, wiewohl es in den frühen 1990ern noch viel mehr gab. Damals fühlte sich jeder große Hersteller genötigt, 4WD-Varianten eines oder mehrere Modelle innerhalb seiner Palette anzubieten.

Jede Betrachtung eines Vierradantriebes sollte damit beginnen, die Nachteile des 4WD im Vergleich mit dem 2WD (Hinterrad- oder Vorderradantrieb) zu unterstreichen. Allradantrieb bedeutet zuallererst erhebliche zusätzliche Gestehungskosten und zusätzliches Gewicht. Außerdem bringt Allrad auch höhere mechanische Verluste, die unvermeidlich immer auftreten, wenn Lager rollen oder Zahnräder in einem Ölbad ineinander greifen. Das zusätzliche Gewicht und die zusätzlichen mechanischen Verluste reduzieren, absolut

gesehen, die Leistung und erhöhen den Kraftstoffverbrauch. Die Entscheidung für einen Vierradantrieb fällt man somit ganz bewusst und nimmt die Nachteile in Kauf, weil die Vorteile (formuliert im Lastenheft) überwiegen.

Was Off-Road-Fahrzeuge angeht, sind zwei weitere Faktoren wichtig. Wer über holperigen Grund fährt, wird dank Allradantrieb in vielen Situationen mit seinem Auto auch dort weiter kommen, wo andere Wagen sich längst festgefahren haben und gar nichts mehr geht. Mit einem Allradler hat man in der Regel die besseren Chancen – auch diejenige, umkehren zu können, bevor man sich endgültig eingewühlt hat. Das geht übrigens recht fix, und viele Allrad-Novizen haben auf die harte Tour gelernt, dass sich ihre Autos zweimal schneller als ein 2WD eingruben, wenn sie erst einmal in weichem Boden festsitzen. Jedenfalls ist auch ein Vierradantrieb keine uneingeschränkte Garantie dafür, immer und überall besser durchzukommen als mit einem solide konstruierten 2WD-Fahrzeug. Wohl aber macht der Allradantrieb das Vorankommen sicherer und weniger riskant. Davon abgesehen, sollte eine Allradler mehr zu bieten haben als nur die Möglichkeit, die Antriebskraft auf alle vier Räder zu verteilen.

Beim langsamen Vorwärtskriechen im Gelände ist ein kleiner Gang unverzichtbar, daher kann kein Off-Roader über ein Verteilergetriebe verzichten – ein zusätzliches Vorgelege, das dem Fahrer eine Wahl zwischen den normalen, für den Straßenbetrieb gedachten Fahrstufen erlaubt und kürzeren Untersetzungen für den Geländeeinsatz, der Geländereduktion.

Auch die Bodenfreiheit ist entscheidend: Das beste Allradsystem hat keinen Sinn, wenn der Wagen im Gelände aufsitzt und auf einem Buckel hängen bleibt. Ein weiterer Punkt sind die Reifen. Sie entscheiden maßgeblich über die Tauglichkeit des Wagens im Gelände. Ideal wäre, wenn entsprechend der unterschiedlichen Fahrbedingungen jeweils unterschiedliche Reifentypen aufgezogen werden könnten – was in der Praxis natürlich nicht der Fall sein kann. Und jegliche Vorteile eines Allradantriebs schwinden dahin, wenn das System nicht in der Lage ist, den Traktionsverlust an einem Rades zu verhindern. Dann nämlich nützt die ganze Allradtech-

Die Zeichnung des Fahrwerks und der Antriebseinheit eines Land Rover Freelanders zeigt, wie man einen Antrieb zu den Hinterrädern von einem im Prinzip Quermotor-Vorderradantrieb-Paket abnehmen kann, indem eine zweiteilige Kardanwelle mit einem zentralen Stützlager eingesetzt wird. Der Freelander ist ziemlich ungewöhnlich für einen 4WD, da er eine komplette Einzelradaufhängung verwendet. Die Antriebsachsen ergeben zwar eine garantiert konstante Bodenfreiheit, aber zulasten des Fahrkomforts, insbesondere auf der Straße. (Land Rover)

LANCIA Y10 4WD

4WD-Antriebsverteilung:
Druckknopf mit Servo-Unterstützung
zentraler Drehmoment-Splitter
Zentraldifferenzial
–
Vorne/hinten-Drehmoment-Verteilung
50/50
hintere Differenzialsperre
–

ALFA ROMEO 33 4X4

4WD-Antriebsverteilung:
manuell
Zentraldifferenzial
–
Vorne/hinten-Drehmoment-Verteilung
50/50
hintere Differenzialsperre

FIAT PANDA 4X4

4WD-Antriebsverteilung:
manuell
Zentraldifferenzial
–
Vorne/hinten-Drehmoment-Verteilung
50/50
hintere Differenzialsperre

HONDA CIVIC SHUTTLE

4WD-Antriebsverteilung:
automatisch
Zentraldifferenzial
Ferguson Viskosekupplung
Vorne/hinten-Drehmoment-Verteilu
variabel
hintere Differenzialsperre
–

NISSAN SUNNY 4WD

4WD-Antriebsverteilung:
automatisch
Zentraldifferenzial
Ferguson Viskosekupplung
Vorne/hinten-Drehmoment-Verteilung
variabel
hintere Differenzialsperre
–

SUBARU JUSTY REX COMBI

4WD-Antriebsverteilung:
Druckknopfbetätigte Servosteuerung
Zentraldifferenzial
–
Vorne/hinten-Drehmoment-Verteilung
50/50
hintere Differenzialsperre

VW GOLF SYNCRO

4WD-Antriebsverteilung:
automatisch
Zentraldifferenzial
Ferguson Viskosekupplung
Vorne/hinten-Drehmoment-Verteilung
variabel
hintere Differenzialsperre
–

Visco-Kupplung

von Hand sperrbar –
mechanische Sperre

auf Knopfdruck
sperrbar –
elektrische Sperre

Vor einigen Jahren, als Lancia drei verschie-
dene Modelle mit Vierradantrieb herstellte
(Integrale, Dedra und Y10), veröffentlichte
das Unternehmen dieses Diagramm, das alle
Variationen von wählbaren 4WD-Getriebe-
Anordungen, die seinerzeit produziert wur-
den, detailliert zeigte, und welche Typen in
jedem Fall damit ausgestattet waren. (Lancia)

LANCIA PRISMA INTEGRALE

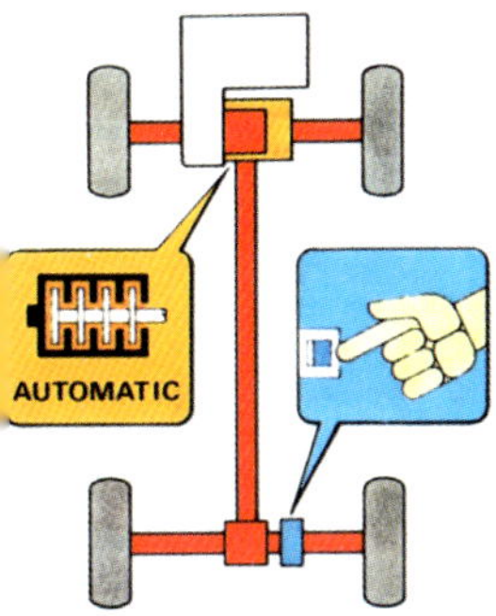

rehmomentauteilung
lanetengetriebe (-differenzial)
entraldifferenzial
erguson Viskosekupplung
orne/hinten-Drehmoment-Verteilung
6/44
intere Differenzialsperre
nechanisch, Druckknopf, servobet.

LANCIA DELTA INTEGRALE

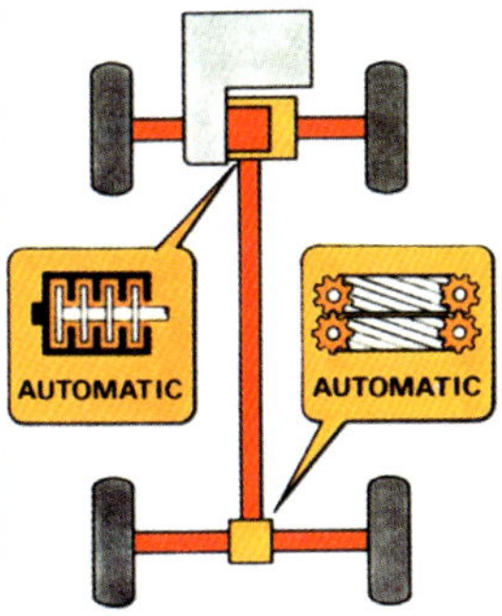

Drehmomentauteilung
Planetengetriebe (-differenzial)
Zentraldifferenzial
Ferguson Viskosekupplung
Vorne/hinten-Drehmoment-Verteilung
56/44
hintere Differenzialsperre
Torsen

AUDI 80/90 QUATTRO

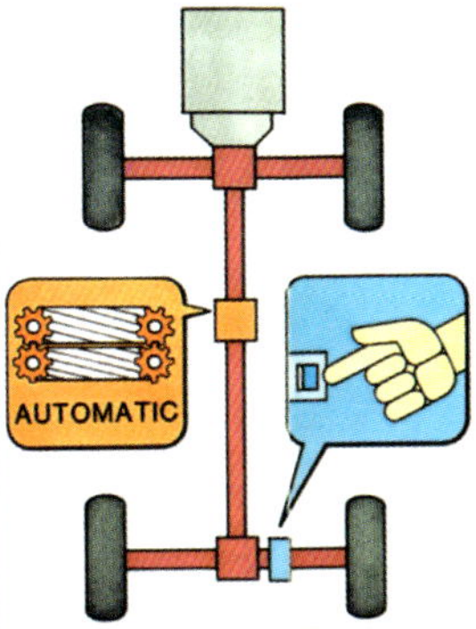

Drehmomentauteilung
Torsendifferenzial
Zentraldifferenzial
Torsendifferenzial
Vorne/hinten-Drehmoment-Verteilung
50/50
hintere Differenzialsperre
mechanisch, Druckknopf, servobet.

BMW 325iX

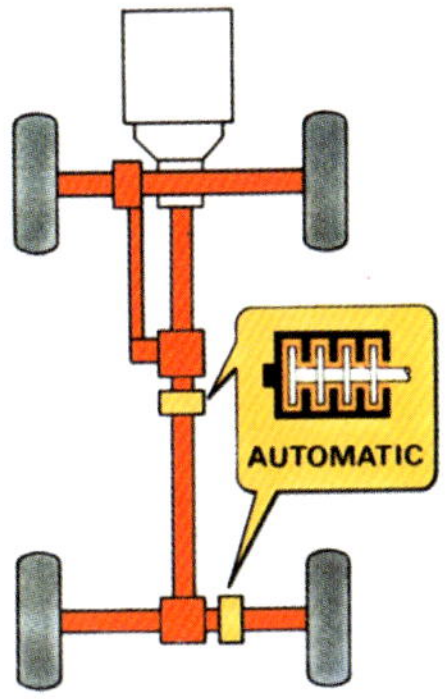

Drehmomentauteilung
Planetengetriebe (-differenzial)
Zentraldifferenzial
Ferguson Viskosekupplung
Vorne/hinten-Drehmoment-Verteilung
34/66
hintere Differenzialsperre
Ferguson Viskosekupplung

FORD SIERRA / SCORPIO 4X4

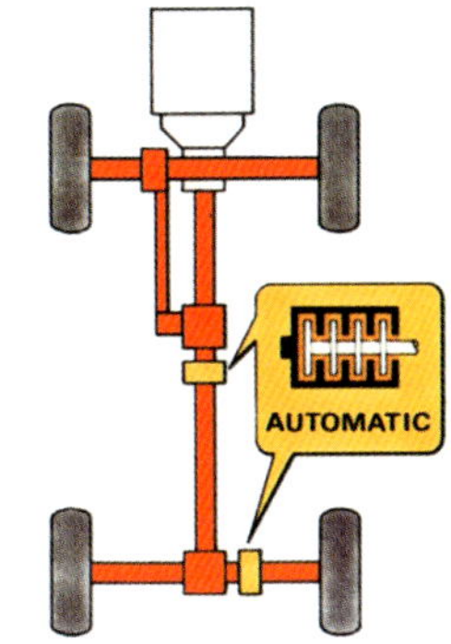

rehmomentauteilung
lanetengetriebe (-differenzial)
entraldifferenzial
erguson Viskosekupplung
orne/hinten-Drehmoment-Verteilung
4/66
intere Differenzialsperre
erguson Viskosekupplung

MAZDA 323 4WD

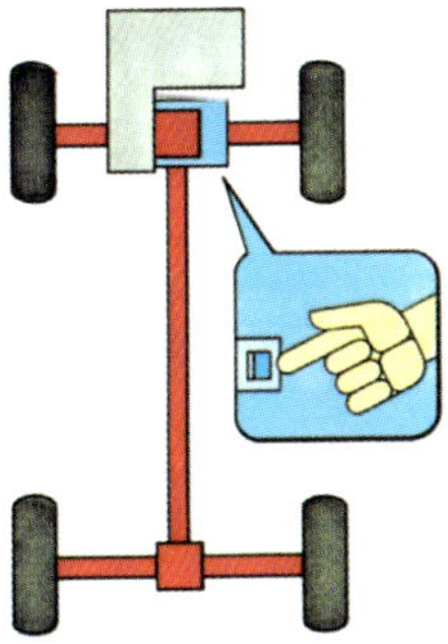

Drehmomentauteilung
Planetengetriebe (-differenzial)
Zentraldifferenzial
mechanisch, Druckknopf, servobet.
Vorne/hinten-Drehmoment-Verteilung
50/50
hintere Differenzialsperre
–

TOYOTA CELICA 4WD

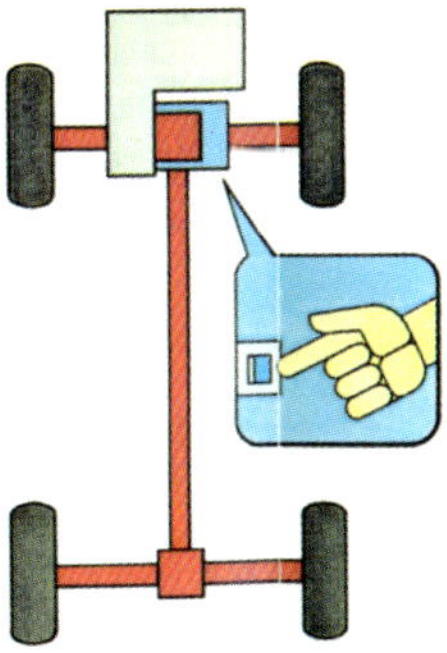

Drehmomentauteilung
Kegelradgetriebe (-differenzial)
Zentraldifferenzial
mechanisch, Druckknopf, servobet.
Vorne/hinten-Drehmoment-Verteilung
50/50
hintere Differenzialsperre
–

Visco-Kupplung

Torsen-Differenzial

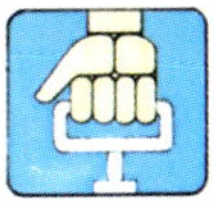

von Hand sperrbar –
mechanische Sperre

auf Knopfdruck
sperrbar –
elektrische Sperre

arallel zum Überblick über wählbare 4WD-
Getriebe, die bereits auf der vorigen Seite
ezeigt wurden, hatte Lancia auch einen
Überblick über die permanenten 4WD gege-
en, die seinerzeit produziert wurden. Es gab
icht nur einige interessante Variationen bei
en Autos, die ursprünglich Vorderrad- und
Vinterradantrieb hatten, sondern auch Varia-
onen im Automatikbetrieb und der Dreh-
nomentaufteilung (Splitting). (Lancia)

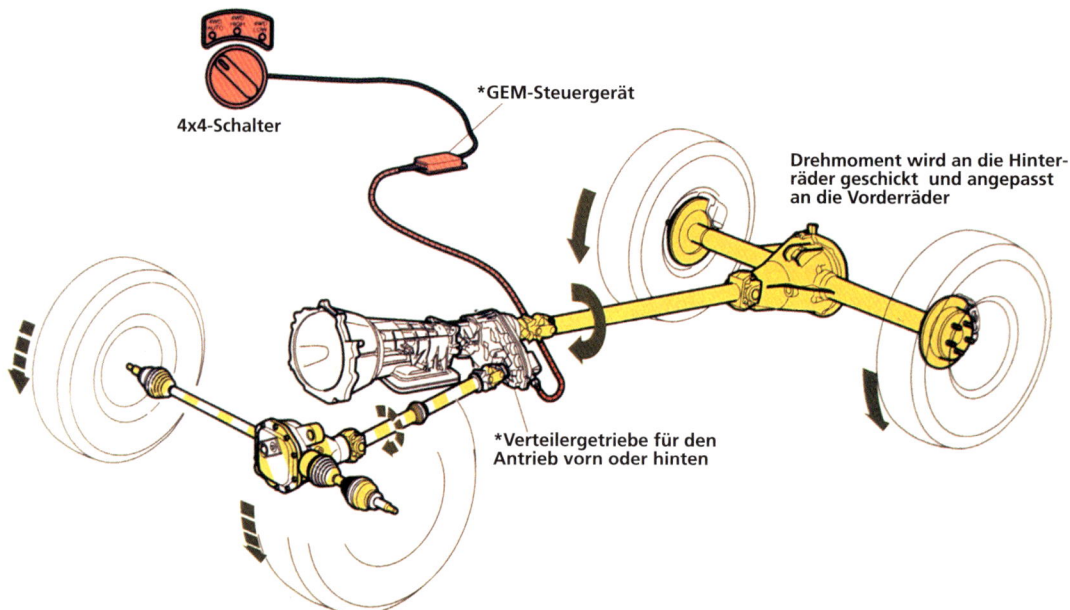

4x4-Schalter

*GEM-Steuergerät

**Drehmoment wird an die Hinter-
räder geschickt und angepasst
an die Vorderräder**

***Verteilergetriebe für den
Antrieb vorn oder hinten**

***Anmerkung: GEM = Graphics Environment Manager = Computer-Programm
TRAC = Technical Recommendations Application
Committee = Anwendung von Computer-Befehlen**

*Oben: Dieses Diagramm zeigt die Anordnung des Ford
Explorer 4WD-Antriebs: Einzelradaufhängung, Blattfe-
der-Starrachse hinten. Im Normalfall wird das Drehmoment zu den Hinterrädern geleitet, im Allrad-Modus
schalten sich, sensorgesteuert, die Vorderräder per
Öldruck-Lamellenkupplung automatisch zu. Moderne
4WD-Modelle bieten eine Menge verschiedener Optio-
nen: Zwei- oder Vierradantrieb, manuell- oder automatisch zuschaltbarer Allradantrieb, mit und ohne Geländereduktion, Freilaufnaben, sperrbare Differenziale –
die Möglichkeiten sind beeindruckend. (Ford)*

*Unten: Der komplette Jaguar X-Typ Antriebsstrang zeigt
den Ausgang für den Hinterradantrieb vom vorne quer
eingebauten Schaltgetriebe über den Achsantrieb mittels einer zweiteiligen Kardanwelle zum hinteren Achsantrieb. Bemerkenswert ist der Einsatz von konventionellen Universalgelenken von Hooke-Typ und von Dop-
pelgelenken vom CVJ-Typ. (Jaguar)*

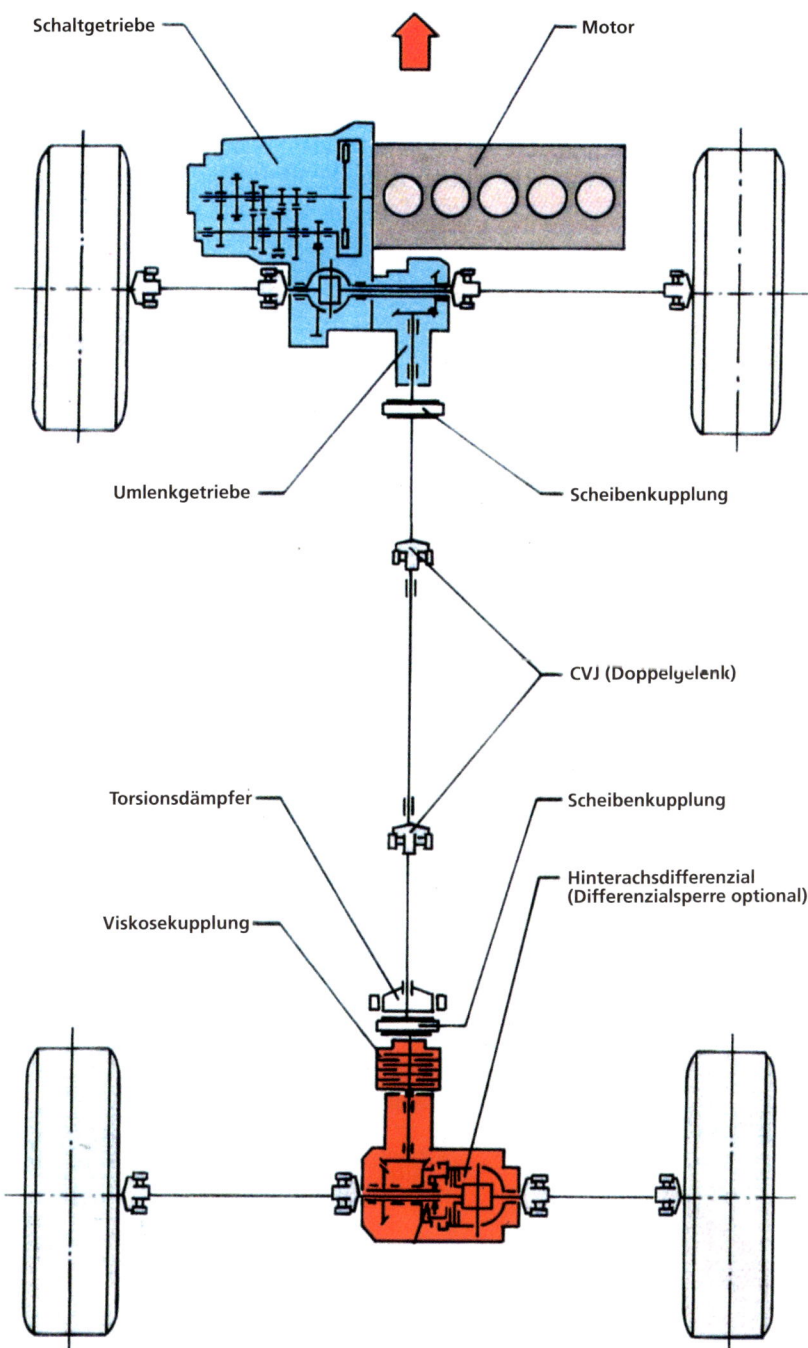

Schaltgetriebe — Motor

Umlenkgetriebe — Scheibenkupplung

CVJ (Doppelgelenk)

Torsionsdämpfer — Scheibenkupplung

Hinterachsdifferenzial
(Differenzialsperre optional)

Viskosekupplung

Dieses Diagramm zeigt, wie jede Hauptkomponente des 4WD-Antriebsstrangs in der Syncro-Version des Volkswagen Caravelle installiert ist. Bemerkenswert ist, dass die Viskosekupplung nur dann greift und die Hinterräder antreibt, wenn die Vorderräder beginnen durchzudrehen. (Volkswagen)

nik nichts mehr, die Fuhre kommt zum Stillstand. Besonders in Könner-Händen wird ein
2WD-Fahrzeug in kleinen Gängen, ausreichender Bodenfreiheit und passenden Reifen vermutlich weiter kommen als ein halbherzig gemach-
tes 4WD-Fahrzeug, schon deshalb, weil ein normaler Fronttriebler leichter ist, und das Gewicht
ist einer der Feinde der Fahrzeugleistung im
Gelände.

Der Fall liegt beim Allradantrieb auf der Straße
anders. Offensichtlich bieten vier angetriebene
Räder Vorteile auf rutschigen Straßen, zumal in
einem leistungsstarken Auto. Es ist nämlich in
der Lage, schneller zu beschleunigen (wird aber
nicht schneller anhalten können). Die Auswirkung des Vierradantriebs auf Fahrverhalten und
Straßenlage ist kompliziert, beweist aber letztlich, dass der Vierradantrieb doch weniger Vorteile auf rutschigen Straßen bietet als gemeinhin angenommen. Zugegeben, mit Vierradantrieb lassen sich die Grenzbereiche eines Autos
leichter ausloten und ein Allradler lässt sich
dann auch noch viel leichter beherrschen als ein
Auto mit Hinterradantrieb. Auf trockenen, sehr
griffigen Oberflächen aber sieht die Sache pro-
blematischer aus.

Allrad-Getriebe

Unabhängig von der Einbaulage des Motors
braucht jedes Fahrzeug mit Vierradantrieb zwei
Achsantriebe, einen vorne und einen hinten.
Erforderlich ist auch eine Zentraleinheit, die das
vom Getriebe kommende Drehmoment aufteilt
und an die vorderen und hinteren Achsantriebe
weiterleitet. Diese Zentral- oder Mitteleinheit verteilt normalerweise nicht nur das Antriebs-Dreh-
moment an Vorder- und Hinterachse, sondern
enthält auch ein Diffenzial. Dieses wiederum bietet nicht nur ein Verteilergetriebe, sondern auch
die Möglichkeit, den Kraftfluss auf lediglich zwei
Räder (im allgemeinen die Vorderräder) zu leiten.
Der Wagen wird somit zum konventionellen
Fronttriebler, er läuft ruhiger und wirtschaftlicher. Auf den Vierradantrieb lässt sich leicht verzichten, was Besitzer von Off-Road-Fahrzeugen

*Der aktuelle Land Rover Discovery, der 1998 eingeführt
wurde, ist typisch in seiner Auslegung für ein modernes
SUV (sport utility vehicle) der Mittelklasse. Es hat eine
Starrachse statt einer hinteren Einzelradaufhängung
und ein zentrales Getriebe, um den Antrieb zwischen
vorne und hinten aufteilen zu können. Außerdem verfügt es über ein Vorgelege mit Geländereduktion sowie
ein Zentraldifferenzial. (Land Rover)*

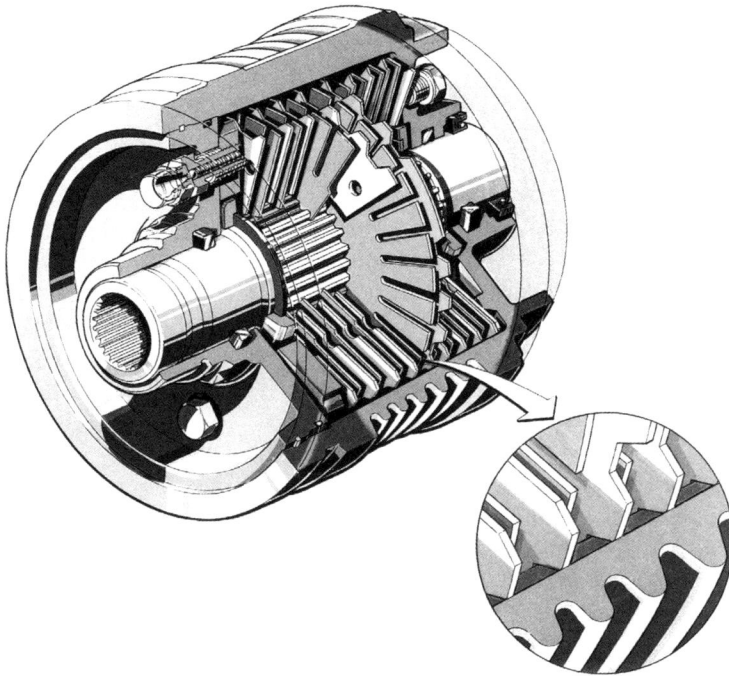

Diese Zeichnung zeigt, wie die Komponenten einer Mehrscheiben-Viskosekupplung zusammengesetzt sind. Die Hälfte der Scheiben ist mit der zentralen Welle verkeilt (Innenlamellen) und die andere Hälfte mit dem Gehäuse (Außenlamellen). Wenn sich die Welle relativ zum Gehäuse bewegt, wird durch die Viskosität der Flüssigkeit die Antriebsleistung von der angetriebenen Lamellen zu den anderen Lamellen zu übertragen. (Volkswagen)

auf der Straße durchaus zu schätzen wissen.

Im Grunde genommen sieht das Antriebskonzept aller Geländewagen gleich aus: Längs eingebauter Frontmotor in Reihe, Wechselgetriebe, eine kurze Kardanwelle zum Verteilergetriebe, zentrales Ausgleichsgetriebe. Dieses zentrale Ausgleichsgetriebe enthält, wie bereits erwähnt, ein Verteilergetriebe, das den Kraftfluss zu Vorder- und Hinterachse regelt. In einigen Geländefahrzeugen mit kurzem Radstand verzichtet man auf eine erste Kardanwelle, das Verteilergetriebe stellt hier die direkte Verlängerung des Wechselgetriebes dar. Das zentrale Differenzial gleicht die Drehzahlunterschiede zwischen Vorder- und Hinterachse aus. Ohne das Mitteldifferenzial würden die vorderen und hinteren Räder gegeneinander wirken und der Reifenverschleiß zunehmen. Das kann bei Fahrzeugen mit zuschaltbarer zweiter Antriebsachse toleriert werden, die normalerweise mit nur einer angetriebenen Achse unterwegs sind, doch alle modernen Geländefahrzeuge verwenden ein zentrales Differenzial und können jederzeit im Allradmodus betrieben werden.

Zwei weitere kurze Kardanwellen leiten das Drehmoment vom Zentraldifferenzial weiter zu den vorderen und hinteren Achsantrieben und somit zu den vier Rädern. Die Welle zu den Hinterrädern kann in einer Flucht mit der Eingangswelle liegen, die Ausgangswelle zu den Vorderrädern ist meist asymmetrisch, also zu einer Seite hin versetzt. Die Übertragung des Antriebdrehmoments erfolgt dann entweder durch ein Stirnradgetriebe oder durch ein Mehrfachkette. Falls der vordere Achsantrieb auf diese Weise versetzt ist, befindet er sich nahe oder sogar unterhalb der Motor-Ölwanne. Der Versatz ist besonders wichtig bei Verwendung einer vorderen Antriebsachse, weil er genug Raum für die Auf- und Abbewegung des Achsgehäuses lässt. Manchmal liegen vordere und hintere Kardanwellen in gleicher Flucht und beide Achsantriebseinheiten sind versetzt. Auch das ist möglich, der Entwurf funktioniert dann wie ein Verteilergetriebe.

Rustikale Geländewagen verfügen auch heute noch gerne vorn und hinten über Antriebsachsen, denn nur so ist gewährleistet, dass die Bodenfreiheit unter dem Achsantrieb konstant bleibt, während bei einer Einzelaufhängung die Bodenfreiheit stark abnehmen kann, wenn die Aufhängung vollständig durchfedert. Die Achsantriebseinheiten erfordern eine hohe Drehmomentleistung, falls ein Zweigang-Verteilergetriebe verwendet wird, da das Schalten in niedrigen Gängen die Motorausgangsleistung stark vervielfacht. Falls das Zentraldifferenzial eine Sperre aufweist, muss die Drehmomentleistung des Achsantriebs sogar noch höher ausfallen. Konsequenterweise sind deshalb die vorderen und hinteren Differenziale in Geländewagen meist größer und schwerer als in normalen Straßenfahrzeugen.

Wie kurz in Kapitel 12 erwähnt, kann das Zentraldifferenzial konstruktiv so auslegt sein, dass es das Drehmoment ungleich aufteilt. Dann fließt der größere Anteil üblicherweise an die Hinterräder. Dafür gibt es drei Gründe. Erstens: Wenn das Fahrzeug einen Hügel hinauffährt oder beschleunigt, verlagert sich die Radlast nach hinten. Die Hinterräder müssen in einem solchen Fall mehr Drehmoment als die Vorderräder aufnehmen. Zweitens ist es leichter, einen Hinterradantrieb auf ein höheres Drehmoment auszulegen – der Kraftfluss muss nicht über den Motor zum vorderen Achsantrieb erfolgen. Drittens erleichtert die Begrenzung des Drehmoments an der Vorderachse das Lenken, die Lenkung selbst ist frei von den Einflüssen des sich ändernden Antriebsdrehmoments.

In der zentralen Getriebeeinheit findet sich das Zweigang-Verteilergetriebe entweder mit einem Direktantrieb samt Zwischenvorgelege (Untersetzungsverhältnis von 2:1 für einen Betrieb im kleinen Gang), oder als Zweiwellen-Getriebe, in welchem beide Ausgänge geschaltet werden – der eine für die Geländereduktion, der andere für den normalen Straßenbetrieb. Die Geländereduktion ist nomalerweise niedrig genug übersetzt, um einen Wagen mit Handschaltung ruckfrei im Schritt bei vollständig eingerückter Kupplung

fahren zu können. In diesem extrem kleinen Gang, dem Kriechgang, kann man auch sehr steile Hänge hinunterfahren, ohne bremsen zu müssen, was einen hohen Sicherheitszugewinn darstellt. Früher wurden Klauenkupplungen verwendet und das Einlegen des Kriechgangs konnte nur im Stillstand (oder zumindest beinahe) erfolgen. Moderne 4WD-Getriebe erlauben Schaltvorgänge bei niedriger Geschwindigkeit.

Neben dem permanenten gibt es auch noch den zuschaltbaren Allradantrieb. Die zweite Achse wird – manuell oder automatisch – zugeschaltet, wenn man ein kleines Übersetzungsverhältnis wählt, und bei großer Übersetzung ausgeschaltet. Lange Zeit üblich bei Geländewagen war auch ein Freilaufmechanismus an den Vorderradnaben. Das war bei Kurvenfahrten sehr wichtig und verhinderte Verspannungen im Antriebsstrang. Natürlich muss eine Wagen mit zuschaltbarem Allradantrieb nicht zwingend ein Mitteldifferenzial aufweisen, das spart Kosten, Gewicht und Platz. Ein ernsthafter Geländebetrieb ist aber damit kaum mehr möglich.

Nachdem dieses komplizierte Getriebe entwickelt wurde, blieb noch die Frage, wie man für Vortrieb sorgt, wenn ein Rad seine Haftung verliert. In diesem Fall nämlich kann, drei Differenziale vorausgesetzt, auch kein Drehmoment auf eins der drei anderen Räder übertragen werden. Daher stattet man das Zentraldifferenzial mit einer Sperre aus, so dass das Drehmoment immer noch an die Räder auf der anderen Seite übertragen werden kann, falls ein Rad auf der einen Seite durchdreht. Mit einer Zwangssperre wird das gesamte verfügbare Drehmoment in nur eine Richtung übertragen, daher müssen Ausgangskardan- und Antriebswellen doppelt kräftig sein, um der Überbeanspruchung standzuhalten und Ausfälle zu vermeiden. Vielfach wird heute statt der Zentralsperre eine Viskokupplung eingesetzt, die automatisch einen steigenden Anteil des Drehmoments überträgt, wenn sie einen Geschwindigkeitsunterschied feststellt, der sich aufgrund des Durchdrehens eines Rades an jedem Fahrzeugende ergeben hat. Die echten Geländefahrzeuge sind überdies mit einer Ausgleichssperre für das hintere Differenzial ausgestattet, so dass der Antrieb der anderen drei Räder auch dann gewährleistet ist, wenn ein Rad in einem Schlammloch oder einem ähnlichen Hindernis durchdreht. Differenzialsperren an der Vorderachse sind nicht unbedingt empfehlenswert, weil sie im Pannenfall die Lenkung beeinträchtigen. Überdies ist es meist ein Hinterrad, das im Gelände stecken bleibt. Wenn gar nichts mehr hilft, kann man sich auch per Winde und Seil aus dem Morast ziehen – vorausgesetzt, man hat einen richtigen Geländewagen mit Windenvorbau.

Allrad für die Straße

Bei einem Allradfahrzeug für den Straßenbetrieb stand mit ziemlicher Sicherheit ein Wagen mit nur einer Antriebsachse Pate, entweder mit Front- oder Heckantrieb. Nur wenige Autos wurden von Anfang an auf Vierradantrieb ausgelegt. Wenn der Basisentwurf einen Wagen mit Vorderradantrieb vorsah, ist die Anpassung ziemlich unkompliziert. Mit einem Reihenfrontmotor und Frontantrieb, wie beispielsweise in den meisten Audi- oder Subaru-Baureihen, lässt sich ein Vierradantrieb äußerst geschickt realisieren. Dabei wird an der Rückseite des normalen Wechselge-

triebes ein zweiter Ausgang gelegt, der von dort über eine Kardanwelle zum neuen Hinterachsantrieb führt. Das Zentraldifferenzial befindet sich normalerweise im erweiterten Getriebegehäuse. Bei einem Hecktriebler (wie den Porsche Carrera) läuft es im Prinzip ähnlich, auch hier führt ein zweiter Getriebeausgang mit Kardanwelle zu einer zusätzlichen Antriebsachse, in dem Falle vorne. Richtig kompliziert wird es erst, wenn ein Auto mit Mittelmotor entsprechend umgerüstet werden soll, tatsächlich aber gibt es solche Straßenfahrzeuge praktisch nicht. Eines dieser Autos war der offensichtlich totgeborene Bugatti EB110. Mittelmotor und Allradantrieb sollte auch der Jaguar XJ 220 aufweisen, zumindest nach dem ursprünglichen Konzept. Beim dann in Kleinserie gebauten Supersportwagen kehrte man zum Hinterradantrieb zurück. Im Bugatti betrug die Verteilung des Drehmoments an Vorder- und Hinterachse nominal 27:73, obwohl das Zentraldifferen-

Mercedes-Benz nannte sein Allrad-System für die Straße 4Matic, dessen Hauptkomponenten hier dargestellt sind. Es war ein kompliziertes System, das gut funktionierte, aber schwer und extrem teuer war. Mercedes-Benz erreichte dann später die meisten der Vorteile der 4Matic mit einem Hinterradantrieb und elektronischen Hilfen für Bodenhaftung und Stabiltität. (DaimlerChrysler)

zial (und das hintere Differenzial) eine Schlupfbegrenzung aufwiesen. Daher war die vordere Antriebseinheit relativ klein, was zumindest die sonst erheblichen Probleme der Installation des vorderen Antriebs erleichterte. Mittelmotor-Autos mit quer eingebautem Motor wie der MGF und der Toyota MR2 würden sich in der Tat bei einer Umrüstung auf Allrad schwertun.

Autos mit Quermotor und Frontantrieb sind in der Theorie schwierig umzubauen. In der Praxis aber ist es ziemlich leicht, das Getriebegehäuse hinter dem Motor so umzukonstruieren, dass ein zweiter Ausgang für die Kardanwelle und daher zum hinteren Achsantrieb führt. Dieses Konzept wurde mehrfach verwirklicht, etwa von Lancia bei seiner außergewöhnlich erfolgreichen Integrale-Serie, von Mitsubishi, von Volkswagen beim Golf Syncro und unlängst von Jaguar beim X-Typ, der sich der Mondeo-Technik bediente und, zur Abgrenzung gegenüber den günstigeren Ford-Modellen, zunächst ausschließlich mit Allradantrieb lieferbar war. Die wirkliche technische Herausforderung bei der Anpassung eines Fronttrieblers besteht in der Konstruktion eines neuen Hinterradantriebs. Zu den Schwierigkeiten gehören die oft notwendige neue Hinterradaufhängung (die meist schwerer, aufwändiger und komplizierter ausfällt), die Anpassung der gesamten Fahrzeug-Bodengruppe und die räumliche Unterbringung von Kardanwelle, Hinterachsantrieb und Antriebswellen: All das kostet Platz.

Bei Fahrzeugen mit Standardantrieb, also längsstehendem Frontmotor und Heckantrieb, führt eine Umstellung auf Allradantrieb normalerweise zu einer vollständigen Geländegängigkeit, da Drehmomentteiler und Zentraldifferenzial unerlässlich sind. Die Aufteilung des Drehmoments an Vorder- und Hinterachse erfolgt in dem Fall meist ungleichmäßig, in der Regel im Verhältnis von ungefähr 35:65 vorne zu hinten. Im Gegensatz zu Off-Road-Fahrzeugen verfügen Allrad-Personenwagen über Einzelradaufhängung, so dass die Achsantriebe vorn wie hinten direkt an der Karosserie befestigt sind, was die Konstruktion der Kardanwellen vereinfacht (und die Installation der vorderen Kardanwelle längs der Motor-Ölwanne erleichtert), aber komplizierte Antriebswellen erfordert. Der zentrale Punkt bei vielen Allrad-Personenwagen ist jedoch die Verwendung von Sperr-Mechanismen in ihren zentralen und hinteren Differenzialen. Neue Modelle verwenden Viskokupplungen und Torsen-Einheiten, manchmal in Kombination: Viskokupplung am Zentraldifferenzial, Torsen am hinteren Differenzial. Noch fortschrittlicher ist die steuerbare Viskokupplung, deren Wirkung durch das Zusammendrücken der Scheiben abgeglichen werden kann. Solch ein Bauelement kann eingesetzt werden, um die Verteilung des Drehmoments zu Vorder- und Hinterachse elektronisch zu steuern. Das dabei verwendete Programm berücksichtigt verschiedene Faktoren wie die Fahrzeuggeschwindigkeit, die einzelnen Radgeschwindigkeiten und die Kurvenkräfte – zweifelsohne die Technik der Zukunft, weil durch sie die Bodenhaftung unter allen Fahrumständen besser erhalten bleibt als bei der Verwendung einfacher Differenzialsperren.

Rechte Seite: Während die Viskosekupplung und das Torsendifferenzial passive Baugruppen sind, kann eine positive Steuerung auf die Art und Weise ausgeübt werden, wie das Drehmoment von vorne nach hinten oder von Seite zu Seite aufgeteilt wird, obwohl die Baugruppen, die dafür gebraucht werden, kompliziert und teuer sind. Hier ist die Haldex-Kupplung dargestellt, die von Volkswagen in einigen fortschrittlichen 4WD-Systemen eingesetzt wird. Die Steuerung geschieht mittels Mehrscheiben-»Nass«-Kupplung, die eine komplette Hydrauliksystem mit einem Druckspeicher und einer elektronischen Steuereinheit erforderlich macht, das von einer elektrischen Pumpe auf Druck gehalten wird. (Volkswagen)

14 Elektronische Steuerung und die Zukunft

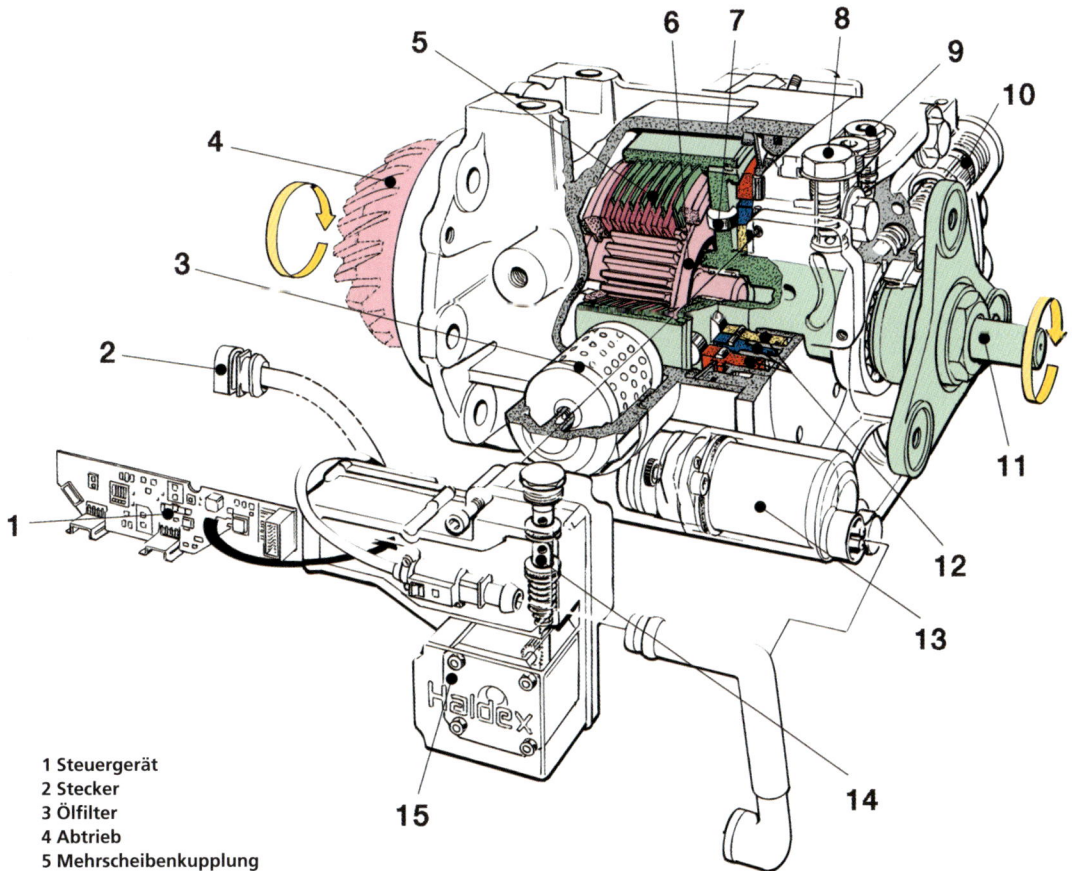

1 Steuergerät
2 Stecker
3 Ölfilter
4 Abtrieb
5 Mehrscheibenkupplung
6 Aushebescheibe
7 Drucklager
8 Druckbegrenzerventil
9 Druckventil
10 Druckspeicher
11 Antrieb
12 Ringkolben
13 elektrische Ölpumpe
14 Drosselventil
15 Stellmotor

etriebeentwickler geben sich längst nicht mehr damit zufrieden, die Betätigung des Getriebes dem Differenzial – und dem Fahrer – zu überlassen. Wie bekannt, ist ein Differenzial in Situationen, in denen nicht alle Räder in gleichem Maße Bodenhaftung haben (etwa wenn ein Rad auf der trockenen Straßenmitte und das andere am rutschigen Randstreifen rollt), schnell überfordert. Leider ist der Fahrer sogar noch leichter zu überfordern und rührt, wenn er unsicher wird, oftmals so sehr im Getriebe, dass er in Schwierigkeiten gerät. Der häufigste Fehler ist, bei einem Auto mit Hinterradantrieb auf einer rutschigen Straße zu viel Gas zu geben, was zu gefährlichem Übersteuern und sogar Schleudern führen kann. Während einige Fahrer diese Herausforderung aber bewusst suchen und sich an den Grenzbereich herantasten (was routinierten Piloten auch gelingt), sind andere froh über die modernen elektronischen Steuersysteme, die im Risikofalle frühzeitig selbstständig eingreifen.

Traktionskontrollsysteme

Eines der häufigsten Fahrprobleme, zumal bei Nässe, ist mangelnde Traktion: Die Antriebsräder rutschen haltlos durch, der Antrieb sorgt nicht für Vortrieb. Wer zu stark aufs Gaspedal tritt, wird mit sofortigem Durchdrehen der Räder bestraft. Ein gefühlvolles, sanft dosiertes Gasgeben führt in solchen Situationen weiter, erfordert aber ein gewisses Gespür, denn es kommt darauf an, den Punkt zu erfühlen, an dem die Räder gerade noch Traktion entwickeln, also den Moment kurz vor dem Durchdrehen zu finden. Das ist nicht nur eine Frage der Feinfühligkeit, sondern auch der Erfahrung – und inzwischen auch eine der Technik: Viele Autos lassen ein Durchdrehen der Räder gar nicht mehr zu, da kann der Fahrer noch so fest aufs Gas treten – dank der Traktionskontrollsysteme (TCS = »Traction control system«).

Im Prinzip »fühlt« ein solches System, wenn ein angetriebenes Rad die Haftung verliert. Per Sensor wird die Drehgeschwindigkeit des Rades ermittelt und mit der des anderen, angetriebenen Rades verglichen. Ist der Unterschied zu groß, reduziert das System dann das Drehmoment, um einen Traktionsverlust zu verhindern. Sobald diese Gefahr nicht mehr besteht, wird wieder volles Drehmoment zum Rad geleitet – bis wieder ein Durchdrehen droht und der Regelkreislauf neu beginnt. Abhängig von der Reaktionszeit des Systems kann ein angetriebenes Rad sehr nah an der maximalen Traktion (Bodenhaftung) gehalten werden. Ein Allradauto benötigt im Prinzip kein TCS, es wird mitunter dennoch angeboten und erfordert in diesem Fall einen viel höheren Bauaufwand als ein konventioneller Front- oder Heckantrieb. Der Aufwand ist deshalb so viel höher, weil es ein Rad, das eine Referenzgeschwindigkeit zum Abgleich der Werte liefern könnte, ja nicht gibt.

Die meisten TCS-Systeme wirken auf zwei Arten. Die naheliegendste ist die, das Drehmoment des Motors bei Traktionsverlust zu reduzieren. Bei Autos mit einer Drive-by-Wire-Gaspedal-Verbindung ist das natürlich leicht zu bewerkstelligen; bei herkömmlicher, also mechanischer Verbindung muss man tiefer in die Trickkiste greifen. In einigen frühen Fällen wurde ein komplettes zweites Gasgestänge installiert, das von der TCS bedient wurde. Die Motorausgangsleistung, besonders bei niedriger Geschwindigkeit, kann in dem Fall jedoch nicht rasch verringert werden. Daher bremsen die meisten TCS-Systeme das Rad, das die Traktion zu verlieren droht, kurz ab. Das geschieht mittels des ABS (Antiblockier-Brems-System), das in Teil 3 beschrieben wird. Tatsächlich ergänzen sich TCS und ABS in mehrfacher Hinsicht so ideal, dass man sie auch für ein System halten könnte. ABS löst die Bremse automatisch für den Bruchteil einer Sekunde, wenn ein Rad langsamer wird und zu rutschen droht. TCS betätigt automatisch für den Bruchteil einer Sekunde die Bremse, wenn ein Rad schneller wird und dadurch droht, die Haftung zu verlieren. Beide Systeme sind abhängig von der genauen Ermittlung der Radgeschwindigkeit durch Sensoren in der Nabe. Deshalb ist es sinnvoll, dass sie sich einen einzigen Satz von Radsensoren teilen, ebenso eine Menge Steuerelektronik.

Eine TCS ist jedoch komplizierter, weil es auf Bremsen und Motorausgangsleistung gleichermaßen einwirken muss. Bei geringer Geschwindigkeit beeinflusst die TCS-Steuerelektronik die Radgeschwindigkeit über die Bremsen, bei hoher Geschwindigkeit erfolgt das nur und vollständig über die Motorleistung. Ein typisches System reguliert Geschwindigkeitsbereiche bis ungefähr 15 km/h über die Bremsen, kombiniert darüber dann Brems- sowie Motorleistung, um dann (was ab etwa 50 km/h der Fall ist) ausschließlich über die Motorleistung einzugreifen. Der Bremsvorgang hat fast die gleiche Wirkung wie ein Differenzial mit Schlupfbegrenzung, weil das Rad des angetriebenen Paars, das Traktion hat, so viel Drehmoment übertragen kann wie die Bremse auf das Rad bringt, dem die Haftung fehlt: Im Prinzip machen auch routinierte Fahrer nichts anderes, wenn sie auf verschneiten und vereisten Oberflächen die Handbremse einsetzen – sofern die Handbremse auf die angetriebenen Räder wirkt. Bei Fronttrieblern klappt das natürlich nicht, Ausnahmen sind einige Citroën und Saab, bei denen das doch funktioniert.

Wenn es darum geht, die Traktion bei niedrigerer Geschwindigkeit zu verbessern, genügt also in der Regel das Abbremsen eines Rades. Bei höheren Geschwindigkeiten besteht dagegen meist noch die Notwendigkeit, die Fahrzeugstabilität und -lenkung zu beeinflussen. In diesem Fall bildet eine Traktionskontrolle, die direkt die Motor-Ausgangsleistung beeinflusst, die beste Option.

Moderne TCS-Systeme haben sich als so wirksam erwiesen, dass sie die Entwicklung von Allrad-Straßenfahrzeugen maßgeblich beeinflusst, wenn nicht gar gehemmt haben, einfach deshalb, weil sie für eine sichere Bodenhaftung sorgen (wenn auch nicht in dem Maße wie beim Vierradantrieb), und das zu einem Bruchteil des Gewichts, der Kosten und ohne komplizierte technische Zusatzteile, wie sie gemeinhin das Merkmal von Allradwagen sind. TCS legte auch die Basis für die heute verwendeten Systeme zur Verbesserung der Fahrstabilität (siehe Teil 3, Kapitel 20). Diese Systeme verwenden grundsätzlich die gleiche Hardware, benötigen aber Zusatzinformationen von weiteren Sensoren. Diese Signale werden in der Rechnereinheit ausgewertet, die daraus Rückschlüsse auf den Fahrzustand des Wagens ableitet.

Hin zum »aktiven« Getriebe

Während der späten 1990er-Jahre erwuchs das Konzept des aktiven Getriebes aus dem Differenzial mit Schlupfbegrenzung, da man ständig nach Mitteln und Wegen suchte, den Schlupfgrad zwangsläufig und kontinuierlich zu variieren. Damit ist es möglich, bei Beibehaltung der verbesserte Traktion, die Stabilität und das Handling eines Fahrzeugs durch die Verteilung des Kraftflusses auf die Antriebräder (beim Allradfahrzeug auch an Vorder- und Hinterachse) zu beeinflussen. Wie in Kapitel 13 kurz erwähnt, erfolgt zumeist die Aufteilung des Drehmoments über eine »nasse« servogesteuerte Mehrscheibenkupplung. Deren Aufbau gleicht einer Viskosekupplung, die von einer sensorgestützten Elektronik gesteuert wird. Die Drehmoment-Aufteilung ändert sich abhängig vom Schlupf, den die Kupplung erlaubt. Die Steuerung erfolgt über ein Hydraulik, die die Kupplungsscheiben mehr oder weniger fest zusammendrückt. So lässt sich das Drehmoment, das von einer Seite des Drehmomentverteilers auf die andere übertragen wird, erhöhen oder verringern. Diese Einheiten überbrücken immer ein konventionelles Differenzial, wenn sie zwischen einem Radpaar auf derselben Achse sitzen, und funktionieren daher als ein Differenzial mit Schlupfsperre mit vollständiger Kontrolle der erlaubten Schlupfgröße. In einem Allradler eingesetzt, kann die Einheit in genau der gleichen Weise arbeiten oder sie kann einfach in die Mitte der Kardanwelle eingefügt werden, und dabei etwas vom verfügbaren Drehmoment von 0 % aufwärts an die Räder – normalerweise die Hinterräder – am äußersten Ende der Welle übertragen.

Vor Verwendung solcher Bauteile muss sich der Konstrukteur aber klar darüber sein, wie die Steuerung letztlich angewendet werden soll. Mit anderen Worten: Erst muss klar sein, wie viel Drehmoment in welchem Augenblick an welche Achse gelangen soll.

Üblicherweise passt die Drehmomentverteilung zu der dynamischen Gewichtsverteilung des Fahrzeugs. Bei Kurvenfahrt etwa (wo die seitliche Aufteilung des Drehmoments gesteuert werden muss) wird ein größerer Teil des verfügbaren Drehmoments an das angetriebene Rad auf der äußeren und deshalb schwerer belasteten Seite geführt. Bei einem Allradler mit drei Differenzialen kann das Drehmoment so aufgeteilt werden, dass es genau zur Last auf jedem einzelnen Rad passt (je größer die Last ist, die von einem Rad getragen wird, desto besser die Traktion). Dieser Ansatz stellt sicher, dass der bestmögliche Gebrauch vom verfügbaren Grip gemacht wird. Die Drehmomentverteilung kann weiterhin geändert werden, um das Fahrverhalten zu beeinflussen und eventuelle Fahrfehler zu korrigieren.

Das wiederum setzt eine intelligente Steuerung voraus: Sie soll die Absichten des Fahrers erkennen. Das wird normalerweise erreicht, in dem man die Position des Lenkrads und die Häufigkeit seiner Bewegung erfasst, was wiederum mindestens zwei komplexe Sensorsysteme erforderlich macht – einen um die Seitwärtsbeschleunigung oder die Kraft beim Kurvenfahren zu messen und den anderen, um die Giergeschwindigkeit zu messen (die Geschwindigkeit, bei der das Fahrzeug die Richtung wechselt, in die es zeigt). Das gleiche Ergebnis lässt sich durch zwei Beschleunigungsmesser erzielen, je einer an jedem Ende des Autos. Die Software-Entwicklung für ein solches System erfordert besonders viel Sorgfalt: Beispielsweise muss sich das System auf die Grundabsicht des Fahrers konzentrieren, es darf also nicht jeder Bewegung des Lenkrads folgen (wie es bei hektischen Lenkmanövern oft geschieht, wenn sich der Fahrer im Grenzbereich befindet und die Kontrolle zu behalten versucht).

Mit den richtigen Sensor-Information kann eine entsprechende Rechnereinheit auf verschiedene Weise auf ein eventuelles Untersteuern (das Fahrzeug schiebt über die Vorderachse zur Kurvenaußenseite) oder Übersteuern (das Heck schiebt zur Kurvenaußenseite) reagieren. Neben den Techniken, die in Teil 3, Kapitel 18 über Bremsen und Lenkung diskutiert werden, kann auch mittels der »aktiven« Drehmoment-Verteilung auf die Antriebsräder (beim Allradler vorne/hinten) eingegriffen werden. Interessant ist in diesem Zusammenhang auch, dass die Software eine Geradeausfahrt als Kurve mit unend-

lich großem Radius interpretiert, so dass das System automatisch eingreift, falls das Auto beispielsweise infolge einer Fahrbahnunebenheit vom Kurs abkommt und der Fahrer nicht bereits das Lenkrad bewegt hat.

In der Praxis sieht das so aus: Bei zu schneller Kurvenfahrt wird ein zusätzliches Drehmoment an das äußerer Rad eines untersteuernden 2WD-Autos geleitet, während gleichzeitig die Ausgangsleistung des Motors zurückgefahren wird. Die Folge: der Wagen wird langsamer, was von sich aus das Kurvenverhalten stabilisiert. Das größte Interesse an solchen aktiven Systemen besteht in Japan. Honda hat 1996 sein ATTS (Automatic Torque Transfer System = automatisches Drehmoment-Übertragungssystem) für Autos mit Frontantrieb eingeführt und es in einige der leistungsstärksten Mittelklassemodelle auf dem japanischen Inlandsmarkt eingebaut. Das ATTS war bemerkenswert, weil es alle seine Informationen über das Verhalten des Autos von einem einzigen Giersensor ableitete, der sich hinter dem Masseschwerpunkt des Autos befand. Honda übernahm das ATTS-Prinzip auch für den Einsatz im Hinterachsantrieb eines Allradfahrzeugs, was den Vorteil hat, dass es keine Einflüsse auf das Lenkverhalten gibt (in einem Auto mit Vorderradantrieb kann die Änderung der Drehmomentverteilung sehr wohl eine direkte Wirkung auf das Lenkgefühl haben).

Bei einem Vierradantrieb muss die Verteilung des Drehmoments zu Vorder- und Hinterachse sensibler gehandhabt werden. Mehr Drehmoment an den Vorderrädern reduziert ein Übersteuern und umgekehrt. In einem System mit aktiver Steuerung aller drei Differenziale können sowohl die Verteilung etwa zur Seite – damit die beste Bodenhaftung beim Kurvenfahren erhalten bleibt – als auch eine wechselnde Verteilung auf Vorder- und Hinterachse unabhängig voneinander erfolgen; eine Beeinflussung des Fahrzeughandlings ist jederzeit möglich. Es bleibt zu klären, ob man so komplizierte Regelsysteme überhaupt benötigt – außer man ist Rallyefahrer. In den meisten Fällen jedoch geht es darum, ein gutes Fahrverhalten und sicheres Handling auch in Situationen zu bieten, in denen der Fahrer eine Lage falsch eingeschätzt hat und ihm die Erfahrung fehlt, die Konsequenzen ohne Hilfe zu überstehen.

Volkswagen-Audi zeigte schon früh Interesse an solchen Steuereinheiten und verteilte bereits 1988 das Drehmoment automatisch an die Vorder- und Hinterachse. Die Einheit war in das Zentraldifferential des Audi V8 integriert. Im Jahr darauf fand man sie im Allrad-Passat-G60-Syncro, hier aber über dem vorderen Differenzial. Die Steuerung erfolgte über die Signale, die von den Radsensoren an den ABS-Rechner übermittelt wurden. In Japan haben Mitsubishi und Subaru Systeme gezeigt, mit denen das Getriebe gesteuert werden konnte, um das Gierverhalten des Autos zu modifizieren. Gegen Ende 2000 kündigte der britische Spezialist Prodrive sein eigenes System an, das er »Active Torque Dynamics« (ATD) nannte. Dieses System wurde für Allradfahrzeuge entwickelt und kann wahlweise mit unterschiedlichen Ausführungsgraden angesetzt werden. Auf seiner einfachsten Stufe sperrt ATD das hintere Differenzial lediglich, damit verhindert wird, dass sich ein übersteuerndes Durchdrehen entwickelt. Der Sperrvorgang bringt mehr Drehmoment auf das innere Rad und trägt zum Geradeauslauf des Autos bei. Auf höheren Stufen der Steuerung weist ATD das Drehmoment jedem Rad einzeln zu. Diese Technik, so Prodrive, bietet zahlreiche Vorteile, so ein schnelleres Ansprechverhalten und – was nicht zu unterschätzen ist – auch ein Gefühl für den Fahrer, das besser zu seinen bisherigen Erfahrungen und Routinen passt. Das Unternehmen ist überzeugt, dass eine ATD-Technologie bald zum Standard bei Hochleistungs-Allradlern für Straße und Gelände gehören wird.

Andere Getriebe?

Im Laufe der Jahre haben viele Erfinder nach Wegen gesucht, die mechanische Drehmoment-Übertragung vom Motor auf die angetriebenen Räder zu vereinfachen. Es existieren immerhin zwei vielversprechende Alternativen: das hydrostatische und das elektrische Getriebe.

Im hydrostatischen System nehmen Rohre, die den hydraulischen Druck transportieren, die Stelle von rotierenden mechanischen Wellen ein, wobei der Motor eine Hydraulikpumpe antreibt und jedes Rad über einen eigenen Hydraulikmotor verfügt (eigentlich eine Rückübertragungspumpe). Das System kommt ohne die konventionelle Gangschaltung aus, weil das Gesamtübersetzungsverhältnis durch Änderungen der Eigenschaften der hydraulischen Motoren im Verhältnis zu der Pumpe geändert werden kann. Dieses System hat indes zwei Nachteile. Einer ist das Gewicht der jeweils erforderlichen Motoren, durch die sich das der ungefederten Massen erhöht – dazu mehr in Teil 3 – und daher Probleme mit dem Fahrkomfort und der Straßenlage nach sich ziehen. Der andere Nachteil ist, dass hydrostatische Systeme, die erfolgreich in Erdbewegungs- und anderen Baumaschinen eingesetzt werden, ziemlich laut arbeiten. Für dieses Problem – ein ernsthaftes für jedes Getriebe in einem Personenfahrzeug – wurde bis jetzt noch keine Lösung gefunden.

In einem rein elektrischen Getriebe werden die mechanischen Wellen durch flexible Leiter ersetzt, durch die elektrische Leistung von einem motorgetriebenen Generator an die elektrischen Motoren in den Radnaben übertragen wird. Die Vorteile und Probleme eines solchen Systems sind die gleichen wie bei einer Hydrostatik, abgesehen von der Tatsache, dass Elektroantriebe sehr gut geräuschisoliert werden können. Überdies entwickeln die meisten Elektromotoren ein hohes Drehmoment aus dem Stand heraus (dies ist sogar dort ein Vorteil, wo man von einem zentralen elektrischen Motor einen mechanischen Antrieb für jedes Rad abnimmt). Es gibt aber einen Hauptnachteil: Die Motormasse trägt erheblich zum Gewicht der ungefederten Masse der Radbaugruppe bei. Fragezeichen ergeben sich auch beim Thema Sicherheit der Hochspannungs-Stromversorgungskabel, die einer ständigen Verbiegung infolge der Fahrwerksbewegung ausgesetzt sind sowie durch Einflüsse durch Wasser und Schmutz, aufgewirbelt unter dem Auto.

Alles in allem dürfte daher auch künftig beim Auto, sogar wenn es vom Antrieb durch Verbrennungsmotor auf Elektromotor umgestellt werden sollte, die Kraft auf die Antriebsräder weiterhin mechanisch übertragen werden.

15 Allgemeine Grundlagen

Bis Ende der 1930er-Jahre waren Motor, Getriebe und der gesamte Antriebsmechanismus eines Personenautos im Allgemeinen (Ausnahmen gab es bereits früher) in einem Rahmen oder Chassis installiert – wie es beim Lastwagen noch heute der Fall ist. Unter einem Rahmen versteht man eine Anzahl von Querträgern, die zwei Längsträger verbindet (man spricht von einem Leiterrahmen, denn das ganze Gebilde erinnert an eine Leiter), darauf sitzt die Karosserie oder der Aufbau. Gut betuchte Automobilisten pflegten einst ein Chassis bzw. Fahrwerk bei einem Hersteller ihrer Präferenz zu kaufen und ließen es bei einem mehr oder weniger prominenten Karosseriebauer mit einem Aufbau versehen. Etliche Automobilfabriken verfügten vor Einführung des selbsttragenden Aufbaus über keine eigene Karosseriefertigung.

Personenwagen und einige moderne Geländewagen haben heute keine solche tragenden Rahmen mehr. Der Leiterrahmen wich allmählich dem so genannten selbsttragenden Aufbau, die Amerikaner waren hier führend. Der erste deutsche Großserienwagen dieser Art erschien 1936, hergestellt von Opel.

Wenn man heute vom Fahrwerk spricht, meint man alles, was mit Teilen und Systemen zu tun hat, die den Karosseriekörper mit der Straße verbinden. Das Fahrwerk trägt zum Komfort der Passagiere bei und versetzt den Fahrer in die Lage, sein Fahrzeug unter Kontrolle halten zu können. Daher müssen die Bauelemente des Fahrwerks, also die Aufhängung, die Räder und Reifen, die Lenkung und Bremssysteme allesamt bei der Fahrwerkskonstruktion in Einklang gebracht werden.

Die beiden Grundziele der Fahrwerksentwicklung sind Komfort und Kontrollierbarkeit. Die Autoinsassen und ihr Gepäck (natürlich auch der

Die Aufhängung des Citroën C5 mit MacPherson-Federbeinen vorne und Schräglenkern hinten sieht verblüffend einfach aus, verglichen mit einigen modernen Konstruktionen. Man hat aber große Sorgfalt auf die Einzelheiten gelegt, insbesondere darauf, wie die Aufhängung mit der Karosserie verbunden wird, damit Stabilität und Dämpfung von Geräuschen und Schwingungen verbessert werden. (Citroën)

Motor und vieles andere) befinden sich in einem Gehäuse, das man als eine große Kiste ansehen kann. In dieser Kiste möchte man mit einem Minimum an Störungen zum Ziel gelangen. Unten ziehen die Räder über all das, was der Straßenbau so zu bieten hat – von Billiardtisch-Glätte über Rillen, Beulen und Schlaglöcher bis hin zum Geländeeinsatz völlig abseits irgendwelcher Wege. Um die Räder mit der Fahrgastzelle zu verbinden, benötigt man Gestänge, Federn und Stoßdämpfer, kurzum: die Aufhängung (siehe Kapitel 16). Unter Komfort-Gesichtspunkten muss diese den Rädern genügend Freiheit gestatten, damit diese über Buckel und durch Schlaglöcher kommen. Dabei sollte möglichst wenig von dieser Bewegung an die darüber liegende Fahrgastzelle weitergegeben werden.

Man sollte dazu wissen, dass Karosseriebewegungen in drei Richtungen abgeleitet werden müssen – um die Hochachse in der Hubbewegung (auf und ab), um die Querachse in der Neigung (Nicken) und um die Längsachse im Rollen bzw. Wanken (seitwärts).

Obgleich die Grundziele der Fahrwerksentwicklung Komfort und Kontrolle sind, gibt es zwei weitere Faktoren, welche die Entwickler berücksichtigen müssen. Der erste dieser Faktoren betrifft die Nutzung des zur Verfügung stehenden Platzes.

Die Bauteile von Fahrwerk und Radführung müssen sich, ebenso wie die wichtigsten mechanischen Komponenten, möglichst gut in den Fahrgast- und Kofferraum einfügen. »Gut« bedeutet in diesem Fall »platzsparend«, denn nur der kleinste Teil des verfügbaren Raums eines Aufbaus soll von Fahrwerkskomponenten in Beschlag genommen werden. Die zweite Überlegung betrifft den strukturellen Wirkungsgrad. Falls die Aufhängungspunkte Belastungen an geeigneten und vorzugsweise gut isolierten Punkten in die Karosserie einleiten, kann die Karosserie leichter gemacht werden. Das ist nicht immer ganz einfach, besonders wenn die Anlenkpunkte tief und eng beisammen liegen (wie es beispielsweise bei den sonst lobenswerten Doppelquerlenker-Systemen der Fall ist). Diese dann auf die auftretenden Belastungen auszulegen, kann einen erheblichen Massezuwachs bedeuten.

Lenkung, Fahrverhalten und Straßenlage

Dies ist wahrscheinlich die geeignete Stelle, um einmal eine Definition dreier häufig unklarer Begriffe vorzunehmen. Sie betreffen Lenkung, Straßenlage und Fahrverhalten, die allesamt von der Fahrwerkskonstruktion bestimmt werden und in Relation zueinander stehen. Die *Lenkung* – nicht zu verwechseln mit dem Fahrverhalten – ist einfach einzuordnen, da sie nur auf die Leichtigkeit Bezug nimmt, mit der Fahrer dem Auto »sagen« kann, in welche Richtung es fahren soll. Die Lenkung beinhaltet alles, vom Einwirken des Fahrers und über die Rückkopplung einiger lebenswichtiger Informationen vom Lenkungssystem an den Fahrer, deshalb ist ihr ein eigenes Kapitel gewidmet. *Straßenlage* – wieder nicht zu verwechseln mit dem Fahrverhalten – ist ebenfalls relativ einfach zu verstehen, da sie nur auf den Grip zwischen den Reifen und der Straße Bezug nimmt, hauptsächlich beim Kurvenfahren. Das *Fahrverhalten* ist schwieriger zu definieren. Es bezeichnet die Art und Weise oder das Verhalten eines Auto, wenn es den Kräften beim Kurvenfahren ausgesetzt wird.

Die Lenkung liefert den auslösenden Impuls – was danach geschieht, ist Fahrverhalten. Das Auto kann schnell oder langsam in die Kurve fahren, es kann stabil bei Kurvenfahrt sein oder nicht, und es kann aus der Kurve herauskommen und dabei mehr oder weniger tendieren, weiter geradeaus zu fahren. Es ist weitaus mehr das Fahrverhalten als die Lenkung, das bestimmt, ob ein Auto sich leicht kontrollieren lässt. Es hängt von vielen Faktoren ab; nicht nur von der Konstruktion der Aufhängung und der Querlenker, sondern auch von der Masseverteilung des Autos, dem Luftdruck in den Reifen wie auch von den Eigenschaften der Reifen selber. Noch einmal: Lenkung, Fahrverhalten und Straßenlage sind drei unterschiedliche Dinge. Es gab Autos mit großartiger Straßenlage, aber sehr gewöhnungsbedürftigem Fahrverhalten (das beste Beispiel dürfte wohl der Citroën 2CV gewesen sein), und Autos mit großartigem Fahrverhalten, aber furchtbarer Straßenlage (der Ford Lotus Cortina Mk1 auf seinen Original-Diagonal-Reifen dürfte

in dieser Hinsicht unübertroffen bleiben). Ebenso gut kann es Autos mit einem großartigen Fahrverhalten, aber schlechter Lenkung geben – aber das ließe sich wohl kaum wirklich herausfinden. Dies ist auch die geeignete Stelle, um die Hauptbegriffe zu diskutieren, die mit dem Fahrverhalten verbunden sind, damit man sie in Kapitel 16 und in Kapitel 17 nicht noch einmal erläutern muss. Die meisten Autobegeisterten wissen, dass es zwei gegensätzliche Verhältnisse beim Fahrverhalten gibt, das Untersteuern und das Übersteuern. Untersteuern ist technisch definiert jener Zustand des Kurvenfahrens, bei dem der Schlupfwinkel der Vorderreifen größer ist als der der Hinterreifen (der Schlupfwinkel ist der Winkel zwischen der Richtung, in die der Reifen rollt, und der Richtung, in die er zeigt); ein untersteuerndes Auto neigt dazu, während der Kurvenfahrt neben der gewählten zu steuernden Spur zu laufen. Beim Übersteuern ist im Gegensatz dazu der Schlupfwinkel der Hinterreifen größer, und das Auto neigt dazu, mit dem Heck zur Kurvenaußenseite zu drängen. Das sicherste Fahrverhalten (das auch konstruktiv angestrebt wird) bietet ein auf mäßiges Untersteuern ausgelegtes Fahrzeug, und dies möglichst immer und unter allen Umständen.

Viele begeisterte Autofahrer würden, wenn man sie denn fragte, einem Wagen mit deutlichem Hang zum Übersteuern den Vorzug geben: Irrtum, kann man da nur sagen. Es ist kein Problem, bei einem leistungsstarken Hecktriebler die Hinterräder dazu zu bringen, zur Kurvenaußenseite zu drängen, aber ein kontrollierter Drift, also die Zähmung des konstanten Übersteuerns, verlangt großes Können und schnelle Reflexe. Früher konnte man heftige Drifteinlagen erleben, wenn etwa im Motorsport die Könner im »Powerslide« quer durch die Kurve rutschten (das ging besonders gut vor Einführung der modernen Gürtelreifen). Kaum einer aber achtete bei den spektakulären Aktionen darauf, was am Kurvenausgang geschah. Dann nämlich bestand die Gefahr, dass der Wagen abflog, weil dann die Räder wieder Haftung bekamen. Auf einem wirklich rutschigen Schleuderkurs (gibt's in manchen Sicherheits-Trainingszentren) kann man das Übersteuern selbst erleben, dort wird ein unmittelbarer Vergleich zwischen einem Auto mit Frontantrieb und einem mit Hinterradantrieb möglich. Und dieser wird zeigen, dass man mit dem letzteren mehr Spaß haben kann, dass erstere aber bei gleicher Geschwindigkeit weniger Können und Konzentration verlangt, um nicht abzufliegen. Denn ein übermäßiges Untersteuern kann man einfach dadurch korrigieren, in dem man kurz den Gasfuß lupft (der Wagen stabilisiert sich dann sofort wieder), während Kontrolle und Korrektur eines Übersteuerns nach gemeinsamem Einsatz von Gaspedal und Lenkrad verlangt.

Letzten Endes hängt das Fahrverhalten davon ab, wie die Masse eines Autos, das eine Kurve fährt, zwischen den vier Rädern verteilt ist. Je höher ein Reifen bei Kurvenfahrt durch die Fliehkraft belastet wird, desto mehr Gegenkraft kann der Reifen auf der Fahrbahn aufbauen. Wenn sich also die Masseverteilung zwischen den Rädern ändert, ändert sich auch die Gegenkraft, die von jedem einzelnen Rad entwickelt wird, und es sind diese Änderungen (zusammen mit der Wirkung der Änderung des Radsturzes und anderen Faktoren), die das Fahrverhalten bestimmen. Ohne in alle Details zu gehen, warum das so sein sollte – worüber man ein eigenes Buch schreiben könnte –, sollte man sich merken: Wenn sich in einer Kurve der Fahrzeugaufbau um die Längsachse zur Seite neigt, erhöht das das Untersteuern, während eine Masseverlagerung um die Querachse nach hinten das Übersteuern erhöht (zumindest in der Theorie, in der Praxis wird sie meist das Untersteuern reduzieren).

Bei den meisten modernen Autos lastet mehr Masse auf den Vorderrädern als auf den Hinterrädern, was eine natürliche Neigung zum Untersteuern ergibt. Keine Regel ohne Ausnahme, denn es gibt noch immer einige Konstruktionen mit Hinterradantrieb (allen voran von BMW), die eine perfekte Werbung für eine Achslastverteilung von 50 zu 50 darstellen. Wenn ein Auto jedoch in die Kurve fährt, wirken die Fliehkräfte auf die Karosserie ein und neigen sie nach außen, pressen die Federn an der Kurvenaußenseite zusammen und entlasten die Federn an der kurveninneren Seite. Die Situation wird noch komplizierter, wenn der Fahrer beim Kurvenfahren beschleunigt oder bremst. Wie viel Masse

sich beim Fahren durch die Kurve genau von einer Seite auf die andere verschiebt, hängt von der Anordnung (der Geometrie) der vorderen und hinteren Aufhängung ab und der Art, wie sich die Geometrie ändert, wenn die Autokarosserie rollt oder sich aufschaukelt.

Das Grundprinzip der Masseverlagerung stellt sich am einfachsten so dar, dass man die Masse des gesamten Fahrzeugs durch seinen Schwerpunkt bei einer bestimmten Höhe über der Straße abbildet, und für eine gegebene Kurvenkraft ein Kippmoment annimmt, das über den Schwerpunkt angreift, genau so wie die Fahrzeugmasse nach unten wirkt. Falls sich die Resultierende dieser beiden Kräfte außerhalb der äußeren Reifenspur bewegt, bekommt man Probleme: Bei vielleicht 2 g (g = Gravitationskonstante = 9,81 m/s^2) Kurvenbeschleunigung für einen tief liegenden Sportwagen; 1,3 g für ein typisches Familienfließheck oder 0,7 g für ein hoch gebautes Geländefahrzeug. Unterhalb dieser wackligen Grenzwerte verlagert das Kippmoment einfach Last von den inneren Rädern an die äußeren.

Trauriger weise ist diese nette kleine Übung in elementarer Mathematik zu einfach, um irgendwelche Rückschlüsse auf das Fahrverhalten des Fahrzeugs zu liefern. Viel hängt vom Fahrzeugschwerpunkt ab, der das Fahrverhalten maßgeblich bestimmt. Dieser imaginäre Punkt wird beeinflusst durch die Bewegungen von Rädern und Aufbau. Aber erinnern Sie sich: Die Karosserie ist nicht direkt mit dem Boden verbunden, sie ruht auf ihren Federn. Bei Kurvenfahrt treten Seitenkräfte an beiden Achsen auch, doch wann ist der Punkt erreicht, an dem die Karosserie kippt? Die Antwort liegt im Rollzentrum – tatsächlich in zwei Rollzentren (jede Achse hat eines), das die Rollachse definiert. Eine Rollachse ist die gedachte Verbindungslinie zwischen den beiden Rollzentren.

Rollzentren und Rollachsen

Wieder in einfachen Worten: Jedes Rollzentrum ist definiert durch die Art der Radaufhängung. Diese wiederum bestimmt den Radaufstandspunkt, die Radmitte und den etwas außerhalb lie-

genden Radpol, den Drehpunkt, um den sich jedes Rad beim Ein- und Ausfedern bewegt. In welchem Maße sich nun der Aufbau während der Kurvenfahrt neigt, hängt von den beiden Rollzentren vorn und hinten ab. Je tiefer das Zentrum liegt, desto mehr wird die Karosserie versuchen, um die Rollachse zu kippen, und desto größer die Masse. Falls Sie also ein frontlastiges Auto haben und etwas gegen die ständige Tendenz zum Untersteuern tun möchten, sorgen Sie dafür, dass das hintere Rollzentrum tiefer liegt als das vordere. Dann lastet während der Kurvenfahrt hinten mehr Masse, was das ansonsten unvermeidliche Untersteuern reduziert (das wiederum von der Radlastverteilung verursacht wird). Daraus folgt: Je weiter die Rollachse aufwärts nach vorne steigt, dest größer das Untersteuern, und je weiter sie sich abwärts neigt, desto mehr neigt der Wagen zum Übersteuern. Deshalb sollte ein Auto mit Frontmotor und Frontantrieb eine Rollachse haben, die aufwärts nach vorne ansteigt, und ein Auto mit Hinterradantrieb, wie der alte VW Käfer und der Porsche 911, sollte ein Rollachse haben, die abwärts geneigt ist – und das ist in der Praxis auch weitgehend so.

Das Bild kann man durch andere Faktoren wie Drehstab-Stabilisatoren komplizieren. Die Stabilisatoren reduzieren die Rollwinkel während der Kurvenfahrt, erhöhen aber die ungefederten Massen an der Radaufhängung, was sich auf die auftretenden Seitenkräfte auswirkt. Deshalb erhöht ein vorderer Stabilisator das Untersteuern, während ein hinterer Stabilsator es reduziert – häufig ein gangbarer Weg zur Feineinstellung des Fahrverhaltens. Die Sportversionen einer Baureihe können damit auf die flottere Gangart eingestellt werden, ohne dass die Aufhängung umkonstruiert werden müsste. Es gibt andere und weniger gute Methoden, das Fahrverhalten zu ändern, wie beispielsweise die Montage verschieden großer Reifen vorne und hinten oder unterschiedliche Reifendrücke (kleinere Vorderreifen oder niedrigere Luftdrücke auf den Vorderreifen erhöhen das Untersteuern). Daher findet sich in den meisten Betriebsanleitungen der Hinweis auf unterschiedliche Reifenluftdrücke vorn und hinten – auch wenn die Zeiten eines Hillman Imp, der an der Hinterachse mit 2,1 bar, vorne aber mit 1,3 bar gefahren werden sollte, der Vergangenheit angehören.

Wir sollten in diesem Zusammenhang auch die Kurvenquerbeschleunigung nicht vergessen: Je mehr Haftung ein Rad auf den Boden bringt, desto weniger Querbeschleunigungskräfte kann der Reifen aufbauen. Deshalb wird zusätzliche Leistung bei einem Fronttriebler die Neigung zum Untersteuern erhöhen (und auch den Reifenverschleiß), während Gasgeben in Kurvenfahrt beim Hecktriebler diese Neigung reduziert oder sogar ein Übersteuern bewirkt. Das ist jedoch ziemlich tief im Thema. So viel jedenfalls sollte klar geworden sein: Jeder Fahrwerksingenieur hat einen Plan für »seine« Aufhängung und ihn den Anforderungen an das Fahrverhalten des Autos gemäß detailliert entwickelt.

In diesem Zusammenhang ein Hinweis: Die ganze Sache ist natürlich viel, viel komplizierter. Das Rollzentrum ist nämlich ständig in Bewegung, es ändert sich bei jedem Ein- und Ausfedern des Rades und mit jeder Kraft, die auf die die Radaufhängungen einwirkt. Diese können sich tatsächlich relativ stark vertikal wie horizontal bewegen, und das kann wichtige Auswirkungen haben, besonders auf das Fahrverhalten des Autos, wenn es in eine Kurve einbiegt oder geradeaus wieder hinausfährt. Komfort dagegen

Es gibt interessante Übereinstimmungen zwischen der Konstruktion des Audi TT auf der vorigen Seite und diesem VW Golf 4Motion, einer 4WD-Anpassung des Standard-Golf mit Vorderradantrieb. Da beide Unternehmen Teile desselben Konzerns sind, ist die allgemeine Ähnlichkeit nicht überraschend. Der Golf zeigt die Konstruktion des hinteren Achsantriebs und der Aufhängung deutlicher, inklusive der nach hinten geneigten Dämpfer, die dadurch nicht zu viel in den Kofferraum eindringen (bemerkenswert ist auch das raumsparende Reserverad). Aber es sind keine identischen Aufbauten – was man an der Konstruktion des hinteren Schräglenkers erkennt. (Volkswagen)

ist viel mehr eine Frage der Wahl von Federn und Dämpfern – das allerdings ist wieder eine ganz andere Baustelle.

Kampf gegen Lärm und Schwingungen

Ein weiterer Komfortaspekt, der zunehmend an Bedeutung gewinnt, ist die Notwendigkeit, Straßengeräusche und Vibrationen zu filtern, bevor sie die Fahrgastzellen und ihre Passagiere erreichen. Das ist umso mehr eine Herausforderung, als der Motor, das Abgassystem und das Getriebe immer ruhiger werden. Straßengeräusche und Schwingungen beginnen bei den Reifen. Das Abrollen der Reifen auf der Fahrbahn erzeugt ein mehr oder weniger konstantes Dröhnen, und jeder Fahrbahnschaden – jeder Buckel und jedes Schlagloch – hält die Reifen auf und versucht, sie vor oder zurück zu zwingen. Die Folge ist ein Stoß, der die gesamte Autostruktur zum Schwingen bringt. Damit dieser Effekt möglichst reduziert wird, sind die Aufhängung in modernen Autos so konstruiert, dass das Rad in der Längsbewegung nachgeben kann, so dass weniger Erschütterungen an die Hauptstruktur der Karosserie gelangen können.

Deshalb müssen sich die Räder möglichst frei nach oben bewegen können und – in Maßen – auch in der Längsrichtung. Doch wie sehr sich die Räder in diese Richtungen auch bewegen: Die Richtung, in die jedes Rad zeigt, muss exakt kontrolliert werden. Räder, bei denen die Radstellung nicht stimmt, beeinflussen Geradeauslauf wie auch Kurvenfahrt ganz erheblich.

Eine gute Richtungsstabilität ist die erste Anforderung an eine ordentliche Lenkung. Eine Aufhängung kann noch so weich und wundervoll komfortabel sein: Wenn sie in Sachen Stabilität versagt, ist sie nichts wert. Das ruft die Grundforderungen der Aufhängungskonstruktion auf den Plan: den Rädern ausreichend Freiheit beim Ein- und Ausfedern zu lassen und eine präzise Führung zu gewährleisten. Überdies muss Fahrkomfort und Stabilität möglichst auch bei einer beliebigen Last im Auto erhalten bleiben. Platzieren Sie ein stämmiges Paar auf die Rücksitze

eines Kleinwagens mit Frontantrieb, und die Last auf die Hinterräder kann sich verdoppeln.

Gefederte und ungefederte Masse

Im Prinzip hängt alles, was mit dem Layout einer Aufhängung zu tun hat, vom Zusammenspiel zwischen gefederter und ungefederter Massen ab. Logischerweise ist die gefederte Masse eines Fahrzeugs die Masse von allem, was Federn zwischen dem Fahrzeug selbst und dem Boden besitzt. Genauso logisch ist die ungefederte Masse das Gegenteil davon – also im Prinzip die Räder, Reifen, Radnaben und Bremstrommeln oder Bremsscheiben samt Bremssätteln. Wenn ein Rad über ein Hindernis rollt, bewegt es sich nicht nur aufwärts, sondern versucht auch, die Karosserie aufgrund der Federkräfte nach oben zu drücken. In welchem Maße das geschieht, hängt vom Gewicht der Karosserie relativ zum Rad ab und allem, was daran befestigt ist – mit anderen Worten: vom Verhältnis von gefederter zu ungefederter Masse. Damit erklären sich auch die Tendenzen im modernen Fahrwerksbau. Es geht immer nur darum, die ungefederten Massen zu reduzieren. Also hat man sich von den schweren Antriebsachsen (siehe Teil 2), in denen die gesamte Achse einschließlich der Achsantriebswellen ein Teil der ungefederten Masse bilden, verabschiedet und setzt auf die Einzelaufhängung, in der die einzige wirklich ungefederte Masse das Rad selbst ist und alles, was sich mit ihm bewegt.

Das Verhältnis zwischen gefederter und ungefederter Masse beeinflusst auch die Straßenlage. Je schwerer die Karosserie im Verhältnis zum Rad ist, desto rascher wird das Rad wieder zum permanenten Kontakt mit der Straße gezwungen, nachdem es ein Hindernis überquert hat – und wie Colin Chapman sehr gut wusste und mit seinen frühen Lotus-Konstruktionen bewies: Ein Rad, das keinen Kontakt zum Boden hat, trägt nichts zur Haftung bei. Es klingt sehr einfach, doch das Prinzip wurde in den frühen Tagen des Autofahrens nicht verstanden. Einige frühe Rennfahrer schnallten auf der Suche nach einer besseren Straßenlage zusätzliches Gewicht auf ihre Achsen und erreichten damit nur, dass sie sämtliche Chancen einbüßten und obendrein auch noch das bisschen Fahrkomfort, das sie gerade zu genießen lernten. Nicht viel besser sind einige heutige Autobesitzer, die angeblich aus Gründen von Straßenlage und Haftung größere und breitere Reifen montiert haben, obwohl diese viel schwerer sind und auf allen anderen außer auf glatten Oberflächen die gegenteilige Wirkung haben – nicht zu reden von dem Schaden, den sie der Lenkung zufügen.

Die Räder und Reifen selbst sind natürlich lebenswichtige Teile der gesamten Fahrwerkskonstruktion, doch einige Aspekte sind so bedeutend, dass ihnen deshalb ein ganzes Kapitel dieses Buches gewidmet sein soll (siehe Kapitel 17). In dem Zusammenhang wichtig zu wissen: Viele Aufhängungen wurden während ihrer Entwicklung auf Reifen einer bestimmten Größe und Art (oder sogar Fabrikat) abgestimmt, so dass Änderungen der Eigenschaften von Rad und Reifen unvorhersehbare Wirkungen auf die Straßenlage und den Fahrkomfort haben können. Bei Motorrädern ist das noch viel wichtiger, daher muss vielfach eine Reifenbindung beachtet werden.

Abgesehen davon gehören zu einem Fahrwerk und dessen Geometrie auch die Lenkung und das Bremssystem (Kapitel 18 beziehungsweise Kapitel 19). Die Entwicklung einer guten Lenkung war ein langer und dornenreicher Prozess. Die Konstrukteure der frühesten Autos machten jeden möglichen Fehler; das begann mit der Kopie von Lenkungsprinzipien, die für Pferdekutschen galten. Inzwischen halten wir eine ordentliche Lenkung für selbstverständlich, und

eine Servolenkung ebenso. Doch wir befinden uns in einem Zeitalter der Autokonstruktion, in dem noch immer Fortschritte möglich sind. Bei den Bremsen sind die Fortschritte vielleicht noch beeindruckender. Am Anfang war es nicht wünschenswert – vielleicht sogar gefährlich –, Bremsen an den Vorderrädern zu haben. Die technischen Herausforderungen, das Rad zu lenken und gleichzeitig zu bremsen, schien für die frühen Konstrukteure zu groß zu sein. Sie zogen es vor, die Vorderräder lenken und die Hinterräder bremsen zu lassen – möglicherweise mit einer zusätzlichen Bremse an der Kardanwelle.

Die Idee, eine Bremsanlage so zu steuern, dass das Blockieren verhindert, erschien abwegig, die Vorstellung, die Räder einzeln zu verzögern, um die beste Bremsleistung zu erreichen, war abenteuerlich und die Aussicht, eines Tages auf irgendeine Art von mechanischer Verbindung zwischen Bremspedal und der Bremse selbst verzichten zu können, hätte jeder Fahrzeug-Ingenieur mindestens bis zum Ende der 1940er-Jahre als pure Phantasterei abgetan.

Wie wir wissen, ist die Technik schon längst so weit, doch trotz aller Fortschritte haftet dem Fahrwerk, verglichen etwa mit Motor oder Getriebe, beinahe etwas Gewöhnliches, Alltägliches an. Da ist nichts mysteriös oder geheimnisvoll, vielleicht auch, weil man sich unter den Wagen legen und auch ausgetüftelte, sehr moderne Konstruktionen eingehend betrachten und betasten kann. Doch viele der Tugenden eines modernen Autos, die wir heute für selbstverständlich halten, verdanken wir den jüngsten Entwicklungen der Fahrwerks-Konstruktion. Mehr als irgend etwas sonst.

16 Aufhängung

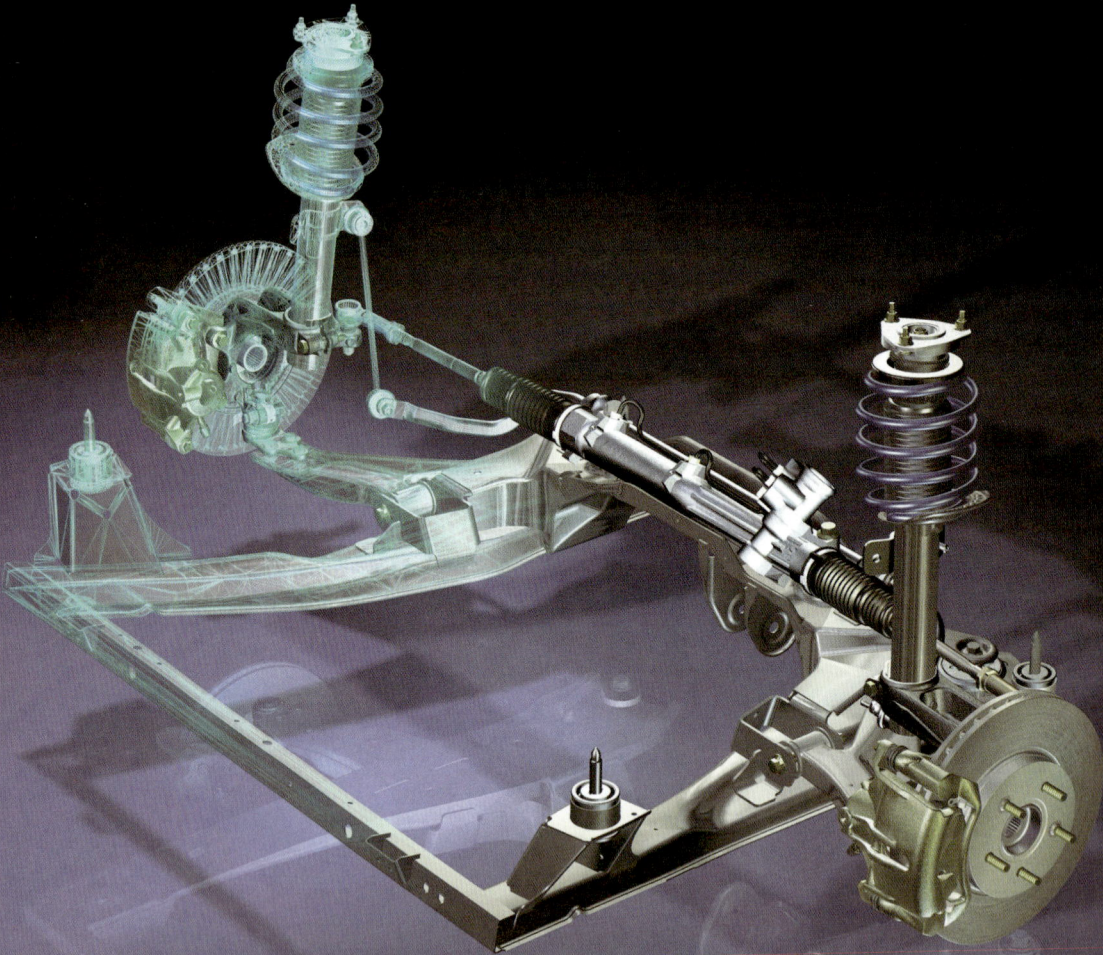

Fassen wir noch einmal kurz zusammen: Die Radaufhängung – bestehend aus Lenkern, Federn und Dämpfern – ist verantwortlich für den Fahrkomfort, die Filterung von Geräuschen und Schwingungen, die Fahrzeugstabilität und das Fahrverhalten (im Unterschied zur Lenkung). Jedes moderne Aufhängungssystem besteht aus fünf unterschiedlichen, jedoch eng miteinander verbundenen Baugruppen: den mechanischen Verbindungen (den Längs- und Querlenkern), die bestimmen, wie sich jedes Rad bewegt; den Stabilisatoren (haben die meisten Autos, wenn auch oft nur vorne), die die unterschiedlichen Bewegungen der Räder einer Achse ausgleichen und die auch das Fahrverhalten beeinflussen; den Federn, die die Energie aufnehmen und abgeben, wenn ein Rad ein- und ausfedert, den Dämpfern – die man oft als Stoßdämpfer bezeichnet, die sie gar nicht sind – und schließlich die Anlenkpunkte, an denen die Lenker, die Federn und die Dämpfer an der Autokarosserie fixiert sind.

Die Radaufhängung

Ganz einfach gesagt: Die Radaufhängung verbindet die Räder mit dem Fahrzeug. Abgesehen davon aber kommen ihr noch weitere Aufgaben zu:

- Sie soll den Rädern ermöglichen, möglichst unbeeinflusst von den Bewegungen der Karosserie beim Rollen (Verdrehen) oder beim Auf- und Niedergehen (Nicken) für Bodenhaftung zu sorgen.
- Die Aufhängung muss den Rädern gestatten, sich im Verhältnis zur Fahrzeugkarosserie vertikal zu bewegen. Einmal in Fahrt, müs-

Die Vorderradaufhängung des aktuellen Ford Mondeo verwendet MacPherson-Federbeine, wie alle europäischen Ford-Modelle viele Jahre lang. Die Konstruktion wurde jedoch ständig verfeinert, nicht nur bei den Federbeinen selbst, sondern noch mehr bei den unteren Dreieckslenkern mit ihren breiten Halterungen am Unterrahmen und der sorgfältigen Konstruktion der Befestigungs-Gummilager, um dadurch eine stoßdämpfende Wirkung zu erreichen. Bemerkenswert ist auch die Art und Weise, wie der Querstabilisator an den Dämpfern mittels langer Gelenkstangen befestigt. (Ford)

sen sie auch über eine unebene Fahrbahn horizontal ausweichen können.
- Überdies sollen die Bewegungen der Räder so kontrolliert werden, dass eine akzeptable Fahrzeugstabilität und ein akzeptables Fahrverhalten erreicht wird.

Die Achsen der ersten Autos sahen auch nicht anders aus als die der Pferdekutschen: Sie waren starre, durchgehende Träger, die an ihren beiden Enden je ein Rad trugen. Diese Starrachse war beidseitig über ein Paket von Mehrblattfedern an der Karosserie (bzw. am Chassis) befestigt. Je weiter sich die Fahrzeugtechnik und die Fahrleistungen entwickelten, desto offenkundiger wurden die Nachteile dieses Systems, und man begann, die Räder achslos einzeln aufzuhängen, erst vorn, später auch hinten. Eine moderne Einzelradaufhängung besteht aus Lenkern, die Rahmen oder Aufbau mit Achsschenkel und Radlager verbinden. Ihr definiertes Zusammenwirken im Verhältnis zum Fahrzeug wie auch zueinander ist der wichtigste Teil der Fahrwerksgeometrie, und diese wird wesentlich durch die Achseinstellwerte bestimmt. Zu den zentralen Begriffen in diesem Zusammenhang gehört der Sturz (-winkel) und die Spur.

Der Sturz bezeichnet den Winkel zwischen Radmitte und einer (gedachten) Senkrechten zur Fahrbahn. Die beste Reifenhaftung ergibt sich bei möglichst genau senkrecht stehendem Rad (Sturzwinkel gleich Null). Jede Sturzänderung, ob positiv (Räder drücken mit der Oberseite nach außen von der Karosserie weg, stehen an der Unterseite also enger beisammen) oder negativ (Räder drücken mit der Oberseite nach innen zur Karosserie, stehen unten auf der Fahrbahn weiter auseinander) verändert die Reifenaufstandsfläche. Die daraus resultierende asymmetrische Form der Reifen-Kontaktfläche erzeugt Störkräfte, die das Fahrzeug destabilisieren.

Es ist nicht schwer, eine Einzelradaufhängung so auszulegen, dass Rad und Reifen über Bodenwellen rollen, ohne dass sich bei Geradeausfahrt der Sturzwinkel ändert. Anders sieht es dagegen bei Kurvenfahrt auf. Dann sind nicht nur die auf das Rad einwirkenden Längs- und Seitenkräfte aufzunehmen, sondern auch jene, die durch die sich zur Seite neigende Karosserie auftreten.

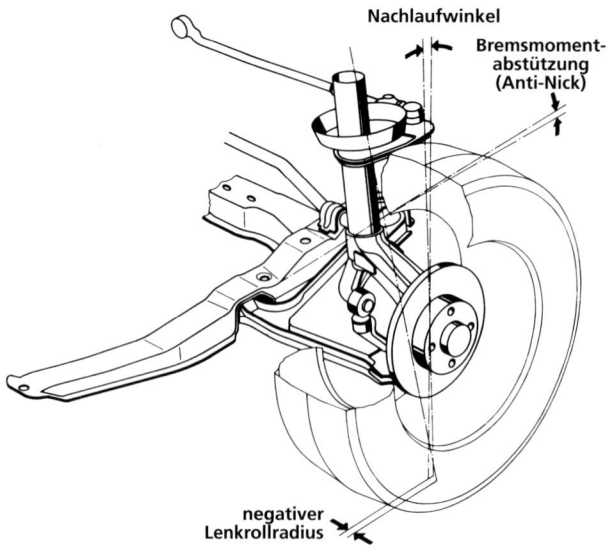

Labels on figure:
Nachlaufwinkel
Bremsmoment-abstützung (Anti-Nick)
negativer Lenkrollradius

Kein sehr modernes Auto – tatsächlich der Opel Vectra, der 1988 eingeführt wurde. Aber diese Zeichnung zeigt die Fortschritte, die bei der Vorradaufhängungskonstruktion erzielt wurden (in diesem Fall ein McPherson-Federbein, bei dem hier zur Deutlichkeit die Schraubenfeder weggelassen wurde). Die betroffenen Winkel sind zwar klein (obwohl einige Autos einen viel größeren Nachlaufwinkel aufweisen), aber sie wirken sich deutlich auf die Art und Weise aus, wie sich das Auto verhält. (Opel)

Jede tatsächlich mögliche Radaufhängung stellt daher einen Kompromiss dar. Die Anforderung dagegen bleibt bestehen: Es gilt, das Rad möglichst unter allen Bedingungen am Boden zu halten – eine Aufgabe, die von den Fahrwerkskonstrukteuren unserer Zeit glänzend gelöst wurde. Ob nun leicht positiver oder negativer Sturz: Straßenlage und Fahrverhalten sind weitaus besser als alles, was mit vollständig senkrecht stehenden Rädern erreicht werden könnte.

Aufhängungs-Konstruktionen

Ein Fahrwerksingenieur würde darauf hinweisen, dass die Konstruktion einer Radaufhängung im Prinzip vier der sechs Freiheitsgrade (Bewegungsmöglichkeiten) eines Rades beschneidet. Es bleiben nur zwei übrig – die Drehung des Rades um seinen Achszapfen und die Auf-und-Ab-Bewegung. Dieses theoretische Ideal lässt sich in der Praxis nicht ohne gravierende technische

Nachteile verwirklichen. Besonders problematisch ist das Zusammentreffen der Rotation über die Längsachse (Sturzänderung) und in der Seitwärtsbewegung (Spuränderung). Im Versuch kamen die Fahrwerksingenieure sehr bald dahinter, dass eine normale Einzelradaufhängung kontrollierte Sturzänderungen gestattet, die auch bei auftretenden Karosserieverdrehungen das Rad während der Kurvenfahrt senkrecht hält.

Von allen Arten der Radaufhängungen, die in einem Jahrhundert Autoentwicklung eingesetzt wurden, sind eigentlich nur noch fünf von Belang: der Doppelquerlenker, das McPherson-Federbein samt unterem Querlenker, der Längslenker, der Torsionslenker und der Mehrlenker. Davon werden der Längslenker und der Torsionslenker nur für die Hinterachse von Fronttrieblern eingesetzt; die anderen drei kann man auch an der Vorderachse verwenden. Anders als die anderen vier handelt es sich beim Torsionslenker nicht um eine vollständige Einzelradaufhängung, er bietet aber dennoch so viele Vorteile, so dass er nach wie vor gerne verwendet wird.

Von den Achsen-Anordnungen, denen man im Personenwagenbau heutzutage kaum noch begegnet, ist die älteste die Starrachse. Wie bereits erwähnt, bleibt diese Antriebsachse eine Alternative für Off-Road-Fahrzeuge (und für leichte Nutzfahrzeuge mit Hinterradantrieb) wegen der konstanten Bodenfreiheit unterhalb des Portals. Die Starrachse passt als Hinterachse vorzüglich zu Autos mit Frontantrieb, setzt aber eine saubere Abstimmung voraus; Saab beispielsweise verwendete sie noch kürzlich. Ihr Einsatz erfordert aber relativ viel Raum, der zum Beispiel wegen des Abgassystems oder der Position des Kraftstofftanks nicht ohne weiteres zur Verfügung steht: Überdies muss die gesamte Achse – natürlich in definiertem Maße – auf- und abwärts schwingen können.

Frühe vordere Einzelradaufhängungen enthielten eine Schiebestütze (Lancia und Morgan), einen einfachen Längslenker (Citroën 2 CV) und Doppellängslenker (auch Kurbelachse, blieb beim Volkswagen Käfer über Jahrzehnte Standard), aber die sind heutzutage nur noch von historischem Interesse. Von den frühen Einzelaufhängungen der Hinterräder hat bis heute nur die

Schräglenkerachse überlebt, verwendet in den meisten BMW bis in die frühen 1990er Jahre hinein: Ein relativ einfaches System für Autos mit Hinterradantrieb, aber eines, das zu problematischem Fahrverhalten bei hohen Geschwindigkeiten unter extremen Bedingungen führte. Frühere unglückliche Beispiele für technischen Übereifer waren die Schwing- oder auch Pendelachse, die in einigen Situationen durchaus tückische Reaktionen nach sich ziehen konnte, und die De-Dion-Achse, die zwar alle Tugenden einer Starrachse bot (also auch angetrieben werden konnte), aber ein Opfer ihrer eigenen Kompliziertheit wurde.

Wie schon erwähnt, verlangt jede Kombination von Einzelaufhängung und angetriebenen Rädern, ob vorne oder hinten, normalerweise nach Antriebswellen mit Längenausgleich. Bei einigen Entwürfen – inklusive der ursprünglichen Hinterachse, wie sie beispielsweise für den Jaguar E-Typ konstruiert wurde – wurden in Längsrichtung starre Achswellen eingesetzt, die auch als Lenker dienten (eigentlich als oberen Dreieckslenker), trotz des Risikos, sich damit andere Probleme einzuhandeln.

Doppel-Dreieckslenker

Der Doppel-Dreieckslenker stellt das klassische Einzelaufhängungssystem dar. Es besteht in seiner reinen Form aus zwei dreieckig geformten Streben, die übereinander liegen, wobei die gegabelten Enden mit der Karosserie und die freien Enden über Trag- und Führungsgelenke mit dem oberen und unteren Ende des Radnabenträgers verbunden sind. Die Radnabe bildet zusammen mit Radlager und Bremsscheibe eine Baugruppe und wird auf dem Achsschenkelzapfen drehbar gelagert. In der Praxis muss nur einer der Dreieckslenker genau dreieckig sein, der andere kann die Form eines einfachen Lenkers haben.

Zwei Dreieckslenker gleicher Länge führen nicht zu einer Sturzänderung beim Ein- und Ausfedern (obgleich tatsächlich eine Sturzänderung stattfindet). Wenn sich die Karosserie jedoch bei Kurvenfahrt zur Kurvenaußenseite hin neigt, erfolgt eine Änderung des Sturzwinkels in diese Richtung, was die Straßenlage dramatisch verschlechtert.

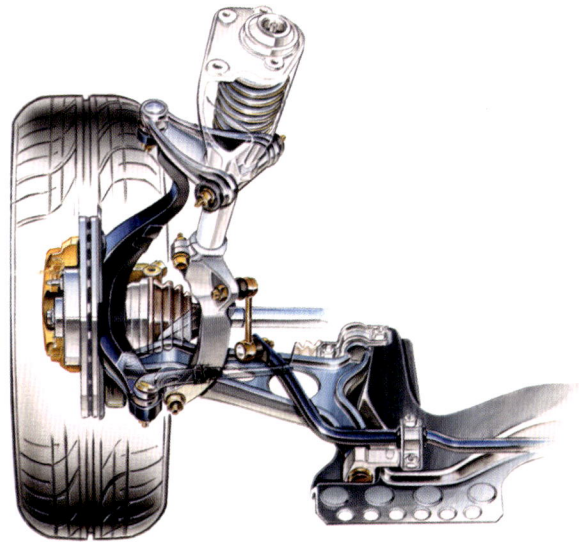

Die Doppeldreieckslenker-Vorderradaufhängung des Alfa Romeo 156. Bemerkenswert: Die Lenker sind so angeordnet, dass Platz für die Antriebswelle bleibt, der untere Dreieckslenker mit breiten Halterungen; der viel kleinere obere Dreieckslenker, dessen Achse schräg zur Automittellinie liegt; eine Schwanenhals-Erweiterung nach oben zum Nabenträger, damit der obere Dreieckslenker ziemlich hoch gesetzt werden kann; eine kompakte Schraubenfeder, die um den oberen Teil des Dämpfers gelegt wird; eine Querstrebe mit Gelenkstange, die an der Basis des Dämpfers ansetzt; eine belüftete vordere Bremsscheibe. Ein in vieler Hinsicht typischer, moderner Doppeldreieckslenker-Aufbau, obwohl manche Konstrukteure niedrigere Befestigungspunkte für den Dreieckslenker wählen und damit die Federung verbessern (Isolierung gegen Stoßbelastungen, die von Straßenunebenheiten verursacht werden). (Alfa Romeo)

Daher sind die Dreieckslenker normalerweise ungleich lang; der obere ist kürzer. In der Kurve (und dabei findet zwangsläufig ein Aus- und Einfedern des Rades statt) ergibt sich dabei eine geringe Sturzänderung. Der dann auftretende negative Sturz erhöht die Seitenführungskraft. Dabei wird der Sturzänderung, die von der Karosserietorsion herrührt, entgegengewirkt.

Die Geometrie und das Fahrverhalten mit einer Doppelquerlenkerachse – von vorne betrachtet – kann nicht nur durch die Längenänderung der Dreieckslenker, sondern auch durch Winkeländerungen der Schwenkachse der Lenker beeinflusst werden.

Die Schwenkachsen, die sich durch die Anlenkpunkte an der Karosserie bilden, können so aus-

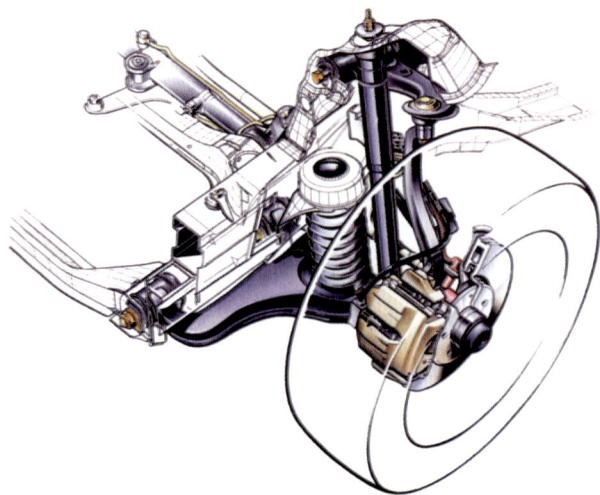

Die Vorderradaufhängung der Mercedes E-Klasse verwendet breite Doppeldreieckslenker mit einem nach oben erweiterten Radnabenträger. Die Schraubenfeder ist ungewöhnlicherweise vollständig vom Dämpfer getrennt. Das erlaubt es, die Feder- und Dämpfer-Eigenschaften unabhängig voneinander einstellen zu können. (DaimlerChrysler)

gelegt werden, dass sich die Lenker »schräg« zur Horizontale beim Ein- und Ausfedern bewegen. Durch eine solche »Schräg«anordnung der Dreieckslenker wird erreicht, dass die Karosserie beim Bremsen vorn weder eintaucht, noch sich beim Beschleunigen hinten absenkt.

Um eine solche Doppelquerlenkerachse für ein Fahrzeug optimal auszulegen, muss der Konstrukteur die Fähigkeit besitzen, dreidimensional denken zu können. Computer und ein CAD-Programm (computer aided design) sind dabei heute nicht mehr zu ersetzen.

Ein Vorteil der Doppel-Dreieckslenker-Anordnung – und der Grund, warum diese Bauform bevorzugt bei Rennwagen angewandt wird – ist, dass die Geometrie sehr einfach geändert werden kann, was wiederum erlaubt, das Rollzentrum in jeder gewünschten Höhe oberhalb oder unterhalb der Fahrbahnebene zu legen. Zum bessern Verständnis: Das Rollzentrum ist definiert als Konstruktionspunkt im Raum, um den sich das Fahrzeug dreht, wenn sich beim Einlenken die Gewichtsverteilung ändert. Je nach Gegebenheit kann dadurch das Fahrverhalten beeinflusst werden.

Im Vergleich zu anderen Faktoren beeinflussen die Karosserieschwingungen das Rollzentrum nur wenig. Heute weit verbreitet (und vermutlich von Honda erstmals in Großserie eingesetzt) ist eine Doppel-Dreieckslenker-Anordnung, bei der der Radnabenträger ungewöhnlich weit nach oben verlängert ist.

Trotz der Nachteile, die durch die damit verbundenen ungefederten Massen entstehen, ist der obere Dreieckslenker sehr hoch positioniert und damit aus dem Bereich, wo Quermotor, Getriebe und Antriebswellen selbst Platz benötigen. Es ist mit dieser Bauart also möglich, ein hochliegendes Rollzentrum zu erreichen.

Moderne Dreieckslenker sind am unteren Ende der McPherson-Federbeine häufig L-förmig, wobei das lange Ende des L an der Karosserie befestigt und das Rad mit dem kurzen Ende verbunden ist. Dank dieser Anordnung können die Befestigungspunkte elastisch und stoßabsorbierend gehalten werden, ohne die exakte Radführung zu beeinflussen. Dabei sind die vorderen Gummiblöcke horizontal angebracht und die hinteren vertikal, was sich als Standardtechnik in der modernen Aufhängungskonstruktion allgemein durchgesetzt hat.

McPherson-Federbeine

Das McPherson-Federbein stellt eine platzsparendere und sehr wirkungsvolle Alternative zur Doppel-Dreieckslenker-Anordnung dar. Das Federbein bildet ein Konstruktionselement aus Schraubenfeder und hydraulischem Dämpfer; es ist am Radnabenträger befestigt. Das untere Ende der Strebe befindet sich über einem unteren Dreieckslenker oder einem Paar von einzelnen Lenkern. Das McPherson-Federbein erlaubt ein hohes Rollzentrum (und das ist normalerweise auch angestrebt). Wenn das Federbein ausreichend lang ist, bleiben Radsturzänderungen während einer vertikalen Radbewegung gering und die Karosserieverdrehung klein. Das System leidet jedoch unter zwei Nachteilen. Erstens kann das Rollzentrum während der Kurvenfahrt einen langen Weg von seiner statischen Position aus zurücklegen, und das kann zu Problemen im

Links: Tatsächlich ist die hintere Aufhängung des Alfa Romeo 156 ein McPherson-Federbein mit einer sorgfältig gewählten Mehrlenker-Anordnung an seinem unteren Ende. Während das Federbein selbst das Rad aufrecht hält, sorgt der große Schräglenker für die fixierte Lage nach vorne oder nach hinten. Die beiden Querstangen legen nicht nur die Seitwärtsbewegungen des Rads fest, sondern steuern auch Vorspur und Nachspur. Indem eine kleine Vorspur- oder Nachspur-Bewegung während der Kurvenfahrt durch sorgfältige Wahl der elastischen Aufhängungspunkte erlaubt wird, können das Handling und die Stabilität verbessert werden. Bemerkenswert ist auch die Anlenkung der Querstrebe und die unbelüftet Bremsscheibe. (Alfa Romeo)

Unten: Die Vorderradaufhängung des Saab 9–5: ein extrem robuster Hilfsrahmen für dieses starke Auto, dennoch im Prinzip eine Standard-McPherson-Anordnung mit breit gelagertem unteren Dreieckslenker, gut versteckt und geschützt hinter dem Quermotor. Bemerkenswert sind die gleich langen Antriebswellen und die massiven Bremszangen. (Saab)

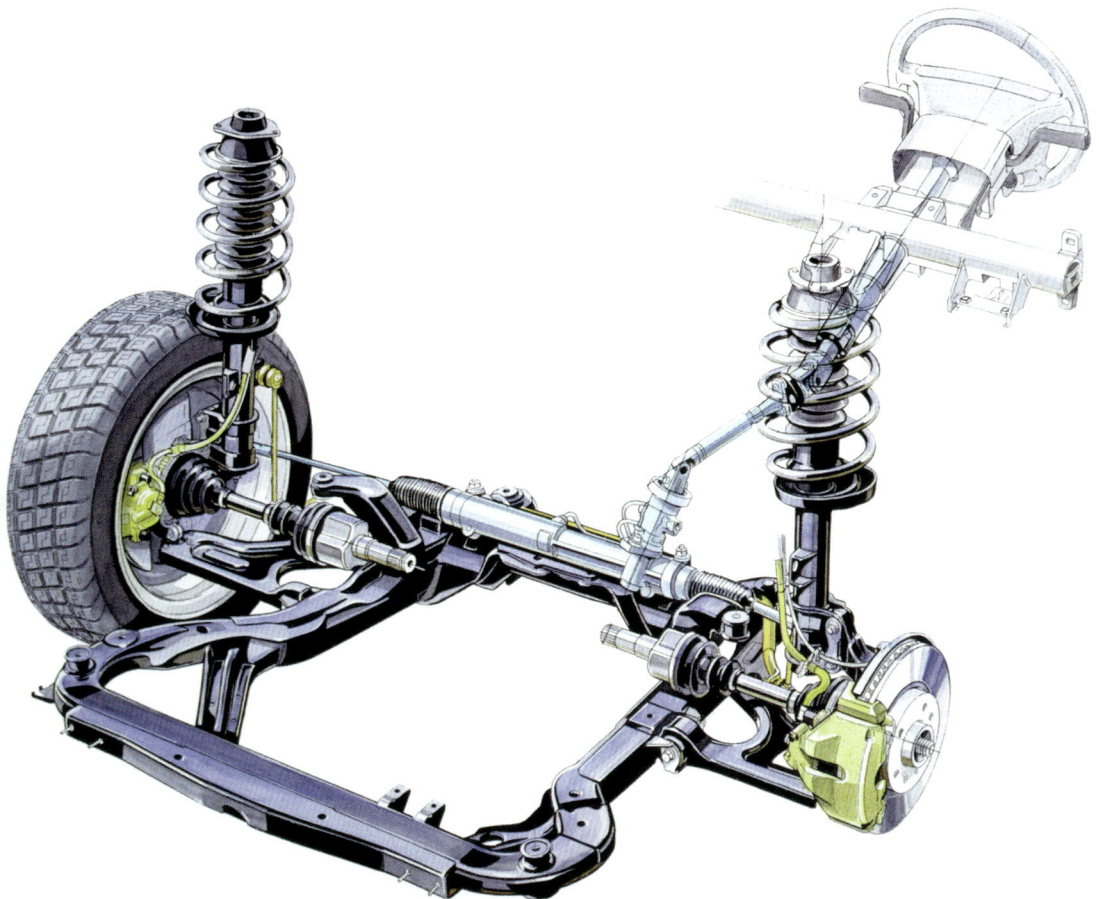

Die Vorderradaufhängung des Jaguar X-Typ ist ein völliger Neubeginn für das Unternehmen, sie verwendet McPherson-Federbeine statt Doppel-Dreieckslenker, die um das Quermotorpaket herum passen. Ebenfalls klar ersichtlich ist die Vorkehrung, die getroffen wurde, um die Antriebswellen zu den Vorderrädern führen zu können, obwohl die Antriebswellen selbst in dieser Ansicht fehlen. Bemerkenswert ist auch der Hilfsrahmen, der sowohl Befestigungsmöglichkeiten für den Motor als auch für die Aufhängung zur Verfügung stellt. (Jaguar)

Fahrverhalten führen. Die Lenkung des damit verbundenen Rades führt auch zur Drehung des gesamten Federbeins, was wiederum die Lenkung schwergängiger macht und nach einer sorgfältigen Konstruktion des oberen Drehgelenks mit geringer Reibung verlangt.

Das McPherson-System speist die Achslasten über drei günstig gelegene, eigene Punkte in den Fahrzeugaufbau ein (die obere Federbeinaufnahme, den »Federbeindom« selbst und die Befestigungen der beiden unteren Gelenke des Dreieckslenkers). Für den Motor bleibt bei dieser Bauweise stets genügend Raum. Diese Vorteile genügen, um diesem System trotz aller Nachteile seinen festen Platz in der modernen Fahrzeugtechnik zu sichern. So entschied man sich beispielsweise bei Jaguar dafür, beim X-Typ eine Federbein-Vorderachse mit Stahlfahrschemel und unterem Querlenker zu verwenden; dies war das erste Mal, dass man dieses System angewendet hat.

Normalerweise versteht man unter einem (nach seinem Erfinder benannten) McPherson-Federbein einen Hydraulik-Dämpfer mit einer darum gelegten Schraubenfeder, aber das ist nicht die einzige Möglichkeit. In der Vergangenheit hat Fiat beispielsweise bei der Hinterachse seines Modells 128 ein McPherson-System eingesetzt, wobei Federung und Lage am unteren Ende des McPherson-Systems durch eine einzige breite quer montierte Blattfeder gewährleistet wurde – ein System, das perfekt funktionierte. Inzwischen ist auch längst bekannt, dass eine nicht genau konzentrisch zum Federbein installierte Feder das Problem der Haftreibung reduziert. Das ist wichtig, wenn die Vertikalkräfte, die auf das Rad wirken, klein sind. Haftreibung – die Tendenz des Federbeins, nicht anzusprechen, bis eine Grenzkraft erreicht ist und dann um so plötzlicher zu reagieren – kann trotz glatter

Fahrbahn zu unerwartet schlechten Fahreigenschaften führen.

Mehrlenkerachsen

Bei einer Mehrlenkerachse nehmen bis zu fünf Lenker die Radkräfte auf. In der Anordnung der Lenker bietet dieses Layout einen sehr großen Spielraum. Jeder dieser Lenker übernimmt dann die Verantwortung für einen besonderen Aspekt des Radverhaltens – beipielsweise seine Sturzänderung oder die Abstützung der Querkräfte. Die Form der Lenker sorgt dafür, dass sie sich nicht gegenseitig negativ beeinflussen. Überdies lassen sie sich auch platzsparend unterbringen. Der dreidimensionale Konstruktionsprozess ist so kompliziert, dass er nur mit einem Computer und einen passenden CAD-Programm optimal ausgeführt werden kann. Wie bei der Anwendung von Doppel-Dreieckslenkern kann man das Rollzentrum nahezu nach Belieben (natürlich nur innerhalb vernünftiger Grenzen) festlegen beziehungsweise verschieben.

Da heute alle Konstruktionsbüros über die notwendige Computerausrüstung verfügen, erfreut sich die Mehrlenkerachse besonders als Hinterradachse hochpreisiger Modelle einiger Beliebtheit. Mehrlenker-Hinterachsen, oft mit einem zusätzlichen Querstabilisator versehen, gehören inzwischen bei allen Oberklasse-Herstellern zum Standard. BMW, Jaguar, Mercedes-Benz und einige japanische Fabrikate verwenden weitgehend ähnliche Anordnungen. Interessanterweise war

Die hintere Aufhängung des Ford Mondeo verwendet die von Ford so genannte Quadralink-Anordnung. Sie setzt zwei Querlenker ein, mit eingebauter Passivlenkung zur Verbesserung der Kurvenstabilität plus einen Schräglenker sowie vertikale Schraubenfedern und Dämpfer. Bis auf die Schräglenker ist alles auf einem hinteren Fahrschemel befestigt, damit erreicht man eine doppelte Isolierung gegen Straßengeräusche und Schwingungen. (Ford)

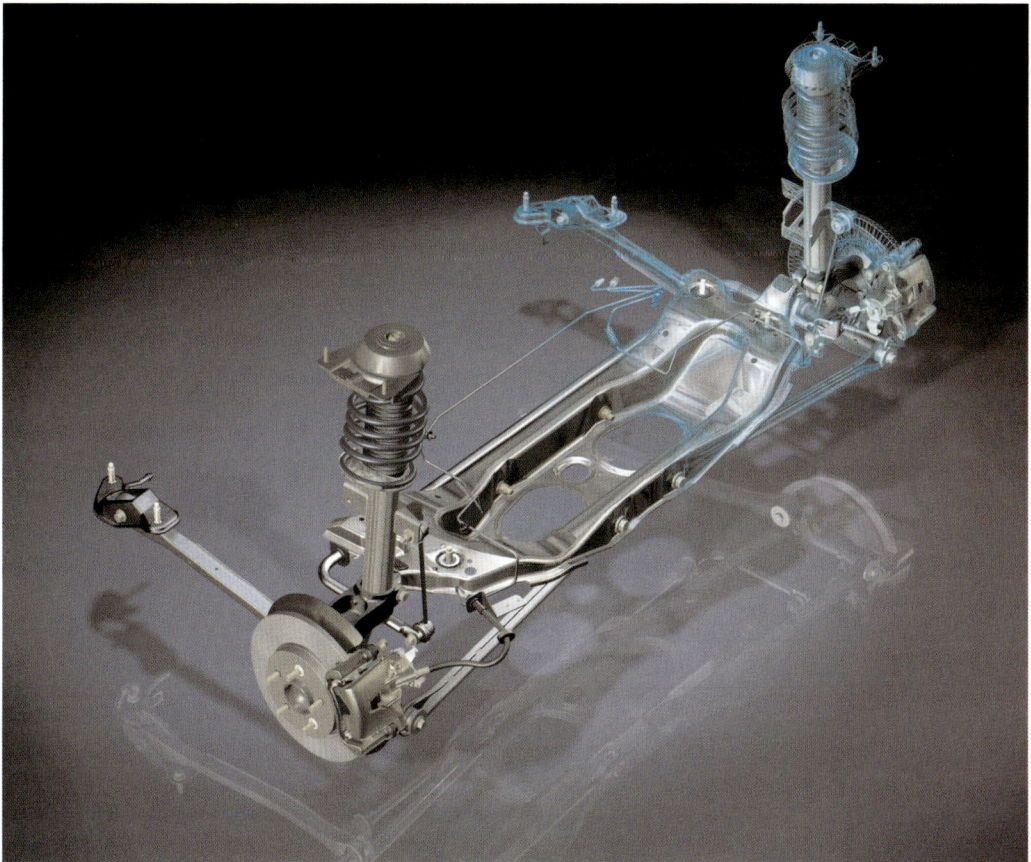

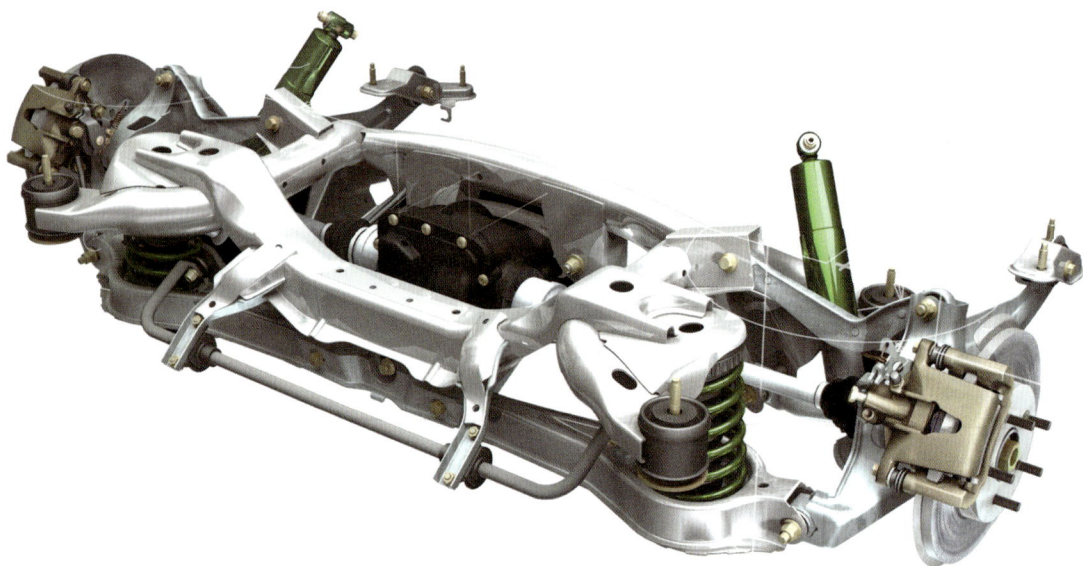

eine der ersten Mehrlenker-Achsen auf dem Markt an der Vorderachse des Audi A4 im Einsatz (ab 1995). Es handelte sich um eine Vierlenkerachse, die fast ausschließlich aus gegossenen und geschmiedeten Aluminiumteilen bestand. Die Lenker besaßen an ihren Drehpunkten Gummi/Metalllager, die teilweise zusätzliche hydraulische Dämpfer aufwiesen, um die Fahr- und Reifen-Abrollgeräusche zur Karosserie wirksam zu verringern. Die Feder-Dämpferbeine stützten sich an ihrem oberen Ende über ein großvolumiges Gummilager gegen die Karosserie ab. Die Schwenklager der Achse waren als Leichtmetall-Schmiedeteile mit integriertem Lenkhebel ausgebildet. Durch konsequenten Leichtbau konnte das Gesamtgewicht der Vierlenkerachse gegenüber früheren Konstruktionen um gut 8 kg gesenkt werden, dabei wurde das Gewicht besonders an jenen Bauteilen reduziert, die zu den ungefederten Massen zählen.

Längslenker

Eine relativ einfache Form der Einzelradaufhängung von Hinterachsen stellt die Längslenkerachse vor. Ihre beiden Längslenker besitzen an ihren vorderen Enden Gummi/Metalllager, die mit der Karosserie verbunden sind. Zwischen den beiden

hinteren Enden der Lenker sitzt meist, ebenfalls an Lagerbuchsen aus Gummi und Metall, ein rohrförmiger Querträger; er verteilt die auftretenden Querkräfte bei Kurvenfahrt. An diesem Querträger sind beidseitig die Federn und Dämpfer befestigt. Konstruktionsbedingt werden die Räder bei Kurvenfahrt stets parallel zur Fahrzeug-Längsachse geführt, dabei nimmt man Änderungen des Sturzwinkels der Räder bewusst in Kauf, weil die Sturzänderungen die Haftung der Räder auf der Fahrbahn reduzieren. Verringerter Grip wiederum reduziert die Neigung zum Übersteuern. Der britische Original-Mini verwendete eine Hinterradaufhängung an Längslenkern, wie auch viele französische Kleinwagen. Nicht wenige dieser Konstruktionen, allen voran der Renault 5, hatten deswegen so gute Raumverhältnisse, weil man quer liegende Drehstabfedern und kompakte Dämpfer-Einheiten verwendete. Dadurch verschwand die Hinterradaufhängung fast vollständig unter dem Boden des Kofferraums.

Die Verbundlenker-Achse

Diese heute häufigste Hinterachskonstruktion bei Fronttrieblern erschien zuerst in den Volkswagen-Typen Golf und Scirocco Mitte der 1970er-Jahre. Sie besteht aus zwei Längslenkern, die über einen Querträger miteinander verschweißt sind. Der Querträger, meist ein offenes Profil, kann sich elastisch verbiegen, so dass sich die Längslenker unabhängig voneinander nach oben und unten bewegen können, was etwa beim einseitigen Überfahren von Bodenunebenheiten eine Rolle spielt. Dennoch ist eine Verbundlenkerachse steif genug und wirkt als Stabilisator.

Diese »halbstarre« Konstruktion ist relativ leicht und unkompliziert aufgebaut. Sie bietet beinahe alle Vorteile einer wirklichen Einzelradaufhängung, hat aber auch einige konzeptionelle Nachteile: Als Lenkachse ist sie kaum brauchbar, und als Antriebsachse kann sie auch nicht eingesetzt werden. Dafür aber ist sie sehr montagefreund-lich, was bei der Fließbandproduktion ja keine unwichtige Rolle spielt.

Die Tugenden der Verbundlenkerachse entdeckte beispielsweise Renault beim Clio II von 1998 wieder; das Vormodell verfügte noch über eine Schräglenkerachse. Renault ging sogar noch weiter und entschied sich, diese Art der Hinterradführung auch beim größeren, leistungsstärkeren und luxuriöseren Laguna einzusetzen. Und Toyota rüstete bei der zweiten Generation seines Maxi-Vans Previa alle Versionen mit der Verbundlenkerachse aus; beim ersten Previa war diese noch das Kennzeichen der weniger gut ausgestatteten Modelle. Klagen über das Fahrverhalten gab es in keinem Fall.

Grundsätzliches zu den Federn

Wie in Kapitel 15 beschrieben, ist jede Feder ein Bauteil, das beim Zusammenpressen zeitweise

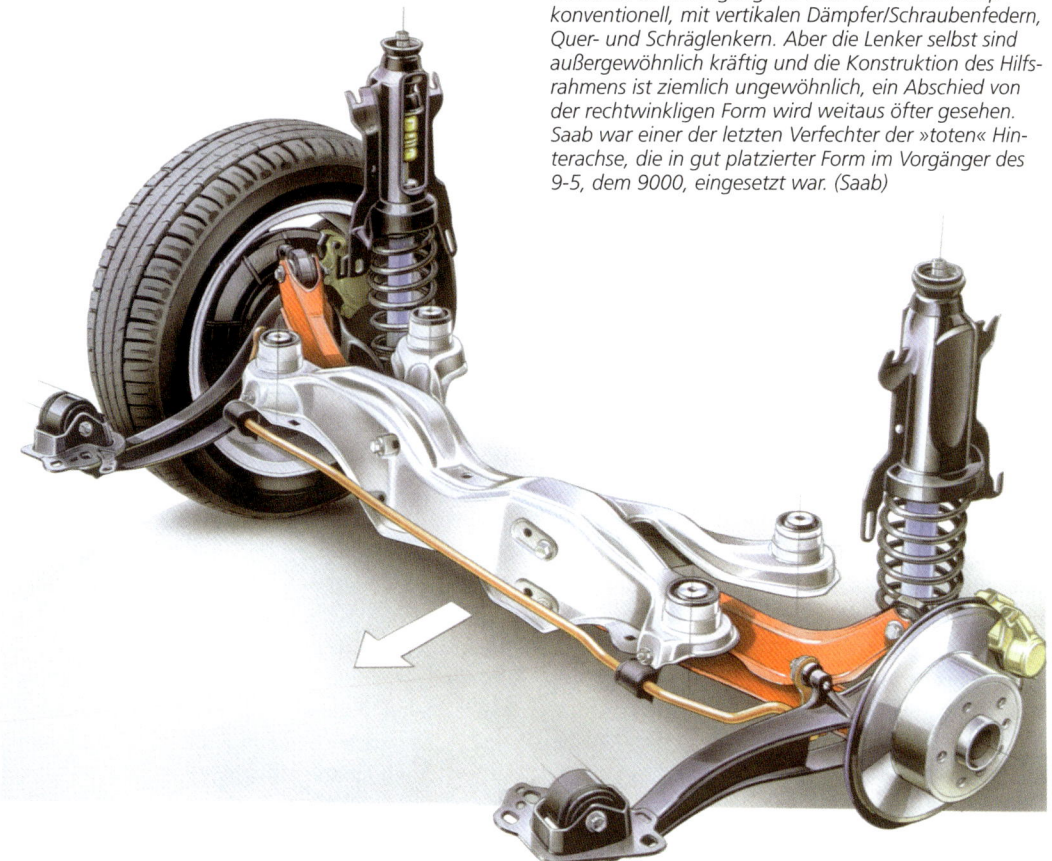

Die hintere Aufhängung des Saab 9-5 ist im Prinzip konventionell, mit vertikalen Dämpfer/Schraubenfedern, Quer- und Schräglenkern. Aber die Lenker selbst sind außergewöhnlich kräftig und die Konstruktion des Hilfsrahmens ist ziemlich ungewöhnlich, ein Abschied von der rechtwinkligen Form wird weitaus öfter gesehen. Saab war einer der letzten Verfechter der »toten« Hinterachse, die in gut platzierter Form im Vorgänger des 9-5, dem 9000, eingesetzt war. (Saab)

mechanische Energie speichert und diese Energie freisetzt, wenn es sich wieder ausdehnt. Jede Feder-Konstruktion hat zum Ziel, möglichst viel Energie in einer leichten und kompakten Einheit zu speichern. Jede Feder besitzt eine Steifigkeit (auch Federrate und Kennlinie genannt). Dieser Wert gibt an, mit wie viel Last man die Feder wie weit zusammendrücken kann, also das Verhältnis von Federkraft zu Federweg. Normalerweise wird dieser Wert in Kilogramm pro Zentimeter definiert. Ebenso hat jede Feder, ob Zug- oder Druckfeder, eine Eigenresonanz, mit der sie auf und ab schwingt, wenn sie aus ihrer Ruhelage gelenkt wird: Wenn man daran zieht beziehungsweise darauf drückt und dann wieder loslässt, setzt sie sich rhythmisch in Bewegung und schwingt so lange, bis die Energie durch die Eigendämpfung der Feder in Wärme umgewandelt ist. Diese Eigenfrequenz ist abhängig von der Kennlinie und der Belastung der Feder – im Falle einer Fahrzeugfederung ist es das Gewicht des Aufbaus, das an dieser Stelle auf dem Rad lastet. Vereinfacht gesagt: Ein vollgepackter Kofferraum drückt die Hinterachsfederung stark zusammen, so dass diese über fast keinen Federweg mehr verfügt. Und die Eigenschwingfrequenz, besonders hinten, erhöht sich, wenn das Auto schwerer beladen wird.

Dem Fahrwerksingenieur stehen viele unterschiedliche Federtypen zur Verfügung. Doch welche Wahl er auch immer trifft: Er wird stets Kompromisse in Kauf nehmen müssen. Ein entscheidender Faktor ist die gewählte Federkennlinie. Grundsätzlich wird zwischen drei Kennlinienverläufen unterschieden: linear (gleichmäßiges Anwachsen der Federkraft über den Einfederweg), progressiv (zunehmend in Relation zum Einfederweg) und degressiv (abnehmend in Relation zum Einfederweg).

Eine weich ausgelegte Feder (meist mit linearer Kennlinie) ist sehr nachgiebig, wenn das Rad über eine Bodenwelle rollt. Ihre Eigenschwingfrequenz führt aber zu einem Schaukeleffekt, der auf unebener Strecke manchen Passagieren im wahrsten Sinne des Wortes sauer aufstoßen kann. Eine sehr weiche Feder verlangt nach längeren Federwegen, um auch heftige Stöße abfedern zu können. Zusätzlich müssen Gummipuffer als Federweg-Endanschlag dafür sorgen, dass es bei starkem Ein- oder auch Ausfedern zu keinem zerstörerischen Metall-Metall-Kontakt innerhalb der Radaufhängung kommen kann. Eine weiche Aufhängung mit einem langen Federweg verlangt hohe Radkästen und reduziert daher den Platz in der Fahrgastzelle. Auf der anderen Seite ergibt eine sehr steife Feder mit progressiver Kennlinie viele kleine, kurze Schwingungen bei entsprechender Fahrbahn. Die Eigenfrequenz der Feder ist viel höher, und auch das kann wieder Unbehagen bei den Passagieren verursachen (die Organe im menschlichen Körpers haben ihre eigene Frequenz. Schwingt die Fahrzeugfederung mit dieser Frequenz, verstärken sich die Schwingungen, es kommt zum Aufschaukeln). Daher ist die Wahl der Federkennlinien also stets ein Kompromiss.

Es geht aber auch anders. Eine Möglichkeit zum Beispiel besteht darin, Federn mit mehreren Kennlinien zu verwenden. Man kann aber auch mit unterschiedlichen Drahtdurchmessern und Steigungen operieren oder mit integrierter Zusatzfeder.

Zwei Faktoren sollten in diesem Zusammenhang noch näher betrachtet werden. Erstens wirken Reifen ebenfalls als (extrem steife) Federn, und jede vollständige Analyse des Fahrzeugverhaltens muss das berücksichtigen. Zweitens hat – und das mag den einen oder anderen überraschen – die Anwesenheit eines Dämpfers wenig Auswirkung auf die grundsätzliche Federkonstante. Sogar ein sehr steifer Dämpfer wird die Federkonstante um weniger als 10% ändern.

Von den frühen Jahren des Autofahrens an wiesen alle Autos Mehrblattfedern auf. Heutzutage ist die Mehrheit der Autos mit Schraubenfedern ausgestattet, obwohl auch Drehstabfederungen immer noch ziemlich beliebt sind und es außerdem verschiedene komplizierte alternative Federungssysteme gibt.

Blattfedern

Blattfedern haben zwei Vorteile. Man kann daran eine Achse hängen (wenn auch nicht optimal), ohne irgend einen zusätzlichen Lenker – und eine quer liegende Feder kann als Lenker in einer

Einzelaufhängung dienen, wie im Falle des Fiat 128 erwähnt. Ebenso ergibt die Reibung zwischen den Blättern, die während der Verbiegung von Mehrblattfedern entsteht, einen nützlichen, wenn auch unbeständigen Dämpfungseffekt, der die meisten frühen Motorfahrzeuge ohne eigene Dämpfer auskommen ließ. Schließlich wurde die Konstruktion der Blattfedern feiner und komplizierter. In den 1970er-Jahren wurden solche Federn, die aus zwei einzelnen langen Blättern mit sorgfältig verjüngten Querschnitten in Straßenfahrzeugen (wie beim Ford Capri) immer seltener, und in den frühen 1980er-Jahren hatten sich auch die japanischen Hersteller endgültig davon verabschiedet. Bei diesem letzten Erbe der Kutschen-Ära saß die Achse nicht genau in der Blattmitte, sondern ein wenig außerhalb des Zentrums, was das weit verbreitete Hinterachstrampeln etwas eindämmen sollte.

Schraubenfedern (Druckfedern)

Die häufigste Form einer Schraubenfeder ist die mit linearer Kennlinie. Die Steigung (also der Abstand der Windungen) und die Drahtstärke bleiben gleich. Der Weg oder die Strecke, um die sie bei gleichbleibender Last zusammengepresst und auseinenader gezogen werden kann, ändert sich nicht, er ist konstant. Jede dieser Schraubenfedern besitzt eine bestimmte Blocklänge, nämlich diejenige, bei der die einzelnen Schraubenwindungen Kontakt haben: Aus der Feder wird ein kleiner Zylinder, es gibt keinen Federweg mehr. Um das zu verhindern, werden Schraubenfedern immer mit Anschlagdämpfern (normalerweise aus Polyurethan) versehen, die den Einfederweg begrenzen. Diese Anschlagdämpfer sind häufig so ausgebildet, dass sie auf den letzten Zentimetern des Einfederweges zusammen mit den Schraubenfedern eine progressive Wirkung haben.

Verglichen mit der Blattfeder ist die Schraubenfeder leicht und kompakt im Verhältnis zur Energiemenge, die sie speichern kann. Das sowie ihre einfache Herstellung sind verantwortlich für ihre enorme Beliebtheit. Überdies kann sie dank ihrer Zylinderform koaxial mit dem Teleskopdämpfer

installiert werden. So entsteht eine einzige kompakte, leicht einzubauende und auszuwechselnde Einheit, was besonders bei McPherson-Federbeinen von Vorteil ist. Einige Autohersteller leiten jedoch die vertikalen Lasten der Federn und Dämpfer an separaten Punkten in die Karosserie ein. Diese Trennung von Feder- und Dämpfer-Befestigungspunkt wird gerne an der Hinterachse angewandt, weil sich durch diese Maßnahme eine feinere Abstimmung erzielen lässt, so dass für jedes der beiden Elemente – Feder oder Dämpfer – die Verbindung mit der Karosserie hinsichtlich Vibrationen und/oder Geräuschübertragungen einzeln optimiert werden kann.

Und noch einen Vorteil bieten Schraubenfedern: Es ist für die Fahrwerks-Ingenieure vergleichsweise einfach, die Federkonstante zu ändern. Die Art der Wicklung, die Anzahl der Steigungen und die Stärke des verwendeten Drahtes eröffnen eine Vielzahl von Möglichkeiten. Eine sportliche Aufhängung wird gemeinhin mit dem Attribut »hart« versehen. Diese sportliche Auslegung verfügt in der Regel über kürzere Federn mit größerer Steigung: Der Wagenaufbau sitzt tiefer zur Straße, und wegen der kürzeren Federwege wird er nicht so komfortabel über Bodenunebenheiten abrollen. Dafür aber ist die Bodenhaftung größer.

Bei Schraubenfedern, bei denen der Windungsabstand zu den Federenden hin abnimmt, handelt es sich um eine Schraubenfeder mit variabler Federkonstante. Beim Einfedern werden zunächst die engeren Windungen zusammengedrückt, dadurch ergibt sich ein sensibles Ansprechen auf kleine Fahrbahn-Unebenheiten. Das Mittelteil der Feder, mit steiferer Federkonstante, ist dann für gröbere Fahrbahnstöße so lange zuständig, bis der elastische Endanschlag zu wirken beginnt. Möglich ist auch, den Windungsabstand der Feder über die gesamte Länge konstant zu halten, den Drahtdurchmesser der letzten Windungen an beiden Federenden jedoch kontinuierlich zu reduzieren. Wie schon erwähnt, können auch die elastischen Endanschläge so ausgebildet sein, dass es zu einem progressiven Verlauf des Einfederns kommt.

Schraubenfedern können auch in einer Konus- oder Kegelform gewickelt werden statt zylindrisch. Das führt zu einer Feder mit progressiver Konstante, aber mit deutlichem Raumgewinn: Sie spart Platz, weil sie zu einem viel kleineren Volumen schrumpft, wenn sie vollständig zusammengepresst ist. Solche »Miniblock«-Federn finden sich ann den Hinterachsen verschiedener kleiner europäischer Autos mit Frontantrieb.

Drehstabfedern

Eigentlich handelt es sich beim Torsions- oder auch Drehstab um eine Schraubenfeder, die abgewickelt und an einem Ende fixiert wurde. Die Last wird mittels eines Hebelarms (also einem Bauteil der Achse) auf das andere Ende gebracht. Verschiedene Autos, deren Konstruktion aus den 1930er- und 1940er-Jahren stammt, verwendeten Längsdrehstäbe an ihren Vorderachsen.

Dabei war das hintere Ende des Drehstabs mit einem kräftigen Karosserieteil unter der Bodenplatte verankert, die Last war mit dem vorderen Ende des Stabes mit dem unteren Dreieckslenker der Aufhängung verbunden. Diese Anordnung wird noch in einigen Allradfahrzeugen mit Einzelaufhängung der Vorderräder verwendet. Quer liegende Drehstäbe findet man auch noch in Hinterachsen, insbesondere bei Renault. Bei kleinen Fronttrieblern verwendet man diese hinteren Drehstäbe besonders gerne, weil sie wenig Platz benötigen und unter dem hinteren Karosserieboden verschwinden.

Andere Federsysteme

Von einigen wenigen Ausnahmen abgesehen waren Fahrzeugfedern in der Praxis immer auf die elastische Verformung von Metall als Speichermedium angewiesen. Einige wenige andere Federtypen sind mit offensichtlichem Erfolg in Fahrzeugaufhängungen eingebaut worden, ohne jedoch eine breite Anerkennung zu finden. Drei augenfällige Beispiele sind die Drehfedern mit Gummipuffern im britischen Ur-Mini, das fortgeschrittenere Hydroelastik-System von Austin/Morris sowie die Hochdruckgasfedern, die Citro-

ën 1955 serienmäßig bei seinen größeren Modellen einführte.

Die Hydropneumatik arbeitet mit einer Hydraulikflüssigkeit, welche die Kräfte von den Radaufhängungen an die kugelförmigen Gasfedereinheiten überträgt. Diese Gasfederung hält die Bodenfreiheit der Karosserie konstant (was sich natürlich auch auf das Fahrverhalten auswirkt), indem es eine gewisse Menge Flüssigkeit vom System abzieht oder dem System hinzufügt. Einen Nachteil des Systems, abgesehen von den hohen Produktionskosten, die für die Herstellung der wichtigen und komplizierten Steuerventile entstehen, stellt die Notwendigkeit einer Druckpumpe dar, die den Öldruck auf konstant hohem Niveau hält. Das kostet Motorleistung und hebt letzlich den Kraftstoffverbrauch. Anderseits kann das System auch dämpfend wirken. Das erfordert lediglich den Einsatz von Restriktoren (Durchflussbegrenzer) an passenden Stellen in den Flüssigkeitsleitungen.

Eine weitere Alternative bildet die Luftfederung. Diese erfordert spezielle Dämpfer-Einheiten mit besonderen Luftfederelementen. Ein Kompressor liefert die notwenige Druckluft, Luftfederventile steuern die Gasmenge. Ziel ist, einen konstanten Federweg zu erhalten und dadurch den Fahrkomfort zu erhöhen: Je größer die Last, desto höher der Druck. Solche Systeme sind mehrere Jahre lang in Automobulen der Oberklasse eingesetzt worden (wie im Lincoln Continental und im Toyota Lexus sowie in der Mercedes-Benz S-Klasse). Im Unterschied zur Hydropneumatik benötigt eine Luftfederung keine Hochdruckflüssigkeit und kein separates Flüssigkeitsreservoir (und daher auch keine Dichtungen, die mit der Zeit leck werden können). Auf der anderen Seite müssen sie mit größeren Gasvolumina arbeiten, weil sich die gesamte Luft im System komprimieren lassen muss. Sie eignen sich aber nicht ohne weiteres für eine integrale Dämpfung, sie benötigen konventionelle Dämpfer, da sie eine nur geringe Eigendämpfung aufweisen. Und, wie gesagt: Genau wie hydropneumatische Systeme verlangt auch eine Luftfederung Druckspeicher, einen Kompressor oder elektrische Luftpumpe sowie ein Ventilsteuerungssystem.

Querstabilisator

Ein Querstabilisator ist ein ganz spezieller Federtyp, tatsächlich ein Drehstab, der die unterschiedlichen Bewegungen der Räder einer Achse ausgleicht. Querstabilisatoren verändern die Fahreigenschaften, insbesondere die Querneigung in Kurven, die sonst nur von der Steifigkeit der Federn und deren Abstand zueinander abhängt. Während der Kurvenfahrt sind nur minimale Rollwinkel wünschenswert, je steifer also die Federn, desto besser. Nur: Eine entsprechende Federhärte geht zu Lasten den Fahrkomforts. Ein Querstabilisator kann das viel besser.

Die meisten modernen Personenwagen sind mit mindestens einem Stabilisator ausgestattet, meist an der Vorderachse. Wie bereits erwähnt, gleicht ein Stabilisator die Radbewegungen aus und mindert so in Kurvenfahrt die Gewichtsverlagerung des Aufbaus zur Seite. Und das beeinflusst das Fahrverhalten positiv. Ein Frontstabilisator erhöht die Tendenz zum Untersteuern, während ein Stabilisator hinten diese reduziert.

In der Praxis legen einige Fahrwerkskonstrukteure zunächst die Hauptfederkonstanten vorne und hinten für den Fahrkomfort fest. Durch Querstabilisatoren reduzieren sie die Querneigung der Karosserie möglichst weit. Die Querneigungstendenzen vorn und hinten lassen sich durch Form und Durchmesser der Querstabilisatoren so kontrollieren, dass das Fahrverhalten des Fahrzeugs optimiert wird.

Zwangsläufig erzeugen Stabilisatoren eigene Probleme; nur sehr wenige technische Komponenenten tun das nicht. Der Effekt der Gewichtsverlagerung bei Kurvenfahrt führt beim kurvenäußeren Rad zu starkem Einfedern. Durch den ein-

Citroëns Hydractive-Aufhängung ist vertretbarerweise das fortgeschrittenste System, das bei überschaubaren Kosten sich gegenwärtig in der Produktion befindet. Mittels zentraler kugelförmiger Druckspeicher und Dämpfungsdüsen können die Feder- und Dämpferkonstanten wahlweise geändert werden. Die letzte Version der Hydractive-Aufhängung, wie sie im C5 eingebaut ist, verwendet leichtere und kleinere Steuereinheiten und reagiert sensibel auf Bewegungen des Autos und auf Eingangssignale vom Fahrer. (Citroën)

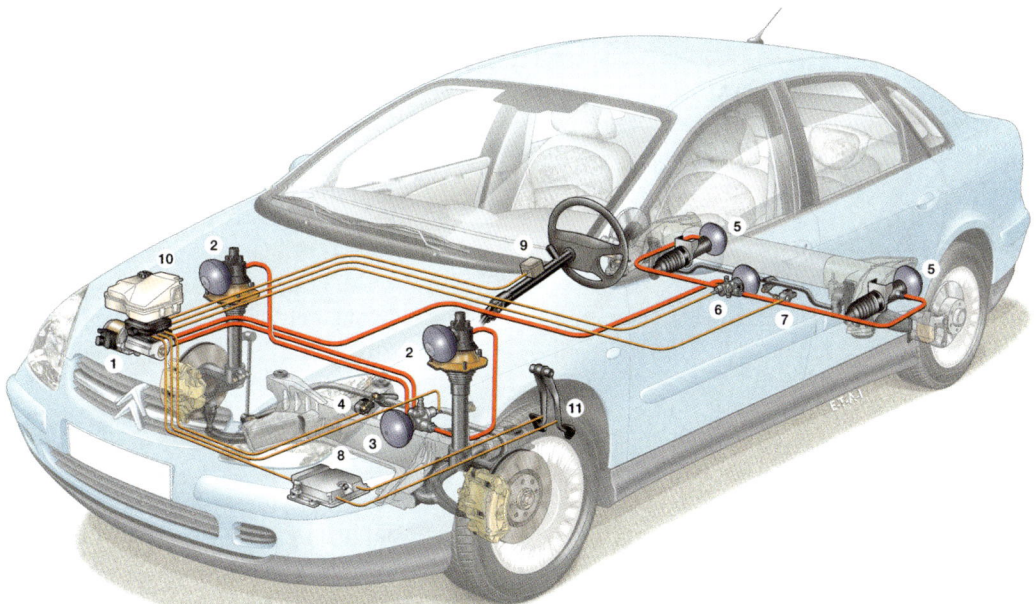

1 integrierte Hydrotronic-Einheit
2 vordere Aufhängungsstreben
3 vordere Verstellung für die Dämpfung
4 vorderer elektronischer Lagesensor
5 hintere hydropneumatische Zylinder
6 hintere Verstellung für die Dämpfung
7 hinterer elektronischer Lagesensor
8 eingebaute System-Schnittstelle
9 Lenkradsensor
10 Reservoir für Hydraulikflüssigkeit
11 Gaspedal und Bremspedal

elektronischer Weg
hydraulischer Weg

gebauten Querstabilisator wird das entlastete, kurveninnere Rad jedoch ebenfalls »eingefedert«, durch die weiterhin bestehende leichte Querneigung der Karosserie verliert dieses Rad in Extremfällen den Bodenkontakt vollständig. Handelt es sich in diesem Falle um die angetriebene Achse eines Fahrzeugs, dreht das Rad frei durch, das gegenüberliegende Rad kann dann, bedingt durch das Differenzial, keine Antriebsleistung mehr übertragen.

Ein weiterer Nachteil von Querstabilisatoren entsteht, wenn eines der beiden Räder über einen oder mehrere Unebenheiten fährt. Der Querstabilisator versucht nun, das andere Rad zu beeinflussen, was zu einem Rütteln der Karosserie führt.

Dämpfer

Wie bereits erwähnt, speichert die Aufhängungsfeder die Energie, die von der Aufwärtsbewegung des Rades erzeugt wird, wenn ein Auto über eine Unebenheit fährt. Ihre Kompression bringt die Aufwärtsbewegung des Rades zum Stillstand. Ist das Hindernis überwunden, kann das Rad sich wieder nach unten bewegen und die Feder gibt ihre Energie wieder ab. Überließe man aber die Feder sich selbst, würde sie mit ihrer Eigenfrequenz weiter auf und ab schwingen. Das würde so lange dauern, bis sie schließlich – im Fall der Schraubenfeder vielleicht nach acht oder zehn Radhopsern – vom Luftwiderstand, von der Aufheizung des Federmetalls und von der Reifenreibung gestoppt würde. Das ist zweifellos unbefriedigend. Man benötigt ein Bauteil, das für eine möglichst sanfte Landung des Rads sorgt und das Hochspringen verhindert. Dieses Bauteil ist der Dämpfer, der die proportional zur Geschwindigkeit am Rad auftretenden Schwingungen auffängt: Er wandelt die Bewegungsenergie in Wärme um. Wenn es keine Bewegung gibt, gibt es auch keine Schwingungen, also auch keine Umwandlung, und daher hat der Dämpfer keine Wirkung auf die aktuelle Federkonstante oder die Eigenschwingfrequenz der Feder.

Die Dämpfer werden oft fälschlicherweise als Stoßdämpfer bezeichnet. Tatsächlich ist es die Feder, die den Stoß des nach oben gehenden Rades absorbiert. Der Dämpfer ist dazu da, um das darauf folgende Verhalten der Feder zu kontrollieren.

Fast alle Dämpfer, die heute in modernen Autos eingesetzt werden, sind teleskopische, hydraulische Bauteile. In den frühesten Tagen des Autofahrens hatten Autos, wie bereits erwähnt, nur selten separate Dämpfer; war dies der Fall, arbeiteten sie mit Gummizügen oder funktionierten über Reibeffekte kleiner Metallblätter. Die frühesten Dämpfer waren von Hand einstellbare Reibungsdämpfer, die ähnlich einer Lamellenkupplung mehrere Außen- und Innenlamellen besaßen. Durch eine Flügelschraube oder durch einen Bowdenzug vom Armaturenbrett aus konnte die Wirkungsweise ein- bzw. nachgestellt werden. Es handelte sich um Trockenlamellen, die natürlich erheblichem Verschleiß ausgesetzt waren. Aber die Reibung zwischen den Blättern der klassischen Längs- oder Querblattfeder lieferte, eher zufällig, ja auch eine gewisse Dämpfungswirkung. Als die Motorleistungen stiegen und die erzielbaren Geschwindigkeiten zunahmen, ergab sich die Notwendigkeit einer zusätzlichen Dämpfung. Der hydraulische Dämpfer bot jedoch von den späten 1920er-Jahren an eine bessere Lösung.

Das Grundprinzip aller hydraulischen Dämpfer ist identisch. Sie erfordern einen Zylinder sowie einen Kolben samt Kolbenstange. Ein Ende ist mit der Karosserie verbunden, das andere mit der Radaufhängung. Der Kolben bewegt sich also bei den Bewegungen der Federung mit und gleitet in dem mit Hydraulikflüssigkeit gefüllten Zylinder auf und ab. Der Strömungswiderstand des Hydrauliköls sorgt für die eigentlich Dämpfung: Die Flüssigkeit (die sich kaum komprimieren lässt) wird durch Öffnungen gezwungen und erzeugt dadurch eine Kraft, die der Bewegung des Kolbens und somit der Radaufhängung entgegengerichtet ist. Es gibt verschiedene Formen von hydraulischen Dämpfern, die sich vor allem durch ihren Aufbau (der Übertragung der Bewegung zum Dämpferkolben) und den im Schwingungsdämpfer herrschenden Gasdrücken unterscheiden. Leichte Fahrzeuge haben zumeist direkt wirkende Teleskopdämpfer. Man verwendet Bohrungen unterschiedlicher Größe, die von Reed-Ventilen geschlossen werden, um verschiedene Dämpferkonstanten während der Ein- und Ausfederbewegung zu erreichen.

Die Konstruktion von Teleskopdämpfern ist komplizierter geworden, weil Ingenieure progressivere Dämpfercharakteristiken zur erreichen versuchten. Überdies ging es darum, potenzielle Fehlerquellen abzustellen wie die Leckage der Hydraulikflüssigkeit, minimale Durchbruchsreibung – Dämpfer starten niemals sanft aus ihrer Ruhestellung –; außerdem eine nachlassende Dämpferwirkung, die durch Überhitzung verursacht wird (bei dieser Aktion kehrt der Dämpfer die kinetische Energie der vertikalen Radbewegung in Wärme um, die abgeleitet werden muss), und durch Schaumbildung der Hydraulikflüssigkeit. Moderne Dämpfer können vom Einrohr- oder Zweirohr-Typ sein, wobei der Zweirohr-Typ aus konzentrischen Rohren besteht, in dem der Zwischenraum ein separat ventilgesteuertes Flüssigkeitsreservoir bildet.

Adaptive (lernfähige) Dämpfer-Systeme

Schon 1932 waren einige Luxusautos mit Systemen ausgerüstet, die dem Fahrer gestatteten, manuell aus einem Bereich von voreingestellten Dämpfereinstellungen wählen, von weich bis steif. Eine der Konstruktionen stammt von Henry Royce. Moderne Systeme funktionieren automatisch (obwohl oft mit einem vom Fahrer gewählten Vorrang ausgestattet), indem sie eine Computer-Steuerung verwenden, die die am besten geeignete Einstellung für jede Geschwindigkeit, Fahrbahnbeschaffenheit und Fahrbedingung auswählt. Die meisten der in Autos der Luxusklasse bis 2001 eingesetzten Systeme arbeiteten mit einem oder zwei Überlaufmagnetventilen, die geöffnet oder geschlossen werden, damit zwei oder drei unterschiedliche Dämpfer-Charakteristiken zur Verfügung stehen können. In einem Dreistufen-System wird die steifste Charakteristik, die man häufig als Sport-Einstellung bezeichnet, erreicht, wenn zwei Ventile geschlossen

Eine Entwicklung von Delphi, die wichtige Folgen für Fahrkomfort, Stabilität und die Aufhängungskonstruktion haben könnte, ist Magneride, ein System, bei dem die Steifigkeit (die »Konstante«) eines Dämpfers durch Anlegen eines elektrischen Feldes über den Flüssigkeitskanälen innerhalb des Dämpfergehäuses variiert werden kann. Durch den Einsatz einer speziellen Dämpferflüssigkeit, deren Viskosität unter dem Einfluss eines elektrischen Feldes zunimmt, kann die Konstante, so wie in dieser Prototypen-Darstellung, geändert werden. (Delphi)

sind. Bei nur einem geöffneten Ventil erhält man die Normaleinstellung. Wenn beide Ventile geöffnet sind, wird die weichste, die Komfort-Einstellung, erreicht. Mercedes-Benz hat ein anspruchsvolleres System (ADS = »adaptive damping system«) entwickelt, das Überlaufventile mit unterschiedlichen Größen verwendet und das insgesamt vier verschiedene Dämpfereinstellungen gestattet. Die Stuttgarter gehen davon aus, dass die Systemeinstellung mehr als die halbe Fahrzeit völlig weich ist, sogar bei Höchstgeschwindigkeit. Einen komplett anderen Ansatz verfolgt der amerikanische Systemzulieferer Delphi, das so genannte Magneride-Konzept. Das System beruht auf der Tatsache, dass es viskose Flüssigkeiten gibt, die durch elektrische Felder, wie sie durch stromdurchflossene Wicklungen entstehen, ihre Viskosität ändern können. Die Viskosität steigt mit der elektrischen Feldstärke, wenn die Moleküle so aufgereiht werden, dass sie einen höheren spezifischen Widerstand ergeben. Delphi hat Autos präsentiert, die mit Dämpfern ausgerüstet waren, in denen man die konventionellen Bohrungen durch flache Kanäle ersetzt hat, in ihnen wurde die Flüssigkeit elektrischen Feldern ausgesetzt. Magneride besitzt den großen Vorteil, dass die Viskosität der Flüssigkeit und damit die Dämpfungskonstante variabel ist, was wiederum von der computergesteuerten Stärke des angewendeten Feldes abhängt. Dämpfer mit dieser Technik darf man über kurz oder lang in der Serienproduktion erwarten.

Man sollte nicht vergessen, dass Dämpfer, deren Konstante einstellbar ist, nur das können und nicht mehr. Die Einstellung der Dämpferkonstanten hat wenig Wirkung auf die Federkonstante. Für eine Reise auf dem »Fliegenden Teppich« muss auch die Federkonstante einstellbar sein. Das ist weitaus schwieriger zu erreichen, aber einige der Wege, wie das gemacht werden kann, werden in Kapitel 20 aufgezeigt.

Systeme mit Niveauausgleich

In einem konventionellen Fahrzeug mit statischen Federn leidet der Fahrkomfort, wenn eine schwere Last im Kofferraum das Heck nach unten drückt, denn die hinteren Federn arbeiten um eine komprimierte statische Position herum: Sie haben keine oder nur noch wenig Federweg. Das ist unkomfortabel, außerdem leuchten die Scheinwerfer gegen den Himmel. Und mit ziemlicher Sicherheit leidet auch das Fahrverhalten. Die richtige Fahrhöhe kann dadurch wiederhergestellt werden, indem man ein Bauteil installiert – meist ist es eine Luftfeder –, mit welchem die Hinterradaufhängung wieder auf die Höhe ihrer Mittelstellung gebracht wird. Luftfedersysteme – wir sprachen bereits davon – sind in ver-

schiedenen Luxuslimousinen zu finden, weil sie einen hohen Fahrkomfort bieten. Überdies gibt es sie in einige großen Wohnwagen und Geländefahrzeugen, damit sie schwere Lasten tragen beziehungsweise ziehen können, ohne dass das Heck absackt.

Niveauausgleich-Systeme gibt es in zwei Ausführungen. Sie können langsam arbeiten, in erster Linie um das statische Verhalten des Fahrzeugs unabhängig von der Last zu trimmen, oder sie sollen schnell genug reagieren, um auf stoßartige, aufschaukelnde Bewegungen anzusprechen. Die einfachsten, langsam funktionierenden Typen werden vom Fahrer bedient und verwenden einen Luftspeicher, der von einer kleinen elektrischen Pumpe über ein Steuerventil befüllt oder entlüftet wird. Über das Niveauregelventil wird die Luft dann an die Federelemente weitergeleitet. Teurere Einheiten werden vollständig automatisch betrieben und verwenden einen Sensor (der den Abstand zur Fahrbahn misst) sowie die notwendige Elektrik, um den Niveauausgleich bewerkstelligen zu können. Die Firma Boge bietet eine in sich geschlossene Einheit an, deren Reservoir von der Bewegung der Aufhängung bei konstantem Druck aufrechterhalten wird.

Das System, das von Mercedes-Benz in der S-Klasse angeboten wird, verwendet zwei hydraulisch justierbare Federbeine mit gasgefüllten Druckspeichern, die parallel mit den Standardfedern arbeiten. Die Federbeine fungieren also als Hilfsfedern, während die Hauptfedern stets ihre Konstruktionslast tragen. Ein hinterer Sensor ermittelt die Bodenfreiheit und ist mit einem Steuerventil verbunden, das den Federbeinen Druck zuführt oder ihn aus den Federbeinen ablässt, falls nötig – die Druckversorgung stammt vom einem Sammler, der von einer motorgetriebenen Pumpe gespeist wird. Wie erwähnt, hat die aktuelle S-Klasse auf Luftfederung mit automatischem Niveauausgleich umgestellt.

Die Aufhängungspunkte

Die Aufhängungsbefestigungen, die Anlenkpunkte an der Karosserie, sind die Aschenputtel der

Fahrwerkskonstruktion – was nichts daran ändert, dass sie lebenswichtig sind: Die beste, die präziseste Radaufhängung der Welt nützt nichts, wenn sie falsch angelenkt ist, also die Befestigungspunkte falsch berechnet wurden. Das allerdings ist pure Theorie, in der Praxis kommt das nicht vor. Sehr wohl aber klagen Kunden über Reifengeräusche und Fahrbahnstöße, die nahezu ungefiltert in die Fahrgastzelle dringen. Was die Federung und Dämpfung dabei zu leisten vermag (oder eher: wie sie das unterdrücken kann), haben wir zuvor beschrieben. Hier soll es um die Federbeinaufnahmen und die Aufnahmen gehen, an denen die Radaufhängung mit der Karosserie verbunden ist.

In den vergangenen 20 Jahren hat die Wissenschaft in der Konstruktion von Gummi/Metall-Lagern (und der Mischung der Elastomer-Materialien, aus denen sie hergestellt werden) enorme Fortschritte gemacht. Das L-Lenker-Prinzip, das bei so vielen modernen Doppeldreieckslenkern, McPherson-Federbeinen und Mehrlenkerachsen eingesetzt wird, haben wir bereits kennengelernt. Eine andere weit verbreitete Technik

ist die Doppel-Isolierung – dabei montiert man die Aufhängung auf Gummilagern auf einem steifen Hilfsrahmen, der seinerseits flexibel mit Gummilagern an der Karosserie befestigt ist. Heutzutage findet man in fast allen Luxusautos in gewissem Ausmaß diesen Ansatz.

Eine weitere Verfeinerung ist dadurch möglich, dass man profilierte Muffen montiert, die steifer in der einen als in der anderen Richtung sind, und die geschlossene Kapseln mit einer viskosen Flüssigkeit enthalten. Abhängig von ihrem Volumen hilft die Flüssigkeit, kritische Schwingungen zu dämpfen, während die selektive Steifigkeit es dem Fahrwerks-Konstrukteur gestattet, die Auf-

Das IDS^{PLUS}-Fahrwerkssystem, erstmals im Opel Vectra des Modelljahrs 2005 eingebaut, bietet die Möglichkeit, per Knopfdruck ein strafferes und agileres Set-up zu wählen. Die Sport-Switch-Funktion regelt nicht nur die Kennlinie der Stoßdämpfer, sondern lässt auch das Gaspedal schneller ansprechen und sorgt für eine direkte Übersetzung der kernfeldgesteuerten elektrohydraulischen Servolenkung. In Verbindung mit Automatikgetrieben werden außerdem die Schaltpunkte im Sinne einer sportlichen Fahrweise in höhere Drehzahlbereiche versetzt. (Opel)

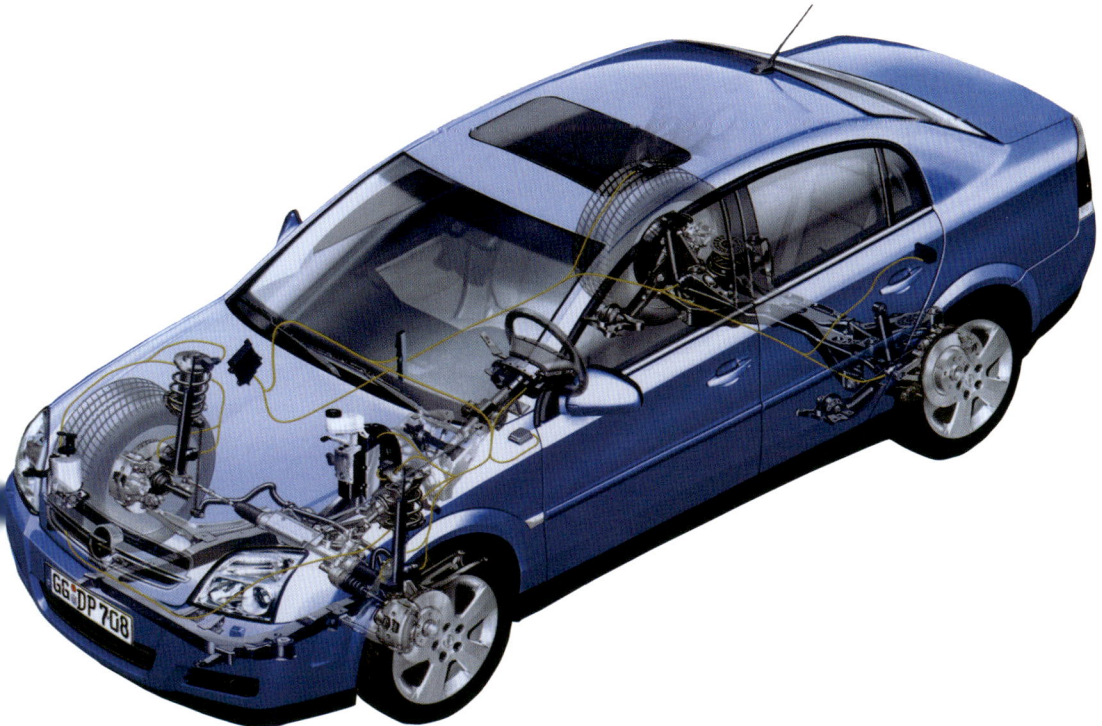

hängung elastischer auszulegen. Das ist die Grundlage der passiven Hinterachslenkung, bei der die Seitenkräfte, die während der Kurvenfahrt auf die Aufhängung wirken, eine negative Sturzänderung bewirken, wodurch sich die Kurvenstabilität und das Fahrverhalten verbessern. Renault hat solche Befestigungen im Laguna II verwendet und nennt diese als Grund für die vielfach gelobte Kombination aus Fahrkomfort und Fahrverhalten.

Eine wachsende Kundennachfrage nach niedrigen Innengeräuschen und Schwingungen hat zu extensiver und sorgfältiger Befestigung der Aufhängungs-Bauteile an der Karosserie geführt, um die Übertragung von Straßengeräuschen in die Struktur zu verhindern. Es gibt einen Trend zu komplizierten und wirksamen Befestigungen und sogar zu elektronisch gesteuerten, so genannten aktiven Befestigungen am oberen Ende des Marktes.

Herstellungsanforderungen

Fahrwerksteile können innerhalb des Unternehmens hergestellt oder von Zulieferen bezogen werden. Stoßdämpfer und Federbeine sind dafür ein gutes Beispiel. Die Lenker dagegen sind typische Komponenten, die ein Autobauer in eigener Regie fertigt. Diese werden überwiegend noch aus Stahlrohren oder Tiefziehteilen hergestellt, obwohl der Trend, vor allem bei Fahrzeugen der Oberklasse, zu gegossenen oder geschmiedeten leichten Bauteilen aus Aluminium geht. Aufhängungen werden auch zunehmend an Hilfsrahmen statt direkt an der Karosserie befestigt. Neben der oben erwähnten doppelten Isolierung (Aufhängung-zu-Rahmen und Rahmen-zu-Karosserie) gegenüber den Abrollgeräuschen lassen sich so komplette mechanische Unterbaugruppen leichter für die Endmontage vorbereiten. Die Verwendung von Hilfsrahmen wird in Zukunft voraussichtlich zum Standard werden.

Rechte Seite: Der Renault Laguna II war eines der ersten europäischen Großserienautos, das mit einem Reifendruck-Überwachungs-System ausgerüstet wurde, das den Fahrer vor gefährlich niedrigen Drücken warnt. Solche Systeme sind in jedem Fahrzeug nützlich, werden aber absolut lebenswichtig bei »Run flat«-Reifen, mit denen der Fahrer sonst bei hoher Geschwindigkeit und möglicherweise platten Reifen weiterfahren würde. (Renault)

17 Räder und Reifen

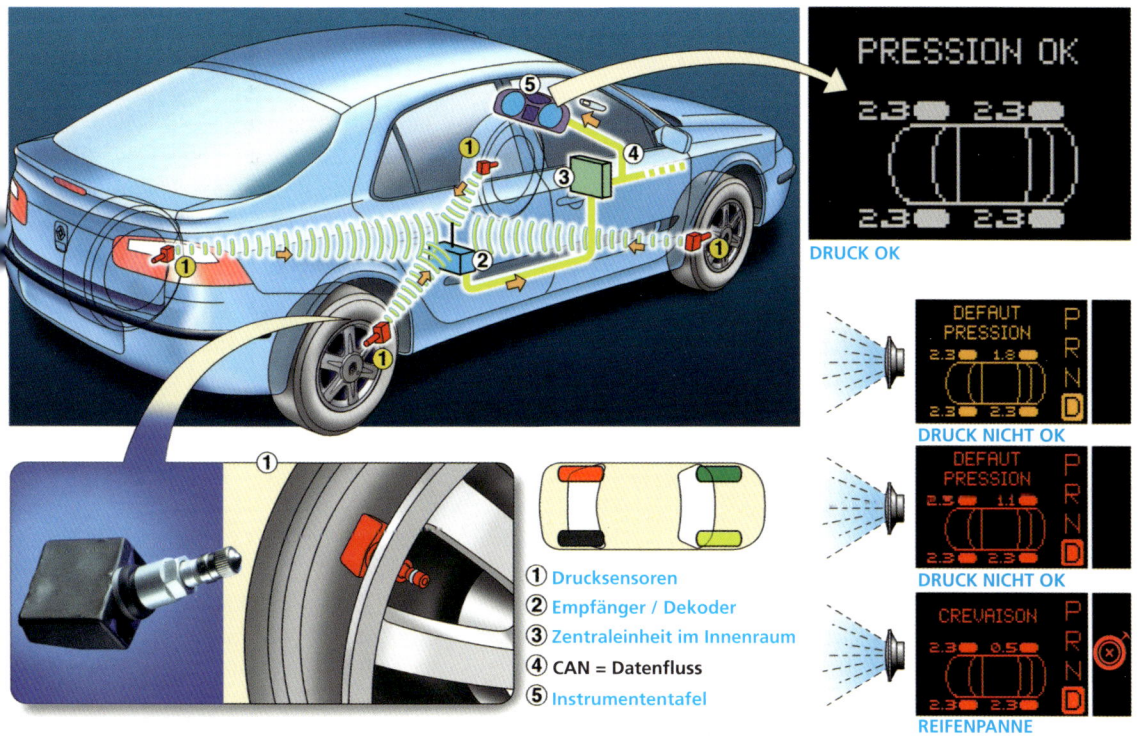

DRUCK OK

DRUCK NICHT OK

DRUCK NICHT OK

REIFENPANNE

① Drucksensoren
② Empfänger / Dekoder
③ Zentraleinheit im Innenraum
④ CAN = Datenfluss
⑤ Instrumententafel

Letzten Endes hängen Stabilität und Fahrverhalten eines Autos von dem ab, was innerhalb von vier Gummiflächen in rollendem Kontakt mit der Fahrbahn geschieht: Die Reifenkontaktflächen spielen die Hauptrolle. Innerhalb dieser Flächen werden all die Kräfte erzeugt, die das Auto beschleunigen, bremsen oder um Kurven fahren lassen.

Die Abläufe dessen, was tatsächlich innerhalb der Kontaktflächen vor sich geht, sind unglaublich kompliziert. Ingenieure und Reifentechniker konnten erst mit der Entschlüsselung der Geheimnisse beginnen, als sie Zugang zu Supercomputern hatten. Die komplizierteste Situation von allen tritt auf, wenn das Auto in der Kurve fährt. Die Aufstandsfläche eines schräg rollenden Reifens verformt sich, dabei werden zwei signifikante Kräfte wirksam: die Seitenkraft, die das Auto einem gekrümmten Weg folgen lässt, und das Rückstellmoment in Fahrtrichtung: Der Reifen versucht, wieder in Geradeauslauf zu kommen. Dieses Rückstellmoment, das von den Vorderrädern erzeugt wird, ist ein wichtiger Teil des Lenkgefühls, das dem routinierten Fahrer zeigt, wie hart die Reifen arbeiten und wie nah das Auto einem Ausbrechen sein kann – was letztlich zu einem vollständigem Verlust der Reifenhaftung an einem oder gar beiden Rädern führen mag.

Obwohl der klassische Rat der Fahrschullehrer lautet, niemals in einer Kurve zu bremsen und in der Kurve nicht oder nur vorsichtig zu beschleunigen, beachten Fahrer oft beides nicht – und dank der modernen Reifen passiert ihnen dabei auch nichts. Jedenfalls so lange sie sich darüber im Klaren sind, dass bei extremem Bremsen in der Kurve wegen der dynamischen Radlastverteilung die Hinterräder ihre Haftung verlieren oder blockieren – und in beiden Fällen kann das Rad keine Seitenführungskräfte mehr aufbauen. Rennfahrer kommen mit einem ausbrechenden Heck in der Regel ganz gut klar, sie kontrollieren den Drift und tippen kurz auf die Bremse, bevor sie mit Gas in die Kurve eintauchen. Aus einer Kurve heraus zu beschleunigen ist einfacher, wenn auch nicht gerade auf rutschiger Fahrbahn. Wie verhält sich aber eine Reifenaufstandsfläche, wenn der Fahrer gleichzeitig in die Kurve fährt und entweder bremst oder beschleunigt?

Der Reifen arbeitet innerhalb eines so genannten Kraftkreislaufes oder Reibungskreislaufes – er kann seine maximale Gesamtkraft in jede Richtung erzeugen. Die Geometrie eines Kreises bringt es mit sich, dass ein Reifen gleichzeitig bis zu rund 70% seiner maximalen Haftungs- oder Bremskraft plus 70% seiner maximalen Seitenführungskraft liefern kann, was normalerweise einem durchschnittlichen Fahrer genügend Sicherheitsreserven lässt, zumindest auf einer trockenen Straße.

Vergessen Sie jedoch nicht, dass die Last auf jedem Reifen während der Kurvenfahrt, und insbesondere beim Bremsen oder Beschleunigen während der Kurvenfahrt, unterschiedlich ist. Unter extremen Bedingungen muss ein einziger Reifen, normalerweise der äußere Vorderreifen, das halbe Gewicht des Fahrzeugs abstützen. Er wird wirklich sehr hart beansprucht – und wenn auch die Größe der Brems- und Kurvenkraft, die ein Reifen übertragen kann, mit vertikaler Last ansteigt, gibt es Grenzen. Die anderen drei Räder tragen daher weniger Last und weniger zum Bremsen und Kurvenfahren bei. Daraus folgt: Form, Größe und Beitrag der vier Aufstandsflächen bei und zur Kurvenfahrt sind unterschiedlich. Das bestimmt schließlich das Fahrverhalten eines Autos.

Räder

Bevor wir uns jedoch dem Reifenverhalten widmen, sollten wir kurz auf das Rad schauen. Viele Fahrer legen großen Wert auf ihre Räder und geben eine Menge Geld dafür aus. Dabei ist die Aufgabe eines jedes Rades einfach. Das Rad soll die Verbindung zwischen dem Reifen und der Radnabe bilden und die entscheidenden Kräfte von den Kontaktflächen in die Nabe und folglich in den Rest des Autos übertragen, nachdem sie auf die Reifenwände und -wülste eingewirkt haben. Nur darum geht es, und daher sollten die Räder möglichst leicht, preiswert und einfach sein. Und auch wenn Fahrer Räder als unabdingbares Autozubehör ansehen: Nachrüsträder sind Mode, keine technische Notwendigkeit. Davon abgesehen: Viele der schönen Leichtmetallräder, die von Autobegeisterten so gern gekauft werden, wiegen mindestens genau so viel wie die originalen Stahlräder. Dazu kommen die technischen Aspekte, die im Alltag eine Rolle spielen, wobei die Anfälligkeit für Kratzer und die Anziehungskraft auf Diebe einmal außer Acht gelassen werden. Sehen Sie sich die zweifellos effizienten – leichten und starken – Legierungsräder (fast immer Magnesium) an, wie sie führende Rallye-Teams verwenden: Sie wirken meist extrem einfach und nicht sonderlich attraktiv.

Soweit es die Materialien betrifft, ist es Tatsache, dass gepresste und geschweißte Stahlscheibenräder baulich wirkungsvoll und in der Lage sind, sehr große Lasten zu übertragen. Und für die Optik gibt es Kunststoff-Radkappen. Unter den Leichtmetallrädern zeichnen sich die geschmiedeten Typen durch eine überragende Kornstruktur und höchste Stärke aus. Doch Gussräder sind preiswerter. Räder aus Legierungen, gleich welchen Typs, sind relativ teuer, nicht nur wegen der Materialkosten, sondern auch wegen der notwendigen Nachbearbeitung. Räder wurden auch (und werden im Wettbewerb) aus verstärktem Verbundwerkstoff hergestellt, und sie sind sogar leichter als die besten Leichtmetall-Konstruktionen. Schon 1971 bot Citroën durch Kohlefaser verstärkte Räder gegen Aufpreis für seine SM Sportlimousine an. Die Räder wogen etwas mehr als 4 kg pro Stück – sehr gut, verglichen mit 9,5 kg pro Rad für die Standardräder aus gepresstem Stahl. Unglücklicherweise waren sie auch extrem teuer und wurden trotz ihrer technischen Vorteile nur in sehr begrenzten Stückzahlen verkauft. Alles in allem sieht es heute nicht so aus, als ob Räder, die nicht aus Metall bestehen, sich jemals in großen Stückzahlen verkaufen könnten, zumindest so lange nicht, bis man extrem leichte Räder benötigt, um die Wirtschaftlichkeit und den Fahrkomfort der ultraleichten Autos in der 3-Liter-Klasse zu verbessern.

Radgrößen und Felgenbreiten haben im vergangenen Jahrzehnt zugelegt und damit eine Periode beendet, in der viele Fahrwerkskonstrukteure sehr kleine Räder verwendeten. Und diese boten durchaus Vorteile: niedrige ungefederten Massen, kleine Radkästen und daher viel Platz im Innenraum der Fahrgastzelle. In den 1970er Jah-

ren wurden bei Kleinwagen sogar 10-Zoll-Felgen verwendet, und viele Mittelklassewagen kamen mit 13- oder 14-Zoll-Rädern bestens aus. 13-Zoll-Räder sind inzwischen normalerweise die kleinsten. Die übliche Größe in den oberen Klassen liegt bei 15 Zoll. In der Luxusklasse wie auch bei Hochleistungsautos haben Räder mit 17 oder 18 Zoll Durchmesser Konjunktur. Genauso haben sich auch die Felgenbreiten vergrößert, eine Folge der populären Breitreifen.

Ein weniger offensichtlicher und weniger gewürdigter Aspekt eines Rades ist seine Unwucht. Jedes Rad muss um die Felge, also auch um die Nabe, »gewickelt« werden, auf die es montiert wird. Das Zentrum der Reifenaufsstandsfläche ist daher um einen kleinen Betrag, den die Aufhängungs- und Lenkungs-Systemingenieure sorgfältig errechnet haben, von der vertikalen Achse durch den Mittelpunkt der Nabe versetzt. Dieser Versatz ist kritisch für die Vorderräder. Denn die Positionierung der Kontaktfläche relativ zum Achsschenkelbolzen ist entscheidend für die Lenkeigenschaften des Fahrzeugs. Achsschenkelbolzen selber sind mit den Oldtimern aus der Mode gekommen – heute meinen wir den Neigungswinkel der Achse, um die herum die Lenkbewegung stattfindet. Der Neigungswinkel bezeichnet den Winkel zwischen der Vertikalen und einer gedachten Linie, die zwischen den unteren und oberen Radnabenzapfen gezogen wird, wenn man beim Auto von vorne nach hinten schaut. Die Wirkung einer höheren Beanspruchung der Radnaben, die sich auch aus erhöhter Unwucht ergibt, ist nicht gleich zu erkennen, kann aber extrem gefährlich sein.

So von Grund auf unterschiedlich einige von ihnen jedoch aussehen mögen: fast alle Räder richten sich nach einem allgemeingültigen Standard, so dass Reifen und Räder bei jedem Fahrzeug untereinander ausgetauscht werden können. Somit haben alle Räder, mit wenigen Ausnahmen, einen Nenndurchmesser in Zoll – und das gilt für alle Standard-Felgenformen, so dass jeder normale, für die Felgenbreite vorgesehene Reifen perfekt sitzt. Die Felgenform erlaubt auch das leichtere Aufziehen des Reifens – der erste Reifenwulst fällt bei der Montage in das Felgenbett, während sich der zweite Wulst langsam über den umbördelten Rand (Flansch) bewegt – plus eine Art von sanftem Buckel oder Abhang, der den Wulst zurückhält und ihn daran hindert, über und von der Felge zu rutschen.

Es gibt zwei Möglichkeiten, die Räder an den Naben zu befestigen: Entweder sitzen sie auf einem zentralen Zapfen und sind mit Schrauben (bei Rennwagen mittels einer Zentralmutter) befestigt, oder sie ruhen auf vier oder fünf Stehbolzen, die aus der Nabe ragen. Das Rad wird mit speziell geformten Muttern gesichert, die das Rad beim Anziehen der Muttern auf den Bolzen zentrieren. Eine ähnliche Genauigkeit ist beim Rundlauf der Felge und natürlich beim mechanischen Ausgleich der Rad- und Reifen-Baugruppe notwendig. Wenn hier geschlampt wird, tritt eine Unwucht auf, die im günstigsten Falle nur zu einer ungemütlichen Fahrt und schnell abnutzenden Reifen führt. Präzison ist bei diesen sicherheitsrelevanten Bauteilen lebenswichtig.

Immer mal wieder haben die großen Reifenhersteller versucht, neue und radikal andere Standardfelgen mit angeblich besserem Fahrverhalten und besserer Straßenlage, höherem Komfort und größerer Pannensicherheit einzuführen. Keines dieser Konzepte war erfolgreich, auch nicht jenes von der Firma Michelin, die 1998 besondere Felgen für seine PAX-Reifen mit Notlaufeigenschaften zu entwickeln begann.

Alle Probleme liegen letztlich in der Produkthaftung begründet: Der Hersteller muss praktisch verhindern, dass ein konventioneller Reifen auf eine ungeeignete Felge aufgezogen wird, denn das könnte höchst gefährlich werden. Felgen und Reifen müssen exakt aufeinander abgestimmt sein, und ob das dem Hobbymonteur beim Reifenwechsel klar ist, bleibt eine Frage. Im Fall des PAX wurden die Felgen in metrischen Durchmessern (statt in Zoll) hergestellt, und die Durchmesser der beiden Reifenwülste waren unterschiedlich, was dem Reifen eine unsymmetrische Lauffläche bescherte.

Reifen

Die technischen Aufgaben eines jeden Reifens bestehen erstens darin, das Gewicht des Fahrzeugs aufzunehmen, und zweitens, alle Lasten, die mit der Beschleunigung, dem Bremsen und dem Lenken zu tun haben, zu übertragen. Wie bereits kurz erläutert, wirken alle am Fahrzeug auftretenden Hauptkräfte (abgesehen von den aerodynamischen) auf und über die Reifenkontaktflächen. Diese Flächen ändern ihre Form, wenn sich die Kräfte ändern – ihre Form ist symmetrisch beim Beschleunigen und Bremsen und asymmetrisch bei Kurvenfahrt. Diese asymmetrische Deformation lässt das Rückstellmoment – das von der Kontaktfläche erzeugt wird, die die Symmetrie wieder herzustellen versucht – ansteigen. Der Fahrer fühlt dieses Rückstellmoment in der Lenkung.

Der Hauptzweck des Reifenprofils besteht – zumindest bei normaler Straßenfahrt – darin, jedes Wasser an der Kontaktfläche abzuleiten, damit der Reifen eine ausreichende Haftung auf einer nassen Oberfläche aufweist. Bei vollständiger (und garantierter!) Trockenheit ist ein glatter Reifen (Slick) ideal, weil er viel laufruhiger und haltbarer ist. Der Rollwiderstand ergibt sich aus der Energieaufnahme (die dann in Wärme umgesetzt wird) beim Abrollen des Rades: Die Profilblöcke werden zusammengepresst und dehnen sich wieder aus, der Reifen wird warm. Vibrationen, die innerhalb der Lauffläche entstanden sind, laufen um das Radprofil herum und führen zu Reifengeräuschen. Wenn man all diese unterschiedlichen Abläufe bedenkt, die auf einer Fläche von einigen sich ständig ändernden Quadratzentimetern Gummi ablaufen, wird es sicher verständlich, warum viele Experten die mathematische Physik des Kontaktflächenverhaltens der Räder für den kompliziertesten Bereich im weiten Feld der Automobiltechnik halten.

Der Stahlgürtel-Radialreifen bildete lange Zeit den Industriestandard für alle Leichtlast-Straßenfahrzeuge. Neue technische Entwicklungen auf dem Reifensektor konzentrieren sich auf die Verringerung des Rollwiderstandes (um den Kraftstoffverbrauch zu senken), die Verbesserung des Haftvermögens (Grip), insbesondere unter nassen Bedingungen, sowie der Geräuschminderung. Bei neuen Wagen trägt nämlich das vom Reifen erzeugte Geräusch am meisten zu den äußeren Fahrgeräuschen bei. Und weil diese inzwischen bei neuen Fahrzeugen bestimmten Grenzwerten unterliegen, beschäftigt man sich besonders intensiv mit diesem Bereich.

Moderne Reifen sind aber nicht nur leiser als früher, sondern haben auch niedrigere Flanken: Der Trend geht zu einer Verringerung der Höhe der Lauffläche des Reifens im Verhältnis zu seiner Breite (das Querschnitts- oder H/B-Verhältnis, ausgedrückt in Prozent). Wird das H/B-Verhältnis verkleinert, in dem die Höhe der Seitenwände reduziert wird, kann das Rad größer werden, ohne dass sich am Gesamtdurchmesser des Reifens etwas ändern muss. Das schafft beispielsweise zusätzlichen Platz für die Installation größerer und wirksamerer Bremsscheiben. Es führt auch zu einem Reifen, der schneller auf Lenkimpulse anspricht. Niedrigere Seitenwände beziehungsweise Reifenflanken biegen sich auch nicht so leicht durch, sie heizen sich nicht so schnell auf, was bei höheren Geschwindigkeiten mehr Sicherheit gibt. Zu den Nachteilen gehört der in der Regel verminderte Fahrkomfort und die andere Form der Reifenaufstandsfläche: Diese wird kürzer und breiter, wodurch sich in der Regel Rück-

stellmoment und Lenkgefühl verringern, was wiederum die Lenkgeometrie ändert. Diese Nachteile haben bislang die Einführung von extremen Niederquerschnittsreifen in der Großserie verhindert. Üblich sind Reifen mit einem H/B-Verhältnis von 60, 65 oder 70%. Spezielle Reifen für Hochleistungsfahrzeuge können aber H/B-Verhältnisse bis hinab zu 30% aufweisen.

Die 1990er Jahre brachten eine Tendenz zu breiteren Reifen, insbesondere bei sportlichen und exklusiven Autos. In vielen Fällen handelte es sich dabei eher um eine Modeerscheinung, nicht um technische Notwendigkeit. Inzwischen sind viele Autos mit Reifen ausgerüstet, die breiter sind als die Fahrwerksingenieure für optimal halten. Noch immer hält sich hartnäckig die Meinung, dass ein breiter Reifen mehr Gummi auf die Straße bringt und deshalb die Haftung verbessert. Tatsächlich hängt die Gummimenge auf der Straße – der Gesamtbereich der vier Kontaktflä-

Der Blick unter die Silica-Lauffläche des Dunlop SP Sport 9000 vermittelt einen Eindruck über den komplexen Aufbau eines modernen Hochleistungsreifens (Dunlop)

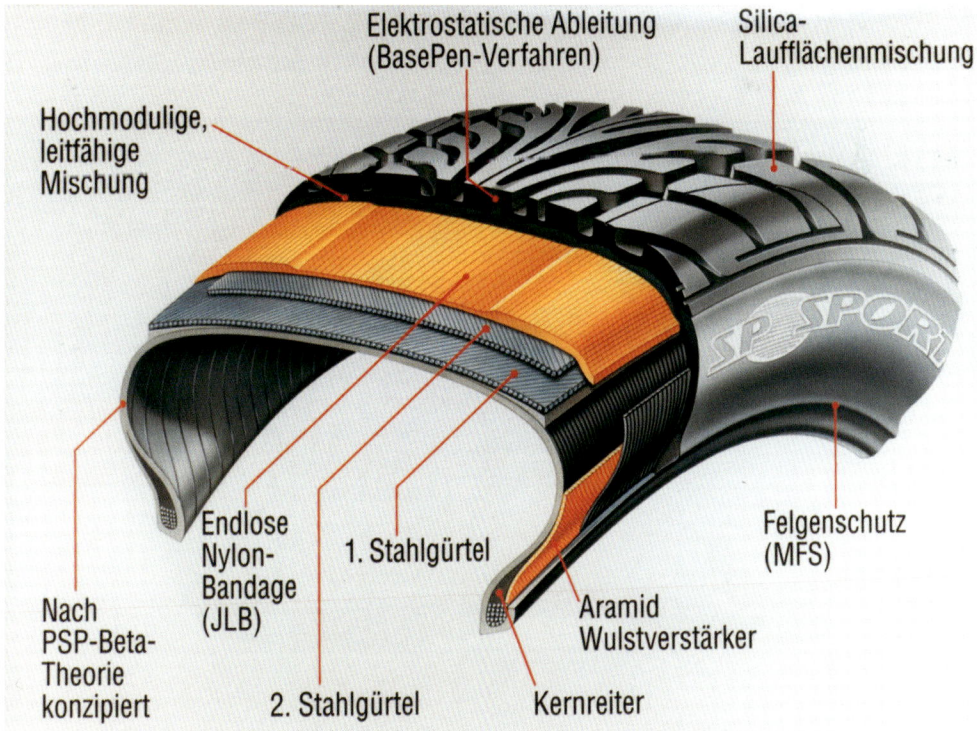

Elektrostatische Ableitung (BasePen-Verfahren)

Silica-Laufflächenmischung

Hochmodulige, leitfähige Mischung

Endlose Nylon-Bandage (JLB)

1. Stahlgürtel

Felgenschutz (MFS)

Nach PSP-Beta-Theorie konzipiert

2. Stahlgürtel

Aramid Wulstverstärker

Kernreiter

chen – nur vom Fahrzeuggewicht und dem Reifendruck ab. Ein Auto, das 3175 kg wiegt, steht bei Reifendrücken von 1,75 bar auf einem Kontaktflächenbereich von 516 cm^2. Bei breiteren Reifen, aber unveränderten Reifendrücken, ändert sich nur die Form der Kontaktflächen, sie werden kürzer und breiter. Das ist nicht notwendigerweise das, was der Fahrwerksingenieur bei seiner Suche nach gutem Lenkgefühl und progressivem Fahrverhalten an der Haftungsgrenze zu finden wünscht. Der einzige Weg, mehr Gummi auf die Straße zu bringen, besteht in der Verringerung des Reifendrucks. Deshalb wird man bei Breitreifen immer mit eher niedrigeren Reifendrücken fahren als bei normalen Pneus. Zu den Nachteilen von Breitreifen gehören die üblicherweise höheren Rollwiderstände und das höhere Geräuschniveau; gar nicht zu reden von der traurigen Tatsache, dass der Fahrkomfort erheblich leidet: Breitreifen sind einfach härter.

Trotz der nahezu weltweiten Geschwindigkeitsbeschränkungen sind die Geschwindigkeitsbereiche, für die die einzelnen Reifen zulässig sind, ständig gestiegen. Reifen sind mit einem Buchstabencode für die zulässige Geschwindigkeit gekennzeichnet: Bei Neuwagen sind grundsätzlich Reifen aufgezogen, deren Geschwindigkeitsbereich über der Höchstgeschwindigkeit des Wagens liegt. Die Kompakt- und unteren Mittelklasse sind mindestens mit Reifen der Kategorie »T« bestückt (maximal 190 km/h). Die höchste Geschwindigkeitsklasse Y steht für einen Reifen, der für mehr als 300 km/h konstruiert wurde – mit nach oben offenem Maximum. Der Marktanteil von Reifen, die sehr hohe Geschwindigkeiten verkraften, hat seit 1990 stetig zugenommen.

Die großen Reifenunternehmen haben hart daran gearbeitet, den Rollwiderstand zu verringern und damit auch geholfen, den Kraftstoffverbrauch zu reduzieren. Sogar bei 100 km/h trägt der Rollwiderstand etwa 20% zum gesamten Fahrwiderstand des Autos bei. Das Verhältnis steigt bei niedrigen Geschwindigkeiten, während der aerodynamische Widerstand vergleichsweise stark abfällt.

Die Entwicklungstendenzen im Reifenbau weisen alle in eine ähnliche technische Richtung: Die Hersteller suchen Profilverbundmaterialien, die trotz starker Bodenhaftung weniger Energie bei Kompression und Expansion absorbieren. Die Forschung beschäftigt sich dabei auch mit der

Prinzip der Runflat Reifentechnologie (Bridgestone)

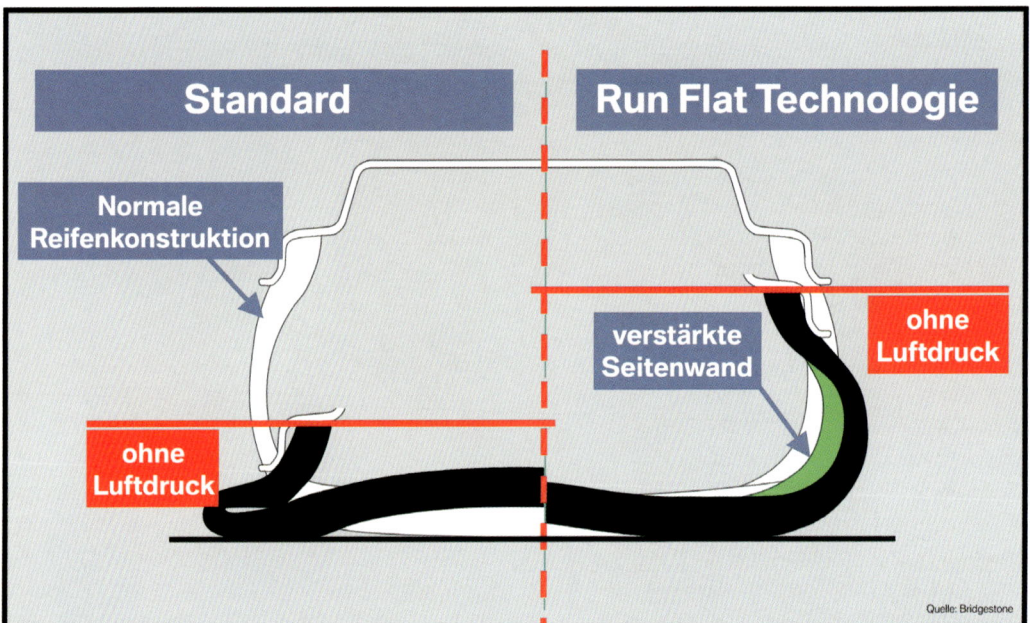

Quelle: Bridgestone

Molekularstruktur von Elastomeren, die mittels Supercomputern untersucht werden. Und man hatte Erfolg. So gelangte man zu Verbundmaterial mit Silikon-Anteilen (Silikon ersetzt das üblichere Kohleschwarz), das den Rollwiderstand reduziert und gleichzeitig die Bodenhaftung, insbesondere bei Nässe, gewährleistet oder sogar verbessert. Michelin nimmt beispielsweise für sich in Anspruch, bei seiner »Green«-Reifen-Palette den Rollwiderstand um bis zu 35% verringert zu haben, ohne Verlust der Bodenhaftung und bei nur kleinen Anpassungen der Reifendrücke. Die Ersparnisse im Kraftstoffverbrauch im normalen Fahrbetrieb dürften bei drei bis fünf Prozent liegen.

Daneben gibt es einen wachsenden Markt für Spezialreifen, insbesondere für Off-Road-Fahrzeuge. Routinierte Off-Road-Fahrer wissen, dass die Wahl des Reifens entscheidend sein kann – und auch, dass unterschiedliche Oberflächen wie Sand, tiefen Morast oder nasses Gras eigentlich unterschiedliche Profile erfordern. Viele der forschen, knubbeligen Profile, die oft an Geländefahrzeugen zu sehen sind, sind bestenfalls ein Kompromiss – und das auf der Straße noch nicht einmal ein guter: Diese Reifen haben in der Regel einen hohen Rollwiderstand und einen hohen Geräuschpegel.

Ein weiterer Sonderfall sind Winterreifen. Deren Profile erinnern häufig an Off-Road-Reifen, sie sollen den Schnee durchschneiden und wegräumen. Echte Winterreifen bestehen aus verschiedenen Gummimischungen, die bei Temperaturen unter dem Gefrierpunkt auf der Oberfläche viel besser greifen. Die Fortschritte in der Entwicklung von Winterreifen haben inzwischen auch die Spikesreifen praktisch überflüssig werden lassen, sogar dort, wo sie noch erlaubt sind (in vielen Ländern und Regionen sind sie wegen der Straßenschäden, die sie verursachen können, längst verboten). Der Nachteil von Winterreifen liegt in ihrem höheren Verschleiß bei Temperaturen weit über dem Gefrierpunkt. Der Wechsel von Sommer- auf Winterreifen und umgekehrt ist also durchaus sinnvoll.

Traditionell haben alle Autos ein Reserverad an Bord und das Werkzeug, um es im Falle einer Panne zu wechseln. Daran wird sich auch so schnell nichts ändern, obwohl laut Statistik bei einem gut gewarteten Fahrzeug, das nicht ständig überladen ist, höchstens alle 100.000 Kilometer eine Reifenpanne auftritt. Wie gesagt, das ist Statistik – es gibt jede Menge Fahrer, die noch nie eine Reifenpanne erlebten. Der Trend zu größeren und breiteren Rädern und Reifen hat indes zu Platzproblemen geführt, und insbesondere bei Sportwagen ist der Platz für ein Reserverad stark eingeschränkt. Das hat zur Entwicklung von raumsparenden Noträdern geführt. Diese haben zwar Standarddurchmesser, aber einen viel schmaleren Reifen mit sehr hohem Luftdruck. Natürlich darf mit diesen Noträdern meist nicht schneller als 80 km/h gefahren werden, und natürlich können sie auch nicht so hohe Kurvenkräfte übertragen, aber sie taugen für die Fahrt zur nächsten Werkstatt und sparen Platz im Kofferraum.

Die Akzeptanz solcher Noträder ist von Land zu Land verschieden. In Deutschland konnten sie sich nie recht durchsetzen. Auch britische Kunden sind sehr konservativ, und ihre Autos sind ebenfalls vorzugsweise mit konventionellen Reserverädern und -reifen ausgerüstet, die aus Reserverad-Wannen herausragen, die zweifellos für ein Raumspar-Rad vorgesehen waren.

Reifen mit Notlaufeigenschaften

Der pannensichere Reifen ist eines der großen Ziele der Autoindustrie im vergangenen Jahrhundert gewesen. Entsprechend vielfältig fielen auch die möglichen Lösungsansätze aus. So gab es selbstabdichtende Reifen; Reifen, mit denen man auch im Pannenfall weiterfahren konnte sowie Systeme, die den Fahrer vor jedem erheblichen Abfall des Reifendrucks warnen. Letztere verdienen besonders Beachtung, denn jedes Run-Flat-Reifensystem muss den Fahrer wissen lassen, wenn eine Panne aufgetreten ist. Das Interesse an gerade diesem Konzept ist sehr ausgeprägt. Die jüngsten Forschungen zielen darauf ab, platte Reifen trotz fehlenden Luftdrucks sicher auf der Felge zu halten, um damit ein Mindestmaß an Haftung und Manövrierfähigkeit zu gewährleisten. So kann man, wenn auch

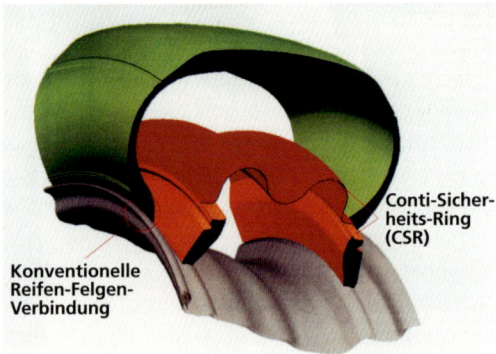

Bei dem neuen CSR von Continental wird ein leichter Metallring mit flexibler Lagerung auf die Felge montiert und sorgt so bei einem Luftverlust des Reifens für problemlose Weiterfahrt. Bei plötzlichem und schleichendem Luftverlust stützt sich der Reifen auf dem Ring ab und die Manövrierfähigkeit des Fahrzeugs bleibt erhalten. (Continental)

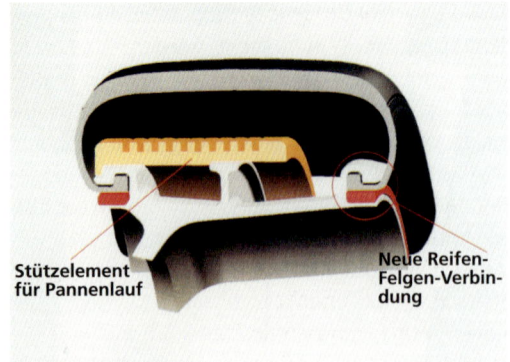

Die wesentlichen Systemvorteile des »ContiWheelSystem« CWS sind die Pannenlauffähigkeit, die das Reserverad überflüssig macht und die Reduzierung des Rollwiderstands (minus 10%). Diese Vorteile werden durch eine neuartige Verbindung von Reifen und Felge ermöglicht. (Continental)

langsam, zur nächst gelegenen Werkstatt weiterfahren. Die Teams, die solche Reifen entwickeln, bezeichnen diese übrigens gerne als Reifen mit Notlaufeigenschaften, die eingebürgerte englische Bezeichnung Run Flat Tyre (RFT) trifft es vielleicht nicht ganz.

Das RFT-Konzept könnte sich durchsetzen bei hochpreisigen, für wenige Spezialmärkte bestimmten Produkten wie beispielsweise Sicherheitsfahrzeuge. Im wichtigsten Markt, in den USA, dagegen kaum, weil dort die Entfernungen groß und die nächste Werkstatt weit ist. Und viele Autofahrer fürchten dort Reifenpannen, weil sie sich beim Reifenwechsel auf leerer Landstraße als potenzielles Opfer eines Überfalls sehen. Für diese Märkte entwickelte Michelin den MXV4 ZP (»zero pressure« = platt), im Prinzip ein normaler Standard-Reifen mit kräftig verstärkten Seitenwänden. Dieser kann nach dem Luftverlust noch mindestens 80 Kilometer weit mit 90 km/h – immer noch die in den USA am weitesten verbreitete Geschwindigkeitsbeschränkung – rollen, ohne dass Schäden am Wagen auftreten oder die Manövierfähigkeit des Autos beeinträchtigt war. Goodyear konterte daraufhin mit dem EMT, der im Prinzip gleich aufgebaut war, aber länger hielt und ein besseres Fahrverhalten aufwies, weil der Reifen von Anfang an in Hinblick auf diese besondere Anforderungen entwickelt worden war. In der Praxis werden der ZP und der EMT im Pan-

nenfall zu zwei schmalen Vollgummireifen. Man kann sie normalerweise nicht von der Felge ziehen, und deshalb hängen ihre Eigenschaften beim Luftverlust von der Struktur und der Konstruktion ihrer Seitenwände ab. Unvermeidlich ist ein etwas höheres Gewicht infolge der dickeren und schweren Wände.

1997 kündigte Michelin einen grundsätzlich neuen Reifen an, der als PAX bekannt wurde und eigentlich PAV (= »pneu accrochée verticale« oder vertikal verankerter Reifen) heißen müsste. Der PAX arbeitet mit einem inneren Stützring, der den Aktionsradius im Falle eines Plattfußes auf über 160 Kilometer erweitert (die Einhaltung der Höchstgeschwindigkeit von 90 km/h vorausgesetzt). Der PAX bietet darüber hinaus auch im normalen Fahrbetrieb Vorteile, zu denen eine verbesserte Haftung bei Nässe, feinere Lenkreaktionen und höherer Fahrkomfort zählen. Der Nachteil des PAX ist, dass er eine völlig neue Felge erfordert, man kann ihn deshalb nicht gegen einen Standardreifen austauschen. Sein Hauptproblem liegt jedoch in der mangelnden Akzeptanz. Wie bei so vielen Entwicklungen auf dem Fahrwerkssektor ist es keine Frage des besseren Produkts, sondern der Notwendigkeit, einfach besser zu sein, um etwaige Nachteile zu überwinden. Erst vier Jahre nach Ankündigung des Konzepts hielt der PAX Einzug in die Autoproduktion.

Der pannensichere Reifen (im Unterschied zum

Reifen mit Notlaufeigenschaften) scheint dagegen heute in weite Ferne gerückt zu sein. Einen Reifen zu entwickeln, der im Normalbetrieb überzeugt und gleichzeitig auch jeden Fehler oder Misshandlung verzeiht (Verletzungen durch scharfe Bordsteinkanten, zu niedrigen Luftdruck, Überladung, Fahrerfehler, Vandalismus) ist so gut wie unmöglich.

Eine der oft gelobten Vorteile von RFTs besteht im möglichen Verzicht auf das Reserverad. Das spart Gewicht und sorgt für zusätzlichen Platz im Gepäckraum. Verbraucherumfragen haben jedoch gezeigt, dass Autobesitzer aus psychologischen Gründen das Reserverad kaum missen möchten – sogar dann, wenn eine fortdauernde Mobilität nach einer Panne gewährleistet ist und sie das Reserverad gar nicht verwenden müssten. Verbraucher scheinen sich für den Vorschlag, die üblichen fünf Räder durch vier nach dem RFT-Konzept zu ersetzen, nicht erwärmen zu können.

Sowohl Michelin als auch Goodyear betonen, dass sowohl PAX als auch EMT nur in Kombination mit einem System, das bei Reifenluftdruckverlust warnt, zu haben ist. Damit wird ausgeschlossen, dass ein extrem unachtsamer Fahrer weiterfährt, ohne die Panne bemerkt zu haben. Sogar ohne die Spezialreifen ist solch ein Warnsystem sinnvoll, weil viele Pannen (insbesondere die gefährlichen Reifenplatzer) dadurch entstehen, dass man mit zu wenig Luft im Reifen fährt. Ein normaler Reifen kann nur mit der Hälfte des empfohlenen Luftdrucks aufgepumpt sein, ohne dass man es ihm von außen sieht und ohne dass sich das wesentlich in Lenkung und Fahrverhalten (»feeling«) bemerkbar macht, zumindest für den durchschnittlichen Fahrer. Bei so geringem Druck wird jedoch ein Reifen, der mit Autobahngeschwindigkeiten läuft, rasch überhitzt; und die Gefahr, dass er platzt, wächst, insbesondere dann, wenn die Seitenwände des Reifen irgendwann einmal durch Bordsteine beschädigt wurden – und sehr vielen Reifen sieht man das von außen gar nicht an.

Ein zuverlässiges Luftdruck-Warnsystem reduziert dieses Risiko weitgehend: Reifenpannen werden dann immer unwahrscheinlicher. Renault bot als erster Großserienhersteller solche Lösungen an, zum Beispiel im Laguna II, der Ende 2000 eingeführt wurde. Das System erfordert eine Sensor- und Transmitter-Einheit, die in Zusammenarbeit mit Michelin entwickelt wurde. Inzwischen bieten alle wichtigen Autohersteller solche System optional an, bei Autos der Ober- und Luxusklasse gehören sie vielfach bereits zur Serienausstattung.

Wintersicherheitsgrenze
Volle Sicherheit bei Frost, Schnee und Matsch gewährleisten Winterreifen nur bis zu einer Profiltiefe von 4 mm.

4,0 mm

3,0 mm

Sommersicherheitsgrenze
Besonders bei Breitreifen vergrößert sich ab dieser Profiltiefe das Aquaplaningrisiko erheblich, die Bremswege auf Nässe werden viel länger.

1,6 mm

Gesetzliche Grenze
Die Mindestprofiltiefe nach europäischer Norm gewährt nur einen Rest an Sicherheit. Bei weniger Profil erlischt die Betriebserlaubnis.

7,5 mm

Neue Reifen
Neue Reifen haben unterschiedliche Profiltiefen. Mit zunehmendem Verschleiß steigt die Aquaplaninggefahr.

9,0 mm

18 Lenkung

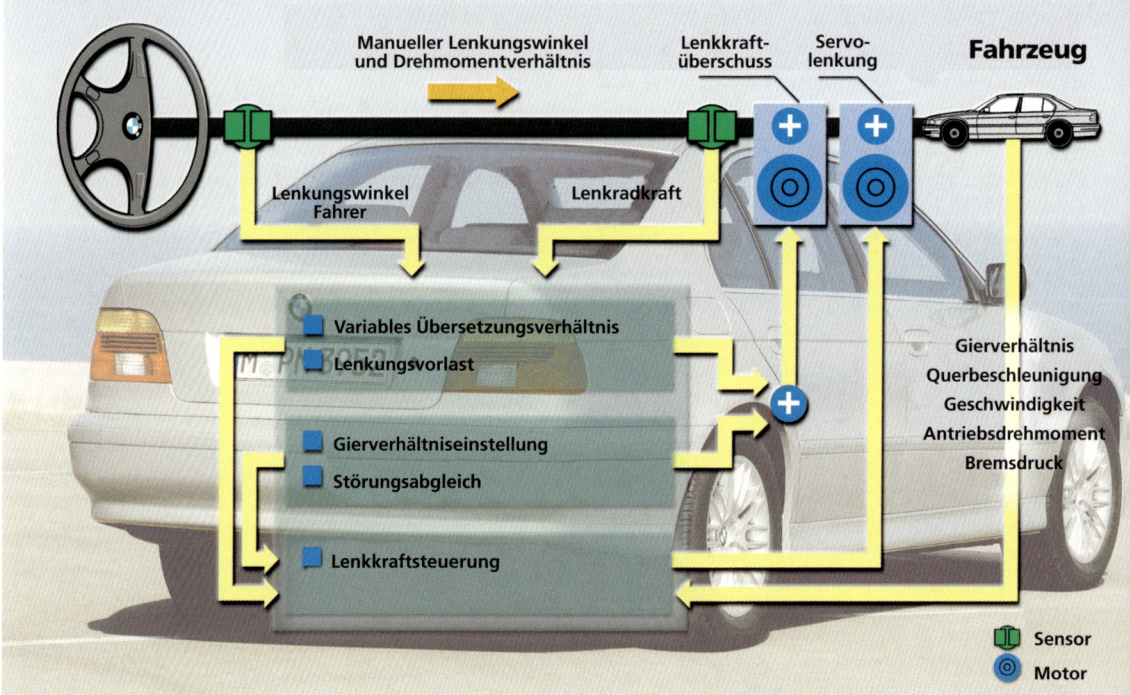

Aktive Vorderradlenkung

Technik

Manueller Lenkungswinkel und Drehmomentverhältnis

Lenkkraft-überschuss

Servo-lenkung

Fahrzeug

Lenkungswinkel Fahrer

Lenkradkraft

- Variables Übersetzungsverhältnis
- Lenkungsvorlast
- Gierverhältniseinstellung
- Störungsabgleich
- Lenkkraftsteuerung

Gierverhältnis
Querbeschleunigung
Geschwindigkeit
Antriebsdrehmoment
Bremsdruck

Sensor
Motor

In der Theorie ist alles ganz einfach: Es geht um ein simples Verbindungsstück, das das Rad vor dem Fahrer mit den Vorderrädern des Autos verbindet. Die Vorderräder schlagen ein (»lenken«), wenn der Fahrer am Lenkrad dreht.

In der Praxis aber gibt es drei Probleme, die dem im Wege stehen. Zum einen muss der Lenkvorgang für den Fahrer leicht durchzuführen sein, damit er das Auto ohne übermäßigen Kraftaufwand lenken kann. Das setzt zumindest eine Art von Getriebe voraus und möglicherweise eine Servounterstützung. Da ein gutes Lenkgefühl wünschenswert, wenn nicht gar absolut lebenswichtig ist, muss die Lenkung zum anderen vor den manchmal derben Stößen, welche die Fahrbahn den Rädern versetzt, geschützt werden. Mit anderen Worten: Die Rückkopplung muss selektiv sein. Natürlich ließe sich das, wenn auch mit hohem Aufwand, realisieren, doch wäre die Lenkung dann völlig gefühllos. Überdies käme es auch nicht zu einem Zurückstellen in die Mittelposition: Wenn der Fahrer das Lenkrad loslässt, muss sich das Lenkrad automatisch in die Geradeaus-Position zurückstellen. Das ist ein grundsätzliches Sicherheitskriterium, das Lenkrad darf sich nicht auf Vollanschlag drehen.

Daraus folgt die Frage: Kann man also versuchen, ein künstliches Rückstellmoment zu erzeugen? Vor einigen Jahren wurde man dafür belächelt, heute nicht mehr. Das dritte Problem ist, dass sich die Vorderräder um einige Zentimeter auf und ab bewegen, wenn die Aufhängung voll ein- und ausfedert. Im Lenksystem dürfen diese Bewegungen weder zu einer unerwünschten Rückkopplung über das Lenkrad an den Fahrer führen noch zu unerwarteten Lenkreaktionen des Autos.

In den Kindertagen des Automobils haben Fahrwerkskonstrukteure fast jeden möglichen Fehler gemacht, wenn es um die Lenkung ging. Sie konnten nur auf ihre Erfahrungen aus dem Bau von Pferdekutschen schöpfen. Bei denen war die Vorderachse normalerweise in der Mitte gelagert und drehte sich um einen Zapfen, wenn das Pferd seine Richtung änderte. Ziemlich schnell war aber klar, dass sich die Vorderräder eines Autos separat bewegen lassen mussten, andernfalls war die Fuhre unfahrbar. Und damit nicht genug. Die Pioniere unter den Autofahrern mussten mit einem Lenkstock fertig wurden und anderen Anordnungen, deren einzige Aufgabe es wohl war, die Fahrzeugbeherrschung möglichst schwer zu machen. Schließlich kristallisierten sich zwei lebenswichtige Aspekte heraus, die bei der Konzeption einer Lenkung zu berücksichtigen waren: die Geometrie der Vorderräder und die Konstruktion des Lenkgestänges. Später, sehr viel später, ging es auch darum, die Lenkradarbeit wesentlich zu erleichtern, was zu der heutzutage weit verbreiteten Servounterstützung führte.

Warum die Vorderräder gesteuert werden müssen, ist schnell erklärt. Obwohl es Hinterrad-gesteuerte Fahrzeuge für Spezialaufgaben gibt (beispielsweise Gabelstapler), sind sie von sich aus instabil, erfordern spezielle Kenntnisse vom Fahrer und können nur bei niedrigen Geschwindigkeiten arbeiten. Ein durchaus vorteilhafter Sonderfall (den wir uns noch ansehen werden) betrifft eine Lenkung aller vier Räder, wobei die Vorderräder den größten Beitrag dazu leisten.

Die Lenkgeometrie

Wenn ein Vorderrad – oder eher eine Vorderradnabe – mit der vorderen Aufhängung verbunden ist, wird deren Geometrie vom Verhältnis zwischen zwei (gedachten) Achsen bestimmt. Eine davon verbindet die Drehgelenke miteinander und ist die Achse, um die herum die Lenkbewegung stattfindet (die Lenkachse); die andere ist die vertikale Achse durch den Mittelpunkt der Kontaktfläche des Reifens. Nun ist es aber nicht so, dass die beiden nur genau ausgerichtet sein müssen, um ein optimales Ergebnis zu erzielen, weit gefehlt: Alles müsste in die Mitte des Rades

Linke Seite: Dieses Diagramm zeigt die Art und Weise, wie das aktive Vorderradlenkungssystem von BMW Informationen sammelt und Entscheidungen trifft. In diesem System arbeitet für die Lenkung zusätzlich ein Elektromotor über ein Planetengetriebe, so dass eine schnellere Lenkreaktion in bestimmten Situationen (hauptsächlich bei niedrigen Geschwindigkeiten und beim Einparken) erzeugt wird. Das System ist so ausgelegt, dass der Fahrer auch beim Ausbleiben des elektrischen Eingangssignals konventionell weiterlenken kann. (BMW)

gepackt werden. Es gäbe keinen Platz für anständige Bremsen, noch nicht einmal für kräftige Drehgelenke, während die Radnabe selbst nach außen gedrückt würde. Außerdem hätte man fast kein Lenkgefühl und kein Rückstellmoment.

Daher verschiebt man die Lenkachse – die immer noch Achsbolzen genannt wird, obwohl der Achsbolzen selbst in modernen Konstruktionen nicht mehr existiert – in die Radachse. Das war jedenfalls der erste Gedanke der frühen Autokonstrukteure, wie ein Besuch in einem guten Museum bestätigen wird. Aber wenn man nicht mehr macht, wird immer noch keine nennenswerte Selbstzentrierung erreicht, und von einem anständigen Lenkgefühl kann auch noch keine Rede sein – jeden Reifenstoß fühlt man hart durch das Lenkrad. Der erste wirkliche Durchbruch zu einer annehmbaren Lenkung kam mit der Idee, dass man die Drehgelenke innerhalb der Radachse halten und die Drehachse außerhalb in einem bestimmten Winkel kippen könnte. Dank dieser Achsschenkelbolzenspreizung traf sich die Drehachse mit der Radachse in der Mitte der Reifenkontaktfläche. Jetzt hatte man den Platz, vermied das Stoß-Rückkopplungs-Problem und erreichte ein gewissen Selbstzentrierungseffekt (zusätzlich zum selbstausrichtenden Drehmoment, das der Reifen selber liefert). Wenn sich nämlich das Rad um die Drehachse dreht, muss es die Autofront sehr leicht anheben – in einigen Autos mit extremer Achsschenkelbolzenspreizung, wie beispielsweise dem Hillman Imp, konnte man das tatsächlich auch sehen.

Bis jetzt haben wir die Lenkgeometrie nur von vorne betrachtet, aber man muss sie auch von der Seite betrachten. Einen sehr viel positiveren und in der Regel wünschenswerten Selbstzentrierungseffekt kann man dadurch erreichen, dass die Achse des Achsschenkelbolzens unten nach vorne gekippt wird, sie leicht vor der Radmitte laufen lässt, was einen Nachlauf-Effekt schafft. Was bleibt, ist etwas Feinabstimmung. Dem Rad selber kann man einen Sturzwinkel geben (positiv mit dem Kopfende nach außen geneigt, negativ mit dem Kopfende nach innen geneigt) und etwas Vorspur oder Nachspur (Autos mit Vorderradantrieb haben oft etwas statische Nachspur, so

dass sie geradeaus gezogen werden, wenn sie wirklich fahren). Schließlich kann der Punkt, bei dem die Lenkungsachse den Boden trifft, relativ zum Mittelpunkt der Reifenkontaktfläche sehr fein eingestellt werden. Der Wert, um den der Punkt vor dem Zentrum liegt – wo er praktisch immer liegt – ist die Nachlaufspur. Wenn der Punkt innerhalb der Linie durch das Zentrum fällt, gibt es einen Versatz. Wenn er außerhalb der Linie fällt, gibt es einen negativen Versatz, dem man einen selbstzentrierenden Effekt nachsagt. Dieser tritt auf, wenn man mit den Vorderrädern auf Oberflächen mit unterschiedlicher Haftung bremst: Der Unterschied beim Bremsen zieht das Auto in die eine Richtung, aber die Lenkung wird sanft in die andere gezerrt. Ein moderater Versatz erleichtert die Lenkarbeit: Wenn nämlich das Lenkrad gedreht wird, schwenkt ein größerer Teil des Reifens um die Lenkungsachse, anstatt um sie herum zu »scheuern« – was hauptsächlich bei niedriger Geschwindigkeit eine Rolle spielt.

Was wir also schließlich haben, sind nicht weniger als sechs Messwerte – vier Winkel und zwei Strecken – die die Lenkungsgeometrie jedes Autos vollständig definieren. Die Winkel sind die Achsschenkelbolzenspreizung, der Nachlaufwinkel, der Sturzwinkel und die Vorspur; die Strecken sind die Nachlaufspur und der Versatz, positiv oder negativ. Es steht dem Fahrwerks-Konstrukteur frei, jeden dieser Messwerte nach Gutdünken zu wählen – was seine Aufgabe nicht unbedingt einfacher macht. Hier wie überall sonst beim Fahrwerk sind Kompromisse vonnöten. Eine leistungsfähige Selbstzentrierung ergibt eine starke Nennstabilität, erzeugt aber beispielsweise auch ein schweres Lenken. Sie kann ebenfalls die subtileren Impulse überdecken, die vom selbstausrichtenden Drehmoment stammen. Diese Impulse von den Reifen übertragen sich ins Lenkrad und von dort auf den Fahrer, der daraus wiederum seine Schlüsse zieht und entsprechend reagiert.

Allerdings können sechs Messwerte noch nicht das Ende der Geschichte sein. Ein Lenkungsproblem, das in leistungsfähigen Autos mit Vorderradantrieb auftauchte, ist das Drehmomentlenken, das die Lenkung zum Vollanschlag zu treiben versucht, wenn der Fahrer das Gaspedal in

Kurvenfahrt voll durchtritt. Es gibt verschiedene Theorien darüber, was Drehmomentlenken verursacht. Volkswagen hat herausgefunden, dass ein Schlüssel zu seiner Beherrschung die Reduzierung des Versatzes des Achszapfens ist – der Abstand zwischen der Lenkungsachse und dem Radnabenzentrum. Dieses Prinzip wurde bei der Vorderradaufhängung der Golf Serie 3 angewandt, bei der dieser Versatz von 52 mm auf 40 mm verringert wurde.

Das Lenkgestänge

Wenn man den durchschnittlichen Fahrer fragt, was er (oder insbesondere sie) von einer Lenkung erwartet, so wird eine leichte Bedienbarkeit bei minimalem Kraftaufwand ganz oben auf der Wunschliste stehen. Gleichwohl fühlen sich die meisten Fahrer mit einer Lenkung unwohl, die sich so leicht bedienen lässt, dass man gar kein »Feeling« hat. Darüber hinaus verlangen Fahrer nach einer Lenkung, die gut, aber nicht ruppig anspricht – ein schwieriger Bereich, weil nur sehr subjektiv zu bewerten. Die meisten Fahrer favorisieren auch Autos mit einem engen Wendekreis, wissen aber nicht, dass die Fähigkeit, die Vorderräder über extreme Winkel hinweg drehen zu können, ernsthafte technische Probleme mit sich bringt, besonders bei Autos mit Vorderradantrieb.

Damit es der Fahrer möglichst leicht hat, erhalten alle Lenksysteme eine Art von Getriebe. Moderne Autos haben typischerweise Lenkübersetzungen bis zum Verhältnis 20:1, mit anderen Worten: man braucht ungefähr vier Umdrehungen des Lenkrads, damit die Vorderräder um etwa ein Fünftel einer vollen Drehung (36 Grad in jede Richtung) vom Vollausschlag in die eine Richtung zum Vollausschlag in die andere gedreht werden. Das genügt, um die Vorderräder eines kleinen Autos ohne übermäßigen Kraftaufwand zu steuern. Größere und schwerere Autos brauchen entweder eine niedriger untersetzte Lenkung oder alternativ eine Art von Servounterstützung.

Die Automobilgeschichte hat im Laufe der Jahre eine Menge von Getriebe-Systemen gesehen. Bis zu den 60ern erwies sich die Kugelumlauflenkung für die meisten geringen Beanspruchungen als zufriedenstellend. Schließlich wurde jedoch das Zahnstangen-System beliebter, obwohl dieser Typ vorher wegen seiner Anfälligkeit für Gegenreaktionen verworfen wurde. Nachdem die damit verbunden Probleme gelöst worden waren, entwickelte sich die Zahnstangenlenkung zur dominierenden Variante. Sie wird heute im Personenwagenbau praktisch ausschließlich eingesetzt. Überdies hat man Wege gefunden, wie man die Zähne der beweglichen Baugruppe so konstruiert, dass ein variables Getriebe entsteht. Mit einer sanften Reaktion auf Ritzelbewegungen um die Geradeausposition herum, was feinfühlige Einstellungen erlaubt, wenn man auf einer fast geraden Straße fährt, und einer viel schnelleren Reaktionszeit sollte das Lenkrad über mehr als etwa eine Vierteldrehung in jede Richtung bewegt worden sein.

Wie bereits erwähnt, ist eine sanft und exakt ansprechend Lenkung extrem schwierig zu erreichen, vor allem dann nicht, wenn die Räder nicht von alleine in die Geradeausstellung zurückkehren. Der selbstzentrierende Effekt sollte anderseits aber nicht zu stark sein. Abgesehen vom erhöhten Kraftaufwand beim Lenken gibt es eine weitere Gefahr: Wenn der Fahrer das Lenkrad am Ausgang der Kurve einfach loslässt, wird die Lenkung über die Ruhelage hinauswandern und eine potenziell gefährliche Schwingung in Gang setzen. Das wiederum sollen Lenkungsdämpfer verhindern (die auch einen zusätzlichen Schutz gegen die Übertragung von Straßenstößen bieten), die bei einigen Lenkungs-Systemen verwendet werden. Diese unterdrücken jene Bewegungen mit höherer Frequenz, die ein Fahrer normalerweise nicht bewältigen könnte.

Vernünftig gemacht, kann die Lenkarbeit erleichtert werden und die Reibungskräfte innerhalb des Lenkgestänges reduziert werden, ohne dass das Lenkgefühl darunter leidet, mehr noch: Es kann sich sogar verbessern. Beispiel Ford: 1995 wurde beim Fiesta der Kraftaufwand reduziert und das Lenkgefühl dadurch verbessert, dass die Reibung im Kugelgelenk in der unteren Lenkung um 50% reduziert und der Kreuzgelenkwinkel der Lenksäule von 39° auf 28° verringert wurde. Bei dieser Gelegenheit wurden auch die Fertigungstoleranzen verringert.

Die Servo-Lenkung

Die meisten modernen Autos (und noch mehr die Wagen der Zunkunft) haben eine Lenkung mit Servounterstützung. Zwei Faktoren haben dazu beigetragen: Zum einen nutzen Fahrwerksingenieure die Vorteile der Servolenkung, um die Lenkung leichter zu machen oder stärker zu untersetzen. Zum anderen ist es die Fähigkeit (und Bereitschaft) des Kunden, für Systeme zu bezahlen, die den Kraftaufwand aus dem Fahren nehmen.

Theoretisch hängt die Entscheidung für oder gegen den Einsatz einer Servolenkung vom erforderlichen Kraftaufwand ab, insbesondere bei niedriger Geschwindigkeit und beim Vollausschlag. In den 1980er-Jahren hatten vor allem Diesel-Modelle ab Werk eine Lenkunterstützung, da der schwere Motor so viel Last auf die Vorderachse und damit die Lenkung brachte. Viel zu hohe

Lenkkräfte waren die Folge. Das ist natürlich heute nicht mehr hinnehmbar, mehr als vier Lenkradumdrehungen von Anschlag zu Anschlag sind inakzeptabel. Andererseits soll die Lenkung feinfühlig genug und der Wendekreis möglichst klein sein – auch das Forderungen, die ohne eine Servolenkung nicht zu erfüllen sind, um so mehr, weil bei den Wagen mit Frontantrieb (die weltweit vorherrschende Bauweise) der Großteil des Gewichts auf den Vorderrädern lastet.

Abgesehen von der Verringerung des Kraftaufwands beim Lenken besteht einer der Vorteile der Servolenkung auch darin, dass man die Lenkeigenschaften leicht modifizieren kann, was den Ansprüchen unterschiedlicher Zielgruppen entgegenkommt. Am einfachsten geht das über das Lenkgetriebe, das fast beliebig variiert werden kann. Moderne Autos mit Servolenkung sind mit ungefähr drei Umdrehungen des Lenkrads von Anschlag zu Anschlag übersetzt. Es gab auch Autos, bei denen nur zwei Umdrehungen des Lenkrads zwischen den Maximalausschlägen lagen, aber das konnte sich nicht durchsetzen. Na-

Delphis Quadrasteer-System ist ein erster Schritt, »Steer-by-wire« in die Hinterräder großer SUVs und leichter Lkw des US-amerikanischen Markts einzusetzen. Das Lenksignal wird elektrisch (»by wire«) nach hinten übertragen, hat aber den Vorteil, dass die Räder im Pannenfall zentriert werden können. Das kann natürlich nicht für die Vorräder gelten. (Delphi)

türlich, wenn es gelänge, ein schnelleres Ansprechen der Lenkung zu erreichen, ohne beim Rückstellen in Mittellage eine ruckelige Go-Kart-Reaktion zu riskieren, dann wäre das Thema sicher schnell wieder aktuell. Im Moment aber steht das nicht auf der Tagesordnung.

Eine Servolenkung kann inzwischen auch progressiv wirken. Das sorgt für ein direktes Lenkgefühl, was ambitionierte Fahrer freut. Die Wirkung dieser modernen Servolenkungen ist abhängig von der gefahrenen Geschwindigkeit: Sie unterstützt kräftig bei niedriger Geschwindigkeit und bei Parkmanövern, tritt aber mit ansteigender Geschwindigkeit in den Hintergrund. Damit verringert sich das Risiko eines Übersteuerns durch den Fahrer.

Viele Jahre lang war die Verwendung einer motorbetriebenen Hydraulikpumpe Voraussetzung für den Betrieb einer Servolenkung. Der Pumpendruck kann mittels Ventilen, die von der Bewegung des Lenkrads gesteuert werden, auf jede Seite einer Lenksäule gelegt werden. Mit der Zeit wurden diese Systeme dann weiter entwickelt; ein Beispiel dafür ist die eben besprochene geschwindigkeitsabhängige Wirkung. Überdies sprechen sie inzwischen sehr feinfühlig an, der Fahrer ist sehr viel genauer darüber informiert, was sich an den Vorderrädern abspielt, als früher, ein Fehler der frühen Servolenkungen, insbesondere in amerikanischen Autos.

Bei gängigen Servolenksystemen wird dank der Steuerventile der Kraftaufwand beim Steuern eher verringert, die Lenkung wird also nicht über ein Servoventilsystem direkt bedient, denn das würde einen höheren Druck erfordern. Citroën ist der einzige Hersteller, der ein Volllast-System in der Großserienproduktion verwendet hat, indem er in den DS-, SM-, CX- und XM-Modellen Druck von seinen hydropneumatischen Aufhängungs-System abzweigt.

In der überwiegenden Mehrheit der hydraulischen Servolenkungs-Systeme bleibt der von der Motorpumpe erzeugte Druck, so er denn nicht gebraucht wird, ungenutzt. Das verschwendet auch Energie. Nach Schätzungen benötigt die konventionelle Pumpe einer Servolenkung bis zu 2 kW, sogar wenn gar keine Lenkunterstützung gebraucht wird.

Der Volllastbetrieb, wie ihn Citroën verwendet, bietet eine Reihe von Vorteilen. Aus Sicherheitsgründen muss es aber auch möglich sein, den Wagen bei einem Ausfall des Systems beziehungsweise der Hydraulik gefahrlos manuell steuern zu können.

Auch wenn Spezialzulieferer wie ZF weiter nach Wegen suchen, um konventionelle Servolenkungen leichter, preiswerter und energiesparender zu machen (besonders bei kleineren Wagen), geht der Trend klar zu Servolenkungen, die elektrisch oder elektro-hydraulisch funktionieren. Im zweiten Fall erhält das System hydraulische Unterstützung, den Druck aber liefert eine elektrische, keine motorbetriebene Pumpe. Die Alternative dazu besteht darin, die Hydraulik insgesamt abzuschaffen und ein System einzuführen, in dem die Leistungsunterstützung (oder sogar der Volllastbetrieb) von einem Elektromotor erzeugt wird. Ein solches System dürfte sich aber erst dann auf breiter Front durchsetzen, wenn eine 42-V-Bordnetzspannung zum Standard geworden ist.

Beide Ansätze verbrauchen nur Energie, wenn die Lenkungsunterstützung gebraucht wird, und ihre Installation ist leichter, weil es nicht notwendig ist, die mechanisch betriebene Pumpe mit dem Riemenantrieb von der Kurbelwelle auszurichten. Das reine elektrische System erfordert eigentlich lediglich einen Elektromotor, der mit dem Lenkgestänge verzahnt ist, ein Steuermodul und passende Sensoren, von denen der wichtigste ein Sensor für die Lenkposition ist. Der elektrohydraulische Ansatz erfordert immer noch einen Speicher für das Hydrauliköl, die elektrisch angetriebene Pumpe, eine hydraulische Winde oder einen Motor und die damit verbundenen Druckschläuche. Obwohl Flexibilität bei der Installation vorausgesetzt wird, lassen sich alle Bauteile in einem extrem kompakten Modul unterbringen.

Die rein elektrische Lösung erfordert kein Hydrauliksystem und erleichtert die Lenkunterstützung in Abhängigkeit von der Geschwindigkeit, da das Steuersignal über das Motormanagement moduliert werden kann. Mehr noch: Die Lenkunterstützung ist sogar, wegen der vorhandenen Batteriekapazität, bei nicht laufendem Motor verfügbar. Der größte Nachteil aber ist, wie oben kurz angedeutet, die zusätzliche Belastung der bestehenden 12-Volt-Bordnetze, die in vielen Fällen bereits an ihren Grenzen angelangt sind. Die Dinge werden viel leichter werden, wenn elektrische Systeme mit höherer Spannung zur Verfügung stehen (siehe Teil 4, Kapitel 25).

Zu den ersten Autos mit elektrischer Hilfskraftlenkung gehörten Mittelmotor-Sportwagen wie Honda NS-X, MGF und Toyota MR2, in denen konventionelle hydraulische Servolenkungen ein langes Hochdruckrohr, das durch den Fahrgastraum von einer motorbetriebenen Pumpe zur Zahnstange der Lenkung führen müsste, zur Folge gehabt hätten. Abgesehen von diesen Sonderfällen sind die ersten elektrischen Servolenkungen in der Großserie bereits bei kleineren Fronttrieblern, beispielsweise im Renault Twingo und im Fiat Punto, im Einsatz, und andere Modelle stehen am Start. Bei diesen kleinen Autos mit einer noch überschaubaren Anzahl elektrischer Bauteile genügt der verwendete 12-V-Elektromotor. In der Mittel- und Oberklasse, die mit Elektronik vollgestopft sind, werden wir wohl noch eine Weile warten müssen, bis entsprechend leistungsfähige Bordnetze zur Verfügung stehen.

Delphi, einer der weltweit größten Zulieferer und für die elektronische Lenkung im Fiat Punto verantwortlich, hat in Versuchen nachgewiesen, dass sich durch die Umstellung vom hydraulischen auf elektrischen Betrieb Leistung und Wirtschaftlichkeit verbessern. Bei Vergleichstests wurde unter identischen Bedingungen eine Kraftstoffersparnis von bis zu 0,3 Litern pro 100 km gegenüber einem Wagen mit konventioneller Servolenkung erzielt. Überdies verbesserten sich geringfügig die Beschleunigungswerte. Zu den weiteren Vorzügen gehört die verringerte Defektanfälligkeit durch den Wegfall der hydraulischen Pumpen und Schläuche, die laut Delphi 53% der Garantieansprüche in der Industrie ausmachen. Und noch ein letzter Vorteil aus Sicht des Produzenten sei erwähnt: Eine elektrische Servolenkung lässt sich leicht an verschiedene Typen und Anforderungsprofile anpassen. Der Fiat Punto hat einen vom Fahrer zu bedienenden Schalter, mit dem der Kraftaufwand für die Lenkung bei niedrigen Geschwindigkeiten für das Fahren in der Stadt und für das Einparken halbiert wird.

Hinterrad- und Vierrad-Lenkung

Vierradlenksysteme (4WS = 4 wheel steer) gab es für eine Handvoll japanischer Modelle über einen Zeitraum von rund zehn Jahren, setzten sich aber im Pkw-Bau nicht durch. Hintergrund der Entwicklung sind die beengten Platzverhältnisse in Japan, und da versprachen mitlenkende Hinterräder dank des viel engeren Wendekreises durchaus Vorteile. Der reduzierte Wendekreis ist eine Folge der entgegen der Vorderräder eingeschlagenen Hinterräder, und diese unzweifelhaft verbesserte Wendigkeit erklärt die starke Anziehungskraft auf Fahrer, die ständig in extrem engen Räumen manövrieren müssen. Andererseits sind Kosten, Gewicht, Kompliziertheit und mögliche Sicherheitskonsequenzen zu bedenken; das genügte, um der Idee im Pkw-Bau den Todesstoß zu

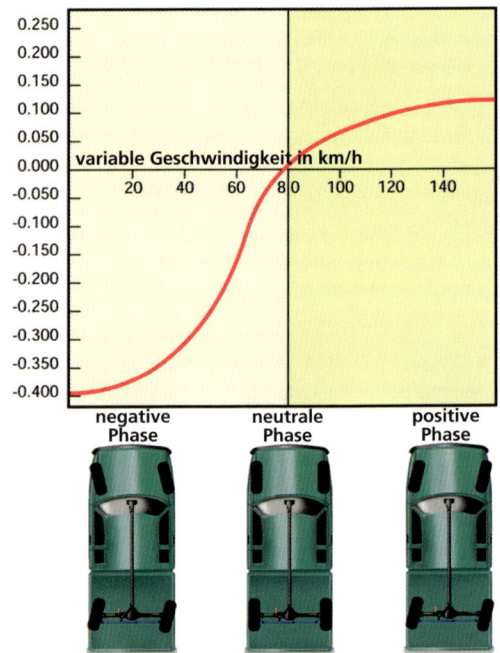

Jedes Hinterrad-Lenksystem, das der Vorderradlenkung ein Eingangssignal hinzufügt, muss sorgfältig abgestimmt werden. Bei sehr geringer Geschwindigkeit sollten die Hinterräder mitgesteuert werden, um den Wendekreis klein zu halten; bei mittleren bis zu hohen Geschwindigkeiten sollten die Räder gegengesteuert werden, damit die Stabilität verbessert und die Gierwinkel während eines Spurwechsels reduziert werden. Die Abstimmungskurve für das Delphi-Quadrasteer-System ist hier abgebildet. (Delphi)

versetzen. Offensichtlich besteht der einzige gangbare Weg zu einer pannensicheren 4WS darin, die Hinterräder im Falle eines Problems automatisch in die Geradeausposition zurückkehren zu lassen. Und das ist nicht so einfach.

Die wichtigste Frage beim 4WS ist, ob – oder eher wann – die Hinterräder im gleichen Sinne wie die Vorderräder gelenkt werden sollten und wann im entgegengesetzten Sinne. Wie bereits erwähnt, erlaubt das Lenken im Gegensinn engere Wendekreise für das Manövrieren auf belebten Parkplätzen. Auf der anderen Seite ergibt das Lenken im gleichen Sinn ein besseres Verhalten bei hohen Geschwindigkeiten, insbesondere bei schnellen Spurwechseln (was ja bei normaler Lenkung in Extremsituationen nicht ganz ungefährlich sein kann). Daraus ergibt sich eine unabdingbare Anforderung an eine Allrad-Lenkung: Um voll wirksam zu sein, muss diese, abhängig von der Geschwindigkeit, entweder in die eine oder andere Richtung lenken können, wobei die Lenkung im Gegensinn bei Schrittgeschwindigkeiten und im gleichen Sinn bei hohen Geschwindigkeiten erfolgen muss. Der Übergangspunkt beider liegt bei etwa 32 km/h. Jüngste Forschungen haben jedoch ergeben, dass ein maximaler Nutzen erzielt wird, wenn die Hinterräder sogar bei hoher Geschwindigkeit vorübergehend im Gegensinn gelenkt werden, bevor sie einen gleichsinnigen Lenkungswinkel annehmen. Mitsubishi, das ein solches System in seinem HSR III-Konzeptauto gezeigt hatte, will damit ein besseres Einwärtsdrehen erreicht haben.

Zweifellos aber erfordert ein jedes solcher Systeme eine extrem schnelle Signalverarbeitung und ebenso schnelle Reaktionen. Jedes fortgeschrittene 4WS-System würde wahrscheinlich nicht nur die Lenkposition in Betracht ziehen, sondern auch die Geschwindigkeit, mit der das Lenkrad sich bewegt. Und aus diesen per Sensor übermittelten Werten müsste das System schlussfolgern, ob der Fahrer die Spur wechselt oder durch eine zusammenhängende Kurve lenkt.

Trotz ihres vielversprechenden technischen Ansatzes haben sich japanischen Hersteller zwischenzeitlich von der Vierradlenkung verabschiedet. Europäische Fahrwerks-Ingenieure haben das allgemeine Prinzip übernommen und einige

der Effekte mit passiven Mitteln erreicht (wir sprachen bereits darüber). Dank der gezielten Verformung der Befestigungsmuffen der hinteren Aufhängung unter den Lasten, die bei der Kurvenfahrt auftreten, entsteht ein kalkulierter Lenkeffekt auf die hinteren Räder, und damit verbessert sich die Stabilität. Die rasche Entwicklung der elektronisch gesteuerten Fahrstabilitäts-Systeme, die eine bestehende Hardware verwenden und pannensicher programmiert werden können, dürfte das Ende der Verwendung der 4WS in Personenautos der Serienproduktion bewirkt haben.

Dennoch ist die Allradlenkung nicht tot, Delphi begann 1999 mit der Quadrasteer-Entwicklung. Dieses System wendet die bekannten 4WS-Funktionsprinzipien an und ist für den amerikanischen Markt gedacht, wo luxuriös ausgestattete Pickups und Geländewagen Konjunktur haben. Sogar auf amerikanischen Parkplätzen sind die größten dieser Fahrzeuge schwer zu manövrieren, und man könnte ihnen mit der gegensinnigen Lenkung der Hinterräder helfen. Gleichzeitig würde ihre Stabilität beim Spurwechsel, insbesondere wenn sie schwere Anhänger ziehen, mit einer gleichsinnigen Lenkung der Hinterräder verbessert. Delphi entwickelte Quadrasteer folglich für die Hinterachsen solcher Fahrzeuge und erwartet in naher Zukunft eine Anwendung in der Produktion. Bei der Quadrasteer werden die Lenksignale zum Elektromotor, der die Hinterradlenkung antreibt, übrigens selbst elektrisch übertragen – ein erstes richtiges Beispiel für das so genannte Steer-by-wire-Prinzip.

Die Zukunft: Steer-by-wire

Wie in Teil 1 beschrieben, wird das so genannte Drive-by-wire bald Alltag werden. Dabei ersetzt eine elektrische Verbindung vom Gaspedal-Sensor zur Motorsteuerungseinheit die Kabelverbindung vom Gaspedal zur Drosselklappe (oder Dieseleinspritzpumpe). Fahrwerksingenieure versuchen heute, dieses Prinzip auf die Lenkung anzuwenden, ein Lenken per elektrischer Leitung, nicht per Mechanik (SBW = »steer-by-wire«). Im SBW wird die mechanische Lenksäule durch einen Sensor für die Lenkradstellung und Lenkrad-bewegung ersetzt, der Daten elektrisch an eine elektronische Steuereinheit überträgt. Die Steuereinheit ihrerseits weist ein EPAS-System an, die Vorderräder in einem bestimmten Winkel zu positionieren.

Es gibt zwei große potenzielle Vorteile von SBW – und einen großen nagenden Zweifel. Zuerst die Vorteile: Durch den Verzicht auf die mechanische Lenksäule vereinfacht sich die Systeminstallation. SBW spart Gewicht und beseitigt alle Sorgen wegen des möglichen Eindringens der Lenksäule in den Fahrgastraum bei einem Frontalaufprall. Zweitens: Die Umsetzung des Lenksignals in einen elektrischen Impuls bietet vielfältige Möglichkeiten der Fahrzeugbeeinflussung. Es könnten beispielsweise alle vom Fahrer verursachten Eingangssignale ignoriert werden, die zu einem Kontrollverlust führen würden (währenddessen die maximal verfügbare Kraft für Kurvenfahrt ohne Kontrollverlust aufrecht erhalten wird), oder es könnte auf Eingangssignale von künftigen Sensoren reagieren und damit einen möglichen Unfall vermeiden.

Die große Frage bleibt natürlich, was bei einem Systemausfall geschieht, der auch die Elektrik betrifft. Es gibt keine naturgegebene Pannensicherheit, auch nicht bei der Lenkung. Wenn die Räder als Reaktion auf einen Computerfehler in die Geradeaus-Position zurückgestellt werden, obwohl sich der Fahrer auf einer gebirgigen Serpentinenstrecke befindet, kann das schlimmstenfalls dazu führen, dass das Auto über die Klippe geschickt wird. Es gibt keine einfache Lösung für dieses Problem, wohl aber Lösungsansätze – oder besser: Es gibt derer zwei. Der erste besteht darin, die SBW so zu konstruieren, dass das Risiko eines Totalausfalls ausgeschlossen wird. Dazu kann man doppelte Signalwege mit Selbst- und Überkreuzüberprüfung der einzelnen Kreisläufe vorsehen. Eine Reservebatterie könnte vor einfachem Stromausfall schützen. Die zweite Lösung ist eher philosophischer Natur: Jedes Jahr fahren eine Handvoll Menschen sowieso über Klippen, weil sie die Kontrolle über ihre Fahrzeuge auf Bergstraßen verlieren. Dank der erheblichen Fähigkeiten einer SBW könnten einige dieser Menschen noch leben. Hätten sie die Wahl

gehabt, hätten sie gerne das Risiko eines eventuellen Ausfalls des SBW-Systems in Kauf genommen. Daneben erscheint das Problem, der SBW ein künstliches Lenkgefühl mit auf den Weg zu geben, fast trivial.

Trotz dieser Befürchtungen – und tatsächlich ist die SBW unter den bestehenden Gesetzen in der EU in jedem Fahrzeug, das schneller als 40 km/h fahren kann, verboten – sind die Vorteile der SBW so groß, dass diese Systeme höchstwahrscheinlich innerhalb der nächsten Dekade in Serienautos auftauchen werden. Einige bemerkenswerte Prototypen gibt es bereits. Eine Aufsehen erregende Idee kommt von Delphi. Der Zulieferer zeigte bereits 1998 ein System, das komplett auf mechanische Verbindungen verzichtet, nicht nur zwischen dem Lenkrad und den Vorderrädern, sondern auch zwischen den Vorderrädern. Stattdessen verfügt jedes Rad über einen separaten Lenkungsaktuator mit elektronischer Bewegungssynchronisation.

Diese Studie hat nebenbei den Vorteil, dass das Lenkverhältnis zwischen den beiden Rädern nicht konstant bleiben muss. Stattdessen kann jedes Rad so gelenkt werden, dass man den kleinen Unterschied im Lenkwinkel (der so genannte Ackermann-Winkel) zwischen den inneren und äußeren Rädern während der Kurvenfahrt berücksichtigt: Das innere Rad, das dem engeren Radius folgt, muss idealerweise über einen größeren Winkel drehen. Mit der richtigen elektronischen Steuerung konnte das Delphi-System das Schleifen beim Manövrieren mit niedriger Geschwindigkeit eliminieren, ohne dass darunter Stabilität oder Fahrverhalten bei hohen Geschwindigkeiten leidet.

Systeme, die ein Mittelding darstellen, sind möglich, wie BMW bereits im Jahr 2000 demonstrierte. Das Unternehmen produzierte zwei Prototypen auf Basis der 3er-Reihe, eines mit einem vollständigen SBW-System und das andere mit einem genialen Hybrid-System namens AFS (= »active front steering«). Das BMW-AFS erfordert ein Planetengetriebe in der Lenksäule, das mit einem SBW-Signal den Eingangsimpuls des Fahrers verstärkt (oder im Prinzip reduziert, aber in der Praxis kommt das kaum vor). So kann AFS bei niedriger Geschwindigkeit die Lenkung schneller drehen und damit die Lenkübersetzung, wie sie vom Fahrer wahrgenommen wird, anheben. Ein offensichtlicher Vorteil dieses Systems ist, dass das System im Fehlerfall außer Kraft gesetzt werden, der Fahrer aber weiterhin, wenn auch ohne AFS-Unterstützung, lenken kann. Das SBW-System kann das Lenkverhältnis entsprechend der Geschwindigkeit direkt ändern (und eine weiche nicht-lineare Verwandtschaft mit dem Eingangssignal des Fahrers erreichen, indem das Übersetzungsverhältnis in Richtung Vollausschlag bei niedriger Geschwindigkeit erhöht wird). Aus Sicherheitsgründen werden die Signalwege in diesem System dreifach abgesichert, so dass ein fehlerhafter Kanal identifiziert und isoliert werden kann. Beide Systeme wurden so konstruiert, dass die Drehung des Lenkrads um 160° in jede Richtung zum Vollausschlag führte.

Einen weiteren Schritt in Richtung SBW markieren einige automatische Spurhaltungs-Systeme, wie ihn einige Hersteller (zum Beispiel Jaguar und neuerdings auch Citroën im C4) demonstrieren. Diese Systeme werden ausführlicher in Teil 4 diskutiert, hier nur so viel: Im Prinzip werden die Fahrbahnmarkierungen von einer Kamera abgetastet. Deren Signale analysiert ein Computer, der dann die Lenkbefehle erteilt, die das Auto in der Fahrbahnmitte halten. Die eigentliche Lenkung erfolgt über einen kleinen Lenkmotor, der an der Lenksäule sitzt und mit einem Reibkontakt versehen ist, so dass der Fahrer jederzeit und leicht eingreifen kann, so das wünscht. Die automatischen Lenkkorrekturen dabei aber erfolgen zweifellos per SBW.

Schließlich eröffnet SBW die Möglichkeit, mit einem Joystick statt einem konventionellen Lenkrad zu steuern, wobei das System als Antwort auf eine Kombination von Bewegung und Druck einrastet. Mercedes-Benz und Saab haben bereits Versuchswagen laufen, die mit einer Joystick-Lenkung ausgerüstet sind, und zum Abschluss der Tests scheint sich zu bestätigen, dass die meisten Fahrer das Lenken viel leichter fanden als sie anfangs erwartet haben. Das Konzept bietet offensichtlich erhebliche Vorteile: Falls der Joystick (Hebel nach vorn = Beschleunigung, Hebel nach hinten = Bremsen) auf der Mittelkonsole säße, könnte sogar der Beifahrer das Auto fahren. Überdies könnte man auf unterschiedliche Versionen mit Links- oder Rechtslenkung verzichten, und die Airbags für Fahrer und Beifahrer könnten ebenfalls identisch gehalten werden. Das klingt alles sehr attraktiv (vor allem für die Automobilhersteller) − aber sogar die kühnsten Optimisten rechnen noch mit mindestens einem Jahrzehnt, bis entsprechende Serienautos zu sehen sein werden.

19 Bremsen

Die Pioniere unter den Autofahrern hatten genug damit zu tun, ihre Fahrzeuge auf der Straße zu halten, ohne allzuviel über das Anhalten nachzudenken. Als sich die Motorleistung verbesserte, wurde das Anhalten jedoch zum Hauptproblem, und so ist es bis heute geblieben. Der Leistungsanstieg und die vielen unterschiedlichen Situationen bei wachsender Verkehrsdichte erforderten aber nicht nur Fortschritte bei der Konstruktion der eigentlichen Bremssysteme, sondern auch bei den Materialien – insbesondere bei der Zusammensetzung der Bremsbeläge, ohne die es nun einmal keinen Bremsvorgang gibt. Wir sollten dabei allerdings nicht vergessen, dass schlussendlich die Bremsleistung nur so gut sein kann, wie die Haftung der Reifen (Grip) auf der Straße. Diese ist logischerweise auf einer guten, trockenen Oberfläche mehr als ausreichend, aber ausgesprochen dürftig bei Nässe oder Eis. Deshalb war die Entwicklung von Anti-Blockier-Bremssystemen, die heutzutage weltweit ABS genannt werden, so wichtig (obwohl ABS streng genommen ein Bosch-Markenzeichen ist). Ein ABS liefert immer noch keine bessere Bremsleistung auf trockenen Straßen, aber es macht unabhängig vom Geschick des Fahrers das Bestmögliche aus dem vorhandenen Grip.

Grundsätzlich wird beim Bremsen die Bewegungsenergie (kinetische Energie) des Fahrzeugs in eine andere Energieform umgesetzt. In konventionellen Bremsen ist diese andere Form immer Wärme, sie wird von der Reibung der Bremsbeläge (Beläge oder Klötze) erzeugt, die gegen Metall schleifen, seien es Trommeln oder Scheiben. Zukünftige Autogenerationen mit entsprechender Elektronik können daraus elektrische Energie gewinnen, die zurück in die Batterie gespeist werden kann. Dieser Prozess ist als regeneratives Bremsen bekannt. Aber das reine Verhältnis der Energieumsetzung, das beim Bremsen mit maximaler Geschwindigkeit eine Rolle spielt, zeigt, dass sogar diese fortgeschrittenen Autos immer noch wirksame Reibungsbremsen brauchen. Ein Aston-Martin-Ingenieur vermittelte einmal einen Eindruck von der letztlich ungenutzten Energiemenge: Mit der Energie, die beim Abbremsen eines DB7 von 160 km/h auf Null anfällt, könnte eine kleine Wohnung zwei Wochen lang im Winter beheizt werden.

Frühe Fahrwerksingenieure hatten mitunter merkwürdige Ideen, was das Bremsen, die Aufhängungskonstruktion und die Lenkung anging. Ein beliebtes Bauteil der Pioniertage war die Getriebebremse: Man installierte die Bremse auf der Kardanwelle statt an den Rädern. Das verringerte tatsächlich (was sehr vorteilhaft war) die ungefederte Masse – nicht etwa dass das zur der Zeit ein Thema gewesen wäre. Gravierender war aber die Tatsache, dass sich Differenzial und Antriebswellen zwischen Bremse und Reifenkontaktfläche befanden und damit dem bremsenden Drehmoment ausgesetzt waren. Das taten all diese frühen Ingenieure, um die komplizierte Installation einer Bremseinheit an den Rädern zu vermeiden. Erst mit der Erfindung von hydraulischen Bremsen bekam man die Probleme in den Griff, aber das dauerte ja ziemlich lange. Selbst nach Einführung der Radbremsen hatten die meisten Autos bis zur Mitte der 1920er-Jahre nur Bremsen an den Hinterrädern, die wenig zur Fahrstabilität beitrugen, etwa wenn die Bremsen während der Kurvenfahrt betätigt mussten oder bei einer Notbremsung blockierten. Bei blockierenden Vorderradbremsen rutschte der Wagen schlimmstenfalls geradeaus, aber falls die hinteren Bremsen blockieren, brach der Wagen meist aus, während der Fahrer alle Hände voll zu tun hatte, um die Kontrolle über das Fahrzeug zu behalten.

Schließlich ging das moderne Bremssystem als Sieger aus dem Chaos hervor. Alle vier Räder wurden mit Bremsen bestückt, Seilzüge ersetzten das Gestänge, und danach ersetzte eine Hydraulik die mechanische Bremsbetätigung. Die späteren Unterdruck-Servo-Einheiten reduzierten die Pedalkräfte bei der Bremsbetätigung. Trommelbremsen wichen Scheibenbremsen,

Praktisch alle modernen Autos werden inzwischen mit belüfteten Bremsscheiben ausgerüstet. Diese Bremse stammt aus dem aktuellen Ford Mondeo. Für dieses Auto hat die Scheibe einen Durchmesser von 300 mm und ist 24 mm dick. Bei Hochleistungs- und Rennwagen ist die Oberfläche der Bremsscheibe häufig durchbohrt, um eine bessere Wärmeableitung zu erzielen, und gerillt, damit sich der Bremsstaub, der beim Bremsvorgang durch den Belagverschleiß entsteht, besser verflüchtigen kann. (Ford)

ABS-Systeme wurden perfektioniert und Asbest war nicht länger Bestandteil der Bremsbeläge. Und es werden noch mehr Fortschritte kommen.

Bremssysteme

Das typische moderne Bremssysystem besteht aus Scheibenbremsen an allen vier Rädern. Die vordere Scheibe ist belüftet, die Bremssättel werden mit einem Unterdruck-Servo hydraulisch bedient, was die Kraft, mit der der Fahrer das Bremspedal tritt, vervielfacht. Dazu kommt ein ABS. Der Geberzylinder (der vom Bremspedal aktiviert wird) besitzt Tandem-Kolben, und die hydraulischen Bremskreise sind entsprechend einer Anzahl von Standardmustern aufgeteilt, damit sichergestellt ist, dass kein einziger Fehler das Bremssystem vollständig außer Kraft setzt. Eine mechanisch bedienbare Handbremse, die auch als letzte Notbremse dient, vervollständigt das System. Viele Bremssysteme haben für die hinteren Bremsen auch ein Bremsdruckbegrenzungsventil, das den Druck in den Leitungen der Hinterradbremsen möglichst einschränkt, um sicherzustellen, dass die Hinterräder unter keinen Umständen blockieren und das Auto unstabil machen. Moderne Bremsscheiben sind unveränderlicher Bestandteil der Radnabe, wenngleich das sogar zur ungefederten Masse beiträgt. Über die Jahre haben Konstrukteure von Zeit zu Zeit innenliegende Bremsen ausprobiert, die mit den Rädern über eine kleine Welle verbunden sind (oder haben sie einfach am inneren Ende der Antriebswelle befestigt, dort, wo das Rad angetrieben wird). Die Vorteile haben aber nie die Nachteile in Form zusätzlicher Kosten und kompliziertem Aufbau aufwiegen können. Das moderne Grundsystem klingt ziemlich einfach. Es war aber ein sehr weiter Weg, bis die heute üblichen Bremsleistungen erreicht werden konnten. Eine wirkungsvolle Verzögerung hängt von der Wärmeerzeugung ab: Je schneller man sicher und wirksam Wärme erzeugen kann, desto schneller kann man das Auto verlangsamen. Wie schnell diese Wärme entsteht, hängt nur von zwei Dingen ab, nämlich vom Zusammenwirken der Reibungsoberflächen und von der Schnelligkeit,

mit der die Wärme wieder abgeführt wird. Gelingt das nämlich nicht, können die Bremsbeläge schmelzen, Feuer fangen oder explodieren.

Diese – wenn auch grob vereinfachte – Darstellung macht deutlich, dass nur zwei Dinge wirklich zählen: das Material, aus dem die Bremsbeläge hergestellt werden, und die Konstruktion der Scheiben, Klötze und Sättel. Alle Komponenten müssen zusammenwirken, damit sie sehr hohen Temperaturen widerstehen und gleichzeitig möglichst rasch Wärme von den Oberflächen abführen können.

Bis etwa 1960 bedeutete ein Bremsvorgang, dass die Reibbeläge, die auf die beiden Bremsschuhe genietet oder geklebt waren, gegen die Innenseite der rotierenden Bremsstrommel gepresst wurden. Die bei der Reibung entstehende Wärme konnte fast ausschließlich nur über das Metall der Bremsstrommel an die vorbeiströmende Außenluft abgegeben werden.

Bei länger dauernden Bremsvorgängen, zum Beispiel bei einer Abfahrt im Gebirge, erhitzten sich die Bremsstrommeln so stark, dass, bedingt durch die Wärmedehnung der Trommeln, der

Möglicherweise die zukünftige Bremsenform: Siemens hat eine elektromechanische Baugruppe ohne irgendwelche Hydraulik entwickelt – die Bremsbeläge werden von einem hoch übersetzten Elektromotorantrieb gegen die Bremsscheibe gedrückt. Der Antrieb muss allerdings umkehrbar sein, damit der Kontakt beim Loslassen des Bremspedals wieder gelöst wird. (Siemens)

Arbeitsweg der Bremsschuhe nicht mehr ausreiche, um einen ausreichenden Reibkontakt mit den Trommeln zu erreichen. Der Fahrer merkte dies daran, dass das Bremspedal immer weiter »nach unten« sackte, bis es schließlich auf dem Karosserieboden auflag und die Bremswirkung nahezu null war.

Die Trommeln für Sportwagen wurden hauptsächlich aus leichtem Aluminium hergestellt (wegen der besseren Wärmeableitung) und mit Kühlrippen auf der Oberfläche, dem Außendurchmesser, versehen, was die Oberfläche und damit die Abstrahlung vergrößerte. Die Räder wurden möglichst offen hergestellt, indem man Drahtspeichen verwendete, um möglichst viel Luft an die Trommeln gelangen zu lassen. Trotzdem mussten die Trommeln, um passable Verzögerungswerte zu bieten, absolut riesig ausfallen, was zu einer solchen zusätzlichen ungefederten Masse führte, dass der Einfluss auf Fahrkomfort, Straßenlage und Kraftanstrengung beim Lenken unvermeidlich war.

Das Bremsfading, also das Nachlassen der Bremswirkung bei großer Beanspruchung, wurde größtenteils durch die Umstellung auf Scheibenbremsen überwunden. Weil die Scheibe sich nicht von den Belägen entfernen konnte, wurde das System theoretisch pannensicher. Wenn man die Scheiben jedoch hart rannahm, wurden sie sehr heiß. Nachtaufnahmen von Rennwagen zeigen oft glutrote Scheiben beim Bremsen. Es ist daher lebenswichtig, die Wärme von den Reibungsoberflächen abzuführen, was gewaltige Anstrengungen bei der Bremsenbelüftung erfordert. Falls das nicht gelingt, führt das zu einem Überhitzen von Belägen und Bremssätteln. Falls zu viel Wärme in der Sattelanordnung bleibt, kann die Bremsflüssigkeit kochen, was einen ähnlichen Effekt wie das Trommelbremsen-Fading zur Folge haben kann. Wenn also Scheibenbremsen etwas bewirkt haben, dann in erster Linie, dass sich die Gedanken der Ingenieure eher auf Eigenschaften und Zusammensetzung der Beläge und der wirkungsvollen Wärmeableitung konzentrierten.

Was das Material angeht, bestehen moderne Bremsklötze aus einer geschickten (Asbest-freien) Mischung aus Metallfasern und widerstandsfähigen Harzen. Das Harz erzeugt die Reibung, während das Metall die Form stabil hält und einen Teil der Wärme von der Oberfläche abführt (der Großteil der Hitze wird natürlich von der ständig rotierenden Scheibe abtransportiert). Jedes Reibungsmaterial besitzt eine Temperatur-Kennlinie: Der Reibungskoeffizient steigt bis zu einer bestimmten Spitzentemperatur an und fällt dann wieder ab, obwohl die Temperatur noch weiter steigt. Ein Reibbelag, der auch bei niedrigen Temperaturen gut funktioniert – wie in einem durchschnittlichen Auto verwendet –, wird bei wirklich hohen Temperaturen, wie sie bei Bergabfahrten und heftigen Bremsmanövern auftreten, viel von seiner Wirksamkeit einbüßen. Dieser Reibungsverlust kann sich wiederum wie das klassische Bremsenfading anfühlen. So genannte Rennbremsbeläge verkraften viel höhere Spitzenreibungstemperaturen, besitzen aber bei niedrigen Temperaturen eine nur geringe Reibung. Daher besitzen solche Beläge bei niedrigen Betriebstemperaturen Nachteile, zumindest bis sie sauber durchgewärmt sind. Daraus folgt: Jedes Reibungsmaterial stellt einen Kompromiss dar, sowohl in seiner Reibungskennlinie als auch in seiner Verschleißrate. Je mehr Reibung ein Bremsbelag in einer gegebenen Situation erzeugt, desto schneller wird er abnutzen (die Scheibe nutzt kaum ab, jedenfalls sollte sie das nicht).

Trotz aller Fortschritte bei der Verbesserung von Bremsbelägen und der Optimierung der Konstruktion von Bremssätteln gilt es aber auch, auf die andere Hälfte des Systems zu achten – die Bremsscheibe. Den größten Fortschritt auf diesem Gebiet markierte zweifelsohne die Einführung von belüfteten Bremsscheiben, von Scheiben mit eingegossenen Luftkanälen. Dabei wird von innen nach außen Luft angesaugt und mittels Zentrifugalkräften an der Peripherie wieder hinausgeblasen. Das erzeugte eine gewaltige Steigerung der Wärmeabstrahlung. Insbesondere bei Rennfahrzeugen hat man große Sorgfalt darauf verwendet, Kühlluft von einem Strömungseinlass zu der Nabe jeder belüfteten Scheibe zu leiten. Die meisten Straßenfahrzeuge haben nur vorne belüftete Scheiben, weil die Vorderradbremsen unvermeidlich den größeren Teil der Bremsleistung tragen. Das durchschnittliche Straßenfahrzeug ist ohnehin vorderlastig. Die Lastübertragung nach vorne sieht unter harten Bremsbedingungen 80% der Arbeit von den vorderen Bremsen verrichtet, deshalb verschleißen die vorderen Bremsen (wie die vorderen Reifen) schneller.

Die Scheibe kann man auch aus fortschrittlichen Kompositmaterialien statt aus Gussmetall herstellen, wenn auch zu erheblich höheren Kosten. Jahrelang haben die schnellsten Flugzeuge Scheiben verwendet, die hauptsächlich aus Kohlefasern hergestellt waren, weil sie kompakter und leichter gehalten werden konnten – die Kosten spielten natürlich in diesem Fall fast keine Rolle. Schließlich wurde diese Technik auch von den Topmarken im Rennsport aufgegriffen, bei denen die Kosten genauso wenig bedeuteten. Dies veranlasste wiederum die Hersteller von Höchstleistungs-Straßenfahrzeugen zum Nachdenken, und obgleich Scheiben aus reiner Kohle nicht in Frage kamen, wurden einige fortschrittliche Alternativen entwickelt. Heute konzentriert sich das Interesse auf Keramikscheiben, wie sie bei Sportwagen von Porsche und Mercedes-Benz (Daimler-Chrysler) verwendet werden. Sie bestehen nicht vollständig aus Keramik, sondern aus einer Mischung von Kohle und Keramik und können sehr hohen Temperaturen und mechanischen Lasten widerstehen.

Anti-Blockier-Bremsen

Wie bereits erwähnt, ist der Begriff ABS zu einer weltweiten Abkürzung für das Anti-Blockier-Bremssystem geworden, obwohl der Begriff genau genommen Bosch gehört und für das Anti-Blockier-System (ABS) des Unternehmens steht. Das Grundprinzip des ABS ist einfach: Geschwindigkeitssensoren an den Rädern (»Raddrehzahl-

BMW hat dieses elektromechanische Bremssystem ohne jegliche Hydraulik dargestellt: Sehr hoch übersetzte Elektromotoren bringen die Bremsbeläge in Kontakt mit den Scheiben und heben diesen auch wieder auf. Das System braucht eine 36-V-Versorgung, damit ausreichend Leistung für einen Vollbremsbetrieb zur Verfügung steht. Das Gefühl für das Bremspedal muss künstlich erzeugt werden, und die Wirkung auf jedes Rad kann einzeln geregelt werden. (BMW)

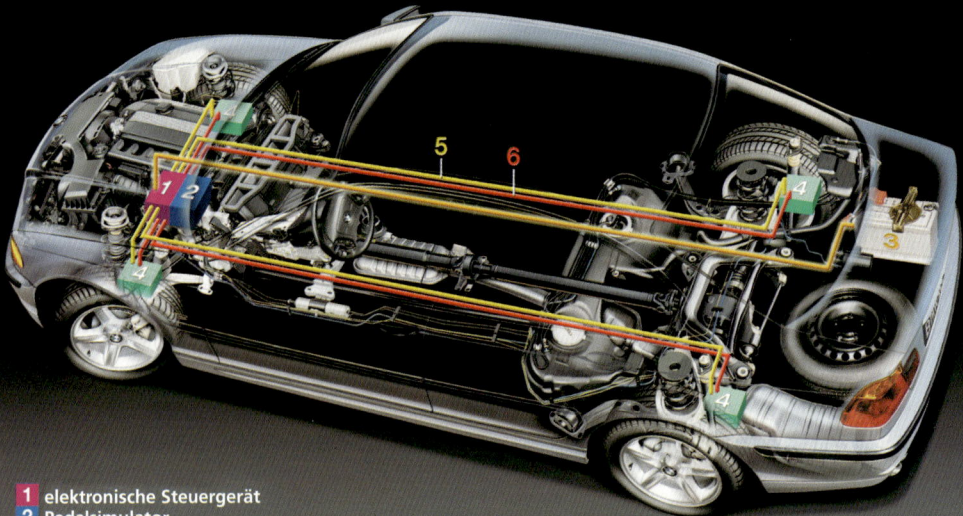

Brake-by-Wire
elektromechanische Bremse

1 elektronische Steuergerät
2 Pedalsimulator
3 42 V Generator (36 V Batterie)
4 Aktuator/Rad-Steuerungseinheit
5 EMB-Signale (EBM=electronic brake management)
6 Stromversorgung

fühler«) melden Informationen in eine zentrale Recheneinheit, die daraus schließt, wann ein Rad zu blockieren beginnt, dann augenblicklich mittels eines Stellventil-Systems reagiert und die Bremse an dem betreffenden Rad löst. Damit die Bremse danach wieder betätigt werden kann, erfordert das System einen zusätzlichen Druckspeicher für die Hydraulik; sonst würde das Bremspedal des Fahrers bis zum Boden durchfallen, und das jedes Mal, wenn ein ABS-Impuls geliefert wird. Die wichtigsten Bauteile eines ABS-Systems sind daher die Sensoren für die Radgeschwindigkeiten, der elektronische Prozessor, die Stellventile, eine elektrische betriebene Hydraulikpumpe und ein Druckspeicher. Nichtelektrische (rein hydromechanische) ABS-Systeme wurden während der 1980er-Jahre erfunden und angeboten, sind aber schließlich von elektronischen Systemen verdrängt worden, die nicht nur mehr leisten konnten, sondern auch rasch preiswerter wurden.

Bei einigen frühen ABS-Systemen handelt es sich um Drei-Kanal-Systeme, die die Vorderrad-Bremsen einzeln steuerten, die Hinterräder aber gemeinsam. Begann ein Hinterrad zu blockieren, wurde automatisch auch die Bremse des anderen Rades gelöst. Das sparte zwar dank des einfacheren Aufbaus Kosten, war aber dem vollständigen Vierkanalsystem, bei dem jeder Radbremszyliner einzeln gesteuert wird, weit unterlegen.

Ein potenzielles Problem bei der ABS-Entwicklung ist der Umgang mit 4WD-Getriebe-Systemen, die Schlupfbegrenzer oder Differenzialsperren enthalten. Die mechanische Verbindung der Räder über das Getriebe, nach dem das ABS-System sucht, um die Bremsen steuern zu können, kann zu falschen Reaktionen führen. Einige Getriebe haben daher eine Vorrichtung, die den Kraftfluss zu den Hinterrädern unterbricht, wenn per ABS gebremst wird. Alternativ dazu kann auch mit zusätzlichen Sensoren gearbeitet werden, was den Systembetrieb flexibler macht. ABS hat viel gemeinsam mit einer Antischlupf-Regelung TCS (= »traction control system«), dessen Arbeitsweise als umgekehrtes ABS bezeichnet werden könnte. In beiden Fällen müssen nämlich die Sensoren erkennen, was sich an einem (ange-

triebenen) Rad abspielt, ob es nämlich schneller zu drehen beginnt (was ein beginnendes Durchdrehen anzeigt) oder langsamer dreht (was ein beginnendes Blockieren anzeigt). Beide Systeme können übrigens von den gleichen Geschwindigkeitssensoren bedient werden – kein Wunder wiederum, weil der effektivste Weg, ein Durchdrehen der Räder zu verhindern, darin besteht, vorübergehend die Bremse zu betätigen. Die Bremsimpulse dafür können aus dem ABS-Ventilblock bezogen werden. Tatsächlich braucht man für ein TCS, wenn ABS vorhanden ist, etwas zusätzliche Software und einen zusätzlichen Steuerausgang, um das Motor-Drehmoment, falls notwendig, reduzieren zu können. Das geschieht entweder durch eine Verringerung der Kraftstoffzufuhr bei der Enspritzung oder durch direkten Eingriff in ein Drive-by-Wire-System zur Steuerung der Beschleunigung.

Ein relativ junges Konzept, das verwandt ist mit Servobetrieb und ABS, ist der Notbremsassistent EBA (= »emergency brake assist«). Er wurde zuerst von Mercedes-Benz eingeführt und seitdem in einer mehr oder weniger ähnlichen Form von einer wachsenden Zahl von Herstellern übernommen. Das EBA-Prinzip garantiert unter allen Umständen eine optimale Verzögerung, da in Untersuchungen nachgewiesen wurde, dass bei einer Notbremsung viele Fahrer zu zaghaft reagieren und einige lebenswichtige Meter Bremsweg verlieren. Die Forschung hat auch gezeigt, dass auch bei ABS-Betrieb die Bremswege durch eine Erhöhung des Pedaldrucks reduziert werden konnten. Folglich sucht EBA bei jeder Bremspedalbewegung nach Indizien für eine Notbremsung des Fahrers. Hat er eine solche erkannt, wird eine maximale Servobremskraft aufgebaut und so lange aufrecht erhalten, bis das Auto entweder vollständig zum Stillstand gekommen ist oder der Fahrer das Bremspedal vollständig freigegeben hat. Logischerweise kann EBA nur dann eingesetzt werden, wenn das ABS eingebaut ist.

Im Rahmen eines technischen Seminars Mitte 1998 präsentierte BMW seine Pläne für die Entwicklung eines vollständig integrierten elektronischen Bremsmanagement-Systems (EBM), das sein bestehendes DSC-Stabilitätsverbesserungs-System (das die ABS- und TCS-Funktionen enthielt) zur Basis hatte. Das Entwicklungsziel war laut BMW eine System-Architektur zu definieren, die alle bestehenden Bremskomponenten wie auch die Software (Steuerungssysteme) umfasst und gestattet, alle neuen Funktionen sofort nach ihrer Verfügbarkeit zu integrieren. Die beiden ersten Funktionen, die davon profitieren werden, sind die dynamische Bremssteuerung (DBC) und die aktive Wegsteuerung (ACC). Das DBC-System ist eigentlich eine verfeinerte Auslegung von EBA; ACC verlangt ein Interface zwischen nach vorne schauenden Sensoren und dem Bremssystem, damit das Fahrzeug automatisch langsamer wird, wenn der gemessene Abstand weniger als das erlaubte Minimum für die existierende Geschwindigkeit beträgt.

Die Zukunft: **Dynamisches Bremsen und Brake-by-wire**

Seit das ABS eingeführt wurde, weist der Weg potenziell in die Richtung, welche die Fahrwerksingenieure entweder elektronisches Bremsmanagement (EBM) oder dynamische Bremssteue-

rung (DBC) nennen. Als System arbeitet ABS gut, es ist aber eingeschränkt in seinen Anwendungen: Es greift erst ein, wenn ein Rad zu blockieren beginnt. Wie wir jedoch bereits gesehen haben, ist das Fahrzeuggewicht in vielen Situationen nicht gleichmäßig auf alle Räder verteilt oder wechselt sogar von Seite zu Seite; unter diesen Umständen könnten einige Räder den Bremsvorgang nicht optimal unterstützen. Was bleibt, ist das Bremsen gemäß der Radlast zu verteilen, was wiederum der Fahrzeugstabilität nutzt – und es gäbe sogar die Möglichkeit, die linke und rechte Fahrzeugseite in unterschiedlichem Maße zu verzögern, was sich zwangsläufig auf die Fahr- und Richtungsstabilität auswirken würde (genauer diskutiert in Kapitel 20). Dieser Idealzustand erfordert zwei Voraussetzungen. Die erste ist die Fähigkeit, die Lasten auf die einzelnen Räder wirken zu lassen. Die zweite ist die Fähigkeit, jederzeit (nicht nur wenn das ABS arbeitet) den Brems-

Erstmalig ist mit der elektrohydraulischen Bremse SBC von Bosch ein Bremssystem für Pkw serienreif, das den Bremsbefehl vom Pedal elektronisch umsetzt. Zusätzliche Sicherheits- und Komfortfunktionen lassen sich einfach in das System integrieren. (Bosch)

aufwand auf jedes Rad steuern zu können. Die erste Anforderung erfordert die richtigen Sensoren und einen Rechner. Die zweite wird erst wichtig, wenn der andere große Fortschritt auf dem Bremsensektor verwirklicht ist – Bremsen per Kabel (BBW = brake-by-wire). Wie im Fall des SBW (steer-by-wire, siehe Kapitel 18) können die Bremsen mittels eines elektrischen statt eines mechanischen Signals zwischen Bremspedal und der Einheit, die letzten Endes die Bremse betätigt, angelegt werden. Genau wie beim SBW gehört zu den Vorteilen dieses Systems, dass es den vom Fahrer gegebenen Ausgangsimpuls auf Wunsch im Interesse des leichten und konstanten Betriebs und der Sicherheit anpassen kann. Im Fall der dynamischen Bremssteuerung DBC würde der Computer das Signal vom Fahrer – Druck auf das Bremspedal und Geschwindigkeit der Ausführung – aufnehmen und in vier separate Signale aufteilen, ein Signal für jedes Rad, damit die richtige Menge an Bremsaufwand in der bestmöglichen Art angewendet wird. Ein BBW könnte beispielsweise auch, dank eines einfachen Interface, mit einem intelligenten Fahrtsteuerungssystem kommunizieren, das automatisch eine Bremsung einleitet, damit der Sicherheitsabstand gewahrt bleibt – herunter bis zum Stillstand, falls notwendig. Physikalisch gesehen, bringt BBW weitere Vorteile mit sich: Es gibt zum Beispiel keine Notwendigkeit für eine Verbindung zu einem Brems Geberzylinder, was besser für die passive Sicherheit und die Übertragung (Unterdrückung) von Geräuschen und Schwingungen ist. Aber der Fahrer braucht eine Rückmeldung, eine Art von künstlichem Feeling, wenn er das Bremspedal betätigt.

Am Rad selbst kann BBW rein elektrisch oder elektrohydraulisch funktionieren. Im ersten Fall würde der Bremsbelag mit einer elektrischen Hebespindel-Anordnung (wie ein Wagenheber) auf seine Position gezwungen (und zwangsläufig wieder frei gegeben). Anlässlich einer technischen Vorführung im Jahr 2000 zeigte BMW ein Auto mit einem rein elektrischen BBW. Die Hebespindel-Aktuatoren arbeiteten dabei nach dem Kugelumlaufprinzip, um die Reibung zu minimieren und eine schnellere Ansprechzeit zu erreichen. Wie so viele dieser Entwicklungen der neuen Generation erfordert das System eine 36-V-, keine 12-V-Stromversorgung. Zu den Besonderheiten dieses Sytems gehörte die völlige Unauffälligkeit, mit der es funktionierte, selbst die ABS-typische pumpende Rückkopplung vom Pedal unterblieb. Das war das Ergebnis der ursprünglich analogen Steuerung, anders als die digitale Steuerung eines bestehenden ABS, bei denen der Bremsdruck an einem Schwellenwert aufgebracht und bei einem anderen wieder abgelassen wird. Jedes Rad wurde natürlich angesteuert und BMW merkte an, dass jede gewünschte Bremsfunktion, die man sich denken könnte, mit der Software befriedigt werden könnte.

Im elektrohydraulischen BBW setzt ein Motor, der eine Pumpe antreibt, den Bremsflüssigkeitsspeicher unter Druck. Magnetventile steuern den Fluss der unter Druck stehenden Flüssigkeit zu jedem Bremssattel. Die Ventilfunktion wird von einem Bremssystem-Steuerungsgerät kontrolliert, das Signale von der Bremspedalkraft und den Fahrsensoren aufnimmt und verarbeitet. In vielerlei Hinsicht gleicht diese Alternative tatsächlich einem ABS-Baueinheit plus elektrischer Signalgebung und elektronischer Verarbeitung. Dieser Ansatz hat den Vorteil, dass er bestehende Bremssättel verwenden kann und daher der erste Typ sein wird, der in Serie geht, obgleich BMW – und möglicherweise einige andere Autohersteller – sich bemühen werden, eine vollständige elektrische Lösung schneller auf den Markt zu bringen. Welcher Typ auch zuerst kommt, er wird wahrscheinlich zu Gewichtsersparnissen und Vorteilen bei Installation und Wartung führen. Die Hydraulik auf einen kleinen geschlossenen Kreislauf in jeder Ecke des Autos zu beschränken – oder sie ganz wegzulassen – wird einen großen Unterschied machen. Aber der wirkliche Durchbruch wird erst dann erreicht sein, wenn die Bremsen das Auto nicht länger bloß anhalten, sondern auch zu seiner Stabilität und seinem sicheren Fahrverhalten beitragen.

20 Die Zukunft der Fahrwerks- konstruktion

TRW integriertes Fahrzeugsteuerungssystem

Sensor- und Kommunikations-Technik:

1 Reifenkontaktflächensensoren (CTPS)

2 sicherheitskritische Datenbusstruktur

3 »Plug and Play«-Software

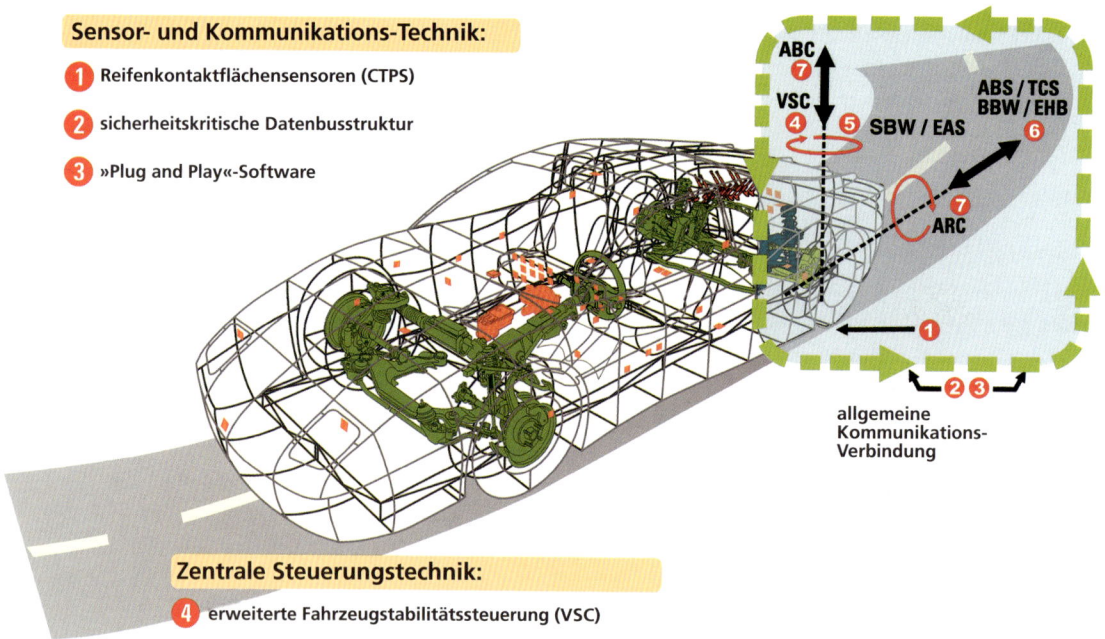

ABC
7
VSC
4 **5** SBW / EAS
ABS / TCS
BBW / EHB
6
7
ARC
1
2 **3**

allgemeine
Kommunikations-
Verbindung

Zentrale Steuerungstechnik:

4 erweiterte Fahrzeugstabilitätssteuerung (VSC)

5 Lenkung – »Steer by wire« (SBW) oder elektrisch unterstützte Lenkung (EAS)

6 Bremsen – »Brake by wire« (BBW) oder elektrohydraulische Bremsen (EHB)

7 Aufhängung – aktive Fahrverhalten-Steuerung (ARC) und aktive Karosseriesteuerung (ABC)

An verschiedenen Stellen in Teil 3 haben wir aus unterschiedlichen Blickwinkeln versucht, einen Blick in die Zukunft der Fahrwerkskonstruktion zu wagen und insbesondere die Möglichkeiten von SBW (»steer-by-wire«) und BBW (»brake-by-wire«) auszuloten. Doch gibt es einen Bereich, den wir nur kurz erwähnt haben, ebenso wie einen anderen, wo sozusagen die Fäden zusammenlaufen. Der erste Themenbereich widmet sich der echten aktiven Fahrkontrolle. Diese ist allerdings im Moment nicht mehr als ein Ausblick auf eine Reise mit einem fliegenden Teppich, die Vision eines vom Fahrbahnzustand völlig unbeeinflussten Fahrens – erreicht unter Zuhilfenahme einer elektronisch gesteuerten Aufhängung. Der zweite ist das, was Fahrwerksingenieure Stabilitätsverbesserung nennen, was nichts anderes bedeutet, als dass das Auto möglichst exakt das macht, was der Fahrer beabsichtigt, ohne dass das geringste Risiko besteht, die Kontrolle für das Fahrzeug zu verlieren.

Das aktive Fahren ist ein Bereich, in dem nur zwei Hersteller, nämlich Citroën und Mercedes, gerade mal begonnen haben, sich zaghaft in Richtung Ideal zu bewegen. Experimentalfahrzeuge, die dem nahe kommen, wurden zwar vorgestellt, doch scheint es unwahrscheinlicher denn je zu sein, dass ein vollständig aktives Fahren überhaupt Realität werden wird. Und dafür gibt es auch gute Gründe. Schließlich ist ein Stabilitätsprogramm bereits in einer wachsenden Zahl von Autos zu finden, und die Frage ist hauptsächlich die, inwieweit sie noch weiter verbessert werden kann.

Aktives Fahren

Citroën hatte jahrelange Erfahrungen mit einer hydropneumatischen Aufhängung gesammelt

Gegenüber: Einer der größten amerikanischen Zulieferer hat ein Entwicklungsprogramm aufgelegt, das zu einer engen Integration aller wichtigen Fahrzeugsteuerungssysteme führen soll und damit optimale Sicherheit und Wirksamkeit erreicht. Die grobe Skizze des TRW-Konzepts ist in diesem Diagramm zu erkennen. Es stammt vom SAE-Kongress aus dem Jahre 2000. TRW macht deutlich, dass es den »By wire«-Betrieb der Systeme zwar als Ziel sieht, aber denkt, dass er erst in zwei Stufen erreicht werden kann. (TRW)

(und es waren gute Erfahrungen, die dem Unternehmen viel Reputation einbrachten und den Ruf als technische Avantgarde begründeten), man wusste also um die Vorteile einer stets auf gleicher Höhe befindlichen Karosserie, unbeeinflusst vom Fahrbahn-Untergrund. Dennoch bewegte sich das Unternehmen nur während der 1990er-Jahre in Richtung auf eine echte aktive Fahrkontrolle zu – und sogar dann blieben die Schritte, im Verhältnis zum häufig beschriebenen Ideal, winzig. Bei einem wirklich aktiven Fahrwerk weichen Federn und Dämpfer einem System, das die Räder tatsächlich im Verhältnis zur Karosserie auf und ab hält, so dass die Räder (theoretisch) jedem Profil der Straßenoberfläche folgen und die Karosserie sich überhaupt nicht bewegt. Eine perfekte Lösung ist aber nur dann erreichbar, wenn die Straßenoberfläche zuvor bereits vermessen wurde, denn ein jedes der möglichen Systeme benötigt eine Antwort- oder Reaktionszeit – es kann nicht augenblicklich reagieren. Versuchsweise wurde auch mit Ultraschallsensoren, die die Oberfläche vor den Vorderrädern abtasten, experimentiert. Die meisten aktiven Fahrwerkssysteme, die sich in der Entwicklung befinden, funktionieren aber auf Grundlage konstanter Last. Das System weiß, wie viel Last jedes Rad abstützen sollte: Falls die Last auf ein Rad zunimmt, weil es beispielsweise über ein Hindernis fährt, hebt das System das Rad an und hält die Last konstant. Es senkt es wieder ab, wenn die Last auf der anderen Seite abnimmt.

Jedes System benötigt aber Energie, um alle vier Räder jederzeit auf- und absenken zu können. Für den Betrieb von vier Hochdruck-Hochgeschwindigkeits-Hydraulikhebern in einem schweren Auto auf einer normalen Straßenoberfläche wurde ein Energieverbrauch von 10 kW ermittelt. Sogar in einem großen Luxusauto bedeutet dieser Wert eine erhebliche Verschlechterung in Leistung und Kraftstoffverbrauch, nicht zu denken an die extrem hohen Kosten für jeden Heber, der den Job machen müsste. Man muss auch über einen Systemausfall nachdenken – falls die Hydraulikpumpe streikt, wird das Auto rasch auf seine Notstoßdämpfer fallen und nur noch über eine begrenzte Bodenfreiheit verfügen. Obwohl verschiedene Studien bereits beeindruckende Ergebnisse nicht nur im Fahrkomfort, sondern auch bei der automatischen Anpassung an die Erfordernisse durch eine Änderung des Verhältnisses der vorderen zur hinteren Drehsteifigkeit ergaben, fand das vollständige Konzept – übrigens von Lotus – nirgendwo eine Anwendung in der Produktion. Es gab alternative Vorschläge, bei denen die Bewegung einer Aufhängungseinheit selbst zu einem Druckanstieg in einem Hydraulikspeicher führte, was wiederum dann den Fahrkomfort erhöhte, ohne dass dafür Motorleistung verschwendet werden musste, aber von diesem Ansatz hat man seit Mitte der 1990er-Jahre wenig gehört.

Citroën, dank seiner bereits existierenden hydropneumatischen Aufhängung mit reichlich Erfahrung gesegnet, wählte den indirekten Weg. Die Franzosen versuchten nicht, eine vollständig aktive Aufhängung zu erreichen (also einschließlich einer Abtastung der Oberfläche), sondern statteten ihre Luxuslimousine mit einem adaptiven Fahrwerk aus, das zwei Einstellungen zuließ. Diese umfassten sowohl unterschiedliche Federkonstanten als auch unterschiedliche (passende) Dämpferkonstanten. Das Citroën Hydractive-System, das zuerst im XM auftauchte, schaltet zwischen zwei Federn-und-Dämpfer-Einstellungen um, die von zusätzlichen Gasfederkreisen vorn und hinten abhängen. Die Räder werden damit durch Öffnen eines Ventilpaars verbunden. Die Verbindungskanäle enthalten Dämpferöffnungen, um die Dämpferrate der verringerten Federkonstante anzupassen. Die Ventile öffnen und schließen mittels Computersteuerung, sie schließen und schalten dabei auf eine steifere Einstellung, wenn das elektronische System beispielsweise fühlt, dass der Fahrer das Lenkrad dreht, um in eine Kurve einzubiegen.

Hydractive bietet wertvolle Vorteile bei überschaubaren Zusatzkosten, ohne dass sich am Leistungsfluss des hydropneumatischen Grundsystems sehr viel ändert. Citroën setzte seinen technischen Erfolg mit dem Anti-Roll-System Activa fort, das zuerst im Xantia auftauchte. Das Activa-System erfordert zwei zusätzliche hydraulische Heber zwischen der Karosserie und der Aufhängung an den diagonal entgegengesetzten Ecken des Autos. Die Hydraulik erlaubt ein Karosserietorsion von maximal einem halben Grad,

was aus der Sicht des Fahrers überhaupt keine wahrnehmbare Verschränkung darstellt. Die Toleranz von einem halben Grad ist genug, um ein Aufschaukeln bei kleineren Kurskorrekturen zu verhindern. Gleichzeitig verhindert das System aber wirkungsvoll, dass sich der Wagen bei schneller Fahrt in die Kurve legt. Das stellt auch sicher, dass Räder und Reifen ebenfalls keine Seitenneigung aufweisen, was wiederum zu viel besserem Fahrverhalten und viel besserer Bodenhaftung in der Kurve führt.

Andere Unternehmen haben die Vorteile eines künstlich begrenzten Drehwinkels während der Kurvenfahrt geprüft, und Delphi beliefert Land Rover mit einem System, das die Rollwinkel im Discovery reduziert – nicht vollständig, aber genug, um das Fahren auf normalen Straßen bequemer und sicherer zu gestalten.

1999 kündigte Mercedes-Benz sein aktives Federungs- und Dämpfungssystem ABC (= »active body control«) an. Das Unternehmen verabschiedet sich damit von der Idee eines vollautomatischen Fliegenden Teppichs und setzt auf ein System mit begrenztem Einfluss. Im ABC achtet das hydraulische System nur auf Bewegungen der Aufhängung mit bis zu 5 Hertz (fünf Schwingungen pro Sekunde). Das bedeutet, dass die meisten der Aufhängungsimpulse, die unser Körper noch nicht als Schwingung interpretiert, kleiner als 5 Hertz sind, daher dieser Grenzwert. Alles, was darüber liegt, also Bewegungen mit höheren Frequenzen, werden normalerweise von konventionellen Federungs- und-Dämpfungseinheiten aufgefangen. Indem sie die 5-Hz-Grenze akzeptierten, waren die Mercedes-Ingenieure in der Lage, den Energieverbrauch auf zumutbare 3 kW zu reduzieren, und das sogar im schlechtesten Fall, wenn der Fahrer nämlich eine kurvige Strecke mit einer schlechten Fahrbahn »runterbrettert« (und etwas von dem Leistungsverlust wird wiedergewonnen, weil die ohne Seitenneigung rollenden Reifen einen niedrigeren Widerstand während der Kurvenfahrt besitzen). Es scheint auch möglich, die Kosten für diese Bauelemente zu reduzieren – obwohl sie für normale Auto-Begriffe hoch bleiben. Das System umfasst eine hydraulische Pumpe, zwei Druckspeicher, dreizehn verschiedene Sensoren, zwei Computer-Einheiten, vier sehr komplizierte und teure Feder/Dämpfer-Beine und einige Kleinteile. Das Ganze ist an ein elektronisches System mit fortgeschrittenem Datenbus gebunden, und so etwas kann niemals preiswert sein. Weitere Vorteile einer aktiven Federung und Dämpfung sind der mögliche Verzicht auf Achs-Stabilisatoren und die aufwändige geometrische Auslegung des Fahrwerks, die gebraucht wird, um einen Bremsnickausgleich herbeizuführen (anti dive). Überdies lassen sich die Fahreigenschaften dadurch verbessern, dass man das Verhältnis der Roll- bzw. Wanksteifigkeit zwischen Vorder- und Hinterachse anpasst. Und weil die ABC-Aktuatoren mit konventionellen Schraubenfedern und Dämpfern parallel arbeiten, ist auch bei einem Ausfall des Systems der Wagen perfekt fahrbar – wenn auch weniger bequem.

Obwohl das Mercedes-Benz ABC gut funktioniert und den Komfort einer Luxuslimousine mit dem Fahrverhalten eines Sportwagens kombiniert, ist es doch zu teuer, um jemals in normalen Familienautos eingesetzt zu werden. Mercedes rechnet damit, eine abgespeckte ABC-Anwendung möglicherweise in der Spitzenversion der E-Klasse anbieten zu können, doch auch dieses System ist nicht in der Lage, alle Vorteile eines idealen aktiven Fahrwerks zu liefern. Zukünftige Lösungen werden von unorthodoxen Denkmethoden abhängig sein, wie die von Citroën (unter welchen Umständen müssen wir tatsächlich die Fahreigenschaften flexibler steuern?) oder von einfacheren Konzepten, wie Delphis Magneride, von dem in Kapitel 16 berichtet wird.

Fahrwerksingenieure brauchen nicht zu fragen, was theoretisch möglich ist – die Antwort lautet: fast alles. Sie müssen fragen: Was können wir zu mäßigen Kosten und mit einem Minimum, falls überhaupt, an zusätzlichem Energieverbrauch tun?

Künstliche Stabilität

Seit Menschen am Lenkrad sitzen ist es so, dass einige Fahrer fähiger sind als andere. Das ist besonders offensichtlich, wenn es um nicht ganz einfache Manöver geht, den Slalom oder beim Wedeln. Aus einer Reihe von komplizierten technischen Gründen besteht die Gefahr, vor Beendigung dieses Manövers die Kontrolle über das Fahrzeug zu verlieren. Anstatt sich aufzurichten und damit zu stabilisieren, schaukelt sich das Fahrzeug mit einer Reihe von wilden Schwingungen auf, bis es sich entweder bis zum Stillstand um seine eigene Achse dreht oder aber umkippt. 1997 machte dieser Sachverhalt und seine Risiken als »Elchtest« Schlagzeilen, nachdem ein skandinavisches Automobilmagazin, das den Elchtest als Standardtestverfahren verwendete, den seinerzeit neuen Mercedes-Benz-A-Klasse im Verlauf des Tests zum Kippen brachte.

Die verschiedenen Messungen, die Mercedes-Benz danach durchführte, um das Verhalten der A-Klasse zu verbessern, hatten die Einführung des sogenannten ESP-System (»electronic stability programme« = elektronisches Stabilitätsprogramm) zur Folge. Mercedes-Benz hatte Glück und ein solches ESP sofort verfügbar, weil das Unternehmen das System bereits seit 1995 in seinen leistungsstarken Autos mit Hinterradantrieb angeboten hatte – genau wie der Konkurrent BMW, das sein im Detail, aber nicht vom Grundsatz her unterschiedliches Konzept DCS (»dynamic slip control« = dynamische Schlupfsteuerung) nannte.

Fahrdynamik-Regelsysteme wie ESP und DCS gehen von den bewährten Prinzipien (die bereits diskutiert wurden) des Anti-Blockier-Systems ABS und der Antriebsschlupf-Regelung TCS aus. Noch einmal ganz kurz: Meist wird beim TCS, bei mittleren Geschwindigkeiten, ein angetriebenes Rad dadurch am Durchdrehen gehindert, dass automatisch und vorübergehend die Radbremse betätigt wird, eine Aktion, die dem gegenüberliegenden Rad gestattet, zusätzliches Drehmoment zu übertragen. Wenn das System in diesem Sinne arbeitet, verwendet es nicht nur den ABS-Sensor, um die Drehzahländerungen am Rad zu entdecken, sondern nimmt auch die Bremsimpulse vom ABS-Druckspeicher und Ventilblock. Daher kann, wie bereits gesagt, jedes ABS-System mit Traktionskontrolle versehen werden, und das erfordert nichts mehr als etwas zusätzliche Software für den Steuerungscomputer. Um der Wahrheit die Ehre zu geben: Ein wenig komplizierter ist es schon, weil das TCS in der Regel auch ein

Signal erzeugt, das die Ausgangsleistung des Motors beeinflusst, und das erfordert zusätzliche Hardware und elektrische Verbindungen.

Fahrsicherheitssysteme wie ESP (diese Bezeichnung nutzt DaimlerChrysler) treiben das Prinzip einen Schritt weiter, indem sie außerdem über einen einzelnen Bremsvorgang das Gieren (die Bewegung um die Hochachse) eines manövrierenden Autos kontrollieren. Ein Beispiel: Der Fahrer eines leistungsstarken Autos mit Hinterradantrieb gibt in einer vereisten Kurve zu viel Gas. Die Hinterräder beginnen nach außen zu rutschen, der Wagen droht außer Kontrolle zu geraten.

Sobald aber die Hinterräder rutschen – oder beginnen, dies zu tun – bremst das ESP-System das kurvenäußere Hinterrad. Damit wird ein Gegenmoment eingeleitet, so dass der Fahrzeugbug, der die Tendenz hatte, zur Kurveninnenseite einzudrehen, wieder in seine normale Bahn durch die Kurve zurückgeholt. Gleichzeitig wird das Fahrzeug abgebremst. Der andere Fall: Wenn der Fahrer mit überhöhter Geschwindigkeit in eine Kurve fährt und die Vorderräder zur Kurvenaußenseite drängen, wird auch hier durch den Bremsvorgang das kurvenäußere Vorderrad wieder stabilisiert und auf die korrekte Kurvenbahn zurückgebracht. Zusammengefasst: ESP hat die Aufgabe, ein Fahrzeug, das in einer kritischen Situation von der vom Fahrer vorgegebenen Ideallinie abweicht, durch selbsttätiges kurzes Abbremsen der Räder wieder auf die sichere Linie zu bringen. Der Schlüssel zu dem Konzept liegt im Erahnen der Absichten des Fahrers und dem gleichzeitigen Abgleich mit dem tatsächlichen Verhalten des Autos.

Ersteres verlangt einen Sensor für den Lenkradwinkel, Letzteres verlangt mindestens einen Querbeschleunigungsmesser und vorzugsweise eine Giermomentregelung samt entsprechendem Sensor, der die Gierrate misst. Alle Signale müssen dann von der Hydraulikeinheit verarbeitet werden. Das von dort kommende Ausgangssignal nimmt die einfache Form einer Reihe von Impulsen zu jedem Rad an, möglicherweise begleitet von einer automatischen, über das Motormanagement eingeleiteten Verringerung der Motorleistung, bis das Auto auf den vom Fahrer beabsichtigten Weg zurückgekehrt ist.

Auch eine Fahrdynamik-Regelung ist keineswegs idiotensicher. Sie kann nicht verhindern, dass ein Fahrer rutschige Kurven zu schnell angeht, und ein ESP wird auch nicht selbsttätig die Geschwindigkeit drosseln: Das obliegt weiterhin der Verantwortung des Fahrers. ESP aber hat sich bewährt, indem sie leistungsstarken Hecktrieblern auch unter schwierigen Bedingungen jene Richtungsstabilität und Manövrierbarkeit verschafft, wie sie normalerweise Fronttriebler aufweisen. Ein Teil der Attraktivität solcher Systeme liegt darin, dass sie nur drei wichtige Hardware-Elemente benötigen – einen Sensor für den Lenkradwinkel, einen, der die Gierrate misst (beide können auch für andere Zwecke nützlich sein) und eine elektronische Regeleinheit – plus die entsprechende Software über und auf einer konventionellen Vierkanal-ABS/TCS-Einheit.

Seit das ESP seine Wirksamkeit bewiesen hat (später wurde eine A-Klasse einem erneuten Elchtest unterzogen und kippte nicht um), gehört ein solches System bei einer wachsenden Anzahl von Autos bereits zur Serienausstattung, wobei einige von ihnen das nie brauchen werden. In gewissem Grade ist das eine Folge der Tatsache, dass die benötigte Hardware bereits jetzt in den meisten niedrigpreisigen Autos zu finden und eine Aufrüstung relativ leicht ist. Das ergibt eine tolles zusätzliches Verkaufsargument. Und das dürfte noch leichter (und letztlich kostensparender) werden, wenn das Brake-by-wire allgemein verbreitet ist und wenn die Sensorinformationen mittels eines Datenbusses über das Auto verteilt werden.

Die Fahrstabilität könnte noch wesentlich verbessert werden, wenn ein »aktives« Getriebe (siehe Kapitel 14) genutzt werden könnte. Somit ließe sich jedem der beiden Antriebsräder das augenblicklich übertragbare Antriebsdrehmoment zuteilen. Dies würde das Fahrverhalten dramatisch verbessern.

Paradoxerweise spielen bei all diesen Techniken zur Verbesserung der Fahrstabilität die Einflüsse durch die Lenkung kaum eine Rolle, auch dann nicht, wenn ein »steer-by-wire« einmal Realität werden sollte. Falls aber die Lenkung das Fahrverhalten verschlechtern sollte, müssen andere Wege gesucht werden, um dieses Problem in den Griff zu bekommen.

Bewusst oder unbewusst haben erfahrene Autofahrer das Fahrverhalten immer über das Gaspedal beeinflusst – und ganz routinierte, meist skandinavische Rallyefahrer haben dazu auch die Bremsen benutzt.

Unter anderem haben solche ESP-Syteme auch bewiesen, wie überflüssig ein Vierradantrieb auf normalen Straßen ist. Da eine Antischlupfregelung bei Fahrzeugen mit nur einer Antriebsachse das Durchdrehen auf glattem Untergrund wirksam verhindert, kommt ein weiterer Vorteil gegenüber einem Allradantrieb zum Tragen: Bei weniger Gewicht und Kosten ist somit eine zuverlässige Schlupfregelung gewährleistet, zumindest im Rahmen des in Sachen Bodenhaftung physikalisch Möglichen.

Diese Systeme werden in immer größerer Zahl eingeführt werden, insbesondere bei Hochpreis-Fahrzeugen. Dort dürften sie mit einem »aktiven« Getriebe kombiniert werden, was das Fahrverhalten in der Oberklasse noch einmal ein Stückchen sicherer machen wird.

ESP hält Autos sicher in der Spur: Beim Untersteuern (links) schieben die Vorderräder nach außen, ESP bremst automatisch das linke Hinterrad ab. Wenn beim Übersteuern (rechts) das Heck ausbricht, bremst ESP das rechte Vorderrad. (DaimlerChrysler)

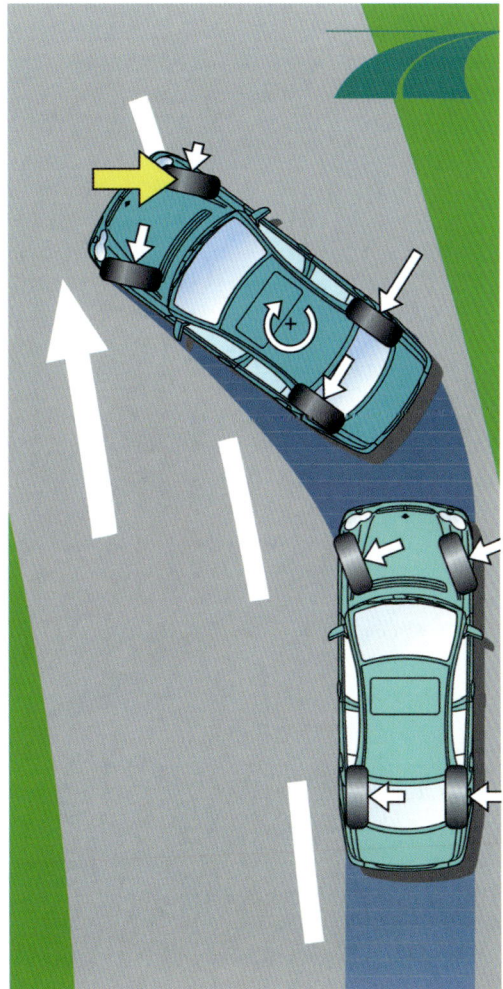

21 Allgemeine Grundlagen

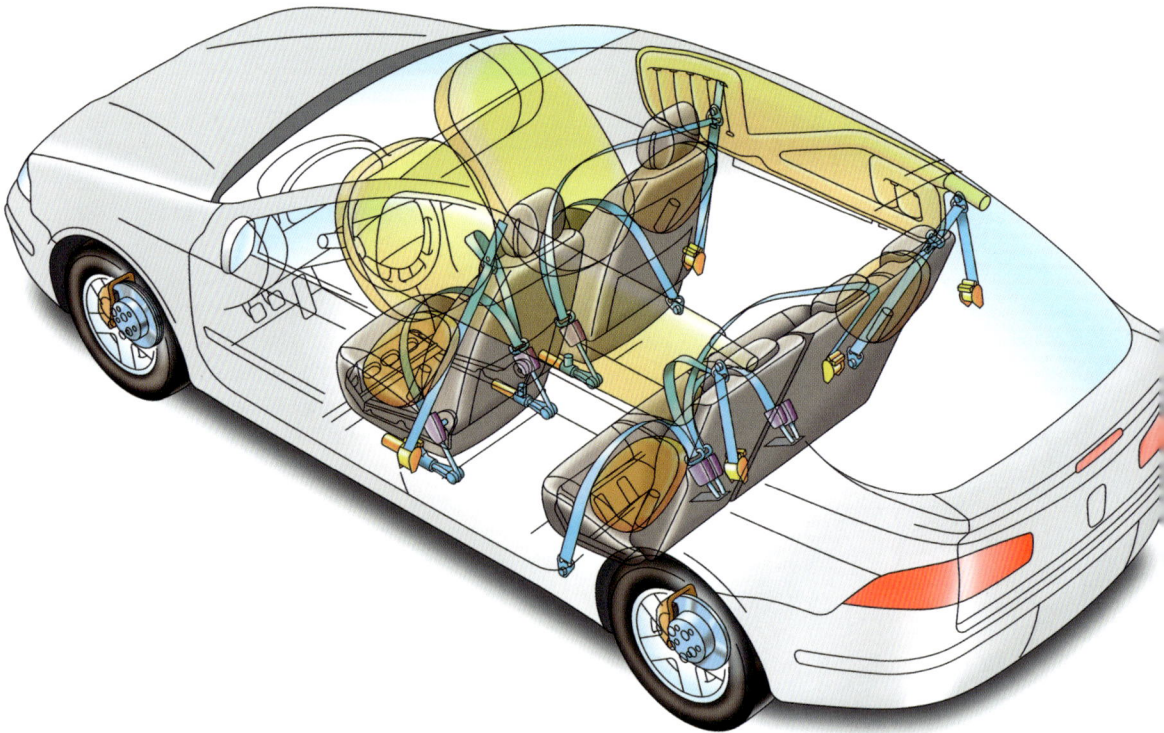

Seit den 1930er-Jahren sind die meisten Autokarosserien eigentlich nichts anderes als dreidimensionale Puzzle aus Walzstahlblechen gewesen, die in einer sorgfältig festgelegten Reihenfolge punktgeschweißt wurden und dann eine selbsttragende einheitliche Struktur bildeten, an der der Motor, das Getriebe, die Fahrwerksbauteile, die Sitze und alle anderen Ausrüstungsgegenstände befestigt wurden. Dieser Teil des Buches handelt von der Karosserie und von Systemen, die damit verbunden sind – natürlich abgesehen von den technischen Bauteilen, die in den ersten drei Teilen beschrieben werden.

Soweit es die Karosserie selbst betrifft, sind es vor allem drei Themenkreise, die näher betrachtet werden sollen. Da gibt es zunächst die produktionstechnischen Anstrengungen, die im Interesse einer möglichst wirtschaftlichen Herstellung der konventionellen Karosseriestruktur unternommen worden sind und immer noch werden – wirtschaftlich heißt, möglichst leicht und preiswert im Verhältnis zu dem zur Verfügung stehenden Innenraum. Dann gibt es die Forschungen, die sich der Materialkunde widmen und auch nach Wegen suchen, um vom Einheitskonzept loszukommen. Und nicht zuletzt geht es auch darum, die Karosseriekonstruktion zu verbessern – das enthält alles, von verbesserter Aerodynamik, um den Kraftstoffverbrauch zu senken, bis zu wirkungsvollerer Geräuschisolation.

Was die Karosseriesysteme angeht, so haben sie eine hundertjährige Entwicklung hinter sich. Den Sitzen und Polstern, den primitiven Instrumenten und den funzeligen Azetylenlampen stehen heutzutage unglaublich komplexe Komponenten gegenüber – und diese Komplexität wird immer noch zunehmen. Mittlerweile ist es kaum zu glauben, wie primitiv die Fahrzeuge früher ausgestattet waren. Heizungen haben sich beispielsweise erst in den 1940er-Jahren verbreitet (und kosteten in den 1950er-Jahren oft noch Aufpreis), während wir heute Klimaanlagen für selbstverständlich halten. Am stärksten entwickelten sich jedoch elektrische und elektronische Systeme aller Arten. Vor einem Jahrhundert konnte man ein Auto kaufen, das buchstäblich überhaupt keine Elektrik hatte, außer einem Magnetzünder. Heutzutage erreicht der Bedarf eines durchschnittlichen Autos an elektrischer Leistung die Grenzen des derzeitigen 12-V-Systems. Ein weiterer Forschungsschwerpunkt, der unsere Großväter erstaunt hätte, sind die Sicherheitssysteme. Heutzutage halten wir Sicherheitsgurte und Airbags in neuen Autos für selbstverständlich – aber die Ingenieure blicken bereits in die Zukunft. Wir werden in den Kapiteln 23 bis 26 auf verschiedene Aspekte der Systemtechnik eingehen, wobei den elektrischen Systemen und der Sicherheitstechnik jeweils ein eigenes Kapitel gewidmet ist.

Besonderes bieten

Dies ist ein Buch über Technik, nicht über Gestaltung oder makelloses Design. Am nächsten werden wir dem Thema kommen, wenn wir festhalten, dass der Karosserie-Ingenieur in seinem Bemühen, die Karosserie immer möglichst leicht und preiswert zu gestalten, aus verschiedenen Blickrichtungen abhängig vom Autotyp arbeiten muss. Ein sportlicher Zweisitzer, ein Familienauto mit Fließheck, ein 7-Personen-Van und ein Geländefahrzeug verkörpern die Palette der Möglichkeiten, auf die ein Ingenieur stets die gleichen Grundprinzipien anwendet. Und nur das wird im Wesentlichen gemacht. Wenn der Karosserieingenieur mit seiner Arbeit beginnt, haben der Produktplaner und der Designer bereits die grundsätzlichen Anforderungen niedergelegt – die Größe und die äußere From des Autos, welche Eigenschaften und Ausrüstung es besitzen muss. Danach gilt die Grundregel: alles möglichst leicht und preiswert machen, natürlich vorausgesetzt, dass einige andere Bedingungen ebenfalls erfüllt werden. »Möglichst« heißt, dass die Karosserie eine ausreichende Haltbarkeit bietet – mit ande-

Moderne Rückhaltesysteme für Autopassagiere am Beispiel des aktuellen Renault Lagunga II. Automatik-Sicherheitsgurte für fünf Insassen mit Vorspannern (zweistufig für den Fahrer) und Lastbegrenzern. Es gibt drei verschiedene Arten von Airbags: Frontairbags, die im Armaturenbrett untergebracht sind, Seitenairbags, die sich in den Rückenlehnen der Vordersitze befinden, und Vorhangairbags, die in den Dachschrägen sitzen. Toyota verbaut sogar Knie-Airbags. Das Zünden der Airbags und Vorspanner muss sorgfältig koordiniert werden. (Renault)

Das Röntgenbild des Porsche Boxster zeigt den Aufbau dieses sorgfältig konstruierten Mittelmotor-Sportwagens. Anders als der große Bruder 911, in dem der Sechszylinder-Boxermotor hinter der Hinterachslinie liegt, befindet sich der kleinere Boxster-Motor zwischen dem Fahrgastraum und der Hinterachse. Das ergibt die beste Schwerpunktlage und das niedrigste Trägheitsmoment (und lässt das Auto schneller reagieren). Allerdings ist der Motor nicht gerade wartungsfreundlich platziert und die Insassen leiden unter einem vergleichsweise hohen Innengeräuschpegel. Der Boxster besitzt einen tiefen vorderen und einen flachen, aber breiten hinteren Kofferraum. (Porsche)

ren Worten, dass nichts brechen, abfallen, knarren, quietschen oder klappern wird, zumindest über eine bestimmte Entfernung hinweg (heutzutage mindestens 150.000 km) bei durchschnittlicher Nutzung. Es bedeutet auch, dass die Karosserie steif genug sein muss, damit sie sich nicht verwindet, wenn das Auto über schlechte Fahrbahnen fährt. Steifigkeit und Haltbarkeit gehören normalerweise zusammen, aber die Steifigkeit ist auch für die Stabilität und das Fahrverhalten wichtig – und für Ruhe, ein weiterer Faktor, den Autokunden immer mehr schätzen. Geräusch ist nicht nur klappern, quietschen oder die Abkopplung von Motor- und Straßengeräuschen von der Karosserie: Es ist auch, ob und wie Karosserieblech vibrieren. Steifigkeit hilft.

Die Karosseriesteifigkeit ist daher ein entscheidender Faktor. Um die Sache komplizierter zu machen: Eine Karosserie wird im Fahrbetrieb auf Durchbiegung und Verdrehung belastet, wobei man sich das Auto als einen Balken denken kann, der zwischen Vorder- und Hinterachse eingebaut ist. Die Kräfte, die den Aufbau belasten, werden hauptsächlich von der Fahrbahn eingeleitet, aber auch zu einem gewissen Grad vom Motor, weil die Karosserie auf das Ausgangsdrehmoment vom Motor reagiert (es gibt einige leistungsstarke Sportwagen, bei denen man tatsächlich die Verdrehung fühlt, wenn man das Gaspedal antippt).

Normalerweise aber kommt es auf die Einflüsse der Fahrbahn an. Übrigens ist der Radstand entscheidend für die Steifigkeit. Je kürzer der Radstand, desto steifer wird das Auto sein, wenn alle anderen Parameter gleichbleiben. Wahrscheinlich werden sie sich aber ändern, weil kürzere Autos normalerweise auch höher aufgebaut sind – wenn man sich den Designtrend in der modernen Superminiklasse anschaut, der zu immer mehr Hochdachautos führt wie etwa Fiats neuem Panda oder Fords Fusion. Übrigens führt auch dieser Trend zu steiferen Aufbauten. Das lange, tief liegende Auto kann ein konstruktiver Alptraum für den Karosserieingenieur sein. Die Vorliebe moderner Autofahrer für das höhere Sitzen, damit sie mehr von dem sehen können, was geschieht – einer der Gründe, warum Off-Roader so beliebt sind – hat dem Karosserieingenieur eben-

Der Ford Explorer ist typisch für die Art von Allrad-Fahr-
zeugen, die in den USA bestenfalls als Mittelklasse
angesehen werden, in Europa dagegen als richtige
Dickschiffe gelten. (Ford)

falls geholfen, genauso wie das gesamte Bestreben nach einer Verbesserung der Insassensicherheit.

Nebenbei bemerkt: Es gibt keine starre Autokarosserie (oder eine starre Brücke, ein starres
Gebäude, Schiff oder Flugzeug). Einige Gebilde
sind steifer als andere. Jeder Ingenieur kann eine
Struktur (innerhalb gewisser Grenzen) so steif
machen, wie er es wünscht. Alles was er dazu
braucht, ist mehr Metall und mehr Geld. Der
Trick besteht darin, die unvermeidlichen elastischen Verformungen mit Hilfe von der geringsten
Menge an Metall und mit den geringsten Kosten
aufzufangen. Was ist also »ausreichend steif«?
Damit kommt die Erfahrung des begnadeten
Ingenieurs ins Spiel. Wie das abläuft, werden wir
in Kapitel 22 sehen.

Aerodynamik

Während des größten Teils der 1980er-Jahre waren die Autohersteller sehr interessiert daran,
den Luftwiderstandsbeiwert (c_W-Wert) ihrer Autos zu senken. Bis dahin hatte sich niemand besonders darum gekümmert. Man kümmerte sich
erst darum, als die Welt an ihrer ersten großen,
politisch gewollten Ölkrise zu leiden hatte, und
schenkte der verschwendeten Menge an Kraft-

stoff Beachtung, indem man Karosserien mit
schlechtem Design ausmusterte. Grob gesagt: Der
c_W-Wert zeigt, wie stromlinienförmig eine Karos-
serieform ist. Ausgestattet mit dem Wissen über
den c_W-Wert und über die Front eines Autos, kann
man ausrechnen, wie viel Leistung gebraucht
wird, um den Luftwiderstand bei jeder Geschwindigkeit zu überwinden (vergessen Sie nicht, dass
der Rollwiderstand der Räder und die weniger als
perfekte mechanische Leistungsfähigkeit anderer
Bauteile, von der Gangschaltung bis zu den Radla-
gern, alle ebenfalls Leistung schlucken). Der Luftwiderstand wird in der Regel der größte Einzel-
faktor im Geschwindigkeitsbereich zwischen 50
und 80 km/h sein, was wiederum von einer Reihe
von weiteren Faktoren abhängt. Bei höheren
Geschwindigkeiten ist es dagegen wünschenswert, einen möglichst niedrigen c_W-Wert zu haben.

Während der 1950er-Jahre lag der c_W-Wert irgendwo in der Größenordnung von 0,5; und es
war ebenfalls normal, Autos zu fahren, bei denen
sich niemand Gedanken darüber gemacht hatte,
ihn zu messen. Das Auto, das wie kein anderes

dazu beigetragen hat, niedrige c_W-Werte in der Großserie durchzusetzen, war der Audi 100 aus dem Jahr 1982, der einen c_W-Wert von 0,28 erreichte und die Messlatte für spätere Designs setzte. Leider wurde es danach aber auch Mode, in Anzeigen und Presse ausschließlich auf den c_W-Wert abzuheben, ohne eine ausreichende Würdigung dessen, was er wirklich bedeutete und was die möglichen Fallstricke sein könnten.

Im Grunde gibt es sechs Arten, in denen Luftkräfte auf ein Auto wirken, wobei vier davon wichtig sind (Luftwiderstand, Auftrieb, Seitenkraft und das Giermoment, das versucht, das Auto abzulenken und seine Stabilität beeinflussen kann). Fahrzeug-Aerodynamiker betonen, dass, wenn der Wind aus einer Richtung außer direkt von vorne kommt, einige Autos mit bewundernswert niedrigen c_W-Werten unter spürbarem Auftrieb an einem Ende oder an beiden Enden und schlechter Stabilität bei Seitenwind leiden können. Das hängt damit zusammen, dass neben dem c_W-Wert noch andere Koeffizienten eine Rolle spielen und mindestens ebenso sorgfältig beachtet werden müssen. Übrigens sei in diesem Zusammenhang darauf hingewiesen, so zumindest die Beobachtungen von Kennern, dass bei der Angabe für den c_W-Wert als Referenz in der Regel die Einstiegsversion des Wagens herangezogen wird – also jene Variante mit den schmalsten Reifen, der flachsten vorderen Stoßstange und so weiter. Man könnte die Luxusversion eines Autos mit einem angezeigten c_W-Wert von 0,28 kaufen und schließlich bei einem Wert enden, der tatsächlich 0,32 betrage.

Was das Interesse am c_W-Wert jedoch schwinden ließ, war die Tatsache, dass er sich standhaft weigerte, in den späten 1980ern und dem folgenden Jahrzehnt noch weiter abzusinken (beziehungsweise sich absenken zu lassen). Der niedrigste c_W-Wert, der für ein Auto aus der Massenproduktion in all den Jahren angegeben wurde, scheint der Wert von 0,26 für den Opel Calibra gewesen zu sein, einen Wert, den Toyota mit dem Prius des Jahres 2003 ebenfalls erreicht hat. Heute hält Honda mit seinem Insight-Hybridauto den Rekord für einen Serienwagen mit 0,25, aber das ist ein besonderer Fall, weil kaum als vollwertiges Auto zu bezeichnen. Prototypen und Konzeptautos waren mit viel niedrigeren c_W-Werten bis herab zu 0,2 zu sehen. Sie scheinen aber nur diejenigen zu bestätigen, die darauf hinweisen, dass über einen bestimmten Punkt hinaus Formen mit geringem Luftwiderstand zu geringerem Komfort und geringerer Bequemlichkeit führen, kurzum: Ein zu niedriger c_W-Wert hat handfeste Nachteile, wie ein tiefer liegendes (und eingeschränktes) Blickfeld des Fahrers, schwierigeres Ein- und Aussteigen, größere Gefahr, dass die Karosserie beim Parken und Manövrieren Schaden nimmt sowie Probleme bei so profanen Dingen wie einem Radwechsel. Überdies hat sich auch herausgestellt, dass Karosserie-Entwürfe mit niedrigem Luftwiderstand einen so hohen Aufwand erfordern, dass Gewicht oder Herstellungskosten oder beides in die Höhe schnellen: Das Streben nach niedrigem Luftwiderstand ist ab einem gewissen Punkt kontraproduktiv.

Daher ist wahrscheinlich, dass gewisse aerodynamische Errungenschaften, die heute bereits Allgemeingut sind (geschlossene Vorderfronten und glatte Unterböden, bündig eingepasste Scheiben, verkleidete Türspiegel, sorgfältige Steuerung der internen Kühlungs- und Belüftungsströme) bleiben werden. In Zukunft wird sich die aerodynamische Entwicklung – aber mehr auf die Verbesserung der Fahrstabilität konzentrieren: Es wird darum gehen, einen minimalen Auftrieb zu erreichen, ohne den Luftwiderstand zu erhöhen.

Aerodynamische Bauteile, die der Zubehörmarkt anbietet, wie etwa Frontspoiler und Heckflügel, sind ein anderes Thema. In den 1980er-Jahren wurden solche Teile oft verkauft, häufig mit dem Hinweis darauf, dass solches Zubehör den Luftwiderstand reduzierte. Falls das tatsächlich so gewesen sein sollte, war entweder das Grunddesign der Karosserie ziemlich schlecht oder der Zubehör-Designer ein Genie, oder beides. Für die so beliebten massiven Frontspoiler sprach, nach damaliger Argumentation, ein günstigerer Luftwiderstand, weil die Luft statt unter dem Auto hindurch darüber hinweg striche. In der Praxis stahl sich die Luft entweder irgendwie an den Seiten vorbei, oder erzeugte – falls auch Seitenschürzen befestigt waren –, unter dem Auto eine (bescheidene) Abtriebskraft und erhöhte damit den Rollwiderstand. Was man also an Aerodynamik gewann, verlor man mit den Reifen – nicht zu reden von der negativen Wirkung der zusätzlichen Frontfläche des Autos. Eine bessere Begründung für den Anbau eines solchen Zubehörs (und der ursprüngliche Grund in Autos wie dem frühesten Porsche 911 Turbo) war der, dass der aerodynamische Auftrieb an dem einen oder dem anderen Ende des Autos reduziert wurde, was die Straßenlage verbesserte, den Rädern also zu einem festeren Bodenkontakt verhalf. In den späten 1980er-Jahre führten einige Designer für wenige Hochleistungsmodelle bewegliche aerodynamische

Hilfsmittel ein, die bei höheren Geschwindigkeiten automatisch ausfuhren, aber das blieb ein Sonderweg. Zukünftige Autos werden höchstwahrscheinlich, falls überhaupt, von den bis dahin verwendeten Aufhängungssystemen profitieren können und deren Fähigkeit, die Bodenfreiheit der Geschwindigkeit entsprechend anpassen.

Mit einem c_W-Wert von 0,30 macht das neue Mercedes-Benz CLK-Cabriolet im Windkanal eine gute Figur. (DaimlerChrysler)

22 Die Karosserie-struktur

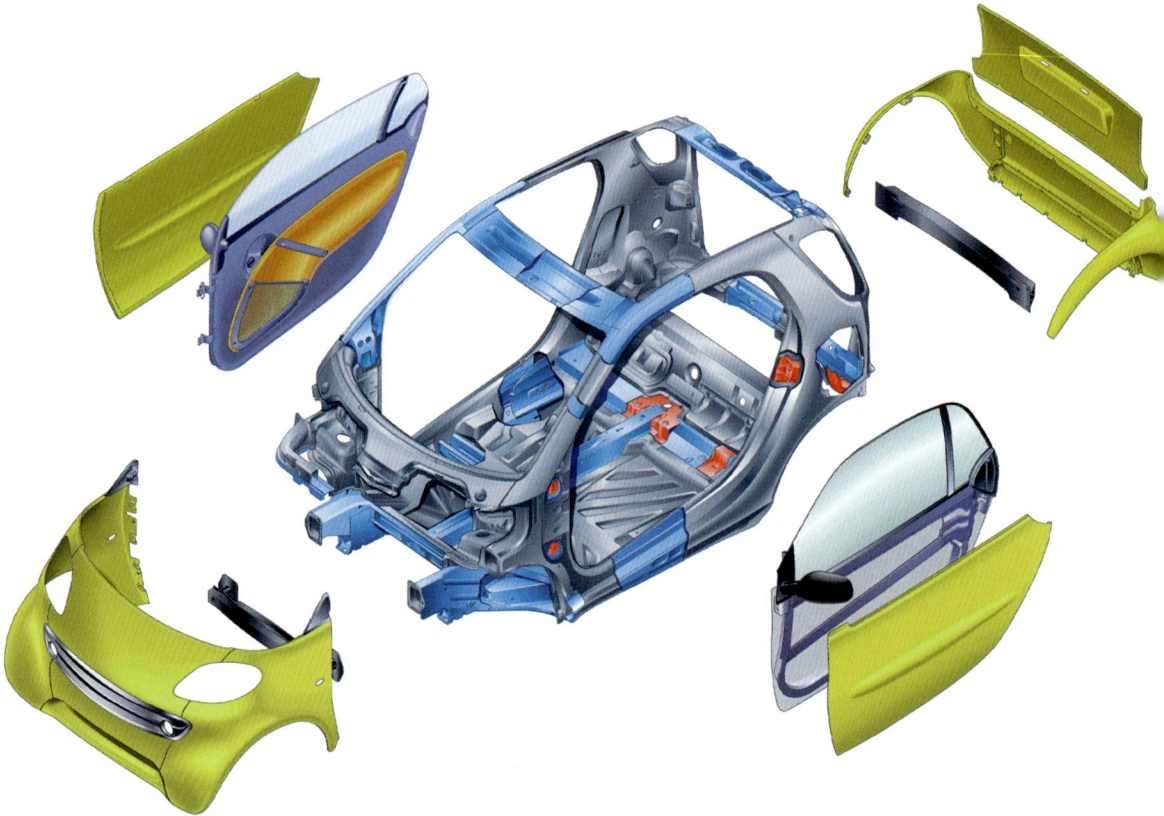

Die ersten Autos wurden gebaut wie Pferdekutschen: Die Lasten ruhten auf einem Fahrgestell, gebildet aus zwei langen Balken, die mit einer Reihe von Querträgern verbunden waren. Auf diesem Fahrgestell saß die gesamte Technik sowie die Karosserie, die nicht mehr war als ein kleines Haus, das die Sitze umschloss. Und in der Frühzeit war es manchmal noch nicht einmal das. Die Karosserie bestand dann aus einem Fußboden, den Sitzen, einem Faltdach und eine Art von vorderer Schutzscheibe.

Wesentliche Fortschritte waren in den 1920er-Jahren zu beobachten, als einige Pioniere daran gingen, die potentielle Steifigkeit der Karosserie in ihre Überlegungen mit einzubeziehen. Denn Steifigkeit, insbesondere Verwindungssteifigkeit, lässt sich viel leichter in einem dreidimensionalen Kasten erreichen als über einen im Wesentlichen zweidimensionalen Leiterrahmen. Das führte ziemlich rasch zu einer Einheitskonstruktion, die heute immer noch für die meisten Autokarosserien verwendet wird.

Manchmal wird für diese selbsttragenden Karosserien noch der Begriff »Monocoque«-Konstruktion verwendet, aber moderne Karosserien sind tatsächlich weit weg von einem Monocoque: Dieser Begriff nämlich impliziert eine komplette Schale, deren Steifigkeit dadurch entsteht, dass jedes Element seinen Nachbarn stützt. So etwas wie eine wirkliche Monocoque-Konstruktion findet man in Flugzeugrümpfen, aber sehr selten in Autos, außer vielleicht bei Formel-1-Rennwagen. Autokarosserien sind keine durchgehenden Schalen. Sie benötigen Öffnungen für Türen, Fenster, Motorhauben, Kofferraumdeckel oder Heckklappen und sehr oft auch für ein Sonnendach. Im Laufe der Zeit haben die Konstruktionsdesigner Rahmen um jede dieser Öffnungen gelegt, um die Lasten, die sie ja nicht tragen können, umzuleiten. Die moderne Autokarosserie gleicht mehr einem Stahlskelett, an dem einige dünne Bleche

Kleine Autos eignen sich bestens für den Einsatz von Karosserieteilen aus Verbundmaterial, weil die Teile selber nicht so groß sind, als dass sie nicht mit den existierenden Maschinen produziert werden könnten. Hier zeigt der kleine Smart seine kräftige metallische Grundstruktur und die Art und Weise, wie seine Außenteile aus Kunststoff, die das meiste an sichtbarer Oberfläche ausmachen, befestigt werden. (DaimlerChrysler)

befestigt sind – die Schott- und Seitenwände, der Boden und das Dach. Die Bauteile des Rahmens sind häufig geschlossene Hohlträger, die durch Zusammenschweißen von zwei oder mehr konkaven Pressteilen entstanden sind. Solche Kastenprofile sind viel stärker als offene Profile. Aber die Konstruktion des Aufbaus ist immer noch gleich – er ist fast vollständig aus Blechpressteilen zusammengesetzt, die punktgeschweißt sind und eine komplizierte dreidimensionale Struktur bilden.

Die einzigen Elemente eines modernen Autos, die ein Karosserieingenieur aus dem Jahr 1940 nicht kennen würde, sind jene, die mit der passiven Sicherheit zu tun haben. Die dafür notwendige Teile haben in zweifacher Weise Einfluss auf die Karosserie-Konstruktion. Einige werden hinzugefügt, damit der Fahrgastraum möglichst intakt bleibt, um den inneren Überlebensraum aufrechtzuerhalten. Andere sind absichtlich so positioniert, dass sie im speziellen Fall des Aufpralls zerdrückt werden und dabei dort eine Menge Energie absorbieren, wo sie am wenigsten Schaden anrichten. Die Anforderungen an die passive Sicherheit haben moderne Autokarosserien sogar komplizierter und weniger »monocoque« im eigentlichen Sinne gemacht.

Heutzutage gibt es drei Hauptrichtungen bei der Weiterentwicklung der Karosseriebautechnik. Die erste nimmt die bestehende Einheitsstruktur und versucht sie noch besser zu machen – mit anderen Worten leichter, dabei sicher und haltbarer als eine Karosserie bisheriger Größe und Bauart. Die zweite beschäftigt sich damit, wie die Abläufe im Moment sind, im Sinne von Karosseriestruktur und der Art, wie Karosserien gebaut werden, und sucht nach besseren Methoden. Die dritte beschäftigt sich mit dem Material, das verwendet wird – also Stahlblech – und forscht nach Alternativen.

Strukturelle Effizienz

Obwohl die Grundsätze in Design und Herstellung einer Autokarosserie schon lange Anwendung finden, gibt es immer noch etwas zu verbessern. Dank Computer Aided Design (CAD) kön-

Moderne Autos aus der Massenproduktion stellt man meistens aus gepressten Stahlblechen her, die aufgespannt und zusammengeschweißt werden. Hier erkennt man ein komplettes Karosserieseitenblech für einen Citroën C5, das aus den unteren und oberen Teilen des Presswerkzeugs unmittelbar nach der Pressung herausgezogen wird. Bleche wie diese durchlaufen normalerweise verschiedene Stufen, bevor sie vollständig geformt und zum Schweißen bereit sind. (Citroën)

nen die Konstrukteure bereits im Vorfeld Wege festlegen, wie sie die Lasten möglichst wirksam und gleichmäßig über die Struktur verteilen und dabei sicherstellen, dass kein Bauteil überlastet wird.

Normalerweise wird heute die Karosserie in eine große Zahl von finiten Elementen zerlegt, die jedes für sich durch eine einfache Gleichung in einem Computerprogramm beschrieben und in einem Netzwerk mit allen Nachbarelementen verknüpft sind. Je enger das Netzwerk vermascht ist, umso lebensechter wird das Modell – und umso länger dauern die Berechnungen mit einem Computer. Das Finite-Elemente-Modell (FEM) wird für Grundberechnungen der Karosserie-Festigkeit verwendet, um damit das Verhalten der Struktur während eines Aufpralls zu studieren. Gleichzeitig wird damit überprüft, welchen Einfluss dabei Motor, Getriebe und Radaufhängungen ausüben. Auch der Luftstrom spielt dabei eine Rolle. Als CAD etwa im Jahr 1980 zuerst angewandt wurde, versetzte es die Konstrukteure in die Lage, erheblich an Karosseriegewicht zu sparen. Allerdings ist das ein Gebiet, auf dem die wichtigsten Lektionen inzwischen gelernt worden sind, wesentliche Fortschritte sind dabei nicht mehr zu erwarten. CAD bietet heute vor allem Vorteile auf den Gebieten der Sicherheit und hilft auch bei der Suche

nach niedrigeren Geräusch- und Schwingungswerten.

Zur gleichen Zeit haben sich die Materialien und Bauprozesse verbessert, ohne sich von der selbsttragenden Einheitsbauweise zu entfernen. Das Stahlblech selber wurde weiterentwickelt, insbesondere während der 1990er-Jahre, um die Anforderungen von Karosserieingenieuren nach Gewichtsreduzierung und passiver Sicherheitsleistung zu erfüllen. In erster Linie ging es darum, hochfeste Stähle zu entwickeln, die dennoch in riesigen hydraulischen Pressen, die nomalerweise verwendet werden, um einzelne Karosseriebleche zu formen, tiefgezogen werden können. Viele Jahre lang wurden Stähle mit hoher Zugfestigkeit hergestellt, aber bis in die 1980er hinein konnten solche Stähle nur durch Walzen oder Falten geformt werden, nicht durch Tiefziehen. Moderne hochfeste Stähle kommen für Karosseriebleche zum Einsatz, die wesentlich höhere Lasten tragen können. Die einwirkenden Kräfte dürfen einerseits nur geringe elastische Verformungen bewirken, müssen aber andererseits auch in der Lage sein, bei Unfällen möglichst viel Aufprallenergie aufnehmen zu können und so umzuwandeln (in dem Fall in eine Verformung). Weil der heute verwendete Stahl eine höhere Festigkeit besitzt, kann das Blech dünner sein, was zu einer Gewichtsersparnis führt. Die meisten der im Laufe der 1990er Jahre konstruierten Autokarosserien verwenden einen erheblichen Anteil an hochfestem Stahl. Der Volkswagen Golf (10%), der Saab 9-5 (25%), die Mercedes A-Klasse (45%) und die 3er-Reihe von BMW (50%) sind Beispiele dafür im europäischen Autobau. Hochfeste Stähle finden heute an allen neuralgischen Punkten zum Einsatz, die entscheidend sind für die Sicherheit der Fahrgastzelle, also die Tür- und Windschutzscheiben-Rahmen inklusive der zentralen B-Säule, die Schweller-Längsträger und die Dachrahmen. Hier ist die Festigkeit lebenswichtig, falls die Karosserie einen Seitenaufprall oder einen Überschlag verkraften muss.

In dem Zusammenhang gilt es aber zu bedenken, dass Stahlblech (oder irgendein anders Metallblech) zur Herstellung von Autokarosserien in riesigen Rollen mit gleicher Blechdicke (»Coils«) angeliefert wird. Dieses wird dann auf Länge

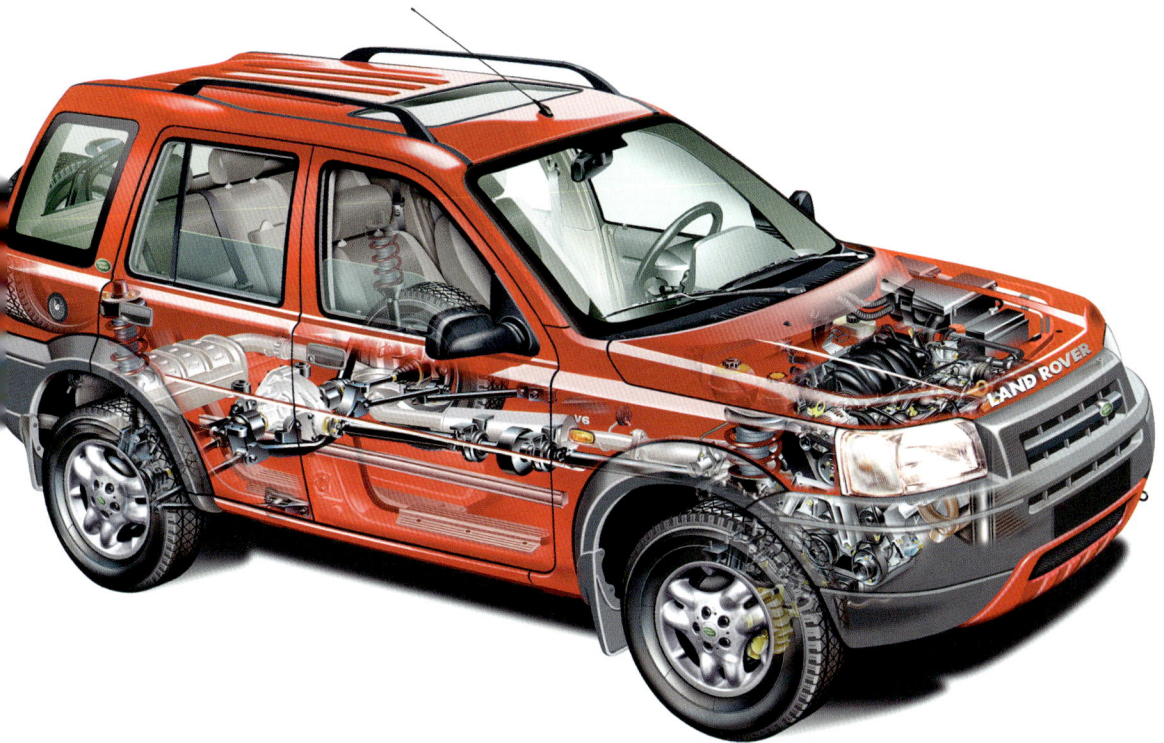

geschnitten und dann zu so genannten »Blanks«
verarbeitet, bei denen man überschüssiges Metall
wegschneidet, bevor sie in Form gepresst werden.
Eine neue Fertigungsmethode (»Tailored Blanks«)
erlaubt nun die Verwendung unterschiedlicher
Stahlstärken und reduziert den Schnittabfall. Dabei werden zwei oder mehr einzelne Rohteile vor

Oben:
*Die Karosserie des Land Rover Freelander ist in ihrer
Konstruktion eher einem konventionellen Passagierauto
ähnlich als einem Off-Road-Fahrzeug der vorigen Generation, die einen separaten Fahrwerksrahmen gehabt
haben. Dabei musste eine Karosserie nur einen geringen Beitrag zu zusätzlicher Stabilität leisten. Durch die
selbsttragende Bauweise spart ein Wagen erheblich an
Gewicht, was die Wirtschaftlichkeit und die Off-Road-
Eigenschaften (bei der geringes Gewicht immer von
Vorteil ist) verbessert. Dies ist der Freelander V6, eine
aktuelle Ergänzung der Modellreihe. (Land Rover)*

Links:
*Die meiste Schweißarbeit in modernen Karosserieferti-
gungsstraßen erledigen Roboter, die auf einem vom
Computer berechneten Weg um den Rohbau herum
manövrieren, damit die meisten Schweißpunkte in
möglichst kurzer Zeit gesetzt werden können, ohne
dass sich die Roboter gegenseitig stören. Dieses Foto
zeigt die Karosseriefertigungsstraße für den Citroën C5
in Rennes in Frankreich. Wenn ein Roboter die Schweißpunkte setzt, ist sicher, dass jeder Schweißpunkt jederzeit sich am richtigen Platz befindet und keiner vergessen wird. Bei manuellem Schweißen ist die Fehlerquote
höher. (Citroën)*

dem Pressen mittels Laser-Schweißen auf Stoß zusammengefügt. Dies gestattet, je nach Anforderung einzelne große gepresste Bleche aus Stählen unterschiedlicher Dicke und Festigkeit zu fertigen, und damit konsequent Karosseriegewicht oder Materialkosten oder beides einzusparen. Dieses Verfahren hat sich rasch durchgesetzt, obwohl man spezielle Werkstätten und eine spezielle Ausrüstung zum Laser-Schweißen braucht. Der Neue Mini hat beispielsweise sehr große Seitenbleche aus einem Stück (über 3 Meter lang und 1 Meter hoch), gepresst aus Tailored Blanks, die für den vorderen, mittleren und hinteren Bereich drei unterschiedliche Stahldicken aufweisen.

Andere Hersteller setzen Tailored Blanks für Teile ein, die entscheidend für die Steifigkeit und Sicherheit der Fahrgastzelle sind.

Die Standard-Technik für die Ausformung von Stahlblechen für die Karosserie bleibt die Hochleistungs-Hydraulikpresse, heutzutage sehr hoch entwickelt zu vollautomatischen und gekapselten Multi-Stations-Maschinen, die viel schneller als die traditionellen Pressstraßen arbeiten.

Um diese sehr teuren Maschinen möglichst gut auszunutzen und einen kontinuierlichen Materialfluss zwischen der Presswerkstatt und dem Karosseriefließband zu gewährleisten, werden Werkstattgeschosse so geplant und die Maschinen so konstruiert, dass die austauschbaren Pressformen, die den Blechen ihre Form geben, innerhalb von Minuten ausgetauscht werden können: Früher nahm eine Umrüstung Stunden in Anspruch.

Die größten einfachen Pressen sind normalerweise solche, die für den Autoboden – die Plattform – und seine Karosserieseiten verwendet werden. Es ist möglich, die gesamte Seite eines kleinen oder Mittelklasse-Autos – vom Fronttürpfeiler (der A-Säule) nach hinten – als eine einzige Pressung zu machen. Die vorderen Kotflügel könnte man auch mit einbeziehen, das wäre aber aus verschiedenen Gründen unpraktisch. Zu den Vorteilen einteiliger Seitenteile gehören die mögliche, hochpräzise Fertigung und die kleine Anzahl von Schweißpunkten; die Karosseriestruktur wird außerdem zumindest etwas leichter und steifer.

Zu den Nachteilen gehört die Größe und die Kosten für die notwendige Presse, um ein solch großes Blechteil herzustellen (typischerweise braucht man eine 2.000-t-Maschine). Nachteilig ist auch die sich daraus ergebende Verschnittmenge, das eventuell nur schwer zu ändernde Styling des Blechteils (wesentlich bei Facelifts) sowie die Konsequenzen für eine Reparatur auch nur eines kleinen Karosserieschadens.

Obwohl das Formen mit einer hydraulischen Presse bei weitem die beliebteste Art ist, Stahlblech-Karosserieteile herzustellen, hat sich das Hydroformen zu einer echten Alternative entwickelt, die beständig an Boden gewinnt. Beim Hydroformen wird ein flexibler Schlauch mit hohem Innendruck hydraulisch gegen eine Pressform gedrückt. Es ist deshalb eine attraktive Alternative zur Herstellung der Kastenträger, die solch einen wichtigen Teil von Einheitskarosseriestrukturen bilden, und sie könnten beispielsweise zur Formung von Türpfosten, Dachholmen, Türschwellen oder Teilen der Frontpartie verwendet werden, die die Aufprallenergie absorbieren müssen oder dabei helfen, die Kräfte entlang der Lastwege abzuleiten. Einige der ersten großen hydrogeformten Teile sind tatsächlich in Frontpartien anzutreffen.

Jaguar X-Typ: Hier schön zu sehen die kompakte Hinterradaufhängung, von der nur die Stoßdämpfer wesentlich in die Höhe ragen. Die Federung in Form von Schraubenfedern ist von diesen getrennt untergebracht, es handelt sich hier also nicht um McPherson-Federbeine. Die konventionelle Limousinen-Karosserieform vereinfacht die strukturelle Konstruktion des Hecks zugunsten der Drehsteifigkeit und des Widerstands gegen Auffahrunfälle von hinten. (Jaguar)

Plattform-Überlegungen

Im Grunde genommen kann man sich ein modernes Einheitspassagierauto als ein oberes Karosserieteil vorstellen, das von einer Plattform getragen wird. Die Plattform umfasst im Wesentlichen drei Abteilungen: die Frontunterbaugruppe, den zentralen Boden und die Heckunterbaugruppe, bei der die hintere Struktur relativ einfach ist.

Die Schlüsselelemente, die einen Teil der Frontunterbaugruppe bilden, sind Halterungen beziehungsweise Aufnahmen für Motor und Vorderradaufhängung, die vordere Trennwand, die inneren Radbögen und jene strukturellen Bauelemente, die mit der Verteilung und Absorption der vorderen Aufprallkräfte befasst sind. Die Heckunterbaugruppe enthält entsprechend die Aufnahmen der Hinterradaufhängung, die hinteren Radkästen und jene Bauteile, die mit der Absorption der hinteren Aufprallenergie befasst sind. Während diese beiden Bereiche so konstruiert sind, dass sie bei einem Aufprall nach und nach kollabieren (also sich allmählich deformieren), muss der zentrale Bereich möglichst steif gehalten werden, damit die Fahrgastzelle bei einem Aufprall intakt bleibt. Die Steifigkeit wird normalerweise mittels der Schweller und zusätzlicher Längsträger unterhalb der Bodenbleche erreicht. Querträger tragen die Lasten zwischen den beiden Längsträgern, und sie versteifen den Boden gegen Deformation bei einem Seitenaufprall.

Neben den Aufnahmen für den Antriebsstrang und die Radaufhängungen trägt die Plattform normalerweise auch das Abgassystem, den Kraftstofftank und den größeren Teil der Brems- und Kraftstoffsysteme. Das, zusammen mit der entscheidenden Wichtigkeit des strukturellen Aufbaus für die passive Sicherheit, lässt größere Änderungen kaum zu, weil sie schwierig auszuführen und teuer wären. Konsequenterweise wird die Plattform daher nur wenig geändert, wobei es keine Rolle spielt, wie viele verschiedene Versionen eines bestimmten Automodells auf Grundlage dieser Plattform entstehen. Die Plattform einer Einheitskarosserieschale ist normalerweise zu nachgiebig in der Verbiegung, um selbsttragend zu sein und bedarf daher der Ergänzung durch die obere Karosserieschale. Erst dann ist sie in der Lage, sozusagen auf eigenen Füßen durch die Fertigungsstraße zu laufen.

Heutzutage können sich auch offensichtlich unterschiedliche Automodelle eine einzelne Plattform teilen, um die Entwicklungs- und Produktionskosten möglichst niedrig zu halten. Während die Plattform in der Vergangenheit ein einzelnes, starres Teil war und allen Fahrzeugen, die sich diese Plattform teilten, seinen Radstand aufzwang, sind moderne Plattformen etwas flexibler geworden, so dass sie an eine möglichst breite Modellpalette angepasst werden können. Das kann man dadurch erreichen, dass die Länge des zentralen Bodenteils geändert wird und damit der Radstand; oder die hinteren und zentralen Teile können so konstruiert werden, dass sie unter Beihaltung derselben Pressformen mehr oder weniger überlappen, während sie für die Karosserie-

montage gespannt werden. Die Frontunterbaugruppe, die der komplizierteste Teil der Plattform darstellt, wird normalerweise nicht geändert. Ein typisches Beispiel für eine Plattform-Strategie liefert der Volkswagen-Konzern, der seine Golf-Bodengruppe auch an die Konzerntöchter Audi, Skoda und Seat abgegeben hat.

Eine flexible Plattform erlaubt auch Radstände von bis zu 10 cm Unterschied. Der längere Radstand könnte etwa für Limousinen und Kombifahrzeuge passen, während auf kürzerem Radstand eher Fließheck- und Sport-Coupé-Ableger entstehen.

Die Vorteile von Fahrschemeln

Die zunehmende Verwendung von vielseitig verwendbaren Plattformen mag Kosten sparen, aber sie zieht eine Reihe von praktischen Problemen nach sich. Sofort einleuchtend sind jene, die entstehen, weil ein Fahrzeug mit verschiedenen Motoroptionen ausgestattet werden muss. Man kann das durch eine entsprechende Anpassung der Halterungen direkt an der Karosserie erreichen, oder alternativ durch die Montage des Motors auf Hilfsrahmen (»Fahrschemel«), die jeweils für einen Motor angepasst, aber alle so konstruiert sind, dass sie in die gleichen Karosserie-Halterungen passen. Die Fahrschemel-Lösung hat zwei weitere Vorteile: Zum einen bietet der Rahmen eine höhere Flexibilität, was den Einsatz der verschiedenen Motortypen angeht (die Motoraufhängungspunkte können viel leichter variiert werden als bei einer Motorbefestigung direkt an der Karosserie), und zum anderen bietet die Anordnung eine doppelte Abkoppelung gegen Motor- und Abrollgeräusche beziehungsweise Schwingungen: an den Bestigungspunkten der Aggregate am Fahrschemel selbst und noch einmal an der Befestigung des Rahmens an der Karosserie. Entsprechend kann auch ein hinterer Hilfsrahmen zum Einsatz kommen, der die Radaufhängungen trägt (und damit gegenüber dem Karosseriekörper isoliert) und, falls vorhanden, den Achsantrieb im Hecktriebler oder beim Geländewagen. Hilfsrahmen erleichtern auch die Endmontage. So können zum Beispiel Lenker, Federn, Dämpfer und Achsträger bereits vollständig vormontiert werden und dann komplett mit der Karosserieschale verbunden werden. Dieser Vorteil wird extrem deutlich im Fall von leistungsfähigen Autos mit Hinterradantrieb oder Vierradantrieb, in denen vordere und hintere Fahrschemel zur Norm geworden sind.

Der vordere Hilfsrahmen ist normalerweise zu steif, um die frontalen Aufprallkräfte bei einem Unfall aufnehmen zu können: Ein Fahrschemel hat, wie auch der Motor, kein gutes Deformationsverhalten. Das gilt es bei der Konstruktion zu beachten und entsprechende Lastwege zu schaffen, damit der Rahmen ausweichen kann und nicht in die Fahrgastzelle eindringt. Renault hat beispielsweise im Clio II das hintere Ende des Fahrschemels so an der Karosserie angelenkt, dass der Rahmen (und der Motor, den er trägt) sich nach dem Aufprall abwärts statt direkt nach hinten bewegt.

Korrosionsschutz und Lackierung

Für den Karosserieingenieur hat Stahl einen überwältigenden Vorteil: Im Vergleich zu jedem anderen möglichen Material ist er preiswert. Er hat aber auch eine großen Nachteil: Wenn er nicht sorgfältig geschützt wird, rostet Stahl. Schlechte Erfahrungen in der Vergangenheit haben die Kunden in diesem Bereich sensibilisiert. Sie erwarten heute einen hohen Schutzgrad, untermauert von einer mehrjährigen Garantie gegen Durchrosten – also Korrosion, die auch das stärkste Karosserieblech völlig durchlöchern kann.

Das Verfahren zum Korrosionsschutz und zur Lackierung ist während der vergangenen 20 Jahre immer mehr standardisiert worden. Ein Grundschutz wird heutzutage durch das Feuerverzinken oder galvanisches Verzinken des Stahlblechs vor dem Pressen angestrebt, wobei die Beschichtung ein- oder beidseitig angebracht wird. Dieser Schutz ist in der Regel selektiv und wird auf jene Teile der Karosserie beschränkt, die besonders der Korrosion ausgesetzt sind: die Unterseite, die Kotflügel, die Türen, die Innenseiten der Radkästen und strukturell wichtige Kastenquerschnitte.

Einige Hersteller schützen die ganze Karosseriestruktur jedoch durch die Verwendung von 100% galvanisch verzinktem Stahlblech. Die zunehmende Wirksamkeit des Grundkorrosionsschutzes hat den Bedarf an zusätzlichem Unterbodenschutz reduziert. Zu den zusätzlich verwendeten Schutzmaterialien beim Karosseriebau ab Werk handelt es sich hauptsächlich um Mastixdichtungen, die manuell oder von einem Roboter als Wulste in wichtigen Nähten angebracht werden.

In zunehmenden Maße wird die Karosserielackierung heutzutage unter Reinraumbedingungen ausgeführt. Die ganze Lackierkabine wird etwas unter Druck gesetzt, damit der Staub ausgeschlossen ist, und mit einer Atmosphäre ausgestattet, in der Temperatur und Luftfeuchtigkeit genau kontrolliert werden können. Wenn ein Hersteller heute eine neue Lackieranlage in Betrieb nimmt, wird diese auf die Verwendung von wasserlöslichen Farben ausgelegt, damit die Emission von Lösungsmitteln, die die Umwelt belasten, reduziert wird. Die meisten Lackierungen werden heute von Robotern angebracht, die Rundsprayer oder Puderzerstreuer mit elektrostatischer Adhäsion verwenden.

Die Technik des Deckanstrichs ist, eine Reaktion auf wechselnde Kundengeschmäcker, komplizierter geworden. Metallische Lackoberflächen machen heute einen wesentlichen Anteil aller Auto-Verkäufe aus, insbesondere an der Marktspitze. Immer mehr Hersteller bieten nun andere exotische Lackierungen an, wie Farben mit Perleffekt, bei denen die optische Wirkung mittels Glimmerschuppen innerhalb der Farbschicht erzielt wird, und die Farbenlieferanten haben auch Lacke entwickelt, bei denen sich je nach Blickrichtung und Lichteinfall die Farbe ändert.

Neue Konstruktions- und Herstellungsansätze

Ein Problem, das beim konventionellen Einheitsansatz von Karosserie-Design und -Herstellung mit gepresstem Stahl auftritt, ist, dass dieses Verfahren bei der Produktion von Fahrzeugen in kleinen Stückzahlen unwirtschaftlich ist. Ein kompletter Satz von Stahlpressformen für eine Fahr-

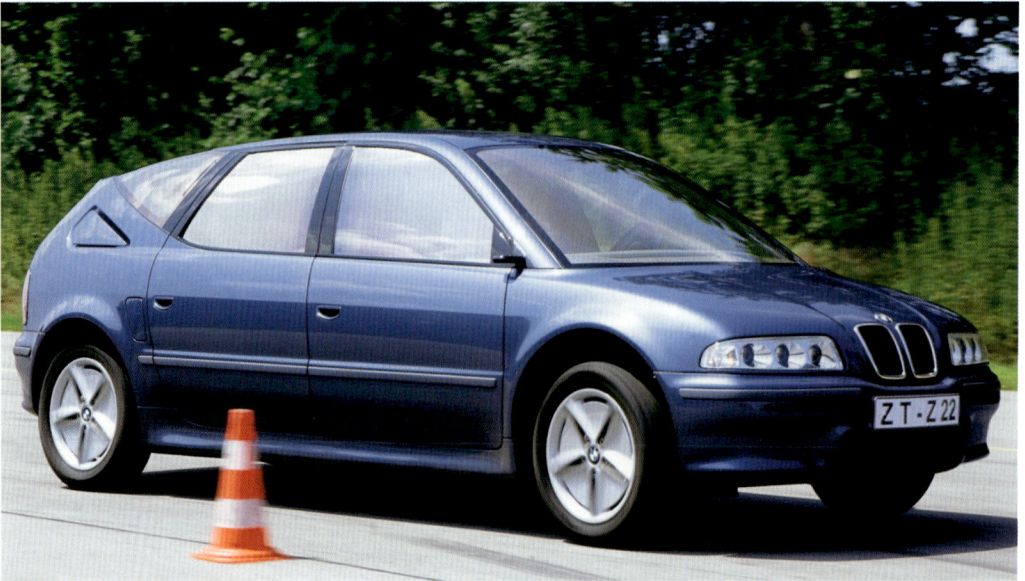

BMWs Z22-Konzeptauto hat den Radstand der 7er-Reihe, den Innenraum der 5er-Reihe und eine bessere Wirtschaftlichkeit als die 3er-Reihe, hauptsächlich dank der Leichtgewichtskonstruktion. Es ist jedoch unwahrscheinlich, dass BMW ein Auto, das ausschaut wie dieses, produzieren, oder dass es den hinten montierten Vierzylinder-Motor für seine anderen Modelle übernehmen wird. (BMW)

zeugkarosserie kann 15 bis 20 Millionen Euro kosten, je nachdem, wie kompliziert der Aufbau ist. Solche Pressformen erlauben bei penibler Wartung und Pflege etwa 500.000 Blechsätze, bevor sie ersetzt werden müssen. Es geht aber auch billiger, wenn man Pressformen verwendet, die sich anderer Techniken (etwa Metallspray auf einen Epoxidkern) bedienen. Diese aber haben eine Lebensdauer von vielleicht 100 Blechsätzen, bevor sie verschlissen sind. Solche Formen sind andererseits extrem nützlich für die Herstellung von Prototypen und insbesondere von Vorserien. Man hat noch keine Kombination gefunden, welche die Vorteile der teuren, langlebigen Formen für die Massenproduktion und den preiswerten, kurzlebigen Typen vereint, arbeitet aber intensiv daran.

Diese Begrenzung hat kleinere Hersteller dazu gebracht, mit anderen Arten des Autobaus zu experimentieren. Das führte meist zur Verwendung anderer Materialien, weil Stahl verschiedenen wichtigen Einschränkungen unterliegt. Wie wir bereits gesehen haben, ist er preiswert, rostet aber. Wichtiger aus Herstellersicht ist, dass es nur zwei Arten der Herstellung von Stahlstrukturen gibt. Eine ist das Einheitsverfahren, das bereits diskutiert wurde, die andere ist zu schneiden, befestigen und verschrauben oder HF-verschweißen – was gut für Brücken und Schiffe ist und auch

das Verfahren, das man für die Herstellung von altmodischen Chassis verwendet. Gleichzeitig aber ist es hoffnungslos unwirtschaftlich – zu unwirtschaftlich, um komplette Autos herzustellen, die zudem ziemlich leicht und sehr sicher sein müssen. Zwei Techniken, die schwierig, wenn nicht unmöglich im Zusammenhang mit Stahl anzuwenden sind, sind das Präzisionsgießen (die richtige Art von Eisen kann gegossen werden, aber Stahl ist schwieriger und teuer zu handhaben) und das Strangpressen – der Prozess, bei dem weiches Metall durch eine Pressform gezwängt wird und eine Strebe bildet, die von kompliziertem (und hohlem) Querschnitt sein kann. Wie es nun einmal so ist, kann Aluminium gegossen und gezogen werden, und das ist ein Grund (ein zweiter ist das Gewicht), warum die Ingenieure bei der Suche nach Alternativen zur Stahlkonstruktion darauf aufmerksam wurden. Aber auch Aluminium hat Konkurrenz.

Es ist möglich, schnell und leicht (wenn auch

nicht notwendigerweise preiswerter) ein Rahmenskelett zu erzeugen, indem man gezogene Streben mit Präzisionsguss »knoten« an den Kreuzungspunkten zusammenfügt. Dieser Ansatz bildete die Grundlage vieler aktuelle Karosseriebaustudien und führte zu einigen Kleinserien-Modellen. In dem Zusammenhang sei noch der Hinweis auf einen Großserien-Wagen erlaubt: Der Fiat Multipla verwendet einen Skelettrahmen, der aus sorgfältig geformten Verbundstahlpresslingen hergestellt wurde. Hier kamen interessanterweise keine alternativen Materialien zum Einsatz.

Alternative Materialien

Aluminium

Das beste Argument für die Verwendung von Legierungen auf Aluminiumbasis ist aus Sicht des Karosserieingenieurs das geringe Gewicht. Eine Karosserie aus Alu wiegt nur halb so viel wie eine entsprechende Stahlblech-Karosserie, wobei eine ähnliche Steifigkeit und passive Sicherheitsleistung gegeben ist. Aluminium rostet nicht, es ist, genauer gesagt, durch eine Oxidation der Oberfläche geschützt (was nicht bedeutet, dass es nicht korrodiert, insbesondere in Anwesenheit von Salz – obwohl auch seewasserresistente Legierungen erhältlich sind).

Der Hauptnachteil von Aluminium sind die Kosten, die wesentlich höher sind als die von hochqualitativem Stahl. Aluminium lässt sich auch schwieriger punktschweißen als Stahlblech. Unmöglich ist es zwar nicht, das Verfahren erfordert aber eine extrem genaue Steuerung des Schweißstroms und der Schweißzeit. Die aktuelle Praxis zeigt, dass mit Erfahrung und sorgfältiger Abstimmung der Ausrüstung Aluminium- und Stahlkarosserien auf denselben Montagebändern mit denselben Maschinen geschweißt werden können. In Hondas Fabrik in Tochigi macht man das bei der Herstellung des Insight-Hybrid-Autos und großen Teilen des S2000-Sportwagens. Andere Forschungsteams haben alternative Ansätze für die Karosseriestrukturkonstruktion entwickelt und versuchen in der Regel, die Hauptlasten von einem Verbund aus gezogenen Aluminium-

Rohren mit kompliziertem Querschnitt tragen zu lassen. Morgan hat bei der Entwicklung seines Aero-8-Sportwagens ein System erarbeitet, bei dem die Hauptchassis- und Karosserie-Bauteile aus genau geschnittenen Aluminium-Blechen entstehen, die verschweißt oder vernietet werden und nur ein Minimum an Spannvorrichtungen erfordern.

Überdies lässt sich Alumnium hervorragend recyclen. Während die Gewinnung des Rohstoffs aufwändig und teuer ist, kann Aluminium leicht und wirkungsvoll wiederverwertet werden. Das Problem aber, wie man genug Aluminium in den Herstellungskreislauf einbringen kann, bleibt bestehen, obwohl genügend Aluminium-Schrott zur Verfügung steht.

Bemerkenswerterweise spart der Umstieg auf eine Aluminiumkonstruktion nicht so viel Fahrzeuggewicht, wie man annehmen könnte. Eine konventionelle Stahlkarosserie macht ungefähr 30% des Gesamtgewichts eines Personenautos aus, also würde ein Umstieg auf eine Aluminium-Konstruktion eine Gesamtgewichtsersparnis von nicht mehr als 15% des Leergewichts (mit allen Betriebsstoffen) des Fahrzeugs ausmachen. Solch eine Ersparnis nimmt man zwar gerne mit, sie rechtfertigt aber in vielen Fällen nicht den immensen Aufwand. Das ist ein weiterer Grund, warum Karosseriedesigner sich so ungern vom Stahl verabschieden. Sie kennen ihren Werkstoff und dessen Eigenschaften in- und auswendig und die Fabriken sind so ausgerüstet, dass sie riesige Mengen davon verarbeiten können. Es ist andererseits bemerkenswert, dass Gussaluminium allgemein akzeptiert ist als Material für Motoren, Getriebe und neuerdings auch für Teile der Radaufhängung.

Was die Fahrzeugkarosserie angeht, gibt es Anzeichen dafür, dass die Fahrzeughersteller beginnen, durch Verwendung von Aluminium für die beweglichen Bauteile (Türen, Motorhaube und Kofferraumhaube oder Heckklappe) einen Mittelweg zu suchen. Das ergibt eine ganz ordentliche Gewichtsersparnis, und das Aluminium wird auf Bauteile begrenzt, die separat montiert werden können. Man vermeidet dabei viele der technischen Probleme, die mit dem Material verbunden sind.

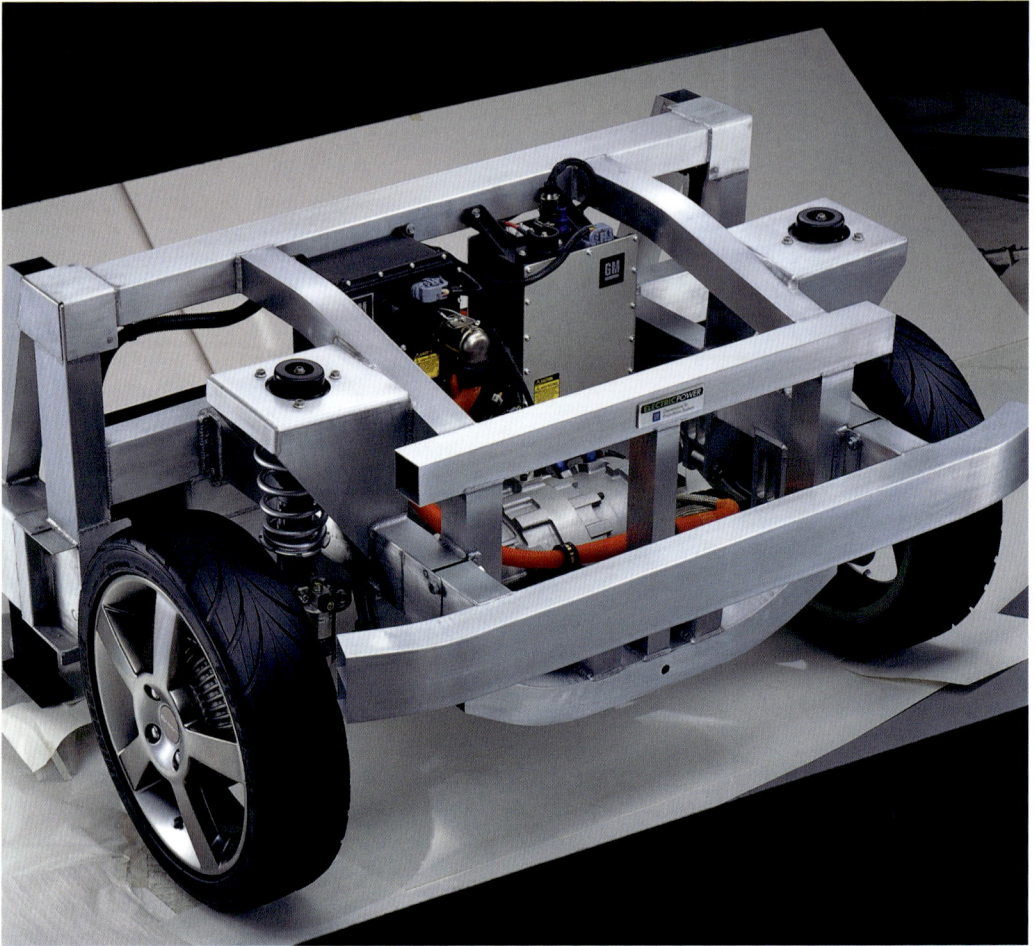

Oben: Auf der Tokyo Motor Show im Jahr 1999 zeigte Suzuki dieses Frontmodul für ein Elektroauto, dessen Struktur komplett aus geschweißten Alu-Strangpressprofilen besteht. Im Prinzip muss die Struktur in einem Serienfahrzeug viel anspruchsvoller ausgelegt werden, aber der Schritt in Richtung Leichtgewicht ist gemacht. Bemerkenswert sind die fast unsichtbare Unterbringung des Elektromotors im unteren Teil der Baugruppe und die beiden Gehäuse der Motorsteuerung, die General-Motors-Aufkleber tragen – Suzuki arbeitet eng mit dem US-amerikanischen Giganten zusammen. (Suzuki)

Links: Renaults ebenso kurzlebiger wie futuristischer Avantime hat eine Plattform (verwandt mit der des Espace), die aus feuerverzinktem Stahl hergestellt wird. Die obere Struktur besteht aus gezogenem und gegliedertem Aluminium und externen Karosserieseiten aus Kunststoffverbundmaterial. Diese Anordnung wurde teilweise so gewählt, weil die Konstrukteure solche Merkmale wie extrem breite Seitentüren (1,4 Meter lang, Gewicht 55 kg, mit speziellen Doppelscharnieren befestigt) und ein extrem großes Sonnendach eingebaut haben wollten. (Renault)

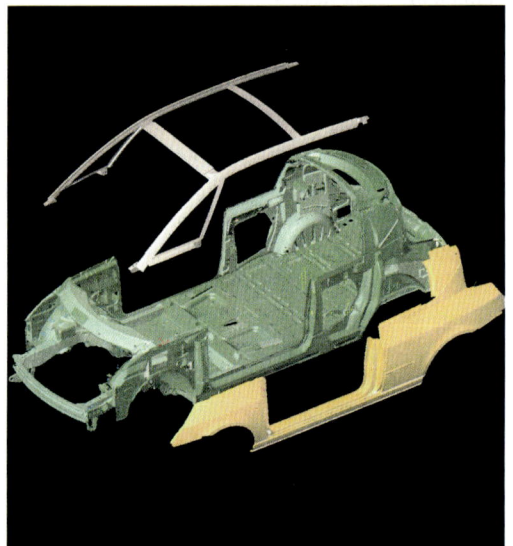

Die Karosseriestruktur

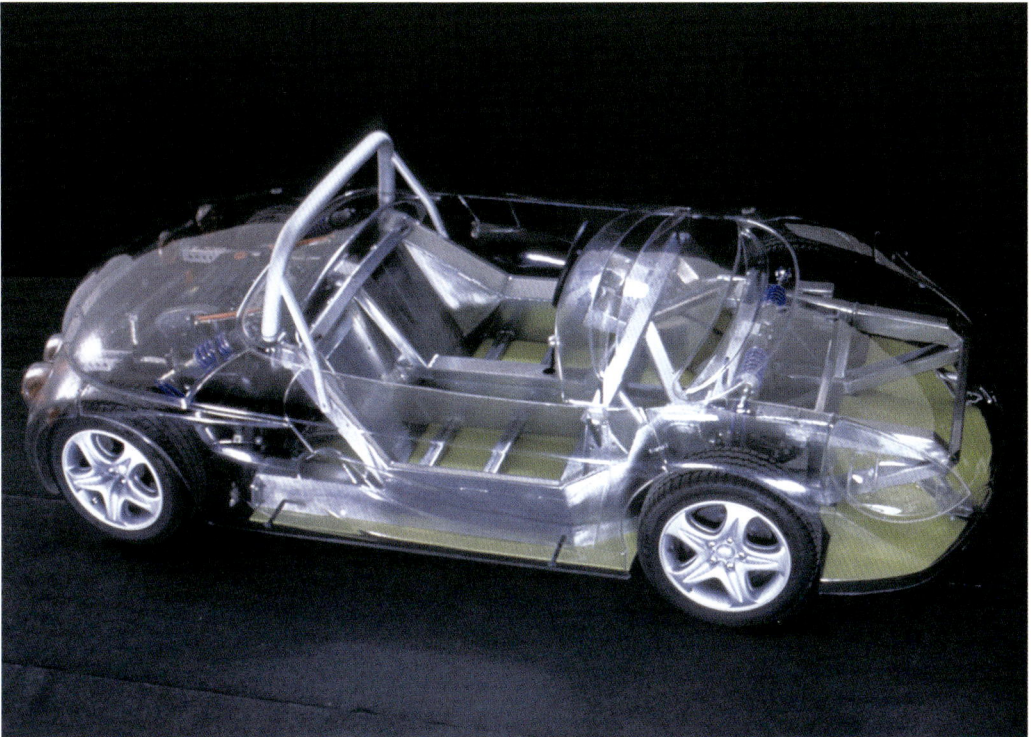

Kunststoff

Kunststoffe sind immer noch potentielle Alternativen zum leichten Aluminium. Wegen der unbefriedigenden Entsorgungssituation und des ungeklärten Recyclings hat diese Aluminium-Konkurrenz aber während der vergangenen Dekade erheblich an Anziehungskraft verloren. Der Begriff »Kunststoff« umfasst eine Vielfalt von Materialien, die einen breiten Bereich von physikalischen Eigenschaften abdecken. Nichtsdestotrotz sehen die meisten Kunststoffe gleich aus und fühlen sich auch so an. Die meisten Kunststoffe sind petrochemische Derivate (Abkömmlinge). Alle sind im konventionellen Sinne korrosionsfrei, obwohl sie von speziellen Chemikalien (inklusive Motor-Kraftstoffen) angegriffen werden können. Degradation, gemeinhin als »Alterung« bezeichnet, durch Ultra-Violett-Licht ist ein weiteres Problem bei einigen Kunststoffen.

Kunststoffe rosten nicht, das ist wahr, aber Kunststoffe sind schwierig und nur unter hohen Kosten zu recyclen. Sogar die thermoplastischen Kunststoffe kann man nicht einfach einschmelzen, reinigen und wiederverwenden wie die meisten Metalle (und insbesondere Aluminium). Neben diesen Schwierigkeiten beim Recycling gibt es auch noch handfeste technische Nachteile. Neben den oben kurz Angeführten zählen dazu die bedenkliche Formstabilität bei hohen Temperaturen, die eventuell erforderlichen speziellen Lackierungsprozesse und die Notwendigkeit, mechanische Befestigungssysteme entwickeln zu müssen, welche die beim Stahl übliche Punktschweißtechnik ersetzen.

Bevor Recycling ein Hauptproblem wurde, setzten Fahrzeughersteller ein breites Spektrum von Kunststoffen ein, einzeln oder in Kombination mehrerer Polymere. Heutzutage versuchen die Hersteller, sich auf wenige sortenreine Kunststof-

Der Zweiliter-Sport-Spider mit Mittelmotor, der 1995 von Renault als Konzeptauto gezeigt und später in Kleinserie gebaut wurde, verwendete einen Fahrwerksrahmen aus Aluminium und die Erfahrungen aus dem MOSAIC-Gewichtsersparnis-Programm des Unternehmens. Allerdings bewies sein Gewicht von 930 kg, dass die Gewichtsersparnis bei der Karosserie nur teilweise zu einem wirklichen Leichtgewichtsauto geführt hatte. (Renault)

fe zu beschränken – unter ihnen die allgemein verbreiteten Polyamide (Nylon), Polycarbonate, Polyäthylene, Polypropylene und Polyurethane. Kunststoffe, die halogenoide Gase enthalten – die prominentesten sind Polyvinylchlorid (PVC) und Polytetra-Fluoräthylen (PTFE) – sind wegen des Ozonlochs in Ungnade gefallen. Es ist heute weltweite Praxis, Plastikteile jeder Größe mit Identifikationsmarken zu versehen, die eine korrekte Sortierung vor dem eigentlichen Recycling ermöglichen.

Kunststoffe haben aus guten Gründen mehr denn je ihren festen Platz im modernen Fahrzeugbau. Ihre Vorteile sind überwältigend, beispielsweise bei gegossenen Stoßstangen. Wie zuvor angemerkt, sind präzisionsgegossene Einlasskrümmer aus Kunststoff bei Motoren durchaus üblich. Noch viel weiter verbreitet sind Kunststoff-Stoßstangen. Sie verkraften problemlos kleinere Rempler und lassen sich sogar lackieren, auch wenn die Farbe vielleicht nicht in jeder Nuance dem Wagenlack entspricht und auch leichter abblättert. Ebenfalls mitunter aus Kunststoff hergestellt werden Kotflügel und Türen, wobei sich das meist auf die Nachfertigung von Oldtimer- oder Liebhaberteilen beschränkt. Noch größere, eventuell sogar horizontal verbaute Kunststoffplatten würden bei sehr hohen Temperaturen eher »durchhängen«.

Kunststoffkotflügel werden in der Regel verschraubt und können demzufolge leicht ersetzt werden. Renault installiert bereits gegossene vor-

Im Jahr 2000 zeigte BMW sein Z22-Leichtbau, ein Konzeptauto, das verschiedene fortgeschrittene Techniken einsetzte, um ein Fahrzeug der 5er-Größe zu schaffen, die weniger als die der 3er-Reihe wog. Ein Merkmal war diese einteilige Karosserieseite aus Kohlefaserverbundmaterial, die um »verlorene« Schaumstoffkerne herum gegossen wurde (die während der Herstellung verdampften). Die vollständig gegossene Seite ist sehr steif und wird komplett mit den an Ort und Stelle eingegossen Befestigungen für die Türscharniere hergestellt, wiegt also nur einige Kilogramm. (BMW)

dere Kotflügel (in Deutschland Noryl PolyKarbonat) in seinen Mégane- Scénic- und Clio-Modellen.

Verbundmaterialien

Die so genannten Kunststoff-Karosserien, die in Kleinserien viele Jahre lang produziert wurden, bestanden tatsächlich fast immer aus Verbundkunststoff. Das ursprüngliche Verbundmaterial, das in der Autokarosserie verwendet wurde, war glasfaserverstärkter Kunststoff, bei dem eine Polyester- oder Epoxidharz-Gewebeschicht in eine Gussform, die einen vorgeformten Kern aus gebündelter oder gewebter Glasfaser enthält, gespritzt wird. Schließlich sorgt die Glasfaser in dem fertigen (ausgehärteten) Bauteil für den Hauptteil der mechanischen Festigkeit, während es die Harzgewebeschicht in Position hält und die Oberflächenlackierung erhält. Ein alternativer Ansatz wird in SMC (= »sheet moulding compound« = Harzmatte oder Prepreg) gesehen, ein Verfahren, bei dem biegsame Matten aus glasfaserverstärktem Harz vorbereitet und dann in einer Aushärtungspresse in Form gebracht werden. Das gestattet, den Prozess halbautomatisch ablaufen zu lassen und macht das präzise Vorpositionieren der Verstärkung in der Form überflüssig. Kleinere, aber dickere Bauteile können ähnlich aus DMC (= »dough moulding compound« = Alkydpressmasse) geformt werden. Eine fortgeschrittenere Alternative bedient sich des Polyurethans. Wenn während des Gießprozesses zer-

hackte oder pulverisierte Glasfaser hinzugefügt wird (was als Reaktions-Spritzgießen bekannt ist), erhält man ein erheblich steiferes Gussteil. Der Prozess ist dann als verstärktes Reaktions-Spritzgießen (RRIM = »reinforced reaction injection moulding«) bekannt. Auch Polyamid (Nylon) kann während des Gießens entsprechend verstärkt werden; man erzielt dann ähnliche Ergebnisse.

Die am meisten verbreitete Verstärkung in all solchen Materialien ist Glasfaser. Diese ist preiswert, wird in konstanter Qualität hergestellt und hat ein sehr hohes Steifigkeit-zu-Gewichts-Verhältnis. Höherpreisige Alternativen für spezielle Anwendungen sind die noch steifere Kohlefaser und das viel stärkere Kevlar, die häufig in gewebter Kombination in der Herstellung von Bodenwannen für Rennwagen und anderen Bauteilen verwendet werden, wenn Kosten keine ernsthafte Rolle spielen. Das Weben von Verstärkungsmatten für solche Zwecke ist eine Wissenschaft für sich selbst geworden, und gestrickte Matten sind ebenfalls untersucht worden.

Ein anderer Typ von Verbundmaterial, der heute an Akzeptanz gewinnt, ist das Sandwich aus einer Kunststoffschicht zwischen zwei dünnen Lagen aus Stahl. Platten, die aus diesem Material hergestellt wurden, können als wirkungsvolle Geräusch- und Schwingungs-Dämpfer fungieren, wobei sie nur wenig schwerer sind als reine Kunststoffe.

23 Design für Sicherheit

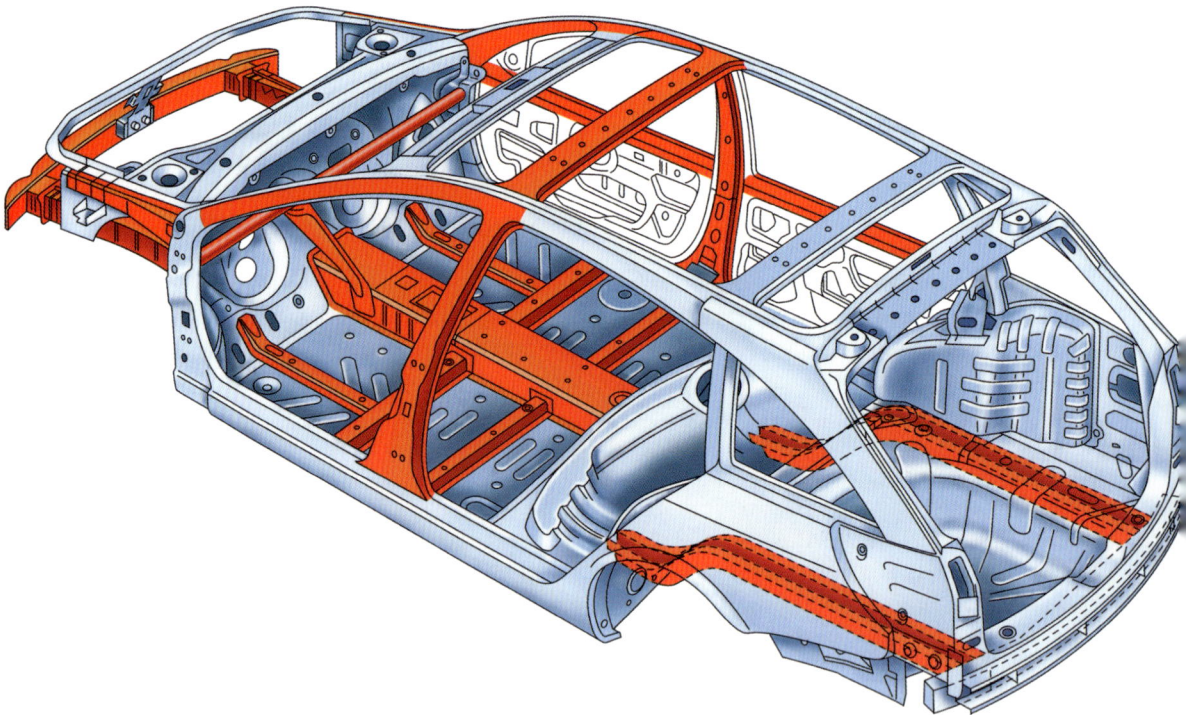

Wenn Ingenieure von Sicherheit sprechen, tun sie das unter zwei Aspekten. Es geht ihnen einerseits um die aktive Sicherheit, also darum, einen Wagen so zu konstruieren, dass er fahrsicher ist und leicht zu bedienen, gute Bremsen aufweist, übersichtlich ist und so weiter. Daneben geht es ihnen um die passive Sicherheit, die alle Aspekte betrifft, die den Insassen ein Überleben im Unglücksfalle ermöglichen. Dieses Kapitel handelt von der passiven Sicherheit; die Aspekte der aktiven Sicherheit wurden hauptsächlich in Teil 3 behandelt.

Die passive Sicherheit umfasst zwei große Themenkomplexe. Der eine betrifft die Autokarosserie und deren Bedeutung als dämpfendes Kissen beim Aufprall, insbesondere beim Frontalaufprall. Es ist für den Insassenschutz von enormer Wichtigkeit, dass die Aufprallenergie mit einer konstanten Rate über eine bestimmte Distanz absorbiert werden kann, selbst wenn die Distanz in Zentimetern statt in Metern gemessen wird.

Zum zweiten gibt es die Notwendigkeit, die Insassen auf ihren Sitzen zu halten. Wenn etwa ein Auto, das mit einem entgegenkommenden Auto bei etwa 60 km/h zusammenstößt, nach vielleicht 50 cm steht, entspricht das einer mittleren Verzögerungsrate von 30 g, und die Belastungsspitze wird sicherlich höher sein. Der Passagier prallt nach vorne, stößt dabei mit voller Wucht auf das Armaturenbrett, das Lenkrad oder die Windschutzscheibe – wenn er nicht zurückgehalten wird. Deshalb wurden Sicherheitsgurte erfunden, gefolgt von Airbags. Man muss natürlich deutlich sagen, dass Airbags kein Ersatz für Sicherheitsgurte sind. Nur Dummköpfe sind der Meinung, dass ein Airbag den Sicherheitsgurt ersetzt. Die weltbesten Sicherheitsingenieure sind sich darin einig, dass nur das sorgfältig abgestimmte Zusammenwirken von Airbags und Sicherheitsgurten den optimalen Schutz bietet.

Egal wie gut die Insassenrückhaltesysteme auch sein mögen, ein guter Schutz erfordert ebenso eine Fahrgastzelle, die grundsätzlich intakt bleibt, und Knautschzonen, die Energie progressiv absorbieren, insbesondere bei einem Frontalaufprall, über eine Zone von bis zu einem Meter. Diese Zeichnung zeigt einige der sicherheitskritischen strukturellen Bauelemente des Laguna II von Renault und die Art und Weise, wie sie einen Käfig um die Fahrgastzelle herum bilden. (Renault)

In der Mehrzahl der Industriestaaten besteht heutzutage Gurtpflicht (zumindest auf den Vordersitzen). In den USA unterliegt diese Gesetzgebung den einzelnen Staaten, es gibt daher kein einheitliches Bundesgesetz. Daher müssen für den US-Markt Airbags und nicht etwa Gurte als primäres Rückhaltesystem bei einem Frontaufprall fungieren. Amerikanische Airbags sind deshalb größer und entfalten sich schneller – was erwiesenermaßen eigene Gefahren mit sich bringt, weil stärkere Treibladungen verwendet werden müssen. In anderen Märkten betrachten Sicherheitsingenieure Airbags als ergänzendes Rückhaltesystem (SRS = »supplementary restraint system«) und nicht als Ersatz für Dreipunkt-Sicherheitsgurte. In letzter Zeit ein wenig aus der Mode gekommen sind »passive« Sicherheitsgurte, die sich automatisch um die Insassen legen, wenn sie die Autotüren schließen. Solche Gurte gab es früher in einigen US-Fabrikaten, doch ist man anscheinend inzwischen der Meinung, dass Fahrzeuginsassen, die partout keinen Sicherheitsgurten anlegen wollen, besser mit optimierten Airbag-Systemen bedient sind.

Sicherheitskonstruktionen

Moderne Autos sind rundum stabile Stahlkonstruktionen, die bei jeder denkbaren Unfallsituation größtmögliche Sicherheit bieten. Statistiken zeigen jedoch, dass die Mehrheit der Verkehrstoten bei Frontalchrashs sterben, daher beschäftigen sich die Forschungen vor allem mit dieser Unfallart. Vor etwa 35 Jahren wurden die ersten Sicherheitsstandards definiert, denen ein Fahrzeug bei einem Frontaufprall zu genügen hatte. Heutzutage sind die Tests so ausgelegt, dass sie auch die Möglichkeit eines Seiten- und Heckaufpralls mit einbeziehen. Die meisten Hersteller führen darüber hinaus noch Überschlagtests durch.

Im Laufe der Jahre kristallisierte sich heraus, was heute Allgemeingut ist: Der von einem möglichst steifen Käfig umgebene Fahrgastraum muss intakt bleiben, während die Front- und Heck-Konstruktionen sich unter Druck verformen dürfen und dabei die Aufprallenergie absorbieren müssen.

Diese Knautschzonen an Front und Heck absorbieren Energie durch plastische (also permanente) Deformation von Metall. Dank raffinierter Konstruktionstechniken wird über genau definierte Lastwege nicht nur möglichst viel Energie absorbiert, sondern das auch möglichst progressiv, was die Spitzenverzögerungswerte minimiert. Die betroffenen Karosserieteile können sich dabei wie eine Ziehharmonika über ihre gesamte Länge zusammenfalten. Konstruktionsbedingte Sollbruchstellen lassen die tragenden Strukturen immer an der richtigen Stelle einknicken. Auf diese Weise stellt man sicher, dass die Aufprallenergie über die zuvor errechneten Lastwege absorbiert wird. Das Gesamtmuster des

Eine der vielen Unfall-Situationen, die man bei der Autokonstruktion und beim Testen berücksichtigen muss, ist der Überschlag. Hier ist eine Mercedes-Benz-C-Klasse im Interesse der Unfallforschung auf dem besten Wege zu einem Totalschaden. (DaimlerChrysler)

Unten: Eine gute passive Sicherheit bei einem Frontalaufprall hängt von den Aufprallbelastungen ab, die möglichst breit über die Karosseriestruktur verteilt werden, so dass die einzigen Teile, die überlastet werden, diejenigen sind, die dafür auch konstruiert wurden und entsprechend Energie absorbieren können. Diese Zeichnung zeigt die Lastwege bei der Mercedes-Benz-C-Klasse aus dem Jahr 2000. (DaimlerChrysler)

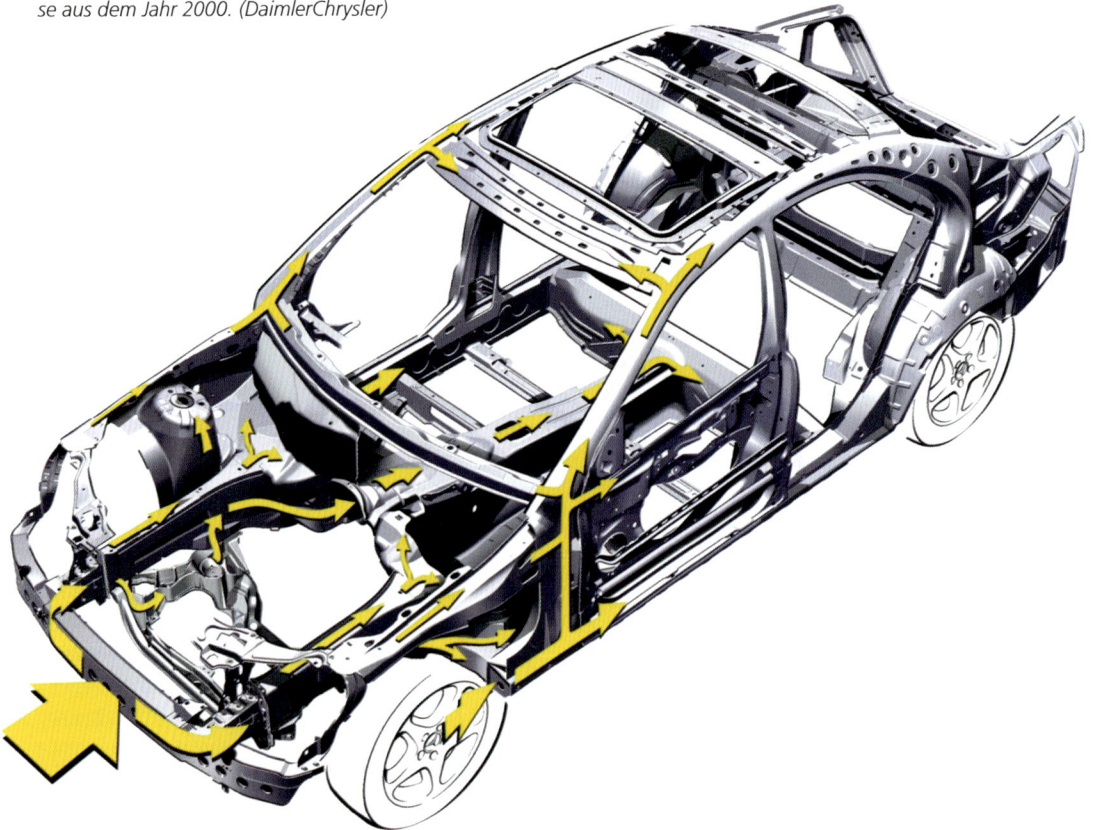

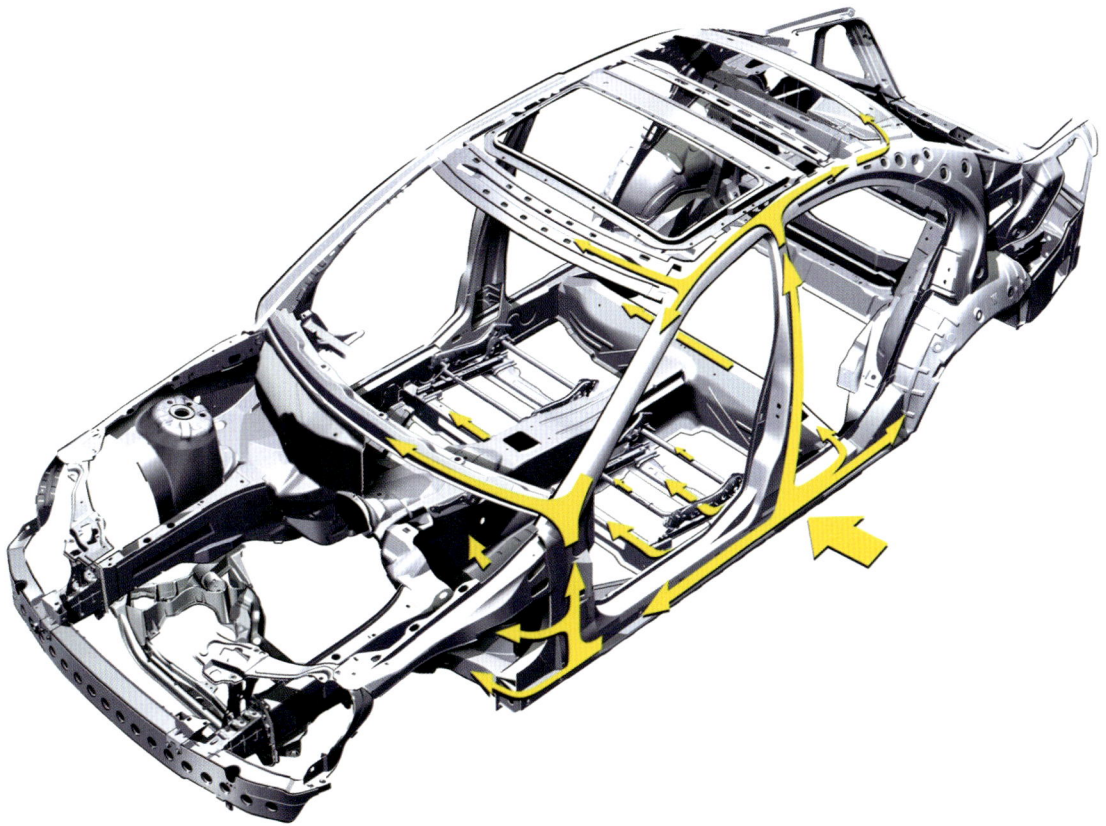

Zusammenbrechens im Frontbereich berücksichtigt auch die zusätzliche Trägheit und Steifigkeit, die von Motor und Vorderrädern herrührt.

Konstrukteure interessierten sich frühzeitig für das Verhalten der Lenksäule und sorgten dafür, dass diese bei einem Frontaufprall in der Rückwärtsbewegung zwangsweise Energie absorbierte: Die fürchterlichen Unfälle, bei denen früher die Lenksäule wie eine Lanze die Brust des Fahres durchbohrte, gehörten mit Einführung der Sicherheitslenksäulen der Vergangenheit an.

Heute gilt das Interesse mehr dem Lenkrad, das den Airbag trägt (der in der Nabe sitzt und sich aufblasen kann, um damit den Fahrer zu schützen – mit ein Grund übrigens für das Lenkrad im Citroën C4, der eine feststehende Nabe aufweist, bei dem nur der Lenkradkranz gedreht wird: Die starre Nabe, so Citroën, ermöglicht eine neue Airbagform, die mehr Sicherheit bieten soll).

Die Unfallforschung versucht, genaue Kontaktmuster bei Frontalzusammenstößen zu gewinnen und damit auch Aufschluss darüber zu erhalten, was wirklich innerhalb dieser Sekundenbruchteile abläuft. Zusammenstöße erfolgen normalerweise nur selten direkt frontal, also über die gesamte Breite, sondern vor allem versetzt zu den Fahrerseiten hin. Die ersten dieser Testreihen simulierten einen Aufprall im 30-Grad-Winkel. Heute üblich ist der so genannte Offset-Crash, bei dem das Auto das Hindernis nicht voll trifft, sondern versetzt auf eine Ecke aufprallt. Dabei kommt es auf eine hundertprozentig exakte Versuchsanordnung an, weil bereits eine Abweichung von einem Zentimeter einen erheblichen Einfluss auf das Endergebnis hat. Daher gilt es, sorgfältig auf die Positionierung des Testfahrzeugs zu achten und das entsprechend bei der Versuchsauswertung zu berücksichtigen. Der Offset-Crash verlangt nach einer Konstruktion, die Belastungen von der Aufprall-Seite des Autos möglichst über die gesamte Breite der vorderen Stoßstange verteilen kann.

Verschiedene Versatzvarianten wurden vorgeschlagen, inzwischen ist eine 40-prozentige Überlappung Standard. Das Hindernis ist mit einer faltbaren Metallwabenoberfläche ausgestattet, die die Knautschzone eines entgegenkommenden Fahrzeug simuliert. Die Wahl der Test-Geschwindigkeit spielt dabei natürlich eine große Rolle. Je höher die Geschwindigkeit, für die das Fahrzeug ausgelegt ist, desto intelligenter muss die Konstruktion der Knautschzonen sein, um die Insassen zu schützen. Das Fahrzeug wird dadurch schwerer und massiger, und eine extrem steife Fahrgastzelle hat bei anderen Crash-Arten auch Auswirkungen, die bedacht werden müssen – vor allem dann, wenn so ein Wagen beispielsweise einem anderen, nicht so steif ausgelegten Fahrzeug in die Seite fährt oder einen Fußgänger trifft. Der Euro-NCAP-Standard (Euro-NCAP ist kein gesetzlicher Standard, aber quasi offiziell, weil er von einer Reihe von Regierungen und Organisationen unterstützt wird) verlangt einen Aufprall mit 64 km/h. Die meisten der großen Autohersteller führen in eigenen Entwicklungszentren Tests mit höheren Geschwindigkeiten durch. Auch hier spielt die Mathematik wieder eine große Rolle: Die Aufprallenergie nimmt mit dem Quadrat der Geschwindigeit zu, so dass die Konstruktion bei einem Aufprall mit 80 km/h 56% mehr Energie absorbieren muss als beim Aufprall mit 64 km/h.

Praktisch gesehen verhalten sich Autokarosserien, die innerhalb des letzten Jahrzehnts konzipiert wurden, durchweg passabel, sogar bei der Euro-NCAP-Aufprallgeschwindigkeit. Eine Schwachstelle hat sich allerdings nicht geändert: Der Fußraum auf der Fahrerseite, der häufig verdreht oder durchbohrt wird, und in dem die Pedale durch den Crash sich in Richtung Fahrer bewegen, weil sie großen Stoßkräften ausgesetzt sind. Sie bergen immer noch hohe Verletzungsrisiken. Die jüngsten Konstruktionen verstärken diesen Bereich, und man untersucht auch Sollbruch-Pedal-Anordnungen und Rückhalte-Systeme für die Unterschenkel.

Ebenfalls eingehend untersucht wird die »Kompatibilität« kollidierender Autos beim Frontalaufprall. Unbestritten wird das leichtere Auto den größeren Anteil der Aufprallenergie übernehmen, weil das Prinzip der Krafterhaltung in eine Rückwärtsbewegung mündet – unter der Voraussetzung, dass alle anderen Dinge gleich sind. Der einzige Weg, dieses Problem zu lösen, besteht darin, die Autos so zu konstruieren, dass die Nachgiebigkeit ihrer Frontpartien sich proportional zu ihrer Masse verhält. Mit anderen Worten: Kleinere Autos erhalten extra steife Frontstrukturen. Kleine, sehr steife Autos allerdings setzten bis vor kurzem die Insassen unzulässig hohen Verzögerungswerten aus. Die jüngsten Entwicklungen bei den Rückhaltesystemen belegen allerdings, dass es jetzt sehr viel besser möglich ist, die Passagiere vor Verletzungen in einem kleinen, »kompatiblen« Auto zu schützen.

Seitenaufprallschutz

Viele Jahre lang hielt man einen wirkungsvollen Seitenaufprallschutz für kaum realisierbar, weil ein Autos niemals so breit sein kann, als dass es bei einem starken Crash nicht seitlich eingedrückt werden würde. Dennoch ließen sich, trotz dieser Tatsache, in Sachen Seitenaufprallschutz doch erhebliche Fortschritte erzielen. Dabei konzentrierten sich die Forschungen auf drei Bereiche.

Zum einen geht es darum, die Aufpralllast möglichst breit auf die Konstruktion zu verteilen, etwa indem starke Türschwellen, eine starke Mittelsäule und starke bodenseitige Querträger eingebaut werden. Als nächstes muss das Eindringen durch Verstärkung der internen Türkonstruktionen minimiert werden. Durch entsprechend angebrachte Türschlosskonstruktionen muss dafür gesorgt werden, dass sich die Türen nach einem Frontalaufprall noch öffnen lassen. Und schließlich geht es darum, das Verletzungsrisiko der In-

Crash-Tests erfordern immer aufwändiger ausgestattete Laboratorien, in denen die Versuche exakt geregelt und kontrolliert werden können. Hier, aus der Vogelperspektive betrachtet, trifft ein Volvo V70 auf einen kleineren, leichteren Volvo S40 im Sicherheitstestzentrum des Unternehmens in Gothenburg. Bemerkenswert ist der Glasboden, der es ermöglicht, den Aufprall auch von unten zu untersuchen, und die Tatsache, dass das leichtere Fahrzeug durch die Aufprallkraft über einen größeren Winkel zur Seite versetzt worden ist, obwohl die Autos anscheinend ähnliche Schäden davongetragen haben. (Volvo)

sassen noch weiter zu reduzieren, in dem die Lasten mittels Seiten-Airbags und interner Ausschäumung über die Karosserie verteilt werden. Die heute konstruierten Autos haben diese Prinzipien mit gutem Erfolg umgesetzt, und die Verletzungen bei Unfällen mit Seitenaufprall sind erheblich zurückgegangen. Dennoch wird jeder Ingenieur einräumen, dass die Wirksamkeit dieser Maßnahmen maßgeblich von der Art des Auf-

pralls abhängt. Bei einem Fahrzeug mit weicher Frontpartie sind die Chancen gut. Bei schlimmstmöglichen Szenario, beim Crash seitwärts in einen Baum oder Brückenpfeiler, sind sie es nicht.

Insassen-Rückhaltesysteme

Sicherheitsgurte

Airbags standen zwar in den vergangenen Jahren bei den meisten Veröffentlichungen über Fahrzeugsicherheit im Mittelpunkt, der Dreipunkt-Sicherheitsgurt bleibt jedoch das erste und wirksamste Mittel, um die Insassen auf ihren Sitzen zu halten. Es gab in diesem Bereich einige bemerkenswerte Fortschritte, die eine Verbesserung der Sicherheitsgurt-Ergonomie, eine Art Vorspannung der Gurte im Fall eines Aufpralls und die Begrenzung der Belastungen durch den Diagonalgurt betrafen.

Ergonomische Entwicklungen verbesserten die Handhabung. Die Gurte sind komfortabler zu tragen und besser verankert, was eine maximale Sicherheit ergibt. Dazu gehört auch eine Höhenverstellung für den Schultergurt an der B-Säule. Die Gurtschlösser werden nun normalerweise an den Sitzen statt am Kardantunnel befestigt, dadurch stellt man die korrekte Gurtposition und den Gurtwinkel unabhängig von der Größe des Fahrers sicher. Eine Gurtvorspannung kann mechanischer oder pyrotechnischer Art sein, auf jeden Fall ist das Ziel, einen schlaffen Gurt zu straffen und den Gurtträger unter allen Umständen im Sitz zu halten. Die Kombination aus Gurtstraffer und Greifzwinge (diese verhindert, dass der Gurt sich als Folge eines Aufpralls um die Gurtrolle schlingt) verspricht optimalen Schutz. Solche Greifzwingen können auch separat eingebaut werden, sind dann zwar nicht mehr so wirkungsvoll, aber bieten immer noch wertvolle Vorteile. Einige moderne Systeme wirken über zweistufige Gurtstraffer, die den Gurt bei einem Aufprall je nach Intensität mehr oder weniger stark anziehen. Gurtstraffer können intern oder von einem Signal ausgelöst werden, das vom Zusammenstoß-Sensor stammt, der die Airbags zündet. Audi leistete auf diesem Gebiet mit seinem Gurtstraffer-System in den 1980er-Jahren bereits Pionierarbeit.

Gurtlastbegrenzer erlauben dem Träger zunächst eine kleine Vorwärtsbewegung, so dass die Last auf der Brust nicht so groß wird und die Gefahr einer ernsthaften Brustverletzung sich verringert. Das Gurtsystem arbeitet normalerweise bis zur zulässigen Maximallast, nachdem eine mechanische Baugruppe in einer der Gurtbefestigungen dafür sorgt, dass der Fahrer sich vorwärts bewegen kann und dabei die Last auf einem konstanten Wert gehalten wird. Renault führte als erster Hersteller solch ein System in einem Serienauto ein, die Technik wurde allerdings seitdem vielfach übernommen.

In den vergangenen Jahren entwickelte sich auch die Suche nach bestmöglichen Sicherheitssystemen für Kinder zum Forschungsschwerpunkt. Dabei ging es um rückwärts angeordnete Sitzschalen für Kleinkinder und verstärkte Sitze für ältere Kinder (die nun gesetzlich als Rücksitze in den meisten Ländern mit großen Automärkten vorgeschrieben sind). Die meisten Autohersteller entwickeln ihre eigenen Systeme zur Kindersicherung in Partnerschaft mit einem renommierten Spezialisten oder testen die auf dem Markt erhältliche Ausrüstung und empfehlen dann eine Reihe von erprobten Produkten. Die jüngste Entwicklung ist der sogenannte ISOFIX-Standard zur leichten und korrekten Befestigung der Kindersitze an Standard-Ankerpunkten, die in immer mehr Autos auf dem europäischen Markt zu finden sind.

Airbags

Airbags sind heute Standard, und sie scheinen mit hoher Zuverlässigkeit zu funktionieren, sowohl der Bag (Sack) selbst als auch die Aufprallsensoren und deren Steuerung. Es kommt gelegentlich vor, dass sich der Airbag ungewollt aufbläst; meist als Folge eines falschen Impulses vom Sensor. Normalerweise sind die Auswirkungen dann weniger schlimm als einst befürchtet. Wie jedoch zuvor erläutert, müssen Airbags, die die primäre Rückhaltefunktion erfüllen, großvolumiger sein und sich schneller aufblasen können als ein normales Sicherheitsrückhaltesystem (SRS = »supplemental restraint system«). In den USA führte das zu ernsthaften Problemen. Gefährdet waren kleinere Passagiere auf den Vor-

Bei nahezu allen Serienmodellen ist der Vorhang-Airbag, der von der Dachseitenschiene herabfällt, um die Köpfe der Insassen beim Seitenaufprall zu schützen, Standard. So sieht der Innenraum des Volvo V70 aus, wenn die Vorhang-Airbags aufgeblasen sind. Vordere und hintere Passagiere werden geschützt. (Volvo)

dersitzen, insbesondere Kinder auf den Beifahrersitzen. Wenn diese so weit vorne saßen, dass sie im Fall eines Frontalaufpralls bereits vom Airbag getroffen wurden, während er sich noch aufblies, waren sie gefährdet. Das Sicherheitskonzept sieht aber vor, dass der Fahrzeuginsasse auf den Airbag treffen soll, und nicht umgekehrt. Das ist bei kleinen Menschen noch schwieriger, weil der sich aufblasende Airbag den Kopf statt die Brust treffen konnte und auf diese Weise nach hinten presste. Das führte zu einigen üblen Verletzungen. Das Problem betrifft weniger den europäischen Standard-Airbag, wiewohl die meisten europäischen Hersteller heutzutage auch die Möglichkeit bieten, den Airbag auf der Beifahrerseite abzuschalten. Das ist von besonderer Wichtigkeit, wenn auf dem Vordersitz eine Babyschale transportiert wird.

Inzwischen gibt es aber auch Systeme, die ganz auf die spezifischen Anforderungen des amerikanischen Marktes zugeschnitten sind, aber auch in Europa immer mehr Zuspruch finden. Sie weisen zwei technische Merkmale auf: Es gibt erstens Airbags, die nicht auf einmal aufgeblasen werden, und zweitens Sensoren, die die Größe und die Position des Fahrzeuginsassen feststellen können. Der typische zweistufige »Blasebalg« für Airbags beruht auf einem einfachen Mechanismus, der entweder die volle oder nur die halbe Gasladung in den Airbag schickt. Die Sensoren zur Sitzbelegerkennung können verschiedene Formen annehmen. Sie können Sitzposition und Passagiergewicht messen. Möglich ist auch das direkten Erfassen der Passagierposition vom Dachhimmel aus. Diese Informationen, zusammen mit den von den Sensoren übermittelten Informationen zur Schwere des Aufpralls, führen zu einem Befehl an die Rechnereinheit, der entweder eine volle Ladung, eine Teilladung oder überhaupt keine Ladung veranlasst, je nach den Überlebenschancen, die das System für die Insassen errechnet hat.

Inzwischen ist weltweit unbestritten, dass Airbags bei einem Frontalaufprall einen zusätzlichen Schutz für Kopf und Oberkörper bieten. Doch wie sieht es aus, wenn beispielsweise bei einer Kollision der Airbag zwar ausgelöst hat, der Wagen aber vom Unfallgegner zurückprallt und dann beispielsweise auf einen Baum schleudert? In diesem Fall führt am guten alten Sicherheitsgurt kein Weg vorbei. US-amerikanische Statistiken haben zwar nachgewiesen, dass Airbags zwar insgesamt schwere Verletzungen verhindern helfen, die Zahl der Verletzungen war jedoch

viermal höher, wenn die Passagiere nicht auch Sicherheitsgurte getragen haben.

Den gegenwärtigen Stand der Entwicklungen zeigt das Beispiel der Firma Renault, die mit dem Zulieferer Autoliv zusammenarbeitet. Dort hat man sich sehr intensiv mit dem Zusammenwirken von Airbag und Gurt beschäftigt und den lebensrettenden Luftsack mit einem zwangsgesteuerten Lüfter ausgestattet, der eine gewisse Menge Gas ablassen kann, wenn der Insasse in Kontakt mit dem Airbag gekommen ist. Dieses programmierte Rückhaltegurt-Airbag-System kann die an der Brust auftretenden Belastungen um 500 kg reduzieren; die typische Belastung, die ein konventioneller Sicherheitsgurt aufbringt, beträgt 900 kg. Andere europäischer Hersteller sind natürlich auch so weit, ihre Systeme sind im Prinzip gleich, wenn auch im Detail unterschiedlich in Technik und Auslegung.

Neben den Frontairbags für Fahrer und Beifahrer gehören inzwischen auch Seitenairbags, die Becken und Brust (und bis zu einem gewissen Grad auch den Kopf) gegen den Aufprall von der Seite schützen sollen, bei mehr und mehr Fahrzeugen zum Standard. Die Wirkung der Seiten-Airbags, die viel kleiner sind als die Frontairbags, hängt davon ab, wie schnell der Airbag aufgeblasen wird, weil es nur sehr wenig Raum zwischen dem aufprallenden Objekt und dem Opfer gibt. Diese Seitenairbags werden nun auch durch Vorhang-Airbags ergänzt, die sich von der Dachseitenschiene nach unten aufblasen und damit einen besseren Schutz des Kopfes ergeben. Airbags zur Installation in den Vordersitzrücklehnen oder in den hinteren Sicherheitsgurten zur Sicherung der Fondinsassen wurden auch schon vorgeschlagen und zumindest als Prototypen gezeigt. Sie blasen sich innerhalb der Fußräume auf und reduzieren dadurch das Risikio von Fuß- und Unterschenkel-Verletzungen.

Wirksamere Sicherheitsgurte und Kopf/Brust-Airbags verhindern keine Beinverletzungen. Daher wächst das Interesse an kleinen Airbags, die im Fussraum installiert werden, wie hier zu erkennen. Dadurch werden die Schienbeine, Knöchel und Füße geschützt. Toyota ist momentan der einzige Hersteller, der im Avensis II auch einen Knie-Airbag bietet. (Siemens)

Sicherheit in der **Zukunft**

Wer wird schon ernsthaft die Meinung vertreten, dass die Sicherheitstechnik bereits einen solchen Stand erreicht habe, dass ein Weiterforschen kaum mehr bessere Ergebnisse bringe? Fortschritte sind immer noch möglich, das zeigt der Blick auf die letzte Dekade mit ihren Errungenschaften, so zum Beispiel bei den Sicherheitsgurtbegrenzern, der optimierten Kombination von Gurten und Airbags, bei den programmierten Airbags, den Seitenvorhang- oder auch Kopf-Airbags und das ISOFIX-Sitzbefestigungs-System. Mittlerweile bietet Toyota im Avensis des Jahres 2003 als einer der ersten Hersteller überhaupt sogar einen Knie-Airbag an.

Sind da noch Steigerungen möglich? Denkbar wäre, und die Forschungen laufen in der Tat in diese Richtung, dass sich bei Unfällen ein Kissen rund um das Auto entfaltet und so den Aufprall dämpft. Wir verfügen bereits über Sensoren, die nahe gelegene, aber unsichtbare Objekte entdecken können und dem Fahrer aufgrund dieser Eigenschaft sicher beim Einparken helfen; es gibt keinen Grund, warum es nicht auch Sensoren

geben sollte, die mittels genialer elektronischer Signalverarbeitung bewegte Objekte erkennen und entscheiden, ob sie möglicherweise eine Bedrohung darstellen und dann entsprechend reagieren können. Nehmen wir den Fall eines Seitenaufpralls: Das größte technische Problem besteht hier im Zeitfaktor, denn der schützende Seitenairbag muss sich praktisch sofort aufblasen. Ein Airbag hat nur wenig Reaktionszeit, wenn es tatsächlich gekracht haben sollte. Falls ein zur Seite gerichteter Sensor nur einen Bruchteil einer Sekunde früher vor einem Aufprall warnen könnte, würde ein besserer Schutz erzielt. So könnte auch beispielsweise bei einer Vorwarnung vor einem Frontalaufprall der Gurt bereits vor dem Kontakt gestrafft werden und das Airbag-System

Eine europäische Initiative, die eine breite Wirkung entfaltet, ist die Einführung des ISOFIX-Standards für die Befestigung von Sicherheitssitzen für Kinder. Diese Zeichnungen zeigen, wie das ISOFIX-Prinzip im Volvo V70 angewendet wird. In naher Zukunft sollen alle Sitze, die dem Standard entsprechen, in jedes mit ISOFIX ausgerüstete Auto problemlos und auf eine Art und Weise eingesetzt werden können, die den richtigen Halt des Sitzes und des Kindes im Falle des Aufpralls sicherstellt. (Volvo)

ISOFIX Kinder/Baby-Sitz-Befestigungen

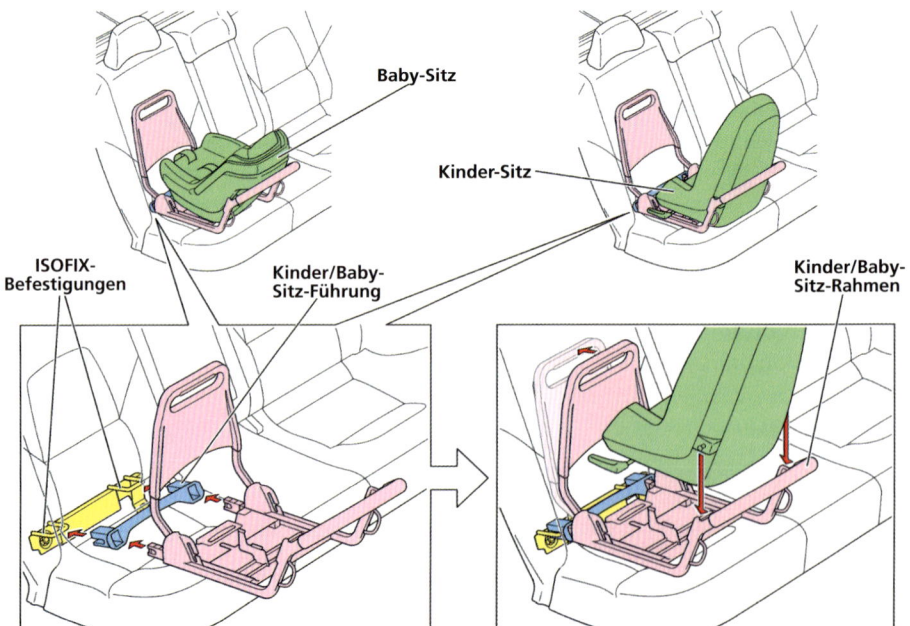

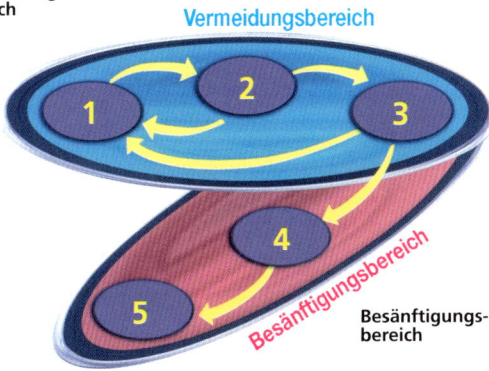

Vermeidungs-bereich

Vermeidungsbereich

1

2

3

4

5

Besänftigungsbereich

Besänftigungs-bereich

1 normaler Fahrzustand
2 Warnzustand
3 Zustand der vermeidbaren Kollision
4 Zustand der unvermeidlichen Kollision
5 Zustand nach dem Ereignis (nach der Kollision)

Im Jahr 2000 kündigte der US-amerikanische Bauele-mente- und System-Riese Delphi sein Konzept eines integrierten Sicherheitssystems an, bei dem die konven-tionelle Unterscheidung zwischen aktiver (Kollisionsver-meidung) und passiver (Überleben der Kollision) Sicher-heit aufgehoben wird, indem einige Bauelemente bei-den Zwecken dienten. So jedenfalls erklärte Delphi die Überlappung zwischen den passiven und aktiven Berei-chen. (Delphi)

über die voraussichtliche Schwere des Aufpralls vorab informieren, so dass es selbst entsprechend tätig werden könnte; Lexus wird im GS 430 des Jahres 2005 ein entsprechendes System anbieten. Die Vorwarnung vor einem Heckaufprall könnte irgendwelche Kopfschutzvorrichtungen dazu ver-anlassen, sich automatisch in Position zu brin-gen, um den bestmöglichen Kopfschutz zu ge-währleisten.

Warum sollte es also nicht möglich sein, einen Kokon zu erzeugen, der einen elektronisch ge-schützten Raum um das Auto herum bildet, und der dazu Sensoren einsetzt, die in unterschiedli-che Richtungen schauen? Machen wir uns aber nichts vor: Solche Systeme müssten extrem intel-ligent sein, sogar nach heutigen Standards. Man möchte selbstverständlich nicht, dass sich der Seitenairbag öffnet, weil man etwa sehr nahe an einem anderen Fahrzeug oder einer Garagen-wand parkt. Das System müsste zuverlässig un-terscheiden können, wie die Bedrohung aussieht, ob also die potenzielle Gefahrenquelle nicht nur nahe ist, sondern sich auch mit einer Geschwin-

digkeit nähert, die zu einem Aufprall führen muss (und selbst dann würde man sich nicht wünschen, dass der Airbag auslöst, wenn man sich vielleicht beim Einparken verschätzt hat und nur ein wenig die Garagenwand gestreift hat).

Denkbar sind auch Entwicklungen mit Abstands-warnern und Vorwarnsystemen, wie sie bereits im Flugzeugbau verwendet werden. Kurzum: Vie-le Probleme müssen noch gelöst werden, aber wahrscheinlich werden sich die Sicherheits-Sys-teme in diese Richtung entwickeln.

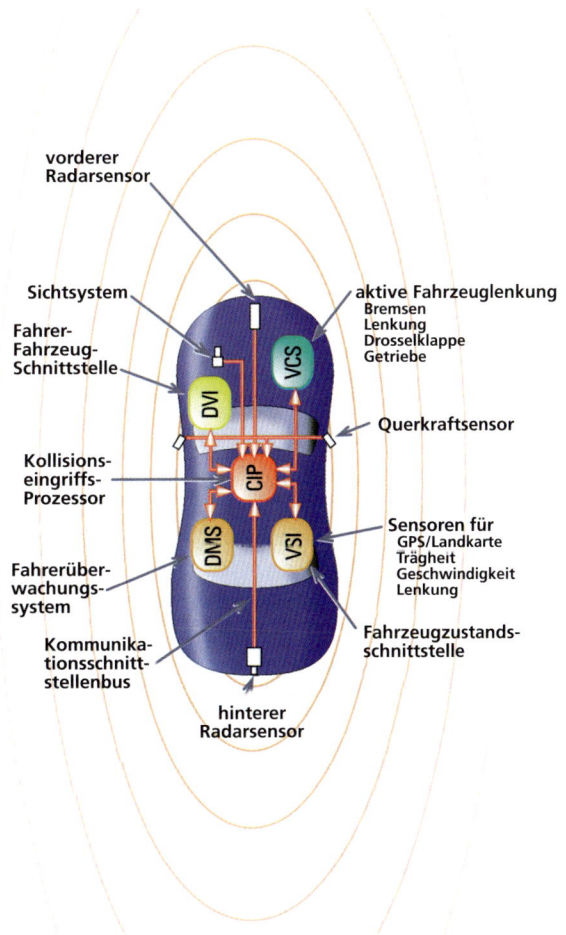

vorderer Radarsensor

Sichtsystem

Fahrer-Fahrzeug-Schnittstelle

Kollisions-eingriffs-Prozessor

Fahrerüber-wachungs-system

Kommunika-tionsschnitt-stellenbus

hinterer Radarsensor

aktive Fahrzeuglenkung
Bremsen
Lenkung
Drosselklappe
Getriebe

Querkraftsensor

Sensoren für
GPS/Landkarte
Trägheit
Geschwindigkeit
Lenkung

Fahrzeugzustands-schnittstelle

DVI

VCS

CIP

DMS

VSI

Dies sind einige der Hauptsensoren, die Delphi für ein vollständiges, integriertes Sicherheitssystem braucht. Eine Kommunikation mit hoher Geschwindigkeit zwi-schen Sensoren und Computern ist absolut lebenswich-tig, weil die Entscheidungen, ob ein Aufprall unver-meidlich ist oder nicht, buchstäblich in Sekundenbruch-teilen getroffen werden müssen. Der Kollisionseingriffs-Prozessor ist das Herzstück des gesamten Systems. (Delphi)

24 Hilfen für den Fahrer

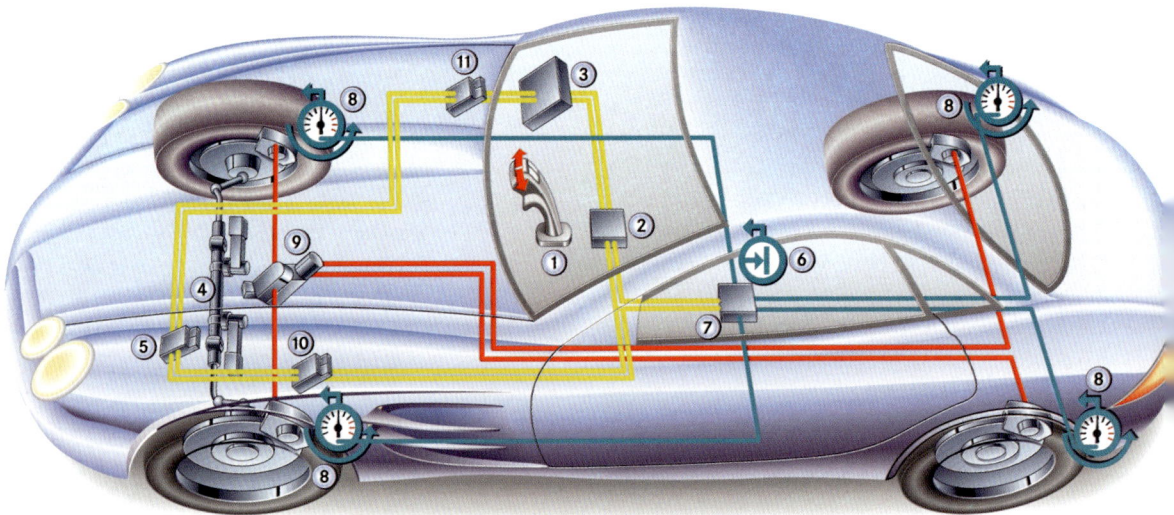

1 Steuerknüppel (Joystick) mit angeschlossenen Kraft-
   und Winkelsensoren für Lenkung, Bremsen und Gas
2 Joystick-Steuergerät
3 Fahrdynamiküberwachung
4 Lenkungsaktuator
5 Lenkungssteuerungseinheit

6 Fahrverhaltenssensoren
7 Sensorelektronik
8 Raddrehungssensoren
9 Elektro-hydraulischer Druckspeicher
10 Sensortronis-Bremssystem-Steuerungseinheit
11 Motormanagementsystem-Steuerungseinheit

In den frühen Tagen des Fliegens waren Erfinder so damit beschäftigt, ihre Maschinen in die Luft zu bringen, dass die Kontrollinstrumente, um sie auch oben zu halten, weniger interessant zu sein schienen. So war das auch mit den ersten Autos. Die Mittel, mit denen der Fahrer Kontrolle ausübte und über die er informiert wurde, was gerade vor sich ging, waren nachträgliche technische Einfälle. Bis zum heutigen Tag findet man insbesondere kleinvolumige Hochleistungsautos, bei denen noch ein ähnlicher Geist Pate gestanden zu haben scheint. Die frühen Flieger entdeckten sehr rasch, dass wirkungsvolle Kontroll- und Informationssysteme genauso wichtig waren wie alles, was dazu diente, sich überhaupt in die Luft zu erheben. Letztere hat bekanntlich keine Balken, im Straßenverkehr dagegen kann ein Autofahrer sich meistens durchwursteln, auch wenn die Qualität der Kontrollelemente und der Instrumente – nach heutigen Flugzeugstandards – mehr als schlecht ist. Der Autofahrer genießt andererseits den Luxus, dass er jederzeit anhalten und in Ruhe nachdenken kann. Das sollte allerdings keine Entschuldigung für unpraktische oder mangelhafte Qualität sein.

Zu Beginn des Autofahrens hat der Fahrer die Kontrolle mittels Lenkrad und dreier Pedale ausgeübt – Gas, Bremse und Kupplung – plus Gangschaltung. Mit Automatikgetrieben verschwand das Kupplungspedal, und der Schalthebel erhielt eine andere Form. Die meisten dieser Themen wurden ausführlich in den Teilen 1, 2 und 3 diskutiert. An dieser Stelle soll daher der Hinweis genügen, dass der wichtigste Trend in den vergangenen Jahren sich auch künftig verstärken wird und mechanischen Verbindungen den elektrischen weichen: Das so genannte X-by-wire-Prinzip wird sich nicht aufhalten lassen.

Wie schon erläutert, kann es durchaus sein, dass Autos eines Tages radikal andere Bedieninstrumente haben werden, möglicherweise einen einzelnen Steuerknüppel (»Joystick«). Gelenkt würde dann durch seitliche Bewegungen, beschleunigt

Mercedes-Benz nahm Steer-by-wire als logische Lösung für die Ausrüstung eines Demonstrationsautos mit einem Joystick, der alle Fahrereingangssignale weiterleitet. Die doppelten Lenkungs- und Bremssysteme erkennt man hier. (DaimlerChrysler)

durch eine Vorwärtsbewegung und gebremst durch ein Zurückziehen des Knüppels: Dank X-by-wire muss das keine Utopie bleiben, diverse damit bestückte Studienfahrzeuge waren damit bereits zu sehen. Noch allerdings sind die Autofahrer an ein Lenkrad und Pedale gewöhnt, und falls Joystick-Anordnungen tatsächlich irgendwann ihren Platz einnehmen sollten, wird sich das wahrscheinlich nur langsam durchsetzen und dann auch nur bei Autos, die in relativ geringen Stückzahlen gebaut werden: Die Kontroversen um das idrive-System in der BMW-Luxusklasse lassen das jedenfalls vermuten.

Doch das ist noch in weiter Ferne, viel konkreter sind die Herausforderungen für die Ingenieure, die durch ihre Arbeit dem Fahrer dabei helfen, sicher in einer zunehmend komplizierten und anspruchsvollen Umwelt zu agieren. Manchmal können wir gar nicht mehr ermessen, wie sich die Bedingungen beim Autofahren geändert haben. Mehr als ein halbes Jahrhundert lang sind Autos beispielsweise mit Scheinwerfern mit einem Fernlicht und einem scharf konturierten Abblendlicht ausgerüstet worden. Doch heute unternehmen viele Fahrer Nachtfahrten auf Straßen, auf den der Verkehrsfluss so konstant ist, dass sie das Fernlicht niemals einschalten müssten – das sollte eigentlich darauf hindeuten, dass wir das Beleuchtungssystem überdenken müssen, was auch zu geschehen beginnt.

Dem Fahrer stehen zwei weitere Mittel zur Verfügung, mit denen er Signal geben kann. Neben den Scheinwerfern sind dies Blinker und Hupe. Doch viele Fahrer nutzen die Hupe kaum jemals, es gibt großartige Diskussionen, wie und ob man stattdessen Scheinwerfer einsetzen könnte, und das Beste, was man mit den Blinkern machen kann, ist, sie einzuschalten und zu hoffen, dass andere Fahrer das bemerken. Technisch ist es inzwischen aber möglich, dass Fahrzeuge automatisch miteinander kommunizieren. Ein Auto kann jedem benachbarten Auto »sagen«, dass es rechts abbiegen wird. Es spielt dabei überhaupt keine Rolle, ob der Fahrer daran denkt, den laufenden Verkehr zu beobachten und den Blinker zu betätigen – das Auto könnte das alleine tun, und früher oder später wird das aus Sicherheitsgründen wohl auch geschehen.

Die Joystick-Steuerung in Betrieb im Mercedes-Benz-Demonstrationsauto. Die offensichtlichen Vorteile sind der perfekte Blick auf alle Instrumente und ein Airbag voller Größe für den Fahrer. Außerdem kann der zentrale Steuerknüppel von beiden Seiten des Autos bedient werden, was offensichtlich behinderten Fahrern nützt. (DaimlerChrysler)

Abgesehen davon werden neue Funktionen hinzukommen. Wir haben uns schon an Navigationssysteme gewöhnt und an Radios, die automatisch lokale Verkehrsnachrichten senden. Die ersten Autos mit einer intelligenten Fahrtensteuerung sind bereits erschienen. Sie erlauben, einem anderen Fahrzeug in sicherem Abstand zu folgen – im Moment nur auf Autobahnen und Bundesstraßen –, auch wenn die Geschwindigkeit des vorausfahrenden Fahrzeugs sich ändert. Fraglos wird es auch Autos geben, die automatisch in der Fahrbahnmitte bleiben. Dadurch stellt sich auch die Frage nach einem Autopiloten (was wiederum noch mehr interessante Fragen aufwirft). All diese Funktionen und weitere, hier nicht erwähnte, sind Aspekte einer Technik, die als Telematik bekannt wurde. Die Anwendung der Telematik eröffnet möglicherweise Perspektiven, die wir heute noch kaum erahnen können.

Im Mittelpunkt aller Forschungen steht aber die grundsätzliche Frage: Wie genau kommuniziert der Fahrer eigentlich mit dem Auto? Es mag zwar schön und gut sein, ein Auto mit Autopilot-Fähigkeiten zu entwickeln, aber der Fahrer muss dem Autopiloten immer noch die Richtung beziehungsweise das Ziel vorgeben. Die Frage nach der Fahrer-Auto-Schnittstelle bleibt eine der strittigsten Fragen bei der Konstruktion moderner Autos.

Die Bedienung durch den Fahrer

Wie wir bereits festgestellt haben, ist die Auslegung der wichtigsten Bedienelemente in praktisch jedem Auto weltweit standardisiert. Der größte Unterschied zwischen modernen Autos, soweit es die wichtigsten Bedienelemente betrifft, besteht zwischen den Fahrzeugen für die USA und den für den Rest der Welt bestimmten: US-Modelle haben in der Regel eine Pedal-betätigte

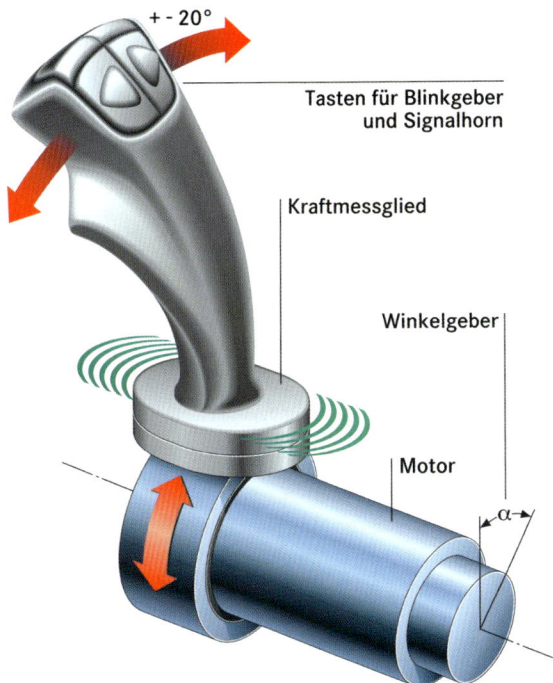

+ - 20°

Tasten für Blinkgeber
und Signalhorn

Kraftmessglied

Winkelgeber

Motor

α

Technische »Nahaufnahme« der Mercedes-Benz Joystick-Steuerung, die zeigt, auf welche Art und Weise die Fahrer-Eingangssignale registriert und an die X-by-wire-Steuerungseinheiten übertragen werden. (DaimlerChrysler)

Parkbremse mit Handauslösung, während nahezu alle europäischen und japanischen Autos, außer einigen (für den US-Markt bestimmten) Luxus-Modellen, mit einer zentralen Handbremse ausgerüstet sind. Die Einführung des »Brake-by-wire« wird zu einer Parkbremse führen, die mit einem Schalter oder Drucktaster betätigt wird, was ein wenig wertvollen Platz im Innenraum anderweitig nutzbar machen wird. Aber das ist wohl die radikalste Änderung, die in Aussicht steht, zumindest so weit es die wichtigsten Steuermöglichkeiten betrifft.

Lenkräder aus industrieller Großfertigung bestehen meist aus einem umschäumten Stahlskelett mit tief gepolsterter Nabe. Das schützt den Fahrer bei einem Frontalaufprall. Die Zentralnabe, die mittlerweile den größten Teil der Fläche innerhalb des (Lenk-)Rads einnimmt, enthält auch den Fahrer-Airbag, ohne den kein modernes Auto mehr ausgeliefert wird. Lenksäulen werden immer noch so konstruiert, dass sie sich bei einem Aufprall verformen und dabei die Energie absor-

bieren, die die Kollision des Fahrers mit der Nabe verursacht. Wie bereits in Kapitel 23 erwähnt, ist es nun eher die Aufgabe des Lenkrads, eine stabile Plattform zu bieten, von der aus sich der Airbag entfaltet. Die meisten Lenkräder können in der Höhe verstellt werden und einige auch in der Reichweite, damit Fahrern unterschiedlicher Größe eine optimale Sitzposition finden können. Bedienelemente wie die für das Audio-System und für die automatische Geschwindigkeitsregelung (»cruise control«) wandern in die Lenkradnabe oder an Hebel in Finger-Reichweite vom Lenkradkranz. Es wird auch daran gedacht, Lenkräder mit fest stehenden Naben zu bauen, bei denen man tatsächlich nur den Radkranz dreht; Citroën führt als erster Hersteller dieses System im Typ C4 ein. Es bleibt abzuwarten, ob sich das durchsetzt.

Was nun die Pedale angeht: Auch dafür gibt es Spezialisten. Diese suchen zum Beispiel nach dem idealen Verhältnis von Pedalweg (ein relativ langer Weg trägt eher zu einer weich einsetzenden statt zu einer abrupten Betätigung bei) und größtmöglicher Freiheit im Fahrerfußraum. Auch geht es darum, die Pedalbewegung während eines Frontalaufpralls zu begrenzen, um den Fahrer vor Verletzungen der Füße und Unterschenkel zu schützen. Man vermeidet damit auch, dass bei einer Notbremsung der Fuß erst vom Gaspedal

BMW hat seine Brake-by-wire-Demonstrationsautos mit dieser Art von Lenkrad ausgerüstet, das an das Lenkrad des alten Austin Allegro erinnert. Wenn es weniger als eine Umdrehung des Rades zwischen den Anschlägen gibt, dann ist diese Form logischer. Bemerkenswert sind die vielen eingebauten Betätigungseinrichtungen. (BMW)

gehoben werden muss, um danach zum Bremspedal zu wechseln: Das nämlich kostet Zeit, die im Ernstfall Leben retten kann.

Die Trends bei der Konstruktion von Schalthebeln, insbesondere bei denjenigen für Sechsgang-Getriebe, und von Wählhebeln bei Automatikgetrieben, die dem Fahrer die Wahl zwischen vollautomatischem Betrieb und manueller Überwindung der Vollautomatik mittels elektrischer Impulse lassen, wurden schon in früheren Kapiteln angesprochen.

Weiter Bedienelemente

Die meisten Autos verfügen über zwei an die Lenksäule montierte Bedienhebel, der eine steuert die Wisch-Wasch-Funktionen, der andere Blinker und Scheinwerfer. Bei anderen Wagen findet sich der Lichtschalter am Armaturenbrett, häufig kombiniert mit anderen, wie beispielsweise dem Schalter für die Nebelscheinwerfer. Die meisten der Schalter für nebensächliche, oder besser: weniger oft gebrauchte Funktionen (beheizte Heckscheibe, Warnblinkanlage und so weiter) besitzen die Form von Druck- oder Schiebeschaltern, damit keine Teile in den Innenraum ragen. Auch bei ihrer Anordnung spielt die Insassensicherheit und Aufprallsicherheit eine Rolle. Moderne Beleuchtungstechniken (Glasfasern) haben die Indentifikation solcher Schalter bei Dunkelheit erheblich verbessert. Der Entwicklungstrend geht weg von Schalterbänken, die zwar nett aussehen, wichtiger ist jedoch ihre eindeutige visuelle Identifikation, damit der Fahrer sie korrekt bedienen kann.

Es gibt drei potenzielle Problembereiche, wenn es um diese Bedieneinheiten geht: Heizungs- und Belüftungssteuerungen, Audio-System-Steuerungen und manuelle Überbrückungsschalter für automatische Systeme. Die meisten Autos verwenden heute Dreh- statt Schiebeschalter für Heizung und Belüftung, und die tatsächliche Anzahl der Bedienelemente verringerte sich mit dem Auftauchen von »intelligenten« elektronischen Systemen. Jetzt kann der Fahrer meist nach Belieben gezielt die Warmluftströme auf Windschutzscheibe, Gesichte und Füße lenken.

Verschiedene Autohersteller und die Zulieferer für ihre Audio-Systeme haben Audiosteuerungsmodule in Satellitenform entwickelt, die sich in einer Bedieneinheit lenkradnah befinden oder tatsächlich in das Lenkrad eingebaut sind. In diesem Fall verfügen diese Audiosysteme zum Teil über zwei Bedieneinheiten für die gleiche Funktion: Der Lautstärkeregler findet sich nicht nur am Radio selbst, sondern auch am Lenkrad. Die Ergonomie in diesem Bereich wird immer wichtiger, weil das Audio-System künftig zur Bedienoberfläche eines Kommunikations- und Informations-Systems werden wird.

Manuelle Überbrückungsschalter sind potenzielle Problembereiche. Auch in Autos, die mit automatisierten Systemen ausgerüstet sind, wird der Fahrer manchmal noch eingreifen müssen. Also muss es auch Möglichkeiten geben, die Automatik auszuschalten oder zwischen zwei oder mehr automatischen Steuerungsmustern zu wählen. Wir haben bereits Schalter, mit denen wir unter anderem »Winter« und andere Betriebsarten des Automatikgetriebes wählen können, ebenso lassen sich adaptive Dämpfer-Systeme auf »permanent hart« einstellen, man kann auch die Schalter für die hinteren elektrischen Fensterheber blockieren (als Kindersicherung), und manchmal können das ABS oder das TCS ausgeschaltet werden. Haben sich die X-by-wire-Systeme erst einmal auf breiter Front durchgesetzt, dürfte die Zahl solcher Überbrückungsschalter zunehmen. Dem Fahrer könnte beispielsweise die Wahl zwischen »sportlicher« und »komfortabler« Lenkung oder zwischen »schneller« und »Zwangs«-Bremsung treffen. Damit es aber nicht übermäßig kompliziert wird, wird die endgültige Lösung voraussichtlich die Form adaptiver Systeme annehmen, die sich ständig selbst auf das Verhalten des Fahrers einstellen – wie es bereits im Fall der Automatikgetriebe geschieht.

Darüber hinaus geht der Trend hin zu Sprachsteuersystemen, um damit beispielsweise Heizung und Lüftung zu regulieren, das Audio-System und vielleicht sogar die Scheibenwischer und genauso gut jedes Navigationssystem. Bei dieser Technik, die bereits in einigen der jüngsten Luxusautos angeboten werden, wie zum Beispiel im Jaguar S- und X-Typ, aber auch beim Mittelklassemodell Avensis II von Toyota, gibt der Fahrer seinem Auto per gesprochenem Wort die entsprechenden Anweisungen. Momentan erfordert eine Sprachführung nur ein kleines Repertoire von Standardausdrücken, aber Autobegeisterte schwärmen bereits von den Vorzügen der »Künstlichen Intelligenz« (KI), die sie flexibler machen wird – und das Auto antworten lässt. Skeptiker weisen darauf hin, dass man weniger Zeit braucht (zum Beispiel), um die Scheibenwischer mittels Schalter zu betätigen als über eine Sprachsteuerung, die nämlich nur korrekt reagieren kann, wenn der Fahrer deutlich spricht. Aber unbestritten dürfte sich die Stimmenerkennung für einige Anwendungen als wertvolle und interessante Technik erweisen.

Beleuchtungssysteme

Die Konstruktion von Scheinwerfern bleibt ein wichtiges Thema, weil die Fahrer möglichst viel sehen möchten (und müssen), ohne Fahrer vor ihnen oder Fahrer, die ihnen entgegenkommen, zu blenden. Europa hat in diesem Beziehung meist die Richtung vorgegeben, was an der Verkehrsdichte, den höheren Geschwindigkeitsbegrenzungen und den schmaleren, kurvigeren Straßen liegt. Halogen-Scheinwerfer sind zum Standard geworden, und die Entladungsscheinwerfer (»Xenon«) finden sich zusehends in den Autos der Mittel- und Luxusklasse. Die Reflektoren- und Linsen-Technik hat sich in den vergangenen Jahren radikal geändert.

In einem Xenon-Scheinwerfer wird das Licht von einer elektrischen Entladung zwischen zwei Elektroden in einer Quarzlampe erzeugt, die eine Hochdruckmischung aus inertem Xenon-Gas und Metall-Halogeniden enthält. Die technischen Vorteile der HID (= »high intensity discharge«)-Beleuchtung sind geringer Energieverbrauch, lange Lebensdauer und gute Licht-Ausgangsleistung in Qualität und in Quantität. Eine 35-W-HID-Lampe

Der moderne Trend in der Scheinwerfer-Technik geht in Richtung Xenon-Entladungslampen, wie hier in der Baugruppe für den Ford Mondeo abgebildet. Die Lampen sind in eine komplette Frontbaugruppe eingebaut. In modernen Scheinwerfer-Installationen ist die Strahlsteuerung eine Funktion jeder einzelnen Einheit, hauptsächlich mittels Comuter gestützter Konstruktion der komplizierten Reflektoren entstanden. Die äußere Abdeckung dient aber nur zum Schutz und spielt optisch keine große Rolle. (Ford)

erreicht doppelt so viel Lichtausbeute wie eine 60-W-Halogen-Lampe, und ihre Farbtemperatur entspricht fast der Qualität des Tageslichts. Die Strahlformung ist extrem genau, und die Lebensdauer der Lampe dürfte voraussichtlich der Lebensdauer des Wagens entsprechen. Das Unternehmen Valeo, das gemeinsam mit Bosch und Hella einer der bedeutendsten Zulieferer von HID-Lampen-Sätzen geworden ist, reklamiert für seine Einheiten eine Leuchtdauer von 3.000 Stunden, davon, unter den heutigen Fahrbedingungen, 2.500 Stunden Abblendlicht. Frühe HID-Scheinwerfer setzten HID nur für das Abblendlicht ein, kombiniert mit einem Halogen-Hauptstrahl. Heutzutage gewinnen die All-HID-Einheiten an Boden. Nach Forschungsergebnissen von Valeo werden bis 2005 rund sieben Millionen HID-Scheinwerfer-Lampen gebraucht werden, der Löwenanteil davon in Europa. Das Unternehmen sieht bereits weitere Anwendungsbereiche dieser Technik. So könnten beispielsweise Blinkleuchten 25 mm statt momentan 90 mm tief (vom Reflektor zur Linse gemessen) gehalten werden, wodurch sie viel leichter einzubauen wären. Solche Leuchten hätten darüber hinaus eine Lebendauer von 5.000 Betriebsstunden, und Ausfälle würden damit praktisch der Vergangenheit angehören.

Obwohl der HID-Technik wahrscheinlich die Zukunft gehören wird, gibt es dennoch bereits Alternativen. Verschiedene Zulieferer experimentieren mit Systemen, in denen extrem helles Licht aus einer einzigen HID-Quelle innerhalb eines speziellen Gehäuses im Auto erzeugt und mittels Glasfaserkabeln zu den Scheinwerfer-Einheiten übertragen wird. Solch ein System würde die Anzahl der benötigten Lampen-Baugruppen reduzieren, wäre innerhalb des Hochvolt-Systems unterzubringen und würde die teuersten Bauteile vor kleinen Unfallschäden bewahren. Vorteilhäft wäre sicher auch die Tatsache, dass das Licht der sichtbaren Lampen-Einheit »kalt« wäre, man könnte also transparente Kunststoff-Materialien verwenden, die die Temperaturen konventioneller Lichtbaugruppen nicht aushalten würden. Die zentrale Quelle müsste allerdings dupliziert werden, es müsste noch ein Reservesystem geben, damit bei einem Fehler der Fahrer nicht komplett im Dunkeln steht.

Anscheinend hat man sich auch ernsthaft mit dem Einsatz von Ultraviolett-Scheinwerfern beschäftigt, was die Blendwirkung verringern sollte. Der Wert solcher Lampen könnte dank neuer Fahrbahnmarkierungen in einer passenden, reflektierenden Farbe noch steigen. Verschiedene praktische Probleme müssen aber noch gelöst werden, bevor Ultraviolett-Scheinwerfer in Serie gehen können.

Langzeitstudien haben ebenfalls Sichterweiterungs-Systeme untersucht, die meistens auf Infrarot-Kamera-Systemen basieren. Damit lassen sich viel besser Einzelheiten im Dunkeln oder im Nebel erkennen, insbesondere wenn diese in Verbindung mit Infrarot-»Scheinwerfern« eingesetzt werden. Es gab zwar bereits viel versprechende Ergebnisse in Prototypen, aber jede praktische Anwendung erfordert eine Art von Display in Kopfhöhe, auf das das Infrarotbild projiziert werden kann und der wirklichen Welt überlagert wird, ob Dunkelheit oder Nebel.

Scheinwerfer-Waschanlagen sind in einigen Ländern gesetzlich vorgeschrieben. Einige Hersteller verwenden immer noch kleine Wischer-Baugruppen, allerdings sind heutzutage Hochdrucksprays aus Reinigungsflüssigkeit technisch die bessere Wahl.

Die Einstellung der Scheinwerfer ist ein weiterer Punkt. Es geht darum, ein Blenden zu verhindern, das durch Änderungen der Fahrzeuglage entsteht, ob bei der Beschleunigung oder aufgrund schwerer Hecklasten. Ein Scheinwerfer-Höhenverstellung ist eine gesetzliche Anforderung der EU für Autos. Das geschieht in vielen Fällen noch über ein Handrad, bei HID-Scheinwerfern kommt ein Höhensensor in der Hinterradaufhängung zum Einsatz, der seine Signale hydromechanisch oder elektrisch an einen Aktuator übermittelt, der die Strahlhöhe einstellt. In jüngster Zeit immer mehr im Kommen ist auch das »Kurvenlicht«, das bei einigen Modellen bereits auf der Aufpreisliste steht. Das Prinzip – das Licht folgt dem Lenkeinschlag, leuchtet in der Kurve also nicht geradeaus, sondern immer der Fahrbahn entlang – ist nicht neu, Citroën hatte es bereits Anfang der 1970er im SM. Erst jetzt aber scheint es sich auf breiter Front durchzusetzen.

Wisch-/Wasch-Systeme

Obwohl die meisten Ingenieure leider nur wenig Alternativen zu dem offensichtlich primitiven mechanischen Wischerarm für die Säuberung der Windschutzscheibe sehen, gab es bereits Versuche, etwa durch eine besonders Beschichtung des Glases, die Oberflächenspannung zu beseitigen und das Wasser auf der Windschutzscheibe zu zwingen, einen gleichmäßig transparenten Film zu bilden.

Überdies gab es schon verschiedene Versuche, um bessere Wischerergebnisse und eine geringeres Verschmieren zu erzielen, ohne dabei den Wischerarm übermäßig zu belasten. Einige Hersteller setzen auf komplizierte Wischerarm-Gestänge, um die Wirkung zu verbessern und den Wischbereich zu vergrößern. Einige dieser Systeme verwenden einen einzigen Wischerarm. Das Wischerblatt wird während des Wischens in die oberen Ecken der Windschutzscheibe bewegt, und auf diese Weise kann etwas mehr an Fläche gereinigt werden als von zwei konventionellen Wischerblättern. Dieses trickreiche Gestänge hat auch Vorteile in der Produktion, was sich bei der Umstellung von Links- und Rechtslenkung (und umgekehrt) bemerkbar macht.

Offensichtliche Fortschritte versprechen der von Bosch und Valeo propagierte Einsatz zweier synchronisierter Motoren, ein Motor für jeden Wischerarm, statt eines einzigen großen Motors mit einem komplizierten und Platz-verschwendenden Gestänge. Elektronik kann die Motoren reversibel machen, so dass sogar mit einem einzigen Motor eine nützliche mechanische Vereinfachung erreicht wird. Die elektronische Steuerung macht es leicht, die Wischer nicht nur außerhalb der Windschutzscheibe, sondern auch völlig unsichtbar für den Fahrer parken zu können. Heutzutage tauchen auch Detektoren, die Regentropfen auf der Windschutzscheibe erkennen und die Wischer automatisch einschalten, in Serienautos auf: Regensensoren sind heute längst nicht mehr ungewöhnlich.

Mercedes-Benz setzt in der C-Klasse auf ein kompliziertes Wischerarm-Gestänge, um die Wirkung zu verbessern und den Wischbereich zu vergrößern. (DaimlerChrysler)

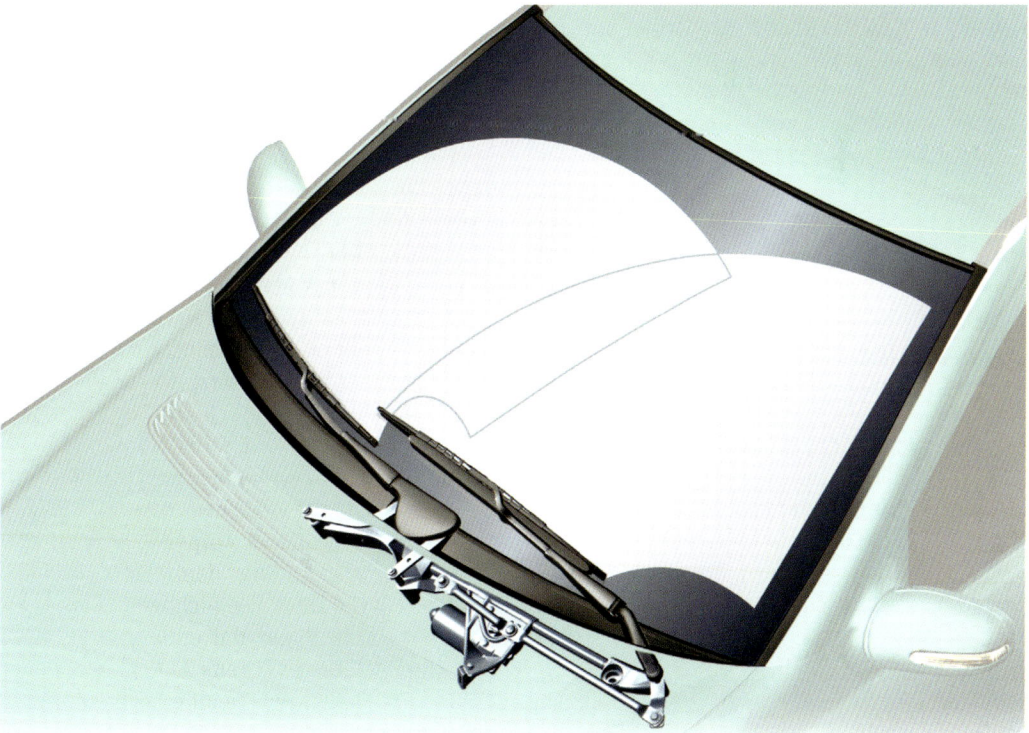

Fahrerinformationssysteme

Vor vielen Jahren gehörte ein vollständiger Satz von Analoginstrumenten inklusive der Anzeigen für Öldruck, Öltemperatur und die Generator- bzw. Akkuspannung zu den unverzichtbaren Merkmalen von Luxusautos und Sportwagen. Heute dagegen geht die Tendenz dahin, nur das anzuzeigen, was der Fahrer wirklich sehen muss. Theoretisch ist die einzig wirklich wichtige Information die Geschwindigkeit, da ein Tachometer normalerweise gesetzlich vorgeschrieben ist. Die meisten Produktplaner (und Autofahrer) würden sich jedoch zusätzlich noch die verbleibende Kraftstoffmenge, die zurückgelegte Entfernung und die Zeit als wesentliche Informationen anzeigen lassen. In der Praxis fügen heutzutage sehr viele Autos noch die Kühlmitteltemperaturanzeiger und Drehzahlmesser hinzu – obwohl man bezweifeln kann, dass die Mehrheit der Fahrer irgendeine sinnvolle Verwendung für die Angabe der Motordrehzahl hat.

Während die Mehrzahl der Autoinstrumente noch traditionell rund sind, machen heutzutage bereits viele Gebrauch von der elektronischen Display-Technik. Die frühe Begeisterung für Digitalanzeigen, die auf einem offensichtlich elektronischen Feld präsentiert wurden, ist abgeebt. Die Kunden nahmen das »Mäusekino« nie richtig an. Keinerlei Akzeptanzprobleme gibt es dagegen bei

Das ist gerade die Art von Hindernis, die man beim Rückwärtsfahren als Fahrer leicht übersieht. Der Schaden wäre zwar nicht groß, aber in jedem Fall höchst ärgerlich. Eine zunehmende Anzahl von Autos der Luxusklasse werden heutzutage mit Ultraschallsensoren in der Stoßstange ausgerüstet, die die Anwesenheit eines beliebigen Hindernisses entdecken und den Fahrer bei Kollisionsgefahr warnen, wie in diesem Fall. (Siemens)

den heute üblichen Displays, die die konventionellen Analoginstrumente in der modernen Technik darstellen. Sie bieten zusätzliche Vorteile, sind klar ablesbar, sehr exakt und flexibel, was die Beleuchtung angeht. Die verbliebenen Instrumente mit wirklich elektromechanischen Mechanismen sind heutzutage fast immer mit elektronischer Signalgebung ausgerüstet. Es ist viel leichter und wahrscheinlich genauer, eine elektronische Geschwindigkeitserfassung am ABS-Computer abzunehmen anstatt von einem altmodischen Geber am Getriebeausgang.

Vor allem Zulieferer präsentieren von Zeit zu Zeit fortgeschrittene Display-Techniken entweder vom HUD (»head-up display«)-Typ oder vom Virtuell-Bild-Typ. Das Display in Kopfhöhe basiert auf einer Technik, wie sie erfolgreich in der Luftfahrt eingesetzt worden ist. Es projiziert ein Bild auf die Windschutzscheibe, das so fokussiert wird, als ob es in einem gewissen Abstand vor dem Auto erscheint. Das virtuelle Display erzeugt ein Überkopfbild, das aber auch optisch so verarbeitet ist, dass es in einiger Entfernung erscheint. Das Ziel ist in beiden Fällen, die Ablenkung des Fahrers zu reduzieren: Jeder Blick auf das Armaturenbrett mindert die Aufmerksamkeit für das Straßengeschehen. Erhält der Fahrer alle notwendigen Infos, ohne dass er den Blick von der Straße nehmen muss, bringt das zusätzliche Sicherheit.

Auch die Warnleuchten übermitteln viele Informationen. Einige Autos haben heutzutage eine große zentrale Warnleuchte, die darauf hinweist, dass etwas nicht in Ordnung ist und der Fahrer die einzelnen Warnmeldungen überprüfen muss. Je nach Fahrzeugtyp und Herstellerphilosophie sind die Warnleuchten Teil eines grafischen Prüfpanels, das häufig einen stilisierten Fahrzeuggrundriss zeigt. Wenn zum Beispiel Türen nicht ordentlich geschlossen worden sind, lässt sich das dort ablesen. Dieser Ansatz wird voraussichtlich erweitert, sobald die Überwachung des Reifendrucks obligatorisch wird (siehe Teil 3). Weit verbreitet sind auch Warntöne, die den Fahrer beispielsweise beim Öffnen der Tür daran erinnern, dass die Beleuchtung noch brennt. Einige Hersteller setzen noch immer auf Warnsysteme, die Stimmensynthesizer verwenden, die gesprochene Nachrichten erzeugen. Die

Clevere Einparkhilfe: Hat sich das Auto beim Rückwärtsfahren einem Objekt bis auf anderthalb Meter genähert, schaltet sich automatisch eine Videokamera ein. Deren Bild wird auf ein LCD-Display übertragen, das in den Rückspiegel integriert ist. (DaimlerChrysler)

meisten Fahrer sind davon allerdings rasch genervt, sobald der Neuigkeitswert verflogen ist. Gesprochene Instruktionen von einem Navigationssystem (siehe weiter hinten in diesem Kapitel) sind ein anderes Thema.

Sehr viele Autos sind auch mit einer Art von elektronischer Einparkhilfe lieferbar, die den Abstand zum Hindernis misst und entsprechende Informationen an den Fahrer weiterleitet. Ein Beispiel liefert BMW mit seiner 7er-Reihe, die mit der Option einer Parkabstandssteuerung (PDC = »park distance control«) angeboten wird. Die PDC verwendet Ultraschallsensoren, die die vier Ecken des Autos überwachen und den Fahrer mittels Piepston darüber informieren, wie weit das Auto vom nächsten Hindernis entfernt ist. Das PDC-System wird mit dem Rückwärtsgang eingeschaltet und wieder abgeschaltet, wenn 30 km/h überschritten werden oder wenn das Auto mehr als 50 Meter weit gefahren ist. Einfache System überwachen nur die hintere Stoßstange und warnen den Fahrer mittels bunter Leuchten in der Ecke der Heckscheibe vor abnehmender Entfernung. Das Neueste auf diesem Gebiet kommt von Toyota: Die Topversion des neuen Corolla Verso vom April 2004 verfügt über eine Frontkamera mit Seiten-

blickfunktion. Diese Miniatur-Prismen-Videokamera zeichnet mit Knopfdruck das Verkehrsgeschehen seitlich auf und überträgt es auf den Bildschirm des DVD-Systems an der Armaturentafel. Die Frontkamera deckt einen Winkel von jeweils 25 Grad rechts und links ab und arbeitet mit einer Tiefenschärfe von rund 20 Meter in beide Richtungen, so lange der Wagen mit einer Geschwindigkeit von weniger als 10 km/h rollt.

Unterstützungssysteme für den Fahrer

Auf dem Markt sind einfache Systeme, die den Fahrer mit einer Navigationsführung unterstützen. Sie zeigen die aktuelle Position und wie man am besten ein gewähltes Ziel erreicht. Viele japanische Systeme (nur für den japanischen Markt) beliefern die Fahrer auch mit anderen Informationen und mit Unterhaltung.

Die modernen Navigationssysteme sind Satelliten-gestützt. Praktisch alle modernen Navigationssysteme bedienen sich der GPS-Technik und unterscheiden sich nur in Details der Hardware und Software von einander, das Prinzip ist identisch. Die geografischen Informationen sind auf einer CD-ROM (und neuerdings auf einer DVD-ROM) gespeichert, so dass sie, falls erforderlich, erneuert werden können und man für lange Reisen auch zwischen verschiedenen Gebieten umschalten kann. Die Fahrzeugposition wird mittels Daten von Satelliten bestimmt (GPS = »global positioning system«). Das System setzt die Berechnung durch Mitkoppeln fort, auch wenn die GPS-Signale einmal ausfallen sollten (in Tunneln und manchmal auch im Radioschatten großer Gebäude in dicht besiedelten Stadtgebieten).

Längst aber können diese Navi-Systeme mehr leisten als »nur« eine Positionsbestimmung. Weiter Applikationen sind machbar, sinnvoll dürfte vor allem die Möglichkeit sein, Echtzeitsignale von Verkehrsinformations-Systemen auswerten zu können. So wird der Fahrer entweder nur gewarnt oder das Navigationssystem berechnet erneut seine Kürzeste-Zeit-Route, wenn der Verkehrsstau Einfluss auf die bis dato berechnete Route zu nehmen beginnt. Das Navigationssystem kann eine fast unbegrenzte Menge von weiteren Informationen aufnehmen und anzeigen, im allgemeinen auf der Wo-ist-der/die/das-Nächste?-Basis (ein freier Parkplatz, ein Hotel, eine Tankstelle, ein Krankenhaus, ein Golfplatz…). Renault hat gemeinsam mit Philips die Carminat-Reihe von Navigationssystemen entwickelt und plant, die Informationen des berühmten Guide Michelin verfügbar zu machen.

Ein Problem aller existierenden Systeme ist – mehr oder weniger – die nicht ganz einfache Programmführung: Die Eingabe eines neuen Ziels ist nicht so schnell und leicht möglich, wie wünschenswert. Die heutigen Systeme verwenden hauptsächlich das einfachst mögliche Bauelement, das nur aus einem Paar zweistufiger Kippschalter besteht, die allerdings den Anwender dazu zwingen, durch eine Reihe von Menüs scrollen und dabei auswählen zu müssen. Weitere Lösungen wurden vorgeschlagen, zum Beispiel die Touch-Screen-Technik (berührungsempfindliche Schaltflächen), das Trackball-und-Cursor-Prinzip (eine praktisch feststehende Maus, deren Bewegung von einem Ball nachgeahmt wird, den man mit dem Daumen bedient), oder sogar die Möglichkeit, einen Laptop-Computer mit der Navigationseinheit verbinden zu können. Doch das ist eine Anwendung, bei der sich letzten Endes die Spracherkennung als beste Lösung erweisen wird.

Was die Verkehrsführungsinformationen angeht, stimmen die meisten Experten darin überein, dass es besser ist, das Display – möglichst groß, hell und scharf – hoch auf dem Armaturenbrett zu platzieren, so dass der Fahrer darauf schauen kann, ohne den Blick nach unten und von der Straße weg richten zu müssen. Die jüngsten Displays sind stark verbessert und verwenden entweder die TFT (»thin film transistor«)- oder die fortgeschrittene Farb-LCD-Technik, wie sie in Laptops eingesetzt wird. Außerdem sucht die Forschung weiter nach dem besten Weg, visuelle Informationen zu präsentieren, als Landkarte oder vereinfachtes Diagramm. Eine interessante Variante ist das Vogelperspektive-Display, das von Nissan und seinen Zulieferern entwickelt wurde. Man erkennt das Auto von oben und von hinten aus der Vogelperspektive, wie es auf der berechneten Route durch eine vereinfachte Szenerie fährt.

Die meisten aktuellen Navigationssysteme bieten eine Art von Sprachführung, die manche Anwender als durchaus hilfreich empfinden. Eine sorgfältige Entwicklung hat die Sprachführung in die Lage versetzt, einige der vorweggedachten Fallstricke in komplizierten Situationen zu vermeiden (insbesondere in den älteren europäischen Städten), wo diese Kreuzungspläne kompliziert und die Straßenpläne uneinheitlich sind. In Systemen, die für den gesamteuropäischen Markt zum Verkauf angeboten werden, muss die Sprache offensichtlich multilingual sein. In der Praxis hat sich das nicht als problematisch erwiesen.

»Intelligent highway«Systeme

Heute ist es technisch möglich, eine entscheidende Wirtschaftlichkeit im Betrieb zu erreichen, die

Die meisten heutigen Autos der Luxusklasse sind mit Navigationssystemen ausgerüstet, die den Fahrer auf der besten Route zum gewählten Ziel führen. Mit elektronischen Anpassungen und Änderungen der Grunddaten, die im Systemspeicher abgelegt sind, können solche Systeme gut in jedem Markt arbeiten, wie hier von Mercedes-Benz anlässlich der Tokyo Motor Show 1999 gezeigt. (DaimlerChrysler)

Sicherheit zu verbessern und den zur Verfügung stehenden Verkehrsraum besser zu nutzen, indem man den Verkehrsfluss mit elektronischen Systemen lenkt. Forschungsprogramme, die Entwicklungen dieser Art förderten, sind in Europa (das PROMETHEUS-Programm), in Japan (das INVECS-Programm) und in den USA gelaufen.

Der Erfolg all dieser Programme hängt von der Fähigkeit der Fahrzeuge ab, mit der Umgebung kommunizieren zu können – genauer gesagt von Sender-Empfängern, die Teil eines Informationsbeschaffungs-, -verarbeitungs- und -rücksende-Netzwerks sind – und miteinander. Die Kommunikation von Fahrzeugen miteinander könnten Systeme ermöglichen, die die Trennung von Verkehrsströmen messen und steuern. Das Hauptziel dabei ist, einen geordneten Verkehrsfluss mit gleichmäßigen Abständen zwischen den Fahrzeu-

gen aufrechtzuerhalten. Bei ständigen Stoßstange-an-Stoßstange-Situationen lassen sich Zusammenstöße ja kaum vermeiden. Die Kommunikation zwischen Fahrzeug und Umgebung umfasst einen breiten Bereich von Möglichkeiten: zum Beispiel den Empfang von Verkehrsmusterdaten für die Routenplanung per Satellitennavigation durch Verbindung mit »intelligenten« Straßensignalen sowie die automatische Verfolgung von Fahrbahnmarkierungen und die Anwendung von Lenkkorrekturen für das freihändige Fahren. Auf einigen dieser Gebiete haben Hersteller die Hardware- und Software-Entwicklungen soweit fortgeführt, dass fortgeschrittene Systeme nun kurz vor der Serienproduktion stehen. Eine intelligente Fahrwegsteuerung steht bereits für einige Luxusautos zur Verfügung, inklusive des Jaguar-S-Typs und der Mercedes-S-Klasse. Ein automatisches Fahrbahnverfolgungssystem ist in Produktion. Außerdem dürfte die intelligente Fahrwegsteuerung zu einem automatischen Stop-and-Go-Betrieb erweitert werden, der bei niedrigen Geschwingkeiten und bei dichtem Verkehr in Kraft tritt. Man wird das Potenzial für einen Autopiloten schaffen, und dann werden die Diskussionen erst richtig losgehen: Wie weit nämlich ist der Fahrer dann noch für sein Fahrzeug verantwortlich? Gewiss, er wird die Verantwortung weiterhin tragen müssen, doch was kann, was darf er während der Zeit tun, die das Auto selbstständig fährt? Zeitung lesen, schlafen, Emails schreiben? Und was ist, wenn er ins Lenkrad greift, um eine Richtungskorrektur vorzunehmen, obwohl es vielleicht gar nicht notwendig wäre. Und was, wenn er das nicht tut, obwohl es notwendig wäre? Kein Wunder also, dass sich die gegenwärtige Forschung auch mit Systemen beschäftigt, die eingreifen sollen, wenn ein Fahrer das Bewusstsein verliert. Wissenschaftler haben verschiedene Mittel untersucht, mit denen das bewerkstelligt werden kann, von der Analyse der Augenbewegungen und der Blinzelrate bis zur Messung der Anzahl von kleinen Lenkkorrekturen in einer vorgegebenen Zeit.

25 Elektrische Leistung

Die frühesten Autos funktionierten ganz ohne Elektrik: Die Motorzündung erfolgte per Magnetzünder (die ohne externe Leistungsquelle auskamen), und die Lampen funktionierten mit Acetylengas (sie erzeugten wahrscheinlich mehr schädliche Emissionen als ein moderner Motor). Man startete natürlich mit einer Handkurbel. Dann kamen elektrische Lampen und moderne Zündsysteme, und als die elektrische Leistung zur Verfügung stand, begannen die Konstrukteure damit, sie für andere Dinge einzusetzen – nicht nur für elektrisches Anlassen, sondern auch für Scheibenwischer und schließlich für alle Arten von Systemen.

In den frühen Tagen und noch lange Zeit danach wurde Elektrik möglichst einfach gehalten. Von jedem Bauteil führte eine Versorgungsleitung zur Batterie. Diese Leitung wurde an irgendeinem Punkt von einem Schalter unterbrochen (den normalerweise der Fahrer bediente), so dass ein Strom fließen konnte – oder auch nicht. Die Rückleitung des Stroms (Erdung) erfolgte direkt über die Metallkarosserie des Autos. Im Grunde genommen funktionieren so noch immer die meisten elektrischen Fahrzeug-Systeme, aber es mehren sich die Anzeichen, die für eine Änderung sprechen. Künftige elektrische Systeme werden zwischen Stromversorgung und Steuerung unterscheiden, was im Endeffekt zu Baugruppen führen wird, die leichter und reparaturfreundlicher sind.

Das ist jedoch nur ein Aspekt. In den 1990er-Jahren wurden, dem allgemeinen Trend zu mehr Komfort und Ausstattung folgend, die Autos mit immer mehr Elektronik vollgestopft. Die Nachfrage nach elektrischer Leistung übersteigt inzwischen beinahe die Fähigkeiten eines kräftigen 14-V-Generators, und man hat damit begonnen, nach Alternativen zu suchen. Die meisten Ingenieure setzten auf Generatoren mit einer Spannung von 42 V statt 14 V, was genügen würde, um ein 36-V-System zu speisen. Künftige Generationen von elektrischen Systemen müssen daher vor allem zwei Fragen beantworten. Erstens: Wie wird die Autoelektrik der Zukunft aussehen, und zweitens: Welche Technik wird in der neuen Leistungsverteilung und in den Steuerungssystemen eingesetzt?

Mehr Leistung erzeugen

Woher kommt der Mehrbedarf an Leistung im Auto? Lange Zeit genügte eine Elektrik, die Zündung und Batterie ausreichend mit Leistung versorgte, so dass die Beleuchtung ebenso wie der Elektrostarter betrieben werden konnte. Diese Anforderungen waren und sind relativ bescheiden, aber mit der Zeit kamen immer mehr hinzu: Zuerst die Scheibenwischer, Heizventilatoren und Autoradios, dann elektrische Kühlventilatoren und beheizte Heckscheiben und neuerdings beheizte Windschutzscheiben, elektrische Schiebedächer, Sitze und Spiegel. Das Motormanagement selbst verbraucht viel Strom, da es die Zündung versorgt, die Kraftstoffeinspritzung bedient und eine Reihe von Stellmotoren steuert (variables Ventiltiming, variable Geometrie des Einlasskrümmers, EGR, und – mit Drive-by-wire – die Drosselklappe selbst). Brems- und Fahrwerksysteme sind ebenfalls auf eine leistungsfähige Stromversorgung angewiesen, die Stichworte heißen hier ABS, die Antriebsschlupfregelung und die variable Dämpfung.

In einem Luxusauto erfordern diese Systeme bereits eine Spitzenleistung von bis zu 2 kW, doch das ist bereits alles, was aus einem 14-V-Generator herausgequetscht werden kann. Mehr geht kaum, es gibt physikalische Grenzen. Wer mehr Leistung braucht, ist auf einen zweiten Generator angewiesen oder einen, der eine höhere Spannung abgibt. Und viele neuen Strom fressenden Bauelemente stehen vor der Tür. Unterhaltungssysteme verschlingen Leistung, und im Auto sind mittlerweile Kühlfächer und Steckdosen keine Seltenheit mehr. Und das ist nur der Anfang. Systemingenieure brennen geradezu darauf, viele

Diese Prototyp-Baugruppe von Siemens ist typisch für im Schwungrad integrierte elektrische Komponenten der nächsten Generation, die als Anlasser, Lichtmaschinen, Antriebsverstärkung und möglicherweise auch dazu dienen, den Betrieb des laufenden Motors durch das Entgegenwirken der zyklischen Drehmomentänderungen zu beruhigen. Jeder große Erstzulieferer der Motorindustrie hat ein Entwicklungsprogramm für eine Baugruppe dieser Art aufgelegt, deren Betrieb üblicherweise ein 36-V-Bordnetz voraussetzt. (Siemens)

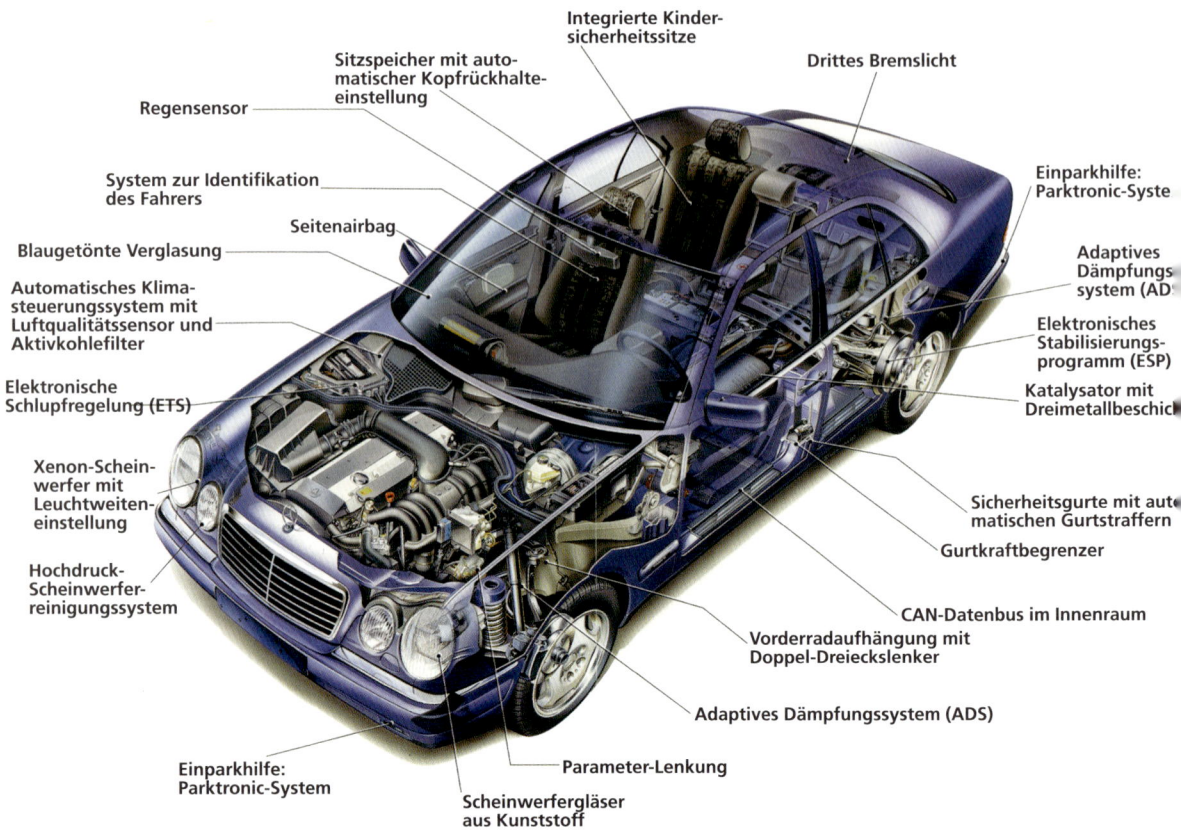

Integrierte Kinder-
sicherheitssitze

Sitzspeicher mit auto-
matischer Kopfrückhalte-
einstellung

Drittes Bremslicht

Regensensor

System zur Identifikation
des Fahrers

Einparkhilfe:
Parktronic-Syste

Seitenairbag

Blaugetönte Verglasung

Adaptives
Dämpfungs
system (AD

Automatisches Klima-
steuerungssystem mit
Luftqualitätssensor und
Aktivkohlefilter

Elektronisches
Stabilisierungs-
programm (ESP)

Elektronische
Schlupfregelung (ETS)

Katalysator mit
Dreimetallbeschich

Xenon-Schein-
werfer mit
Leuchtweiten-
einstellung

Sicherheitsgurte mit aut
matischen Gurtstraffern

Gurtkraftbegrenzer

Hochdruck-
Scheinwerfer-
reinigungssystem

CAN-Datenbus im Innenraum

Vorderradaufhängung mit
Doppel-Dreieckslenker

Adaptives Dämpfungssystem (ADS)

Einparkhilfe:
Parktronic-System

Parameter-Lenkung

Scheinwerfergläser
aus Kunststoff

Dieses Phantombild der Mercedes-Benz E-Klasse zeigt den weiten Bereich an technischen Möglichkeiten, die man heute mehr oder minder bei jedem Fahrzeug der Oberklasse voraussetzt. Weitere Komfortmerkmale werden mit Sicherheit folgen. (DaimlerChrysler)

der mechanischen Antriebe, die heute noch direkt von der Kurbelwelle des Motors über Riemenscheiben und Keilriemen abgenommen werden, durch elektrische zu ersetzen. Solche Antriebe würden dann immer nur so viel Leistung aufnehmen, wie sie im Moment tatsächlich brauchen, nicht mehr. Mechanische Antriebe müssen dagegen auch bei Leerlaufgeschwindigkeit eine entsprechende Ausgangsleistung liefern, so dass ein Großteil ihrer Ausgangsleistung verpufft, wenn der Motor schnell läuft. Außerdem kann elektrisch betriebenes Zubehör überall dort installiert werden, wo es passt, ohne dass man sich um die Ausrichtung von Riemenscheiben und die Anordnung von Keilriemen sorgen müsste.

Bis jetzt scheiterte eine Einführung an der ungenügenden elektrischen Leistung. Luxusautos brauchen bereits jetzt mehr elektrische Leistung, was in der Praxis bedeutet, dass ihre elektrischen Systeme mit höherer Spannung arbeiten müssen – das schafft nur ein Generator, dessen Ausgangs-

leistung mindestens 5 KW (mehr wäre besser) beträgt. Systemingenieure liegen sicher nicht ganz falsch (wiewohl es natürlich Zweifler gibt), wenn sie für den Zeitraum bis 2010 bei Neukonstruktionen von 42-V-Bordnetzen und einer 36-V-Elektrik (statt 12 V) ausgehen. Praktisch geht es hier um eine Systemspannung, die knapp unter der für Gleichstrom zulässigen Spannung von 50 V liegt. Wird diese Grenze überschritten, gelten verschärfte Sicherheitsbestimmungen, die etwa eine doppelte Isolierung vorschreiben.

42-V-Generatoren bieten genügend Leistungsreserven zur Umsetzung einiger schon länger existierender Ideen. In früheren Kapiteln haben wir über die Lenkung mittels Elektronik gesprochen, über das ebenfalls vollständig elektronische »Brake-by-wire« und den nockenlosen Motor, bei dem jedes Ventil einzeln elektrisch betrieben wird. Wir sprechen aber beispielsweise auch von elektrischen Klima-Kompressoren, vielleicht sogar von elektrisch angetriebenen Turboladern, gar nicht zu reden von dem möglichen Komfort-Zubehör, das natürlich auch elektrisch funktioniert. Weitere Anforderungen werden elektrisch beheizte Katalysatoren oder eine Abgasnachbehandlung mittels Plasma-Entladung stellen, und Ingenieure denken sogar schon an elektrisch betriebene Kühlmittelpumpen.

Die höhere Spannung bringt aber unvermeidlich auch einige Probleme mit sich. Die größte Sorge ist, dass der Faden einer konventionellen 36-V-Glühlampe sich auf Dauer als zu schwach erweisen könnte. Denn auch künftig gilt: Je höher die Spannung, desto dünner der Faden, und um so anfälliger ist er für Erschütterungen und Vibratio-

nen. In einer Übergangszeit werden 36-V-Elektrik-Systeme für die Versorgung der Beleuchtung auf 12 V herabgeregelt werden müssen. Wir bewegen uns allerdings in Richtung auf eine Welt von HID-Scheinwerfern und Festkörper- (LED) oder Entladungs- (Neon) Lampen für Hilfsbaugruppen zu, und dann wird dieses Problem keines mehr sein. Das Unternehmen Renault, einer der Fahrzeughersteller, der die 36 V am vehementesten fordert, rechnet damit, dass alle neuen Autos um 2007 herum mit 36-V-Systemen ausgerüstet sein werden. Sollten die Franzosen recht behalten (was längst nicht alle Experten vermuten),

Renault begeistert sich für die Möglichkeit, einen elektrischen Motor/Generator in das Motorschwungrad einzubauen, so dass diese Anordnung nicht nur als Anlasser und Stromerzeuger dienen, sondern auch den Motorlauf beruhigen, Strom aus dem Getriebe zurückgewinnen und die Motorleistung elektrisch verstärken kann. (Renault)

dürfte der gegenwärtige 12-V-Standard dann mausetot sein.

Die 36-V-Systementwicklung erfordert Fortschritte auf drei Schlüsselgebieten. Eines davon ist der 42-V-Generator selbst, dann die Batterie (der Akku) und schließlich das Leistungsverteilungssystem. Der Generator kann den grundsätzlichen Aufbau bestehender 14-V-Maschinen übernehmen, aber der Riemenantrieb müsste die höhere Leistung, um die es geht, bewältigen können – man müsste wahrscheinlich grundsätzlich einen Zahnriemen einsetzen. Diese Anforderungen führten zu Überlegungen für einen ringförmigen Generator zwischen Motor und Getriebe – sozusagen ein Sandwich –, der in das Schwungrad eingebaut wird und einen Teil der Schwungradmasse bildet. Das allerdings setzt eine komplette Neukonstruktion aller Teile existierender Generatoren voraus. Die neue Baugruppe muss von vorne nach hinten sehr schmal, aber deutlich größer im Durchmesser sein. Die Kombination aus hoher Spannung und neuem Aufbau macht solche Generatoren weitaus wirkungsvoller als die bestehenden – sie benötigen relativ wenig Motorleistung, um die notwendige elektrische Leistung zu erzeugen.

Diese Schwungradkonstruktion mit integrierter Ringspule besitzt viele weitere potenzielle Vorteile. Man braucht nicht nur keinen Keilriemen mehr, sondern die Baugruppe kann als extrem kräftiger und wirkungsvoller Anlasser dienen, wenn der Generatorbetrieb umgekehrt wird. Sie ist in der Lage, den Motor extrem schnell und praktisch lautlos zu starten. Das wiederum lässt den automatischen Start-Stopp-Betrieb bei starkem Verkehr zu. Ein weiterer Vorteil ist – selbstverständlich mit passender Elektronik –, dass die Konstruktion als Dämpfer funktioniert und die zyklische Drehmomentänderung von Vierzylinder-Motoren dadurch reduziert, dass sie während des Zyklus Drehmoment addiert oder subtrahiert, was die Laufruhe wesentlich verbessern würde. Die Baugruppe kann auch Drehschwingungen des Getriebes und so den Effekt eines plötzlichen Last- oder Gangwechsels dämpfen.

Zusätzlich kann die hier produzierte Leistung kurzzeitig zu der des Verbrennungsmotors hinzugefügt werden, beispielsweise bei Bergfahrten oder bei schnellem Überholen. Der Verbrennungsmotor selbst kann also kleiner und leichter ausfallen, letztlich eine direkte Energieeinsparung. Mehr noch: Das System besitzt die potenzielle Fähigkeit, ein Energiemanagement durchzuführen. Damit wiederum lassen sich Verluste minimieren, die insbesondere beim Einsatz der Motorbremse oder des mechanischen Bremsens entstehen. Denn die Baugruppe kann im Genera-

Mercedes-Benz auf der Tokyo Motor Show 2003 – Forschungsfahrzeug F 500 Mind: Rollendes Forschungslabor für die Technik von übermorgen. (DaimlerChrysler)

Vor dem Multiplex-Betrieb

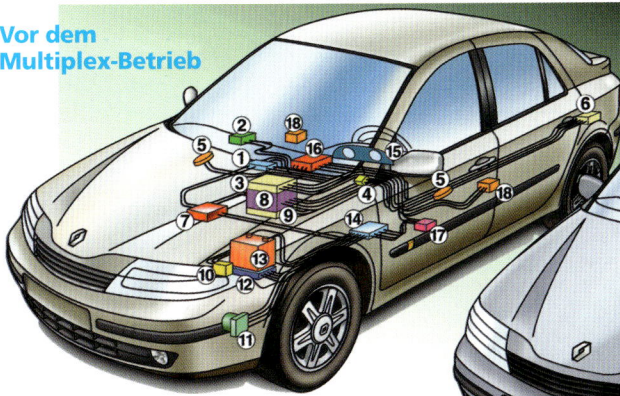

Nach dem Multiplex-Betrieb (CAN)

① Reifendruck-Prüfanzeige

② sprachgesteuerte Schalter

③ Radio- und Navigationssystem

④ Lenkschloss

⑤ elektrische Fensterheber

⑥ CD-Wechsler

⑦ zentrale Kommunikations-Steuerungseinheit

⑧ Klimasteuerung

⑨ Kartenleser

⑩ Getriebe

⑪ ABS und TCS

⑫ Motormanagement-Einheit

⑬ Batterie

⑭ zentrale Innenraum-Kontrolleinheit

⑮ Armaturenbrett (Instrumententafel)

⑯ Airbag

⑰ Steuereinheit für die gespeicherten Sitzeinstellungen

⑱ Seitenairbags

torbetrieb beim Überdrehen und, wenn das Auto bergab fährt, Energie vom rollenden Fahrzeug zurückgewinnen. Ein echter Hybrid-Betrieb, bei dem etwa ein Anfahren mit elektrischer Kraft möglich ist und ein Umschalten auf einen vollständigen Elektrobetrieb, erfordert jedoch mehr Leistung, als ein 36 V Motor Generator liefern kann. In solchen Hybrid-Fahrzeugen müsste der elektrische Antriebsmotor auf 90 V und mehr ausgelegt sein. Selbstverständlich müsste dann auch die Möglichkeit bestehen, die Spannung für anderer elektrische Systeme herabzustufen und so für eine allgemeine Verwendung im System zur Verfügung zu stehen.

Die Möglichkeiten der 42-V-Motor-Generatoren sind so viel versprechend, dass man leicht die Batterie vergisst doch ein 36-V-Elektrik-System braucht auch 36-V-Batterien. Das bedeutet aber selbst im schlimmsten Fall nicht mehr als eine Abänderung der Konstruktion, denn alle Batterien gleich welcher Spannung bestehen aus einer Anzahl einzelner Zellen. Nun ist aber denkbar, dass künftig nicht nur eine höhere Ausgangsleistung, sondern auch ein Quasi-Hybrid-Betrieb möglich sein muss (und auch mit laufender Klimaanlage und anderen elektrischen Verbrau-

Das Multiplexing soll einen wesentlichen Beitrag zur Gewichtsreduzierung leisten und zugleich auch den zur Verfügung stehenden Innenraum vergrößern. Überdies wären auch künftige zusätzliche elektrische Komponenten problemlos zu integrieren. Diese Grafik verdeutlicht die Vorteile des Multiplexing (Mehrfachschalten) beim Laguna II. Andererseits erfordert diese Technik beträchtliche Investitionen, um überhaupt zuverlässig und dauerhaft zu funktionieren. (Renault)

chern bei stehendem Motor), so dass längst schon nach leistungsfähigeren Alternativen zur herkömmlichen Batterie gesucht wird. Im Blickpunkt stehen insbesondere die Nickel-Metallhybrid- und die Lithium-Polymer-Typen. Abgesehen von diesen Konzepten mit hoher Energiedichte kann man zwei weitere Trends in der modernen Batterie-Entwicklung erkennen. Der eine führt hin zur »intelligenten Batterie«, die in der Lage ist, Lasten zu managen und aus Sicherheitsgründen die elektrische Leistung reduzieren kann, aber stets genügend Leistung für das Wiederanlassen des Motors vorhält. Der andere Trend ist die relativ kleine, dauernd geladene Batterie, die als Backup für X-by-wire-Systeme benötigt wird, damit diese Systeme vor einem Ausfall der Haupt-Stromversorgung geschützt sind.

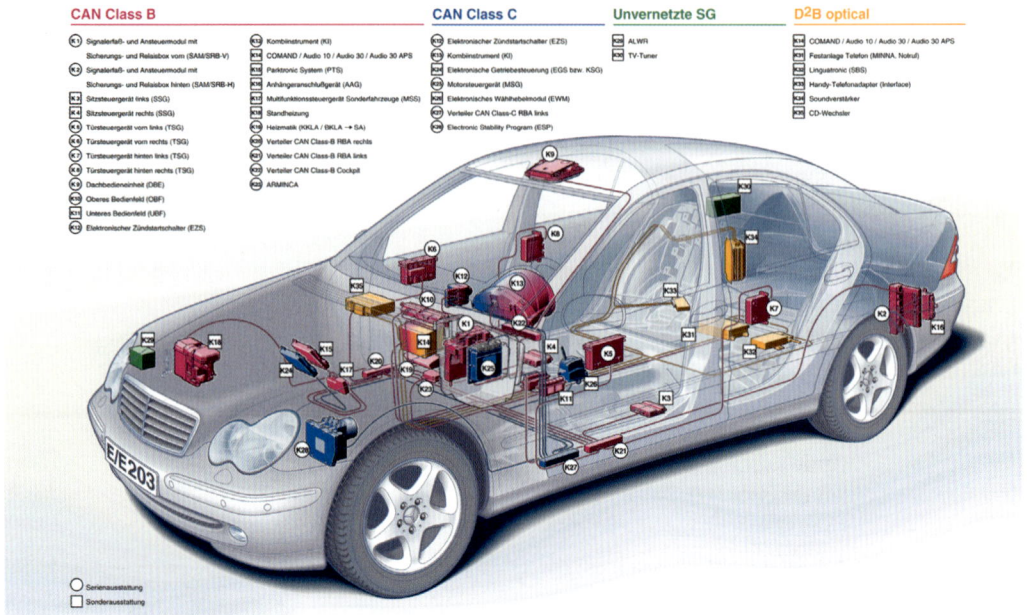

CAN Class B
- K1 Signalerfaß- und Ansteuermodul mit Sicherungs- und Relaisbox vorn (SAM/SRB-V)
- K2 Signalerfaß- und Ansteuermodul mit Sicherungs- und Relaisbox hinten (SAM/SRB-H)
- K3 Sitzsteuergerät links (SSG)
- K4 Sitzsteuergerät rechts (SSG)
- K5 Türsteuergerät vorn links (TSG)
- K6 Türsteuergerät vorn rechts (TSG)
- K7 Türsteuergerät hinten links (TSG)
- K8 Türsteuergerät hinten rechts (TSG)
- K9 Dachbedieneinheit (DBE)
- K10 Oberes Bedienfeld (OBF)
- K11 Unteres Bedienfeld (UBF)
- K12 Elektronischer Zündstartschalter (EZS)
- K13 Kombiinstrument (KI)
- K14 COMAND / Audio 10 / Audio 30 / Audio 30 APS
- K15 Parktronic System (PTS)
- K16 Anhängeranschlußgerät (AAG)
- K17 Multifunktionssteuergerät Sonderfahrzeuge (MSS)
- K18 Standheizung
- K19 Heizmatik (KKLA / BKLA → SA)
- K20 Verteiler CAN Class-B RBA rechts
- K21 Verteiler CAN Class-B RBA links
- K22 Verteiler CAN Class-B Cockpit
- K23 ARMINCA

CAN Class C
- K24 Elektronischer Zündstartschalter (EZS)
- K25 Kombiinstrument (KI)
- K26 Elektronische Getriebesteuerung (EGS bzw. KSG)
- K27 Motorsteuergerät (MSG)
- K28 Elektronisches Wählhebelmodul (EWM)
- K29 Verteiler CAN Class-C RBA links
- K30 Electronic Stability Program (ESP)

Unvernetzte SG
- K31 ALWR
- K32 TV-Tuner

D²B optical
- K33 COMAND / Audio 10 / Audio 30 / Audio 30 APS
- K34 Festanlage Telefon (MRNA, Notruf)
- K35 Linguatronic (SBS)
- K36 Handy-Telefonadapter (Interface)
- K37 Soundverstärker
- K38 CD-Wechsler

○ Serienausstattung
□ Sonderausstattung

Der Übergang auf 36 V ergibt auch einen Nutzen, was den Drahtverhau betrifft. Die höhere Spannung bedeutet nämlich, dass die gleiche elektrische Leistung durch dünnere Drähte transportiert werden kann, was die Kabelbäume schlanker und leichter werden lässt, falls man die konventionellen Konstruktionen weiter verwendet. Viele Systemspezialisten sind jedoch davon überzeugt, dass die Zukunft in einer Hauptringleitung liegt – oder in einer Anzahl kleiner Stromkreise, jeweils zuständig für die Hauptbereiche des Fahrzeugs – von dem oder von denen die Leistung mittels einer separaten Mehrfach-Steuerschaltung abgenommen wird. Das führt uns zu dem zweiten Hauptgebiet der Entwicklung elektrischer Systeme, dem Gebiet der Leistungsverteilung und -steuerung.

Die Steuerung der Zukunft

Wie bereits erwähnt, wurden Stromversorgung und -steuerung auf möglichst einfache Art miteinander kombiniert, als nach und nach elektrische Systeme in den Fahrzeugen Einzug hielten. Dabei wurde kein Unterschied gemacht, zu welchen Zwecken diese dienten. Eine Stromleitung, die von einem manuell bedienten Schalter unterbrochen wurde, lief von der Batterie zum Bauteil, das

So viele Informationen müssen heutzutage durch ein großes Luxusauto laufen, dass die Kommunikations- und Datenverarbeitung als völlig eigenständige Systeme konstruiert werden müssen. Möglicherweise ist das beste Beispiel von allen dafür die Mercedes S-Klasse, die hier abgebildet ist. Dieses Auto verfügt über drei getrennte hochkapazitive Netzwerke, die die Informationen nach Bedarf verteilen. (DaimlerChrysler)

mit der Fahrzeugkarosserie »geerdet« war. Wenn der Schalter betätigt wurde, floss Strom, und das Bauteil ging in Betrieb.

Dieser Ansatz funktionierte mindestens ein halbes Jahrhundert lang gut. Dann traten die ersten Schwierigkeiten auf. Zuerst wurde die Verdrahtung im Bereich der Instrumententafel und der Lenksäule, die die manuellen Schalter enthielt, aufwändig und kompliziert. Dann verlangten die Verdrahtungen, die durch die Türen verliefen, nach besonderer Aufmerksamkeit, weil elektrische Fensterheber, elektrisch verstellbare Seitenspiegel, Sicherheitsleuchten in Türen und Zentralverriegelung immer populärer wurden. Überdies mussten die Schalter so konstruiert werden, dass sie hohe Ströme ohne Überhitzung verkrafteten – oder per Relais die Stromstärke herunterregeln. Relais stellten tatsächlich die erste Stufe auf dem Weg zur Trennung von der Stromversorgung und der Auslösung durch elektrische Impulse dar. Schließlich brauchten Autos der Luxusklasse so viele Relais, dass sie, normalerweise zusammen mit den Sicherungen, in einem speziellen Gehäuse in der Nähe des Motors untergebracht wurden.

Obwohl jede Trennung von Stromversorgung und elektrischer Betätigung ein Schritt in die richtige Richtung ist, bedeutet sie nicht mehr als einen Anfang. Ein möglicher Lösungsversuch für das Türproblem könnte die Überbrückung der Türangeln mit einem Kabelbaum sein. Dieser Kabelbaum bestünde aus einer einzigen Hochleistungsstromleitung und einer Reihe von Niederstrom-Steuerleitungen, die zu Relais innerhalb der Türen führten. Das würde allerdings die Möglichkeit von Relais-Ausfällen erhöhen, was durch wiederholtes Türschlagen entstünde. Stattdessen lieferte die Türelektrik den Eintritt in die Technik des Mehrfachschaltens; dieses so genannte Multiplexing erlaubt nicht nur die Trennung von Leistungs- und Steuer-Funktionen, sondern auch die Vereinfachung der Steuersignalverdrahtung auf eine einzige Ader, die kodierte Steuersignale für viele unterschiedliche Bauelemente trägt und jedem dieser Bauteile mitteilt, ob es ein- oder ausgeschaltet sein sollte. Theoretisch heißt Multiplexing eigentlich, dass das elektrische System nur zwei Drähte braucht, einen für die Stromversorgung und einen anderen für die Signalübertragung. Das ist nicht nur eine Stufe weiter als ein System, das auf Relais basiert, bei dem das Steuersystem eine Menge von einzelnen Drähten bleibt (zwar kleiner, leichter und Niederstromdrähte). Multiplex-Signale eignen sich für kontaktlose Schaltungen in Halbleitertechnik, damit kann auf störanfällige Relais verzichtet werden. Jeder manuell (oder automatisch) betätigte Schalter, genauso wie jedes Bauelement, erfordert aber ein kleines elektronisches Modul, das entweder einen bestimmten Impuls erzeugt oder erhält, und dies erhöht die Kosten des Systems. Dennoch bietet es viele Vorteile, Ford verwendete in seiner letzten Scorpio-Baureihe ein solches System.

Zusätzlich erfordert jedes Multiplex-System eine Kommunikation aller damit zusammenhängenden Bauteile im System des Autos untereinander (idealerweise von jedem Auto des betreffenden Herstellers, und noch besser von jedem Auto eines beliebigen Herstellers). Von einem Industrie-Standard sind wir noch weit entfernt, aber es gibt einige anerkannte Standards wie beispielsweise CAN (= »controller area network«) und LAN (= »local area network«). Diskussionswürdig ist natürlich die Tatsache, dass einige Systeme eine weitaus größere Kapazität zur Informationsübertragung erfordern als andere, und dass es eigentlich Verschwendung wäre, komplexe und teuere Hochkapazitäts- und Hoch-Technologie-Systeme (die durchaus eine optische Leitung statt einer elektrischen Leitung für den Signaltransport verwenden könnten) für Systeme mit im Prinzip geringen Anforderungen einzusetzen. Es wäre tatsächlich so, als ob man einen hochqualitativen ISDN-Anschluss nur für normale Telefonate nutzte.

Auch ist die Multiplex-Technik noch nicht perfekt. Es geht insbesondere darum, die Flexibilität in der Produktion zu erhöhen (also dass ein einzelnes System in Fahrzeugen mit unterschiedlichen Standards eingebaut werden kann) und im Folgemarkt. Delphi hat ein System mit zwei Schnittstellen gezeigt – abhängig davon, ob das zusätzliche Bauteil über eine eingebaute »Intelligenz« verfügt oder nicht –, und das man als Plug-and-Play-Bauelement einsetzen kann, wie es heutzutage bei PC-Systemen üblich ist.

Die Glasfaser wird häufig als »ultimatives« Signalübertragungsmedium angesehen, das Informationen über dünne und ultraleichte Fasern in weitaus größerer Menge als jeder elektrische Leiter vergleichbarer Größe übertragen kann. Die Glasfaser hat außerdem den Vorteil, dass sie gegen elektromagnetische Störsignale unempfindlich ist, was in den vergangenen Jahren immer wichtiger wurde. Faktoren, die der weiten Verbreitung von Glasfasern entgegen zu stehen scheinen, sind die Kosten und die Zuverlässigkeit der Elektrisch-nach-optisch-Umsetzer, die an jedem Ende einer Glasfaserstrecke gebraucht werden, und (wieder einmal) eine langwierige Debatte über deren Beschaffenheit. Glasfasern werden gewiss auf lange Sicht dort eingesetzt, wo der Informationsaustausch mit Hochgeschwindigkeit lebenswichtig ist, zum Beispiel in den integrierten Sicherheitssystemen, wie sie nun unter anderem von Delphi vorgeschlagen worden sind.

26 Systeme für Komfort und Bequemlichkeit

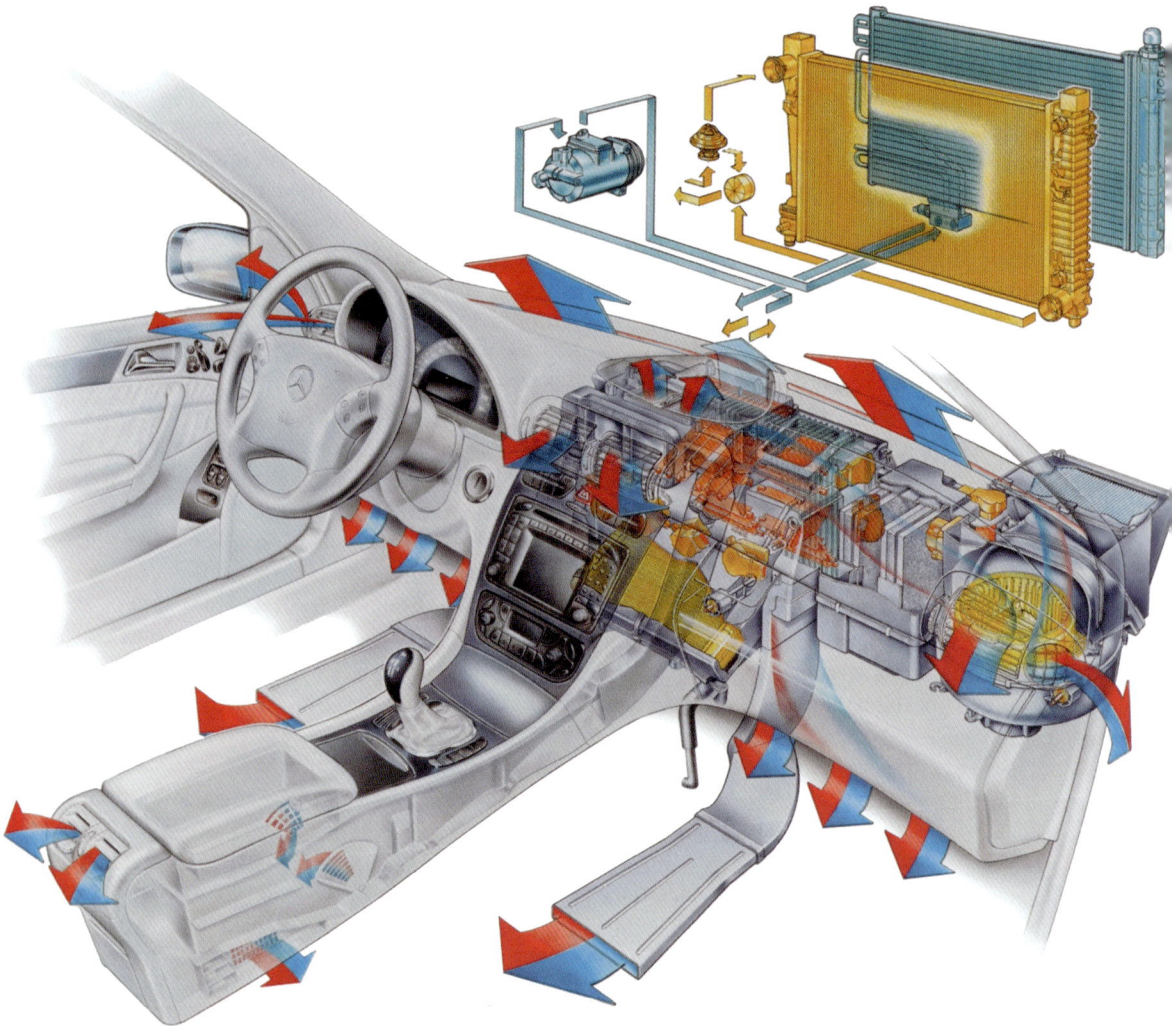

Ein für den Kunden entscheidendes, wenn auch häufiger bei der Konstruktion übersehenes Gebiet ist das des Komforts und der Bequemlichkeit. Grundsätzlich geht es dabei um alles, was die Autoinsassen brauchen, um komfortabel und sicher zu reisen.

Das grundsätzliche Bedürfnis eines jeden Autopassagiers ist es, komfortabel zu sitzen, was eine ordentlich verteilte Unterstützung im Bereich des Sitzkissens und der Rückenlehne erfordert. Das Problem dabei ist, dass Autositze für Menschen verschiedenster Größen geeignet sein müssen, und jeder Fahrer soll eine optimale Sitzposition finden können, von der aus er Lenkrad und Pedale bestens bedienen kann. In der Praxis lässt sich das am einfachsten erreichen, wenn die Fahrposition relativ aufrecht ist – mehr ein Esszimmerstuhl, kein Wohnzimmersessel. Bei einer halb liegenden Sitzposition, wie sie die meisten niedrigen Sportwagen erfordern, ist eine einstellbare Lenkradposition (oder in seltenen Fällen in der Reichweite verstellbare Pedale) für die Anpassung an die verschiedensten Fahrergrößen notwendig. Eine aufrechte Fahrerposition bringt zwei weitere Vorteile mit sich: eine bessere Sicht für den Fahrer sowie einen leichteren Ein- und Ausstieg, ohne Anstrengung oder unwürdige Verrenkungen. Damit wird auch verständlich, warum so viele Fahrer, und vielleicht inbesondere kleine Fahrerinnen, ganz gerne zu Geländefahrzeugen oder den heute so beliebten »Vans« und »Minivans« greifen. Bis zu einem gewissen Grad ist die Suche nach einer guten Sitzposition daher ein Konflikt zwischen dem grundsätzlichen Bestreben im Autobau, eine möglichst kleine Frontfläche und einen niedrigen Schwerpunkt zu erreichen, und der Ergonomie, die vorgibt, dass der Fahrer aufrecht bei einer möglichst hohen Augenhöhe sitzen sollte.

Während Autos immer Sitze hatten, und einige Sitze immer komfortabler als andere waren, ist

Moderne Heizungs-, Belüftungs- und Klimaanlagen-Systeme sind extrem kompliziert und müssen bereits in die Überlegungen bei der ersten Konstruktionsstufe miteinbezogen werden. Diese Zeichnung zeigt das System, das in die Mercedes-Benz C-Klasse im Jahr 2000 eingebaut wurde. Bemerkenswert ist die Anzahl der separaten Einströmdüsen für warme oder kalte Luft in den Fahrgastraum. (DaimlerChrysler)

eine ordentliche Heizung eine jüngere Erfindung. Heutzutage hält man sie für selbstverständlich, aber sogar in den späten 1950er Jahren konnte man noch Autos kaufen, bei denen die Heizung ein optionales Zubehör war. Es wurde noch später, bis sich Heizungs-Systeme, wie wir sie heute kennen, mit einer Temperaturkontrolle der Luftmischung, leisen Lüftern und einer vom Anwender gewählten Heißluftverteilung allgemein durchsetzten. Eine ordentlich geplante Belüftung mit zwangsgesteuerter, aber kontrollierter Durchströmung kam noch später, nämlich in den 1960er-Jahren. Die Klimaanlage, der ultimative Komfort, wurde während der 1980er-Jahre auf breiter Basis in den USA eingeführt, und sie ist immer noch dabei, den Massenmarkt in Europa zu gewinnen.

Unter der allgemeinen Überschrift »Sicherheit und Bequemlichkeit« kommen eine Reihe von Eigenschaften auf uns zu, die heute als fast unverzichtbar gelten, die Autokonstrukteure der 1940er Jahre aber höchst erstaunt hätten. So ist es längst schon selbstverständlich, dass es jedes neue Auto beispielsweise auch erfahrene Diebe schwer macht, es zu stehlen. Die eigentlich überflüssige Zentralverriegelung ebenso wie elektrische Fensterheber sind Dinge, die vielfach als unverzichtbar gelten, wenn man sich einmal an sie gewöhnt haben. Die Liste solcher Eigenschaften ließe sich ständig erweitern, und ein Ende scheint kaum abzusehen. Schließlich verbringen heute viele Menschen so viel Zeit in ihrem Auto wie in ihren Wohnzimmern. Warum sollte ein Autoinnenraum also weniger komfortabel oder geräumig sein als das Wohnzimmer?

Sitze

Die Konstruktion eines Sitzes und die Sitzposition des Fahrers sind normalerweise auf den durchschnittlichen männlichen Passagier abgestimmt – den Mann, der hinsichtlich Größe, Gewicht, Reichweite, Beinlänge und so weiter den Durchschnittswert der gesamten männlichen Bevölkerung darstellt, der als potenzieller Kunde betrachtet wird. Von diesem Ausgangspunkt aus versuchen Konstrukteure dann, den Anforderungen von 10 bis 90 Prozent der Männer zu gerecht zu werden. Daraus folgt, theore-

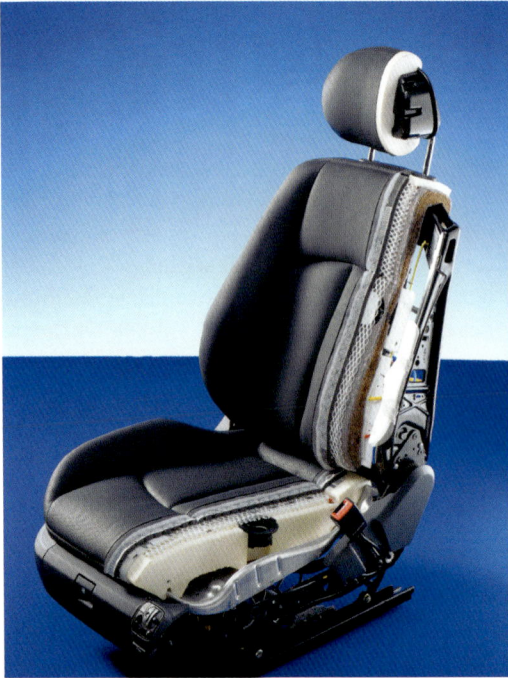

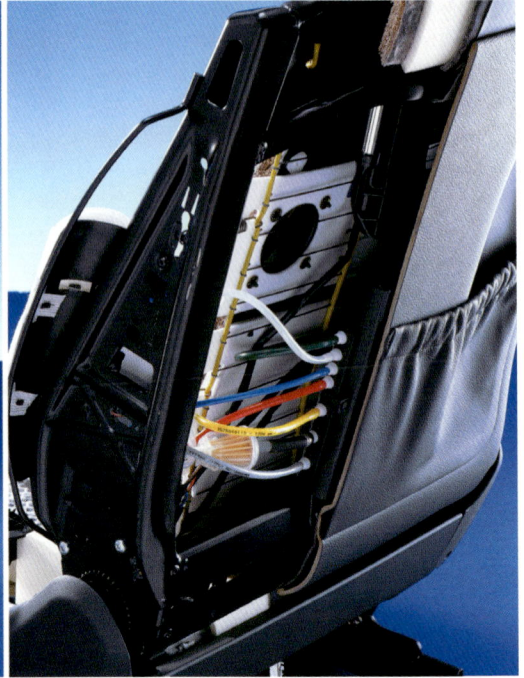

tisch wie praktisch, dass sehr kleine weibliche Fahrer im wahrsten Sinne des Wortes den extremsten Problemen gegenübersitzen, was den Sitz selbst angeht, während männliche Fahrer über dem 90-Prozent-Wert eher Probleme mit zu engem Raum – insbesondere dem Kopfraum – als mit dem eigentlichen Gestühl haben dürften. Bis zu einem gewissen Grad können diese Probleme durch Sitze überwunden werden, die über genügend Einstellmöglichkeiten verfügen, aber am grundsätzlichen Platzmangel ändert sich nichts.

Praktisch jeder Fahrer- oder Beifahrersitz lässt sich nach vorn und hinten verschieben, ebenso ist die Position der Rückenlehne variierbar. Daneben hängt, wie bereits erwähnt, die Sitzposition auch vom Fahrzeugtyp ab. Als verstellbare Rückenlehnen (»Liegesitzbeschläge«) eingeführt wurden (auf breiter Front geschah das erst in den 1970ern, vorher waren diese zum Teil noch aufpreispflichtig gewesen), ging es in erster Linie darum, die Sitzlehne tatsächlich ganz umlegen zu können, aus welchen Gründen auch immer. Heute ist die Einstellung des Rücklehnenwinkels ein probates Mittel, um die Sitzposition noch bequemer zu gestalten. Insbesondere große Fahrer sind darauf angewiesen, denn je weiter die Rücklehne nach hinten geneigt wird, desto größer ist die Kopffreiheit (auch wenn das zu Lasten einer ergonomisch korrekten Fahrposition geht).

Insbesondere bei Fahrern, die eine halb liegende Sitzposition bevorzugen, muss das Lenkrad auch axial, nach vorne und hinten, verstellbar sein, um es jederzeit bequem erreichen zu können. Daneben ist das Lenkrad auch vertikal verstellbar, sehr beleibte Personen wissen diesen Komfort ebenfalls zu schätzen. Eine Lenkradhöhenverstellung hat heute praktisch jeder Wagen, eine Reichweiten-Verstellung ist schwieriger zu realisieren und daher kostspieliger.

In zweitürigen Viersitzern müssen die Sitze auch gekippt oder nach vorne gestellt werden können, damit man auf die Rücksitze gelangt. Normalerweise gleitet der Sitz nach vorne, wenn die Rückenlehne nach vorne kippt. Dank der Memory-Funktion kehrt der Sitz dann wieder in seine ursprüngliche Position zurück und muss nicht neu eingestellt werden.

In Mittelklasse- und Luxusautos sind zusätzliche

Einstellmöglichkeiten für den Fahrersitz vorgesehen. Die gebräuchlichste Einstellmöglichkeit ist die Sitzhöhe, aber es gibt viele Sitze, die auch die Möglichkeit bieten, die Neigung der Sitzfläche zu verstellen. Und eine Sitzlehne mit Lendenwirbelstütze ist auch nicht ungewöhnlich. Eine Höhenverstellung schätzen sehr kleine und sehr große Fahrer; im Jahr 2000 zeigte Volvo ein Sicherheits-Konzept-Auto, in dem ein Sensor in Augenhöhe des Fahrers und eine automatische Höhenverstellung des Sitzes dazu führten, dass alle Fahrer auf der richtigen Höhe saßen und optimale Sichtbedingungen hatten. Die Einstellung des Sitzkissens verhindert, dass der Fahrer in eine unbequeme und ungesunde Sitzposition nach vorne rutschen kann. Außerdem kann sie wesentlich zum ermüdungsfreien Fahren auch auf Langstrecken beitragen.

Um wirklich effektiv zu sein, muss die Lordosenstütze in Höhe und Härte einstellbar sein. Zu viel Unterstützung in der falschen Höhe kann genauso schlecht sein wie gar keine Unterstützung.

Der Grundaufbau eines Sitzes ist überall gleich. Es handelt sich entweder um einen rohrförmigen Stahlrahmen mit Drahtfederung, um eine Schale aus gepresstem Stahl mit eingebauten Stahlfedern oder um eine Polyurethanschaum-Polsterung. Die Sitzschalenkonstruktion berücksichtigt inzwischen auch den Crash-Fall. Um zu verhindern, dass beim Frontalcrash die Passagiere unter ihren Sicherheitsgurten durchrutschen, installieren viele Hersteller eine Art Höcker in der Sitzfläche, um dieses Risiko zu reduzieren. Die Sicherheitsbestimmungen schreiben heute fest im Wagenbogen verankerte Sitze vor, die beim Aufprall nicht herausgerissen werden können. Außerdem müssen die Rücksitzlehnen der Vordersitze einem eventuellen Aufprall eines Fondpassagiers widerstehen können. Ist das nicht der Fall, ist dies für vorne und hinten Sitzende gleichermaßen schlecht. Ebenfalls aus Sicherheitsgründen hielt man lange am Fahrzeugboden befestigte Gurtschlösser für unabdingbar. In den meisten modernen Autos befinden diese sich aber wegen der besseren Gurtgeometrie am Sitz statt am Boden, die langen Gurtpeitschen der Vergangenheit haben ausgedient. Bei einigen Sitzen sind die Aufrollautomatik und die Schulterfüh-

rung bereits integriert, was die einerseits die B-Säule der Karosserie entlastet, andererseits ein größeres strukturelles Gewicht des eigentlichen Sitzes zur Folge hat. Diese Anordnung ist bei Cabrios und Coupés, die keine B-Säule aufweisen, unentbehrlich.

Trotz der Auswirkung auf Kosten und Gewicht der Fahrzeuge steht bei vielen Wagen eine elektrische Sitzverstellung schon seit den 1990ern auf der Extraliste. Es ist inzwischen durchaus üblich, dass Sitze nicht nur elektrisch nach vorne und nach hinten gleiten, sondern auch die Sitzlehne entsprechend justieren, die Höhe der Kopfstützen regulieren, die Sitzkissen hoch und runter fahren und überdies noch die Sitzfläche beheizen. Eine elektrische Verstellung der Lenkradposition gilt noch als Luxus, doch das wird kaum so bleiben. Bei solchen vielfältigen Verstellmöglichkeiten macht eine Memoryfunktion Sinn, bei der eine Anzahl von vorgewählten Sitzpositions- und Lenkradpositions-Einstellungen der Systemsteuerung hinterlegt werden. Der Fahrer kann also beim Einsteigen seine persönlich korrekten Einstellungen wählen. Von da an ist es nur noch ein kleiner Schritt zu entsprechend elektrisch hinterlegten Türrückspiegelpositionen. Sogar die Lieblingsradiostationen können in diesen automatischen »Merkprozess« einbezogen werden.

Heizung, Belüftung und Klimaanlage

Weil heutige Autobesitzer hohe Ansprüche an Komfort, Heizung und Belüftung haben, sind diese Systeme komplizierter und leistungsfähiger geworden. Airmix-Heizungen, die getrennte Strömungen von heißer und kalter Luft mischen, sind zum Industrie-Standard geworden, weil sie schneller auf eine Temperaturwahl reagieren. Große leise Ventilatoren mit mehreren Geschwindigkeiten haben die Stauluft-Einlasskanäle ersetzt und Schwankungen in der Systemleistung (früher abhängig von der Geschwindigkeit des Wagens) reduziert. Eine thermostatische Steuerung der Innenraumtemperatur mit automatisch und elektrisch gesteuertem Betrieb der Mischventile des Systems ist Allgemeingut geworden. Mittlerweile haben sich Ingenieure mehr darauf

Schnitt durch einen Klimakompressor. (DaimlerChrysler)

konzentriert, die unerwünschte (und oft starke) Aufheizung durch Sonnenstrahlung durch die Scheiben und insbesondere durch die Windschutzscheibe zu reduzieren. Sie verwenden dazu getöntes Glas und sogar reflektierende metallisierte Beschichtungen. Zum Schutz gegen das andere Extrem werden einige Luxusautos mit doppelverglasten Scheiben ausgerüstet.

Sogar die kleinsten Autos weisen Heizungs- und Belüftungssysteme auf, die früher jeden Oberklasse-Standard erfüllt hätten. Ohne eine Airmix-Heizungs-Baugruppe, einen leiser Mehrgeschwindigkeits-Zentrifugallüfter, Lüftungsschlitze in Gesichtshöhe und im vorderen Fußraum und zusätzliche seitliche Ausströmer am Armaturenbrett, die den Luftstrom an die Seitenscheiben lenken (was deren Beschlagneigung mindert), nimmt kein Neuwagen mehr die Straße unter die Räder. Ebenfalls häufig an Bord (die japanischen Hersteller waren dabei Vorreiter) ist eine Umluft- oder Smogschaltung, bei der die Luft im Fahrzeuginnern umgewälzt wird und keine Frischluft von außen eingesogen wird. Das macht Sinn beim Stau oder im Tunnel, ohne dass dabei Abgase ins Fahrzeuginnere gelangen.

Luftdurchsatz und -verteilung hängt hauptsächlich von der Ventilkonstruktion ab, insbesondere von dem Bauteil, das die frische Umgebungsluft (oder die gekühlte Luft vom Kühler der Klimaanlage) mit heißer Luft vom Wärmetauscher mischt und über diverse Misch- und Belüftungsklappen die Warmluft in den Innenraum pustet. Die Notwendigkeit, den Motor aus dem Kaltstart heraus rasch aufzuwärmen, verursacht ein Problem – oder besser gesagt: zwei Probleme. Wegen der Abgas-Problematik muss der Motor möglichst schnell warm werden, aber eine sofortige Einleitung der Warmluft in den Innenraum würde diesen Prozess verlangsamen. Weil es wünschenswert ist, die Scheiben möglichst rasch von Dunst und Eis befreien zu können, findet man neben der schon lange eingeführten elektrisch beheizbaren Heckscheibe auch die elektrisch beheizbare Windschutzscheibe, die wesentlich feinere Heizelemente enthält. Diese sind praktisch unsichtbar, so lange man nicht mit der Nase auf der Scheibe klebt. Das Einschalten der Scheibenheizung entfernt nicht nur schnell und wirkungsvoll Dunst und Eis, sondern bedeutet auch eine zusätzliche Last für den Motor, der sich dadurch noch schneller aufwärmen kann.

Ein weiteres Problem, das kürzlich auftrat, ist die extrem geringe Wärmeabstrahlung der neuesten Generation von Diesel-Direkteinspritzern. Normalerweise ist die Ausgangsleistung des Heizungssystems abhängig von der Größe der Wärmetauscher und dem Durchsatz an Kühlflüssigkeit im Heizkreislauf. Aber selbst, wenn diese Dieselmotoren vollständig durchgewärmt sind, geben sie mitunter nicht mehr genug Wärme ab, um den Innenraum bei Außentemperaturen unter Null Grad ausreichend aufzuheizen. Diesem Problem suchte man durch Zusatzheizungen und der Einsatz von Wärme zu lösen, die von wassergekühlten Lichtmaschinen stammte. Angedacht ist auch, Autos mit einem Wärmespeicher-System auszurüsten, das die Restwärme nach Abstellen des Motors hält und damit den Innenraum heizt, bis die Kühlflüssigkeitstemperatur oder die Batteriespannung einen bestimmten Wert erreicht.

Das Heizungssystem wurde ständig verfeinert. Inzwischen kann es für Fahrer und Beifahrer, aber auch für Fondpassagiere separat eingestellt werden. Dabei wird meist die konventionelle einzelne Heizungsbaugruppe, bestehend aus Wärmetauscher, Gebläse und Verdampfer der Klimaanlage, in zwei kleinere Einheiten für jede Seite des Fahrzeugs aufgeteilt. Obwohl dieser Ansatz etwas teurer ist, lassen sich die kleinere Baugruppen leichter installieren. Überdies reduziert man so die Länge der Baugruppe, was die Strukturlänge der Knautschzone erhöht und dadurch die passive Sicherheit verbessert.

Bei den arktischen Temperaturen des skandinavischen Markts sind viele Autos mit elektrischen Heizelementen ausgestattet, die in den Kühlkreislauf oder die Ölwanne eingelötet sind und mit häuslichen Steckdosen oder sogar mit Steckdosen verbunden werden können, die auf öffentlichen Parkplätzen zur Verfügung stehen. Auch das Gegenteil ist denkbar, ein Abkühlen bei stehendem Motor. In den frühen 1990er-Jahren wurde der Mazda 929 gegen Aufpreis mit einem Ventilator angeboten, dessen Elektromotor von Solarzellen auf dem Dach gespeist wurde. Eine eventuell überschüssige Ausgangsleistung wurde zur Aufladung der Batterie verwendet. Tests ergaben, so Mazda, ein Absinken der Innentemperatur eines Autos, die in der prallen Sonne 75 °C erreichen kann, um 15 auf 60 °C. Eine Klimaanlage benötigte dann nur zwei Drittel der sonst notwendigen Zeit, um auf eine angenehme Innentemperatur herunterzukühlen. Ähnliche Systeme sind seitdem bei anderen Serienautos und vielen Konzeptautos aufgetaucht.

Es ist inzwischen gängige Praxis, einen Innenraumfilter im Einlasskanal des Belüftungssystems vorzuschalten. Eine sorgfältige Konstruktion vorausgesetzt, können solche Baugruppen hoch wirksam sein. Volkswagen behauptet beispielsweise, dass die Baugruppen im Golf mindestens 50% aller in der Luft befindlichen Partikel und bis zu 99% aller einströmenden Pollen abhält. Einige Hersteller setzen auch Aktivkohle als Teil des Filtersystems ein, um damit Schadstoffe und Gerüche zu binden.

Die überwiegende Mehrheit der neu zugelassenen Autos verfügt heuzutage über eine Klimaanlage. Immer mehr solche Systeme werden elektronisch gesteuert, indem sie einen oder mehrere Innenraum-Temperatursensoren verwenden, um die gewünschte Innenraumtemperatur zu erreichen und zu halten. Ein zusätzliches Merkmal kann eine Kaltluftzufuhr für das Handschuhfach oder einen anderen Behälter sein, um die Aufbewahrung kalter Getränke bei heißen Temperaturen zu gestatten. Einige Systeme bieten heute eine Zwei-Zonen-Einstellung an, so dass Fahrer und Beifahrer ihre Wunschtemperatur unabhängig voneinander wählen können.

Klimaanlagen kosten aber Leistung, also geht es auch darum, deren Energieverbrauch zu reduzieren und damit wiederum den Kraftstoffverbrauch. Die neuesten Kompressoren für Klimaanlagen verwenden Taumelscheibenantriebe mit variablem Anstellwinkel, die den Kompressorhub – und damit den Leistungsverbrauch – an die Anforderungen des Systems anpassen.

Andere Forschungsansätze, insbesondere in Japan, bedienten sich elektrischer Kompressoren, die ursprünglich für die Klimasteuerung von Elektrofahrzeugen entwickelt worden waren. Der primäre Vorteil eines elektrischen Antriebs ist der energetische Wirkungsgrad, der sich aus einem strikten Nach-Bedarf-Betrieb ergibt. Weitere Vorteile sind: die einfache Schnittstelle zu einem elektronischen System und die Freiheit der Installation, weil kein massiger und sorgfältig ausgerichteter Riemenantrieb von der Kurbelwelle erforderlich ist. Der Toyota Prius II hat solch einen elektrischen Klimakompressor.

Jede Klimaanlage erfordert ein Kühlmittel. Bis in die 1990er-Jahre hinein handelte es sich dabei um FCKWe (= Fluor-Chlor-Kohlenwasserstoffe).

Wegen ihrer schädlichen Wirkung auf die Ozonschicht der Atmosphäre rückte man davon aber ab. Die meisten Hersteller tauschten das schädliche Kühlmittel während des Service aus und entsorgten es umweltgerecht. Heute wird umweltfreundliches Kühlmittel verwendet.

Komfortausstattungen

Was früher mechanisch ver- oder eingestellt wurde, erledigt heute Elektroantriebe. Elektrisch verstellbare Sitze, Lenksäulen, Spiegel und so weiter wurden bereits erwähnt. Andere Elektromotoren betätigen Scheiben, Schiebedächer und Radioantennen, ebenso Zentralverriegelungen von Türen, Kofferräumen und Tankdeckeln. Viele dieser Dinge sind inzwischen in allen Autos, vielleicht abgesehen von einigen preiswerten Einstiegsmodellen zu finden.

Die Stromversorgung selbst ist nach wie vor stör-

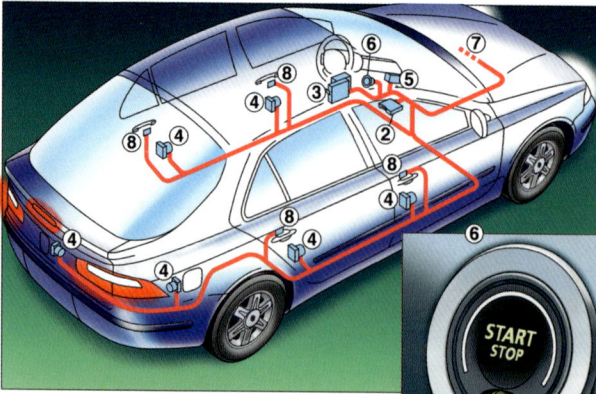

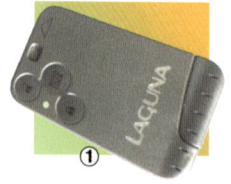

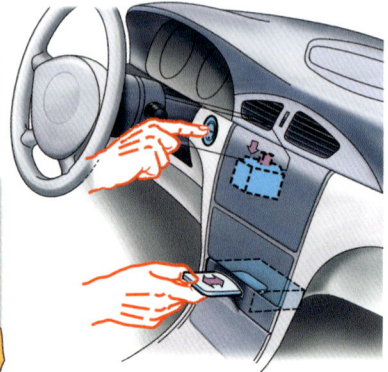

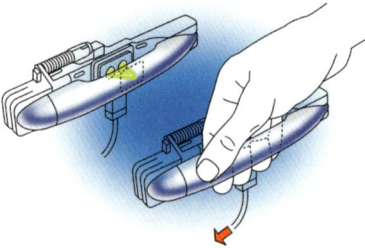

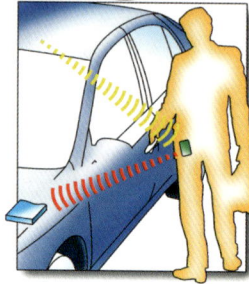

1 Elektronische Chipkarte
2 Kartenleser
3 zentrale Innenraum-Einheit
4 Tür- und Tankdeckelmotoren
5 elektrisches Lenkschloss
6 Stopp-Start-Schalter
7 CAN
8 Türgriffsensoren an allen Türen

anfällig. Über weitere Verbesserungen wird noch nachgedacht. Elektrische betriebene Fensterheber sind beispielsweise schneller und leiser geworden. Ein Einklemmschutz, der eine Scheibe wieder absenkt, so sie beim Aufwärtsgleiten auf Widerstand gestoßen ist, gehört inzwischen zum Standard, auch wenn die Reaktionszeit mitunter noch zu wünschen übrig lässt. Eine Tipautomatik, bei der die Scheiben sich bei Berührung öffnen oder schließen, ist ebenfalls Realität.

Ähnliche Entwicklungen finden sich auch bei Zentralverriegelungssystemen. Diese Systeme sind in der Regel mit Fernbedienungen kombiniert und mit einer »Da war doch was?«-Funktion versehen, die elektrisch betriebene Scheiben und Schiebedächer schließen, wenn man das vergessen hat. Frühere Systeme funktionierte auf Infrarot-Basis, heutige bedienen sich der Hochfrequenztechnik, die über größere Distanzen wirken

Ein interessantes Merkmal des Renault Laguna II, der im Jahr 2000 vom Stapel lief, ist das schlüssellose Schließsystem per Karte. Sobald die Karte in die Nähe des Abtasters gelangt, wird das Auto bei der ersten Berührung des Türgriffs entriegelt. Die Karte dient auch als Zündschlüssel. Natürlich hängt die störungsfreie Funktion des System stark von der Elektronik ab. (Renault)

kann und verschlüsselt ist, um vor dem Zugriff von Scannern zu schützen.

Die Fahrzeugsicherheit spielt ebenfalls eine große Rolle. Die meisten Automärkte verzeichneten einen steilen Zuwachs der Fahrzeugkriminalität, und die Autoindustrie zeigt nun ein größeres Interesse an zusätzlichen Sicherheits- und Alarmsystemen als zuvor.

Dort wo eine Zentralverriegelung mit Fernbedienung und ein Alarmsystem installiert sind, wird die Alarmanlage üblicherweise mit der Fernbedienung ein- und ausgeschaltet. Die Tage, als Gelegenheitsdiebe ein verschlossenes Auto knacken konnten, ohne es zu beschädigen oder nur wenig zu beschädigen, sind gezählt: Schlösser und Verriegelungsmechanismen machen es zunehmend schwieriger, sich Zugang zu einem Fahrzeug zu verschaffen, es sei denn, man schlägt die Scheiben ein. Und selbst dann können die neuen Schutzsysteme helfen, denn mitunter wird dann der gesamt Schließmechanismus blockiert und lässt sich nicht ohne den Schlüssel (oder den Fernbedienungs-Transmitter) öffnen, auch nicht von innen. Bei professionellen Autoknackern hilft dass aber letztlich auch nicht.

Die Technik der Wegfahrsperren ist im Wandel begriffen. Der konventionelle Ansatz – und seit Jahrzehnten eine gesetzliche Bestimmung in den meisten Ländern – ist, die Lenksäule zu verriegeln, so dass das Auto nicht gelenkt werden kann. Das ist nicht immer wirksam, obwohl diese Methode ein zuverlässiger Schutz gegen Gelegenheitsdiebe ist. Moderne elektronische Motormanagementsysteme verhindern ein Anlassen des Motor ohne einen autorisierten Zugang zum Computer. Es ist also nicht mehr möglich, den Motor per Kurzschluss anzulassen und so das Zündschloss zu überbrücken.

Auf dem Vormarsch befinden sich Schließ- und Zündsysteme, die keinen Schlüssel im konventionellen Sinne mehr erfordern. Der Fahrer trägt stattdessen eine »Smart Card« bei sich, die aus der Ferne vom Auto erkannt wird, wenn sich der Fahrer nähert. Die Zentralverriegelung entriegelt die Fahrertür, sobald der Türgriff angehoben wird. Innerhalb des Wagens steckt der Fahrer dann die »Smart Card« in einen Schlitz im Armaturenbrett, damit die Motorsperre aufgehoben wird. Der Motor kann danach mit einem einfachen Knopfdruck gestartet werden. Um das Auto sicher zurückzulassen, muss der Fahrer wieder den Knopf drücken, die Karte aus dem Schlitz entnehmen, aussteigen, die Tür schließen und fortgehen. Sobald der Fahrer samt Karte eine bestimmte Entfernung zurückgelegt hat, wird alles verriegelt.

Wie genau solche Systeme arbeiten, hängt im Detail von den Sicherheitsbedürfnissen ab. In einigen Märkten fürchten sich Autofahrer vor gewalttätigen Dieben, die sich hinter die Beifahrertür hocken und darauf warten, ins Auto hineinspringen zu können, sobald ein Zentralverriegelungssystem alle Türen entriegelt. In solchen Märkten öffnet sich zunächst nur die Fahrertür. Als Alternative zu einer leicht erkennbaren »Smart Card« bieten einige Systemzulieferer einen persönlichen »Identifier« an, der innerhalb einer Anzahl von persönlichen Gegenständen untergebracht werden kann und seine Funktion verbirgt, wenn er gestohlen wird oder verloren geht.

Darüber hinaus gibt es seit einiger Zeit auch Systeme, die gestohlene Fahrzeuge mit Hilfe eines kleinen, versteckten Signaltransmitters sozusagen mit einem Etikett versehen. Diese Anlagen haben beträchtliche Erfolge beim Aufspüren von gestohlenen Luxusautos aufzuweisen, aber ihre Kosten und die potenzielle Belastung der Infrastruktur haben bisher eine ihre weitere Verbreitung gehemmt. Das könnte sich mit der Einführung von GPS-basierter Technik und Systemautomatisierung ändern.

Gebräuchliche internationale Abkürzungen
in der Automobiltechnik

Abkürzung	Englisch/Amerikanisch	Deutsch
ABC	Active Body Control	Federungs- und Dämpfungsregelung
ABS	Antilock Braking System	Antiblockiersystem
ACC	Active Cruise Control	Aktive Weg Regelung
ARC	Active Roll Control	Regelung gegen Wankneigung
ASR	Anti Slip Control	Anti Schlupf Regelung
ATTS	Automatic Torque Transfer System	Automatische Drehmoment Verteilung (Sperrdiff.)
BBW	Brake By Wire	Elektrische Bremsbetätigung
BDC	Bottom Dead Center	Unterer Totpunkt (Kolben)
Cd	Aerodynamic drag coefficienr	Luftwiderstandsbeiwert C_w
CI	Compression Ignition	Zündung durch Druck (Diesel)
CTPS	Contact Tire Patch Sensor	Reifen-Kontaktflächen Sensor
CTT	Continuously Variable Transmission	Stufenloses (automatisches) Getriebe
CVT	Continuousloy Variable Transmission	Stufenlos verstellbares Getriebe
C_w	Aerodynamic Drag Coefficient	Luftwiderstandsbeiwert (Formfaktor)
DBC	Dynamic Brake Control	Dynamische Bremsregelung
DI	Direct Injection	Direkteinspritzung
DOHC	Double Overhead Camshafts	Zwei obenliegede Nockenwellen
DSC	Dynamic Stability Control	Dynamische Schlupfregelung
EAS	Electrically Assisted Steering	Elektrische Servolenkung
EBA	Emergency Brake Assistant	Bremsassistent für Notsituationen
EBD	Electronic Brake Distribution	Elektronische Bremskraftverteilung
EBM	Elcctronic Brake Management	Elektronisches Brems Management BMW
EDC	Electronic Damper Control	Elektronische Dämpferanpassung
EGR	Exhaust Gas Recirculation	Abgasrückführung (zum Ansaugsystem)
EHB	Electrohydraulic Braking	Elektrisch-hydraulisches Bremssystem
EPS	Electronic Power Steering	Elektronisch geregelte Lenkhilfe
ESP	Electronic Stability Programme	Elektronisches Stabilisierungs Programm
ETS	Electronic Traction Control	Elektronische Traktionsregelung
FDR	Dynamic Handling Control	Fahrdynamik Regelung
GDI	Gasoline Direct Injection	Benzin Direkteinspritzung
G-Kat	Controlled Three-Way Catalyst	Geregelter Dreiwegekatalysator
GPS	Global Positioning System	Globale Standortbestimmung (Navigation)
HID	High Intensity Discharge	Hochleistungs Gasentladungs Lampe
HUD	Head-Up Display	Anzeige in Kopfhöhe (Spiegelt sich in der Windschutzscheibe)
IDI	Indirect Diesel Injection	Indirekte Diesel Einspritzung
IDS	Interactive Dynamic Driving System	Interaktives dynamisches Fahrsystem
LCD	Liquid Crystal Display	Flüssigkristall-Anzeige

LED?	Light Emitting Diode	Leuchtdiode
MIL	US MilitarySpecifications	US-Militärnormen
mpg	Miles per gallon	Meilen pro Gallone (Verbrauch)
mph	Miles per hour	Meilen pro Stunde
OHC	Overhead Camshaft	Obenliegende Nockenwelle
OHV	Overhead Valves	Obenliegende Ventile
PDC	Park Distance Control	Abstandswarnung beim Einparken (Ultraschall)
PEM	Protonen Exchange Membrane	Protonen Exchange Membrane
rpm	Revolutions per minute	Umdrehungen pro Minute
SAE	Society of Automotive Engineers	US-Gesellschaft für Kraftfahrzeug-Technik,
SAE-	Standards	Normen der SAE für Kraftfahrzeug-Technik
SBC	Sensotronic Brake Control	Elektrohydraulische Bremsregelung SBW
Steer By Wire		Elektrische Lenkungsbetätigung
SDI	Normally-aspirated Direct Injection	Saugmotor Direkt Einspritzung
SI	Spark Ignition	Zündung durch Zündkerze
SRS	Supplemental Restraint System	Sicherheits Rückhaltesystem (für Insassen)
SVC	Saab Variable Compression	Saab System für variable Kompression
TCS	Traction Control System	Antriebsschlupf Regelung
TDC	Top Dead Center	Oberer Totpunkt (Kolben)
TDI	Turbo Direct Injection	Turbo Direkt Einspritzung
TFT	Thin Film Transistor	Dünnfilm Transistor Technik
ULE	Ultra Low Emission	Äußerst geringer Schadstoffausstoß
ULV	Ultra Low Emission Vehicle	Fahrzeug mit äüßerst geringem Schadstoffausstoß
VSC	Vehicle Stability Control	Fahrzeug Stabilitäts Regelung
ZEV	Zero Emission Vehicle	Fahrzeug ohne (schädliche) Abgase
ZMS	Dual Mass Flywheel	Zweimassen Schwungrad

Umrechnung von internationalen Einheiten

1 DIN PS	=	9,735499 kW
1 DIN PS	=	0,9863 BHP (brake horsepower)
1 kW	=	1,35926 DIN PS
1 kW	=	1,34 BHP
1 Nm	=	0,737 foot.pounds (lb.ft)
1 lb.-ft.	=	1,356 Nm
1 Meter	=	39,3701 inches
1 foot (ft)	=	0,3048 m
1 Kilometer	=	0,62137 miles
1 mile	=	1,609 km
1 km/h	=	0,621 mph
1mph	=	1,60934 km/h
1 Kilogramm	=	2,2046 pounds (lb)
1 pound (lb)	=	0,4536 Kilogramm
1 Liter	=	0,21997 gal (englisch) oder 0,26416 gal (USA)
1 gallon (USA)	=	3,78541 Liter
1 bar (Druck)	=	14,5037 psi (pounds per square inch)
1 psi	=	0,0689 bar
° Fahrenheit	=	(°F-32) x 0,555; ergibt ° Celsius
° Celsius	=	(1,8 x °C) + 32 °C; ergibt ° Fahrenheit

$$\text{X miles/gallon (US)} = \frac{235{,}21}{X} = \text{Liter pro 100 km}$$

$$\text{X Liter/100 km} = \frac{235{,}21}{X} = \text{miles/gallon (US)}$$